教育部　财政部职业院校教师素质提高计划职教师资培养资源开发项目
通信工程专业职教师资培养资源开发（VTNE027）（负责人：曾翎）

通信工程综合实训

TONGXIN GONGCHENG
ZONGHE SHIXUN

主　编：曾　翎　马晓强
副主编：杨忠孝　李　珂
谭　东　张　超

电子科技大学出版社
University of Electronic Science and Technology of China Press
·成都·

图书在版编目(CIP)数据

通信工程综合实训 / 曾翎，马晓强主编. -- 成都：电子科技大学出版社，2018.8

（教育部财政部职业院校教师素质提高计划成果系列丛书）

ISBN 978-7-5647-5605-5

Ⅰ. ①通… Ⅱ. ①曾… ②马… Ⅲ. ①通信工程－高等职业教育－教材 Ⅳ. ①TN91

中国版本图书馆CIP数据核字（2018）第015998号

内 容 提 要

本教材为教育部、财政部职业院校教师素质提高计划成果系列丛书之一。教材以工作过程系统化的行动导向教学理念为指导思想，将职教师资培养的“专业性、职业性、师范性”三性融合。教材内容涵盖通信工程项目建设、通信专业教学实践以及通信类课程设计三个方向，采用了任务驱动方式的编写体例，旨在切实提高职教师资本科学生的通信工程专业能力与教学能力。本教材可以作为通信工程专业职教师资培养的综合实训课程教材，也可以作为其他专业教师的学习指导与参考用书。

通信工程综合实训

曾　翎　马晓强　主编

策划编辑　郭蜀燕　杨仪玮
责任编辑　罗国良

出版发行　电子科技大学出版社
　　　　　成都市一环路东一段159号电子信息产业大厦九楼　邮编：610051
主　　页　www.uestcp.com.cn
服务电话　028-83203399
邮购电话　028-83201495

印　　刷　四川煤田地质制图印刷厂
成品尺寸　185mm×260mm
印　　张　23.75
字　　数　653千字
版　　次　2018年8月第一版
印　　次　2018年8月第一次印刷
书　　号　ISBN 978-7-5647-5605-5
定　　价　95.00元

教育部　财政部职业院校教师素质提高计划成果系列丛书
通信工程专业职教师资培养资源开发（VTNE027）

项目牵头单位：电子科技大学

项目负责人：曾　翎

出版说明

《国家中长期教育改革和发展规划纲要（2010—2020年）》颁布实施以来，我国职业教育进入加快构建现代职业教育体系、全面提高技能型人才培养质量的新阶段。加快发展现代职业教育，实现职业教育改革发展新跨越，对职业学校“双师型”教师队伍建设提出了更高的要求。为此，教育部明确提出，要以推动教师专业化为引领，以加强“双师型”教师队伍建设为重点，以创新制度和机制为动力，以完善培养培训体系为保障，以实施素质提高计划为抓手，统筹规划，突出重点，改革创新，狠抓落实，切实提升职业院校教师队伍整体素质和建设水平，加快建成一支师德高尚、素质优良、技艺精湛、结构合理、专兼结合的高素质、专业化的“双师型”教师队伍，为建设具有中国特色、世界水平的现代职业教育体系提供强有力的师资保障。

目前，我国共有60余所高校正在开展职教师资培养，但由于教师培养标准的缺失和培养课程资源的匮乏，制约了“双师型”教师培养质量的提高。为完善教师培养标准和课程体系，教育部、财政部在“职业院校教师素质提高计划”框架内专门设置了职教师资培养资源开发项目，中央财政划拨1.5亿元，系统开发用于本科专业职教师资的培养标准、培养方案、核心课程和特色教材等系列资源。其中，包括88个专业项目、12个资格考试制度开发等公共项目。该项目由42家开设职业技术师范专业的高等学校牵头，组织近千家科研院所、职业学校、行业企业共同研发，一大批专家学者、优秀校长、一线教师、企业工程技术人员参与其中。

经过3年的努力，培养资源开发项目取得了丰硕成果。一是开发了中等职业学校88个专业（类）职教师资本科培养资源项目，内容包括专业教师标准、专业教师培养标准、评价方案，以及一系列专业课程大纲、主干课程教材及数字化资源；二是取得了6项公共基础研究成果，内容包括职教师资培养模式、国际职教师资培养、教育理论课程、质量保障体系、教学资源中心建设和学习平台开发等；三是完成了18个专业大类职教师资资格标准及认证考试标准开发。上述成果，形成了共计800多本正式出版物。总体来说，培养资源开发项目实现了高效益：形成了一大批资源，填补了相关标准和资源的空白；凝聚了一支研发队伍，强化了教师培养的“校—企—校”协同；引领了一批高校的教学改革，带动了“双师型”教师的专业化培养。职教师资培养资源开发项目是支撑专业化培养的一项系统化、基础性工程，是加强职教教师培养培训一体化建设的关键环节，也是对职教师资培养培训基地教师专业化培养实践、教师教育研究能力的系统检阅。

自2013年项目立项开题以来，各项目承担单位、项目负责人及全体开发人员做了大量深入细致的工作，结合职教教师培养实践，研发出很多填补空白、体现科学性和前瞻性的成果，有力推进了“双师型”教师专门化培养向更深层次发展。同时，专家指导委员会的各位专家以及项目管理办公室的各位同志，克服了许多困难，按照两部对项目开发工作的总体要求，为实施项目管理、研发、检查等投入了大量时间和心血，也为各个项目提供了专业的咨询和指导，有力地保障了项目实施和成果质量。在此，我们一并表示衷心的感谢。

编写委员会

2016年3月

前　言

我国通信行业发展迅速，综合通信能力显著提升，业务结构不断优化，行业创新与转型步伐加快。在通信行业跨越式发展的带动下，专业技能的更新和岗位的转换，使得各岗位人才需求日益迫切，尤其是对技能型应用型人才的需求，不但要求其具有扎实的专业理论基础，还要求人才具备相应的职业素质和职业技能，能够服务于行业生产实际操作的一线岗位。

本书作为“通信工程本科职教师资项目包”的成果之一，聚焦通信工程项目的建设实施，是通信工程专业技能实训与教学实践类教材。全书从通信技术专业教师及通信工程师的职业岗位能力出发，以LTE工程项目和FTTX工程项目为载体，按照现代教育行动导向的指导思想，将专业能力培养渗透到教学活动中；在内容的筛选方面，应用职业分析方法，将典型工作任务纳入教材，与企业实际工作岗位要求有机结合，提炼为教学活动中所需的教学材料和行动指南，切实提升学习者的实践技能，也保证了教学实施的可操作性。本书可以作为通信工程职教师资本科、其他专业教师的教学培训用书，也可作为通信工程师的参考用书。

本书分为三个部分：第一部分是通信工程专业技能综合实训，分为两个学习单元、十个项目任务，分别以LTE工程综合实训和FTTX建设综合实训为教学载体，从项目招投标开始，到项目分阶段实施，再到验收收尾，贯穿工程项目建设的完整流程，重点突出通信工程中应知应会的知识、流程、管控点和技能训练点；第二部分是通信类教学技能综合实训，围绕如何进行通信类教学准备、如何实施课堂教学、如何开展实训教学等内容，为中职教师的教学技能提升提供参考；第三部分是通信类课程设计综合实训，针对通信类核心课程与实训课程的开发、设计，以提供中职通信类课程开发模板。教材最后增加有附录部分，可提供通信工程项目建设、课程教学等相关资料。

本书由曾翎、马晓强主编，书中项目3、项目5、项目11、项目14、项目15由马晓强编写，项目1、项目2、项目4、项目12、项目13由李珂编写，项目6、项目7由张超编写，项目8、项目9、项目10由谭东编写，杨忠孝统审全书。书中附录由马晓强、张超编制，参照了部分网络资料，在此一并表示感谢。本教材的配套数字化资源由马晓强、李珂、谭东、张超共同完成，书中部分图片由黄力为绘制。

在本书的编写过程中，得到了电子科技大学、四川邮电职业技术学院和通信企业很多同志的大力支持。本书的素材来自大量的参考文献和相关企业的产品资料，在此一并表示衷心感谢！

由于编者水平有限，书中难免有疏漏与不足之处，恳请读者批评指正。

编　者

2018 年 5 月

目　录

第一部分　通信工程专业技能综合实训

第二部分　通信类教学实践综合实训

第一部分　通信工程专业技能综合实训

学习单元一　LTE 基站工程综合实训

学习单元及知识地图

单元概述

本单元内容主要聚焦 LTE 基站工程的建设内容，主要从 LTE 基站工程招标、投标，LTE 基站工程勘察设计、施工及验收交付等方面设置典型项目，侧重于勘察设计、施工及验收交付，通过操作与实践，掌握 LTE 基站工程的建设方法、施工操作及验收要点等。

知识地图

本学习单元的知识地图如图 1 所示。

1. LTE 基站工程招标

专业技能包括：编制招标文件技能、编制投标邀请书技能等。

基础技能包括：Office 软件使用技能等。

2. LTE 基站工程投标

专业技能包括：编制投标文件技能等。

基础技能包括：Office 软件使用技能等。

3. LTE 基站工程勘察设计

专业技能包括：LTE 基站机房勘察技能、LTE 基站天面勘察技能、施工图绘制技能、工程设计文件制作技能、概预算编制技能等。

基础技能包括：勘察工具及仪器的使用技能、Office 软件使用技能、Autocad 软件使用技能、Visio 软件使用技能等。

4. LTE 基站工程施工

专业技能包括：物资验收技能、施工组织设计编制技能、机柜走线架及天馈线安装技能、安全生产技能等。

基础技能包括：识读施工图纸技能、Office 软件使用技能等。

5. LTE 基站工程验收

专业技能包括：施工安装工艺检验技能、验收测试技能、适当的培训技能等。

基础技能包括：无线工程测试技能、客户交流与沟通技能等。

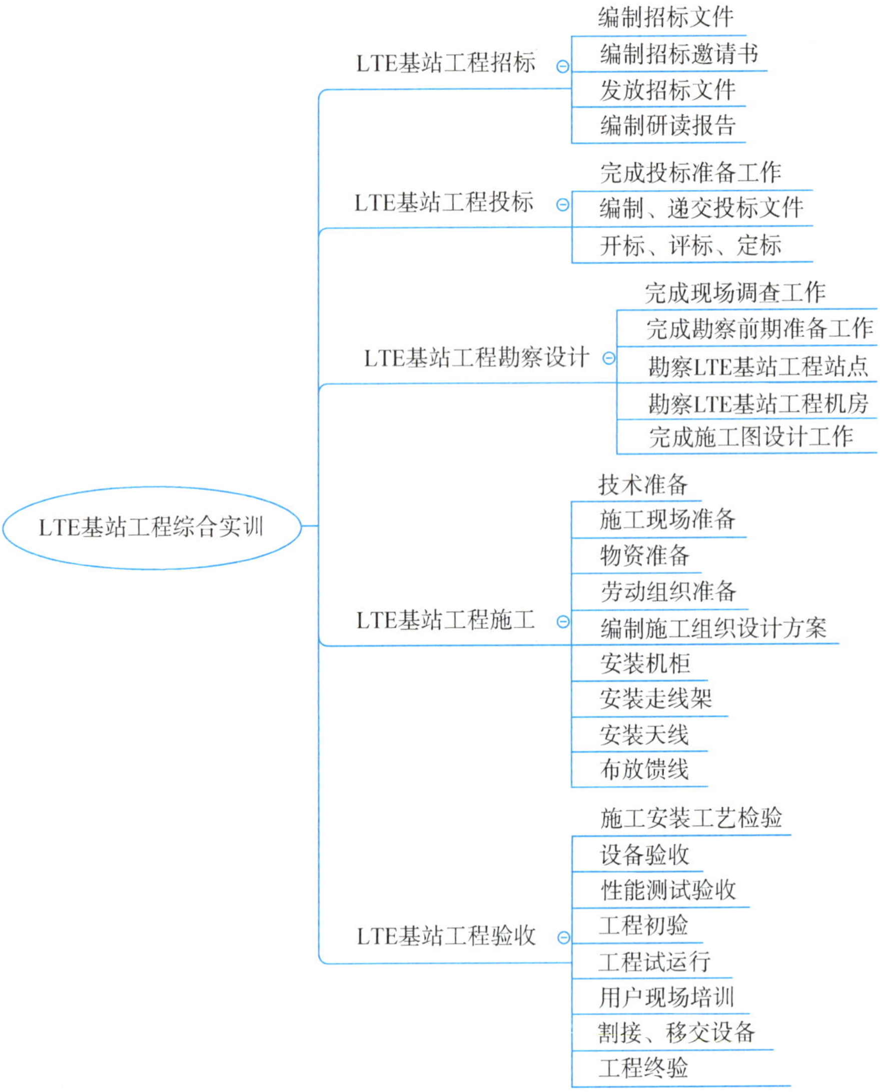

图 1　LTE 基站工程综合实训知识结构图

学习任务分析

表 1　主要学习任务列表

序号	任务名称	主要学习内容	建议学时	学习成果
1	LTE 基站工程招标	根据招投标相关规定，完成对某某运营商某地分公司 2015 年 LTE 基站施工项目的招标工作，包括资格预审、编制招标文件、确定工程标底、评标等工作。	6 课时	熟悉作为甲方的招标工作流程、工作内容，能够完成 LTE 基站工程招标工作并分析处理各种突发情况。
2	LTE 基站工程投标	根据通信行业相关招投标规定，参加中国移动通信集团某分公司 TD－LTE 基站相关工程的施工单位投标工作。编制投标文件并参与开标评标过程，主要完成编制投标文件、做好评标定标会议记录、编制评标报告等。	4 课时	熟悉作为乙方的投标工作流程、工作内容，能够完成 LTE 基站工程投标工作、编制投标文件并分析处理各种突发情况。
3	LTE 基站工程勘察设计	根据通信行业相关设计标准及规定，作为该设计院的一名工作人员的你，完成对某 LTE 基站工程项目的施工图设计。该项目主要模拟设计方所做的工作流程，完成设计工作，编写《某实验楼 LTE 基站设计文件》，绘制成套的《LTE 基站施工图纸》。	8 课时	熟悉设计工作流程，学会设计技能，掌握相关厂家的设备知识以及工程的建设流程。该项目用到的软件有 Office、AutoCAD、VISIO、Mapinfo 及预算软件等，在实训之前最好能够按规范要求学会以上软件的相关操作。
4	LTE 基站工程施工	根据通信行业相关施工建设标准及规定，严格遵循施工准备工作程序和内容要求，完成某 LTE 基站工程的前期准备工作，编制施工组织设计方案。依照施工标准规范和规划设计内容完成机房内与机房外通信设备、线路、天馈系统安装施工。	8 课时	熟悉 LTE 基站工程的施工流程，熟悉施工建设标准及规定，特别是强制性标准及规定，学会编制施工组织设计，掌握设备、线路、天馈系统安装等相关操作技能。
5	LTE 基站工程验收交付	根据通信行业相关验收标准及测试规程规定，按照验收要求完成某 LTE 基站工程验收工作，制作工程验收文档。	4 课时	熟悉 LTE 基站工程的验收标准(国家、行业、企业标准)内容，能够按标准规范完成验收工作，完成竣工资料的编制及归档等相关操作。

项目1　LTE基站工程招标

1.1　项目描述

中国移动通信集团某地分公司2015年LTE基站施工项目已由该分公司根据2015年投资情况及年度建设规划着手启动，该项目建设资金来自自筹，出资比例为100%，招标方为某地分公司。该LTE基站建设项目于2015年2月20日已具备招标条件，现对该项目的施工进行公开招标。你将以工程施工单位代表的身份参与中国移动通信集团某分公司就TD-LTE基站及配套设备施工、传输线路、管道建设、塔基和附属建设进行的工程施工单位招标投标工作。请作为公司代表的你，完成对招标文件的分析研读，形成招标文件研读报告，并召开招标答疑会，做好会议记录。

请同学们模拟招标方所做的工作流程，编写《LTE基站施工项目招标文件》，完成评标会，确定中标方。

1.2　项目解析

通信工程施工招标的程序分为五大步骤，即建设项目报建，编制招标文件，发放招标文件，开标、评标与定标，签订合同。这五个步骤的主要工作有：(1)对投标者的资格预审或资格后审；(2)招标文件的编制；(3)工程标底的确定；(4)评标。

通信工程施工投标的程序也分为五大步骤，即获取投标信息，投标决策，确定投标策略及投标技巧，投标标价，编制投标文件。

学生在教师的指导下，分为两个阵营，即招标阵营与投标阵营。该部分主要模拟招标阵营任务，负责完成LTE基站施工工程招标文件的编制、招标项目的开标会的工作；下一个任务模拟投标阵营完成投标文件的编制、开标会阐述投标工程重点问题。

在编制招标文件之前，招标阵营的学生应该在教师的指导下，熟悉通信工程招标文件的内容及要求，能够识读通信工程招标文件，能够通过网站查询有关招标信息，如省市招投标信息平台上的招标公告、资格预审公告、中标结果公告、开标公告等信息，并做好记录。

下一个任务对于投标阵营的施工企业组来说，获取到投标信息以后，如果准备投标，并做出了相应的投标决策，就应该按照一定的投标技巧和策略，来编制投标文件。

建设工程招标投标程序是指建设工程活动按照一定的时间、空间流程运作的顺序、步骤和方式。始于发布招标邀请书，终于发出中标通知书，其间主要经历了招标、投标、开标、评标、定标几个主要阶段。在本次LTE基站工程招标实训中，学生应在教师指导下，协作完成相应任务。掌握工程招标业务、程序，学会工程招标的相关工作流程，编制招标文件研读报告。

经过本次实训后，需完成以下成果：

1. 编制招标文件研读报告；
2. 召开投标预备会，进行招标答疑；
3. 完成投标预备会会议记录。

1.3 教学策略

1.项目名称

LTE 基站工程招标；

2.适用年级

本科四年级；

3.教学目标

(1)具备 OFFICE 系列软件的使用能力；

(2)具备招标文件的编制能力；

(3)具备投标邀请书的编制能力；

(4)具备组织评标会的能力；

(5)具备投标文件的制作能力。

4.教学时间/学时

第一学期/6 学时；

5.教学资源

建议配置多媒体资料、教材、教学课件、视频资料、计算机机房、模拟会议室等；

6.参考教学方法

可以在讲授法、互动式教学法、现场教学法、演示法、角色扮演、分组讨论法中做出选择。

7.参考资料、学习资源

教材、教学课件、招投标相关标准、实习现场、招投标相关图片资料、视频、电视电影等媒体文件。

1.4 必备知识

一、招标的基础知识

(一)工程招标

所谓工程招标，是指招标人事先提出工程的条件和要求，邀请众多投标人参加投标并按照规定程序从中选择承包商的一种市场交易行为。

(二)工程招标的特点

1.程序规范

按照目前各国做法及国际惯例，招投标程序和条件由招标机构拟定，在招投标双方之间具有法律效力。

2.多方位开放，透明度高

招标人一般要在指定或选定的报刊或其他媒体上刊登招标公告，邀请所有潜在的投标人参加投标；招投标活动通过公开的社会监督，可有效避免非正常交易行为的发生。

3.客观、公正

招投标活动依照公平竞争原则，全过程完全按照规范的程序和条件开展。

4.一次成交

一般交易往往在进行多次谈判之后才能成交。招投标禁止双方面对面的讨价还价。交易主动权掌握在招标人手中，投标人只能应邀进行一次性报价，并以合理的价格定标。

(三)工程招标的分类

工程招标的类型如表 1.1 所示。

表 1.1　工程招标的分类

分类方式	类型
按工程建设程序	建设项目可行性研究招标、工程勘察设计招标、工程施工招标
按行业业务性质	勘察招标、设计招标、施工招标、监理招标、设备/材料招标
按工程建设项目	建设项目招标、单项工程招标、单位工程招标

(四)工程招标的方式

工程招标的方式包括邀请招标、公开招标和议标,但我国招投标相关法律没有将议标作为法定招标方式,主要考虑到议标不适合我国市场的发展现状,但另一方面,法律上并不排除议标。

1. 公开招标

公开招标是招标人利用各类媒体刊登招标公告,潜在投标人在获取招标信息后参与投标,招标人从其中择优选择的招标方式。

公开招标的优点有:投标人多、范围广,选择空间大,可有效控制造价,减少工期和提升质量。但也要看到这种方式的缺点:投标人多,工作量较繁重,招标过程所需时间较长,因而公开招标主要适用于大型工程建设项目。公开招标的特点一般表现为以下几个方面:

(1)公开招标具较强竞争性。

公开招标只要满足资质条件要求便不受局限,所以投标人数量最多,竞争激烈。它尽可能地为投标人提供一个公平竞争的平台,招标人将获得最大限度的选择范围,对比承包商的报价、工期、信誉,在大量的投标人中择优选择。

(2)公开招标流程完善,形式严谨,运作步骤丝丝入扣。

公开招标具有完整、规范、典型的程序。在国际上,谈到招标通常都是指公开招标。甚至可以说公开招标已成为招标的代名词,是招标通用的方式。我国要求凡属招标范围的工程项目,须采用公开招标方式。

(3)从另一角度看公开招标,它所需费用较高、花费时间较长。

由于激烈的竞争,复杂的程序,公开招标需要大量的准备工作和具体事务处理,才能完成招标和投标的组织工作,特别是相关招标投标文件的编制、审查工作非常繁重。

综上所述,公开招标有利有弊,但优越性更明显。

2. 邀请招标

邀请招标又称为有限竞争性招标。这种方式不发布广告,业主根据自己的经验和所掌握的各种信息资料,向具备工程施工能力的三个(含三个)以上承包商发出投标邀请书,而受到邀请的承包商可自主选择是否参加投标。邀请招标也必须按规定的流程进行,编制统一的招标文件,投标人继而根据招标文件的要求进行投标。

采取邀请招标,招标单位可控制参与竞争的投标商数量,目标集中,组织工作更容易,工作量相对较小。但投标单位相对较少,竞争性范围局限,致使招标单位选择空间有限，如果招标单位在选择前所掌握资料信息不充分，则可能会遗憾错失最适合承担该项目的承包商。

对比邀请招标和公开招标，主要的区别有：

(1)在程序上，邀请招标更加简化，例如没有投标人资格审查等环节。

(2)在竞争程度上，邀请招标比公开招标低。邀请数量是经过选择限定的，被邀请的投标单位数目不能小于三个，也不宜大于十个。由于数量较少，易于管控，所以其竞争范围也相对有限，竞争激烈程度也不如公开招标。

(3)在时间和费用上，邀请招标更节省。邀请招标可省去诸如发布公告、资格审查和评标的费用。

(五)工程招投标程序

图 1.1　招投标工作程序

1. 招标

招标文件应载明下列事项：

(1)投标须知；

(2)项目数量、性质；

(3)技术规范；

(4)投标价格要求和计算方式；

(5)评标标准和方法；

(6)竣工、提供服务或交货的时间；

(7)资格和资信证明文件要求；

(8)投标保证金(一般为总标价的 2%～3%)或其他形式的担保；

(9)投标文件的编制规范；

(10)提供投标文件的方式、地点和截止时间；

(11)开标、评标、定标的时间安排；

(12)合同格式和条款；

(13)其他事项。

2. 投标

投标文件一般应载明：

(1)投标函；

(2)投标人资格、资信证明文件；

(3)投标项目方案和说明；

(4)投标价格；

(5)投标保证金或其他担保；

(6)其他内容。

3. 开标

开标应按招标文件规定的时间、地点和程序以公开方式进行。

4. 评标与定标

招标人应将中标结果书面通知所有投标人。招标人与中标人应按招标文件的规定和中标结果签订书面合同。

二、招标文件

招标文件编制要求科学、合理、充分、严密。科学是指设计、技术方案、技术规范在技术上是先进可行的。合理是指对承包人的权利与义务的规定是符合国内、国际惯例的。充分是指提供的资料是足够的，承包人可不必因不定因素而冒风险。严密是指全套文件没有自相矛盾、疏漏和含混不清的地方，以防承包人产生误解，造成报价混乱，或给某些承包人有可乘之招致索赔和施工期间纠纷。招标文件的组成为：

1. 投标邀请书

(1)说明已经资格预审，通知已被接受的投标人参加投标；

(2)说明本工程的资金来源；

(3)对工程项目作简单描述，列出主要工程数量、工期要求；

(4)告知每套招标文件的售价；

(5)说明发售招标文件的单位、地点、时间及电话和邮编；

(6)通知截止投标的日期、时间，投标送交的单位地点；

(7)告知在投标的同时，应交投标保函或保证金的金额；

(8)通知组织考察现场(如果统一组织的话)的时间及集中地点；

(9)通知开标的时间、地点以及对参加人员的要求。

2. 投标人须知

投标人须知没有统一的格式，一般是：

(1)项目的主要建设内容、规模、工程等级、地点、总投资、现场条件、开竣工日期；

(2)投标格式、编制、递交；

(3)无效投标文件的规定；

(4)投标起止时间、开标、评标、定标时间和地点；

(5)招标文件的澄清与修改程序、时间要求及方式，并说明澄清及修改的问题，将以补遗的方式书面提出，构成合同文件的组成部分；

(6)评标的原则等。

3. 技术规范

根据国家基建、通信有关的规定、法令、标准及行业、企业的技术规范、技术经济指标，结合本工程设计内容、范围和深度、投资限额、质量要求，对承包人提供的设备、器材的检验测试方法和验收指标，以及对承包人的施工顺序、施工方案、进度安排，监理范围和监理业务等，加以必要的规定。

4. 投标书

(1)投标书是投标人承诺接受工程施工任务的函件，是一种印就的固定形式的格式，投标人填上本项目合同规定的业主名称、投标人名称、地址、投标总金额、施工期限及银行账号即可。投标总金额以阿拉伯数字及文字两种方式表达，并应与工程量清单上的报价相一致。

(2)投标保函或投标保证金，是为业主提供合理的保护，在投标有效期满后30～45天内仍保持有效，直到确定投标人中标无望，或中标人已交履约保证金之后，才退回投标保函或保金。

(3)授权书，由于投标人往往不是承包单位法人，因此要求公司法人授予投标人授权证书。一般要求授权人与被授权人均签字并加盖公章，而且要有授权人的印刷体签名和亲笔签名，以便与投标书中当事人签字核对。

(4)附加资料：设计大纲、施工组织设计、监理大纲等。

5. 工程量清单

工程量清单列有工程实施的工作说明以及估算的工程量细目，投标人根据技术规范及图纸，分别提出完成各细目的单价，按清单所列各细目估算的工程量进行计价，算出投标书中的总报价。工程量清单的作用除了提供一定的工程信息，以便投标人编制有效的、精确的标价；还能签订合同后，作为双方计价的依据。

6. 合同协议书格式

如《建设工程设计合同》、《建设工程施工合同》、《建设工程监理合同》，可参照相应示范文本。

7. 图纸

设计图纸是组织招标项目施工的主要依据，是合同中的工程师语言，具有法律效力。对于大型工程，招标文件中的图纸仅供投标使用，待进入施工阶段后，陆续再发施工图纸，一般工程招标文件中的图纸即为施工图。

1.5　项目用具

会议桌、投影仪、计算机若干台、OFFICE等办公软件、打印机若干台。

1.6　项目实施

任务1　编制招标文件

本任务主要是编制招标文件。《LTE基站施工项目招标文件》包含以下部分：

招标公告/投标邀请书、投标申请人资格预审文件、招标文件、中标通知书。

国内招标的主要形式是公开招标，所以编写招标公告是采用公开招标方式的第一步。根据资格审查方式不同，招标公告分为采用资格预审方式的招标公告和采用资格后审方式的招标公告。

请教师指导招标阵营的两组学生完成两种不同方式的招标公告。两种范本示例如下：

资格预审招标公告范本

招标项目编号：

一、招标条件

本招标项目<u>（项目名称）</u>已由<u>（项目审批、核准或备案机关名称）</u>以<u>（批文名称及编号）</u>批准建设，项目业主为________，建设资金来自<u>（资金来源）</u>，项目出资比例为________，招标人为________。项目已具备招标条件，现进行公开招标，特邀请有兴趣的潜在投标人(以下简称申请人)提出资格预审申请。

二、项目概况与招标范围

2.1〈说明本次招标项目的招标内容、规模、结构类型、招标范围、标段划分及资金来源和落实情况等〉;

2.2 工程建设地点为__(工程建设地点)__;

2.3 计划开工日期为__(开工年)__年__(开工月)__月__(开工日)__日,计划竣工日期为__(竣工年)__年__(竣工月)__月__(竣工日)__日,工期__(工期)__日历天;

2.4 工程质量要求符合__(工程质量标准)__标准。

三、申请人资格要求

3.1 投标申请人须是具备建设行政主管部门核发的__{行业类别}__{资质类别}__{资质等级}__及以上资质,及安全生产许可证(副本)原件及复印件的法人或其他组织,________业绩,并在人员、设备、资金等方面具有相应的施工能力。

3.2 投标单位拟派出的项目经理或注册建造师须是具备建设行政主管部门核发的__{行业类别}__{资质类别}__{资质等级}__及以上资质。

3.3 拟派出的项目管理人员,应无在建工程,否则按废标处理;投标单位的项目经理或注册建造师中标后需到本项目招投标监督主管部门办理备案手续。

3.4 本次招标__(接受或不接受)__联合体投标。联合体投标的,应满足下列要求:________。

3.5 各投标人均可就上述标段中的__(具体数量)__个标段投标。

3.6 外省施工企业还需到分公司工商注册所在地的市(州)、县(市)建设行政主管部门办理《某省入吉建筑业企业备案证明书》后方可参加投标。

3.7 拒绝列入政府不良行为记录期间的企业或个人投标。

四、资格预审方法

本次资格预审采用________(合格制/限数量制)。

五、资格预审文件的获取

5.1 请申请人于________年________月________日至________年________月________日(法定公休日、法定节假日除外),每日上午________时至________时,下午________时至________时(北京时间,下同),在________(详细地址)持单位介绍信购买资格预审文件。

5.2 资格预审文件每套售价________元,售后不退。

5.3 邮购资格预审文件的,需另加手续费(含邮费)________元。招标人在收到单位介绍信和邮购款(含手续费)后________日内寄送。

六、资格预审申请文件的递交

6.1 递交资格预审申请文件截止时间(申请截止时间,下同)为________年________月________日________时________分,地点为________。

6.2 逾期送达或者未送达指定地点的资格预审申请文件,招标人不予受理。

6.3 有效递交资格预审投标人不足五家时,招标人另行组织招标。

七、发布公告的媒介

本次资格预审公告同时在（发布公告的媒介名称）上发布。

八、联系方式

招标人：________

地址：________　　　　邮编：________

联系人：________

电话：________　　　　传真：________

招标代理机构：________

地址：________　　　　邮编：________

联系人：________

电话：________　　　　传真：________

________年________月________日

资格后审招标公告范本

招标项目编号：

一、________工程，已由________批准建设。现决定对该项目施工进行国内公开招标，选定承包人。

二、本次招标工程项目的概况如下。

1. 工程综合说明：

2. 建设资金来源：________

3. 工程建设地点：________

4. 计划开工日期：________年________月________日，计划竣工日期：________年________月________日。工期：________（日历天）

5. 工程质量要求：达到国家现行施工验收规范的合格等级标准

三、本工程对投标人的资格审查采用资格后审方式，主要资格审查标准如下(详细内容和要求见招标文件)。

(1)具备有效的法人营业执照；

(2)具备承担招标工程项目的有效通信类企业资质及安全生产许可证，企业法人注册地不在某地的投标人还应具备市通管局出具的备案手续；

(3)经济实力及财务状况：

①投标人提供了不少于________的流动资金用于本工程的信贷证明；

②近三年营业总额不小于________亿元人民币，资产负债率小于________，净资产总值不小于________万元。(须提供经审计的财务报表及其他相关有效证明材料复印件)

(4)拟投入的关键施工机械设备满足招标工程项目所需。(投标人自有施工机械设备应附采购单据复印件，租赁机械设备要附租赁协议书，招标人应根据工程需要在招标文件中载明关键机械设备的具体要求)

(5)投标人近几年来独立完成过类似工程施工任务。(类似工程是指工程类型、结构、规模、复杂程度和所采用的施工技术及方法等方面相类似的工程，投标人须提供施工合同、竣工验收证明)

(6)项目班子配备：

①拟派项目负责人资质等级和专业满足招标工程项目要求，且其注册证书上记载的工作单位必须是投标单位，并以项目负责人身份承担过类似工程施工任务；(须提供建造师注册证书、施工合同、竣工验收证明)

②拟投入本工程的主要技术人员岗位明确、证件齐全、具有上岗资格。(指工程技术人员、预决算人员、财务人员、质检人员、安全人员、档案人员)

(7)市场信誉：

①投标人没有处于被责令停业、投标资格被取消状态，并在最近三年内没有骗取中标和严重违约及重大工程质量问题(须提交企业法人注册所在地行政主管部门出具的证明)；

②投标人银行信用等级为________。(招标人根据具体情况自行确定并在招标文件中载明)

(8)以独立投标人身份参与工程投标。

(9)法律、行政法规以及招标文件规定的其他资格条件。

只有符合以上所有标准的投标人才有可能通过资格审查。

四、本工程实行网上下载招标文件，投标人须注册成为某市综合招标投标信息网网员并取得密匙后，方可凭密匙登录：__某网址__。会员专区并按网上提示通过网上银行缴纳工本费后下载招标文件及图纸，时间为________年____________月________日至________年________月________日(节假日休息)，每天上午 9 时至 11 时，下午 15 时至 17 时。

五、招标文件每套售价为人民币________元，售后不退。图纸押金人民币________元，当投标人退还全部图纸时，该押金将同时退还给投标人(不计利息)。

六、投标人在提交投标文件前，应按照有关规定提供不少于人民币________万元的投标保证金。

七、投标文件提交的截止时间为________年________月________日________时整，提交地点为某大楼大厅，由招标人接收，逾期送达的投标文件将被拒绝。

八、本招标工程的开标将于投标截止的同一时间在________公开进行，投标人的法定代表人或其委托代理人应准时参加。

九、招标公告发布开始时间：________年________月________日。

十、招标公告发布媒体：________、________、________、________、________。

招标人：

地址：

邮政编码：

联系人：

联系号码：

传真：

日期：________年________月________日

任务 2　编制投标邀请书

当建设单位采用邀请招标的方式时，招标单位必须向至少三家及以上的符合资格要求的法人单位或其他组织发出投标邀请书。投标邀请书分为用于邀请招标的投标邀请书、采用资格预审方式的投标邀请书两种。

请教师指导招标阵营的两组学生完成投标邀请书。范本示例如下：

投标邀请书范本
（适用于邀请招标方式）

1.投标邀请书

______（被邀请单位名称）

（项目名称）项目已由（项目批准单位）批准建设，建设资金来自（出资单位名称），资金已落实。本招标项目的招标人为______，（委托招标代理机构名称）现对该项目进行邀请招标并以书面形式正式特邀请贵单位参加投标。

2.工程概况与招标内容

(1)招标编号：______

(2)项目建设地点：______

(3)工作内容：______

(4)项目规模：______

(5)工期要求：______

(6)工程质量要求：______

(7)工程类别：______

(8)招标范围：______

(9)承包方式：______

3.获取招标文件

凡有意参加投标者，请于______年______月______日至______月______日，上午______时至______时与下午______时至______时（北京时间，公休日、节假日除外）持投标邀请书、资质等级证书（交验副本原件，提供正本复印件）及经办人的身份证，向招标人/招标代理机构了解有关信息并购买招标文件。

招标文件的售价为：每套人民币（大写）元，售后不退。图纸押金（售价）______元（在退还图纸时退还，不计利息）。邮购招标文件的，需另加手续费（含邮费）______元。招标人在收到邮购款（含手续费）后______日内寄送。

购买招标文件及图纸资料的地点：______。

4.投标文件的提交

投标文件提交的截止时间为　年　月　日　时（北京时间），请在此时间前送达（收件单位名称和地址），在此时间后送达的投标文件将不再接受，未按规定附交投标保证金的投标文件将被拒绝。

投标保证金人民币（大写）______元。招标结束后，按招标文件规定的有效期限无息退还投标单位。

本次招标开标将于上述提交投标文件截止的同一时间在（开标地点）公开进行。

5.你单位收到本投标邀请书后，请于______（具体时间）前以传真或快递方式予以确认。

招标人：______	招标代理机构：______
地址：______	地址：______
邮编：______	邮编：______
联系人：______	联系人：______
电话：______	电话：______
传真：______	传真：______

电子邮件：________	电子邮件：__________
网址：__________	网址：_____________
开户银行：________	开户银行：__________
账号：__________	账号：_____________
	________年________月________

任务 3　发放招标文件

本任务要求做好组织准备工作；确定招标工作的程序；发放招标文件。

一、招标组织

由 5~6 人组成一个小组，每个小组设组长 1 名，负责本小组的实训任务和本小组成员的成绩评定。

二、确定招标工作流程

1. 工程招标投标工作流程表

招标投标工作流程参考图 1.2。其中，工程招标投标程序开始前的准备工作和结束后的工作，不属于建设工程招标投标的程序之列。如报建登记，是招标前的一项主要工作；签订合同是招标投标的目的和结果，也是招标工作的一项主要工作但不是程序。

不同招投标方式的程序有所区别。公开招标流程包含图示流程的所有环节，而邀请招标则不含资格预审，议标不含标底编制，资格预审，勘察现场，投标预备会，标底的报审和评标过程。

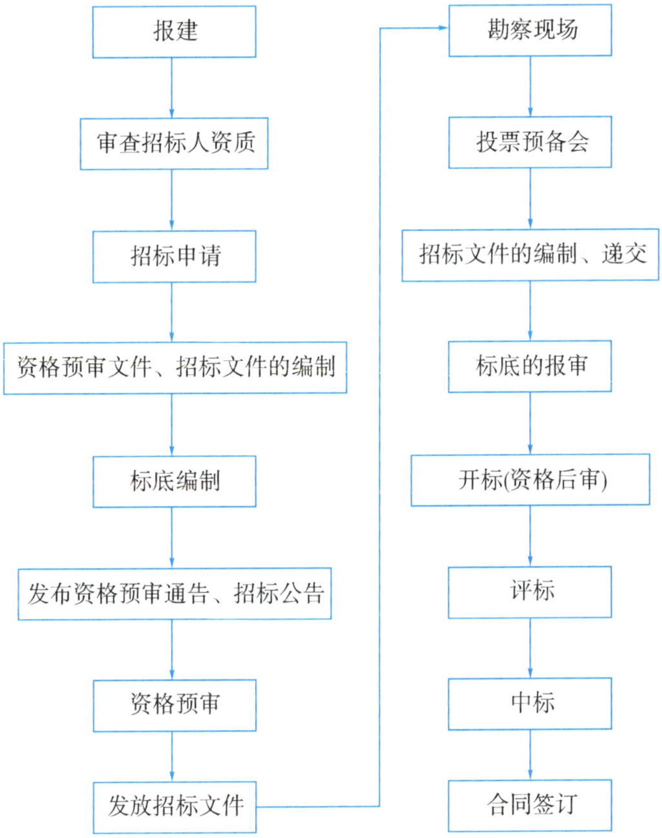

图 1.2　招标投标程序

2. 从招标人的角度看招标程序，主要经历以下几个环节。

(1)设立招标组织或委托代理人；

(2)申报招标申请书、招标文件、评标定标办法和标底(实行资格预审的还要申报资格预审文件)；

(3)招标公告的发布或投标邀请书发送；

(4)审查投标资格；

(5)分发招标文件以及相关资料，收取投标保证金；

(6)组织投标人进行现场踏勘，完成招标文件答疑；

(7)评标组织成立，召开开标会议(实行资格后审的还要进行资格审查)；

(8)审查投标文件，澄清其中不清楚的问题，组织评标；

(9)择优定标，发出中标通知书；

(10)报送审查合同草案，签订合同。

三、领取招标文件

领取《中国移动通信集团××分公司××××年度工程施工类项目招标文件》(可根据学习场景设定预先拟制或者选择其他招标文件作为项目背景素材)。

任务 4　编制研读报告

一、招标文件研读

工程招标文件，是建设工程招标人单方面阐述自己的招标条件和具体要求的意思表示，是招标人确定、修改和解释有关招标事项的各种书面表达形式的统称。

(一)招标文件组成

工程招标文件是由一系列有关招标方面的说明性文件资料组成的，包括各种旨在阐释招标人意志的书面文字、图表、电报、传真、电传等材料。一般来说，在形式上，由正式文本、对正式文本的解释和对正式文本的修改三部分构成招标文件。

1. 招标文件正式文本

招标文件结构形式分为卷、章、条目，图 1.3 所示。

工程招标文件

第一卷　投标须知、合同条件和合同格式
　　第一章　投标须知
　　第二章　投标条件
　　第三章　合同协议条款
　　第四章　合同格式
第二卷　技术规范
　　第五章　技术规范
第三卷　投标文件
　　第六章　投标书和投标书附录
　　第七章　工程量清单与报价表
　　第八章　辅助资料表
第四卷　图纸
　　第九章　图纸

图 1.3　招标文件格式

2. 对招标文件正式文本的解释(澄清)

其形式主要是书面答复、投标预备会记录等。投标人如果认为招标文件有问题需要澄清，应在收到招标文件后以文字、电传、传真或电报等书面形式向招标人提出，招标人将以文字、电传、传真或电报等书面形式或以投标预备会的方式给予解答。解答包括对询问的解释，但不说明询问的来源。解答意见经招标投标管理机构核准，由招标人送给所有获得招标文件的投标人。

3. 对招标文件正式文本的修改

其形式主要是补充通知、修改书等。在投标截止日前，招标人可以自己主动对招标文件进行修改，或为解答投标人要求澄清的问题而对招标文件进行修改。修改意见经招标投标管理机构核准，由招标人以文字、电传、传真或电报等书面形式发给所有获得招标文件的投标人。为了对投标人起到约束，招标文件中须包含招标文件的修改内容。投标人收到修改意见后应立即以书面形式(回执)通知招标人，确认已收到修改意见。招标人可酌情延长递交文件的截止时间，以便给投标人时间可以在编制投标文件时考虑修改意见。

(二)编审规则

建设工程招标文件由招标人或招标人委托的招标代理人负责编制，由建设工程招标投标管理机构负责审定。未经建设工程招标投标管理机构审定，建设工程招标人或招标代理人不得将招标文件分送给投标人。

从实践来看，编制和审定建设工程招标文件应当遵循以下规则。

1. 遵守法律、法规、规章和有关方针、政策的规定，符合有关贷款组织的合法要求。

保证招标文件的合法性，是编制和审定招标文件必须遵循的一个根本原则。不合法的招标文件是无效的，不受法律保护。

2. 真实可靠、完整统一、具体明确、诚实信用。

招标文件反映的情况和要求，必须真实可靠，讲求信用，不能欺骗或误导投标人。招标人或招标代理人对招标文件的真实性负责。招标文件的内容应当全面系统、完整统一，各部分之间必须力求一致，避免相互矛盾或冲突。招标文件确定的目标和提出的要求，必须具体明确，不能发生歧义，模棱两可。

3. 适当分标。

工程分标是指就工程建设项目全过程(总承包)中的勘察、设计、施工等阶段招标，分别编制招标文件，或者就工程建设项目全过程招标或勘察、设计、施工等阶段招标中的单位工程、特殊专业工程，分别编制招标文件。工程分标必须保证工程的完整性、专业性，正确选择分标方案，编制分标工程招标文件，不允许任意肢解工程，一般不能对单位工程再分部、分项招标，编制分部、分项招标文件。属于对单位工程分部、分项单独编制的招标文件，建设工程招标投标管理机构不予审定认可。

4. 兼顾招标人和投标人双方利益。

招标文件的规定要公平合理，不能不恰当地将招标人的风险转移给投标人。

(三)工程招标文件的内容

工程招标文件的内容，是建设工程招标文件内在诸要素的总和，反映招标人的基本目标、具体要求和愿与投标人达成什么样的关系。

一般来说，建设工程招标文件应包括投标须知，合同条件和合同协议条款，合同格式，技术规范，图纸、技术资料及附件投标文件的参考格式等几方面内容。

1. 投标须知：

投标须知正文的内容，主要包括对总则、招标文件、投标文件、开标、评标、授予合同等诸方面的说明和要求。

(1)总则

投标须知的总则通常包括表 1.2 所示内容。

表 1.2　投标须知总则

内容	说明
工程说明	主要说明工程的名称、位置、合同名称等情况
资金来源	主要说明招标项目的资金来源和支付使用的限制条件
资质要求与合格条件	对投标人参加投标进而中标的资格要求,主要说明为签订和履行合同的目的,投标人单独或联合投标时至少必须满足的资质条件
投标费用	投标人应承担其编制、递交投标文件所涉及的一切费用。无论投标结果如何,招标人对投标人在投标过程中发生的一切费用不负任何责任

(2)招标文件

这是投标须知中对招标文件本身的组成、格式、解释、修改等问题所作的说明。在这一部分,要特别提醒投标人仔细阅读、正确理解招标文件。

(3)投标文件

这是投标须知中对投标文件各项要求的阐述,主要包括以下几个方面:

①投标文件的语言

投标文件及投标人与招标人之间与投标有关的来往通知、函件和文件均应使用一种官方主导语言(如中文或英文)。

②投标文件的格式

投标人必须使用招标文件提供的表格格式,但表格可以按同样格式扩展,投标保证金、履约保证金的方式按投标须知有关条款的规定可以选择。

③投标报价

这是投标须知中对投标价格的构成、采用方式和投标货币等问题的说明。除非合同中另有规定,工程量清单中所报单价和合价,及报价汇总表中的价格,应包括施工设备、劳务、材料、管理、保险、维护、安装、税金、利润、政策文件规定及合同风险、责任等各项费用。投标人不得以低于成本的报价竞标。投标根据项目的工程量预算单价以及合价;或者按招标人提供的施工图,计算工程量,并计算工程项目的单价和合价。工程量清单中的每一单项均需计算填写单价和合价,投标人没有填写单价和合价的项目将不予支付,并认为此项费用已包括在工程量清单的其他单价和合价中。

④投标有效期

投标文件在投标须知规定的投标截止日期之后的前附表所列的日历日内有效。

⑤投标保证金

投标人应提供不少于规定数额的投标保证金,此投标保证金是投标文件的一个组成部分。

⑥投标预备会

投标人派代表于要求时间和地点出席投标预备会。投标预备会的目的是澄清、解答投标人提出的问题和组织投标人踏勘现场,了解情况。投标人可能被邀请对工施工现场和周围环境进行踏勘，以获取须投标人自己负责的有编制投标文件和签署合同所需的所有资料。因投标预备会而产生的对招标文件内容的修改，由招标人以补充通知等书面形式发出。

⑦投标文件的份数和签署

投标人按投标须知的规定，编制一份投标文件“正本”和前附表所述份数的“副本”，并明确标明“投标文件正本”和“投标文件副本”。当正本和副本出现不一致情况时以正本为准。正本与副本均须使用不能涂改的墨水书写或打印，由投标人的法定代表人亲自签署(或加盖法定代表人印鉴)，并加盖法人单位公章。

⑧投标文件的密封与标志

投标人应将投标文件的正本和每份副本密封在内层包封，再将其密封在外层包封中。在内包封上标明“投标文件正本”和“投标文件副本”。内层和外层都须写明招标人地址和名称、招标编号、工程名称、合同名称，并特别注明开标时间前不得启封。为避免投标出现逾期送达时不能原封退回，在内层包封上还应写明投标人的地址和名称、邮编。

⑨投标截止期

投标人应在规定的日期内将投标文件递交给招标人。招标人可以按投标须知规定的方式，酌情延长递交投标文件的截止日期。在上述情况下，招标人与投标人以前在投标截止期方面的全部权力、责任和义务，将适用于延长后新的投标截止期。招标人在投标截止期以后收到的投标文件，将原封退给投标人。

⑩投标文件的修改与撤回

投标人可以在递交投标文件以后，在规定的投标截止时间之前，采用书面形式向招标人递交补充、修改或撤回其投标文件的通知。在投标截止日期以后，不能更改投标文件。

(4)开标

这是投标须知中对开标的说明。

在所有投标人的法定代表人或授权代表在场的情况下，招标人将于规定的时间和地点举行开标会议，参加开标的投标人的代表应签名报到，以证明其出席开标会议。开标会议在招标投标管理机构监督下，由招标人组织并主持。开标时，对在规定截止日期前收到的投标文件，都当众进行拆封和宣读。但对按规定提交合格撤回通知的不予开封。投标人的法定代表人或其授权代表未参加开标会，视为自动放弃。未按规定标志、密封的文件，或在截止时间以后送达的投标文件将被视作无效。招标人当众宣布对所有投标文件的核查检视结果，并宣读有效举标的投标人名称、投标报价、修改内容、工期、质量、主要材料用量、投标保证金以及招标人认为适当的其他内容。

(5)评标

这是投标须知中对评标的阐释。内容包括：

①评标内容的保密

公开开标后，直到宣布授予中标人合同为止，凡属于审查、澄清、评价和比较投标的有关资料，和有关授予合同的信息，以及评标组织成员的名单都不应向投标人或与该过程无关的其他人泄露。招标人采取必要的措施,保证评标在严格保密的情况下进行。在投标文件的审查、澄清、评价和比较以及授予合同的过程中,投标人对招标人和评标组织其他成员施加影响的任何行为,都将导致取消投标资格。

②投标文件的澄清

为了有助于投标文件的审查、评价和比较,评标组织在保密其成员名单的情况下,可以个别要求投标人澄清其投标文件。有关澄清的要求与答复,应以书面形式进行,但不允许更改投标报价或投标的其他实质性内容。但是按照投标须知规定校核时发现的算术错误不在此列。

③投标文件的符合性鉴定

在详细评标之前,评标组织将首先审定每份投标文件是否在实质上响应了招标文件的要求。

④错误的修正

评标组织将对确定为实质上响应招标文件要求的投标文件进行校核,看其是否有计算上或累计上的算术错误。

⑤投标文件的评价与比较

评标组织将仅对按照投标须知确定为实质上响应招标文件要求的投标文件进行评价与比较。评标方法为综合评议法(或单项评议法、两阶段评议法)。

(6)授予合同

这是投标须知中对授予合同问题的阐释。主要有以下几点:

①合同授予标准。

招标人将把合同授予其投标文件在实质上响应招标文件要求和按投标须知规定评选出的投标人,确定为中标的投标人必须具有实施合同的能力和资源。

②中标通知书。

确定出中标人后,在投标有效期截止前,招标人将在招标投标管理机构认同下,以书面形式通知中标的投标人其投标被接受。在中标通知书中给出招标人对中标人按合同实施、完成和维护工程的中标标价(合同条件中称为“合同价格”),以及工期、质量和有关合同签订的日期、地点。中标通知书将成为合同的组成部分。在中标人按投标须知的规定提供了履约担保后,招标人将及时将末中标的结果通知其他投标人。

③合同的签署。

中标人按中标通知书中规定的时间和地点,由法定代表人或其授权代表前往与招标人代表进行合同签订。

④履约担保。

中标人应按规定向招标人提交履约担保。投标人应使用招标文件中提供的履约担保格式。如果中标人不按投标须知的规定执行,招标人将有充分的理由废除授标,并不退还其投标保证金。

2. 合同条件和合同协议条款

定义:招标文件中的合同条件和协议条款,是招标人单方面提出的关于投标人、招标人、监理工程师等各方义务权利关系的意愿和设想，是对合同签订、履行过程中可能出现的质量、进度、检验、支付、争议、索赔、仲裁等问题的示范性、定式性阐述。

3. 合同格式

合同格式是招标人在招标文件中拟定好的具体格式，在定标后由招标人与中标人达成一致协议后签署。投标时投标人不填写。

招标文件中的合同格式，包括合同协议书格式、履约担保书格式、银行履约保函格式、预付款银行保函格式等。

4. 技术规范

招标文件中的技术规范，反映招标人对工程技术方面的要求。通常分为工程现场条件和工程技术规范两大部分。

表 1.3　工程技术要求

工程技术要求	内容
工程现场条件	主要包括现场环境、地形、地貌、地质、水文、地震烈度、气温、雨雪量、风向、风力等自然条件，和工程范围、建设用地面积、建筑物占地面积、场地拆迁及平整情况、施工用水、用电、工地内外交通、环保、安全防护设施及有关勘探资料等施工条件。
工程采用的技术规范	对工程的技术规范，国家有关部门有一系列规定。招标文件要结合工程的具体环境和要求，写明已选定的适用于本工程的技术规范，列出编制规范的部门和名称。技术规范体现了设计要求，应注意对工程每一部位的材料和工艺提出明确要求，对计量要求做出明确规定。

5. 图纸、技术资料及附件

图纸不仅是拟制施工方案、确定施工方法、制定替代方案、计算报价不可缺少的资料，也是合同的重要组成部分。

6. 投标文件

招标文件中，要对投标文件做出清晰的要求，并拟定参考格式，供投标人在投标时填写。参考格式中包含有投标书及附录、工程量清单与辅助资料表、报价表等。其中，工程量清单与报价表格式，在采用工料单价和综合单价时不尽相同，并要注意对工料单价投标报价和综合单价投标报价进行说明。

二、踏勘现场及招标文件答疑

招标文件分发后，招标人要在招标文件规定的时间内，组织投标人踏勘现场，并对招标文件进行答疑。

(一)踏勘现场

招标人组织投标人进行踏勘现场，主要目的是让投标人了解工程现场和周围环境情况，获取必要的信息。内容包括：

1. 现场是否达到招标文件规定的条件；

2. 现场的地理位置和地形、地貌；

3. 现场的地质、土质、地下水位、水文等情况；

4. 现场气温、湿度、风力、年雨雪量等气候条件；

5. 现场交通、饮水、污水排放、生活用电、通信等环境情况；

6. 工程在现场中的位置与布置；

7. 临时用地、临时设施搭建等。

（二）招标答疑

投标人对招标文件或者在现场踏勘中如果有疑问或不清楚的问题，可以而且应当用书面的形式要求招标人予以解答。招标人收到投标人提出的疑问或不清楚的问题后，应当给予解释和答复。招标人的答疑可以根据情况采用以下方式进行：

1. 以书面形式解答，并将解答内容同时送达所有获得招标文件的投标人。书面形式包括解答书、信件、电报、电传、传真、电子数据交换和电子函件等可以有形地表现所载内容的形式。以书面形式解答招标文件中或现场踏勘中的疑问，在将解答内容送达所有获得招标文件的投标人之前，应先经招标投标管理机构审查认定。

2. 通过投标预备会进行解答，同时借此对图纸进行交底和解释，并以会议记录形式同时将解答内容送达所有获得招标文件的投标人。

（三）投标预备会

投标预备会也称答疑会、标前会议，是招标人为澄清或解答招标文件或现场踏勘中的问题，以便投标人更好地编制投标文件而组织召开的会议。投标预备会一般安排在招标文件发出后的 7～28 天内举行。参加会议的人员包括招标人、投标人、代理人、招标文件编制单位的人员、招标投标管理机构的人员等。会议由招标人主持。在会上，将介绍招标文件和现场情况，对招标文件进行交底和解释；解答投标人以书面或口头形式对招标文件和在现场踏勘中所提出的各种问题或疑问。

投标预备会程序：

1. 投标人和其他与会人员签到，以示出席；

2. 主持人宣布投标预备会开始；

3. 介绍出席会议人员；

4. 介绍解答人，宣布记录人员；

5. 解答投标人的各种问题和对招标文件进行交底；

6. 通知有关事项，如为使投标人在编制投标文件时，有足够的时间充分考虑招标人对招标文件的修改或补充内容，以及投标预备会议记录内容，招标人可根据情况决定适当延长投标书递交截止时间，并作通知等；

7. 整理解答内容，形成会议记录，并由招标人、投标人签字确认后宣布散会。会后，招标人将会议记录报招标投标管理机构核准，并将经核准后的会议记录送达所有获得招标文件的投标人。

1.7　项目小结

本次实训后需完成以下任务并提交成果：

1. 完成招标文件研读报告；

2. 召开投标预备会，进行招标答疑；

3. 完成投标预备会会议记录；

1.8 思考练习

1. 什么是工程招投标？
2. 工程招投标的分类和方式。
3. 简述工程招投标的程序。
4. 招标文件包括哪些内容？
5. 总结招标文件的编制方法。
6. 简述投标邀请书的内容。
7. 从招标人的角度看招标程序，主要经历哪些环节？
8. 踏勘现场及招标文件答疑工作的内容是什么？
9. 投标预备会的目的是什么？

1.9 拓展提高

1. 学习招标公告编写。
2. 学习资格预审文件编写。
3. 学习招标文件编写。

1.10 知识链接

相关法规与标准：

1.《中华人民共和国招标投标法》
2.《中华人民共和国招标投标法实施条例》
3.《工程建设项目招标范围和规模标准规定》
4.《招标公告发布暂行办法》
5.《施工招标投标人资格审查办法》
6.《工程建设项目勘察设计招标投标办法》

参考文献：

1. 王艳艳. 工程招投标与合同管理[M]. 中国建筑工业出版社，2011.
2. 李志生，付冬云. 建筑工程招投标实务与案例分析[M]. 机械工业出版社，2010.
3. 柯洪. 建设工程施工招投标与合同管理[M]. 中国建材工业出版社，2013.

项目 2 LTE 基站工程投标

2.1 项目描述

你所在的工程施工单位准备参加中国移动通信集团某分公司 TD-LTE 基站相关工程的施工单位投标工作。请编制投标文件并参与开标评标过程。

2.2 项目解析

工程投标是指具有合法资格和能力的投标人根据招标条件，经过初步研究和估算，在指定期限内填写标书，提出报价，并等候开标，决定能否中标的经济活动。在投标过程中投标书的编制，它是衡量投标企业素质技术水平和管理水平的综合性文件，是招标单位进行评标的主要依据。在本次工程投标实训中，学生应在教师指导下，分阶段协作完成相应任务。掌握工程投标工作程序和标书的编制方法。

经过本次实训后，需完成以下成果：

1. 编制投标文件。

2. 做好评标定标会议记录。

3. 编制评标报告。

2.3 教学策略

1. 项目名称

LTE 基站工程投标。

2. 适用年级

本科四年级。

3. 教学目标

(1)具备 OFFICE 系列软件的使用能力；

(2)具备投标文件的编制能力；

(3)具备 CAD、VISIO 图纸的编制能力；

(4)具备组织评标会的能力。

4. 教学时间/学时

第一学期/4 学时。

5. 教学资源

相关多媒体资料、教材、教学课件、投标工作对应视频资料、计算机机房、模拟会议室等。

6. 参考教学方法

可以在讲授法、互动式教学法、现场教学法、演示法、角色扮演、分组讨论法中做出选择。

7. 参考资料、学习资源

教材、教学课件、投标相关标准、实习现场、投标相关图片资料、视频、电视电影等媒体文件。

2.4 必备知识

一、投标文件的编制

在招投标过程中投标书的编制，它是衡量投标企业素质技术水平和管理水平的综合性文件，是招标单位进行评标的主要依据。

1. 编制标书的指导思想

(1)实事求是，认真细致。根据企业的实际情况，按照招标文件的要求，编制出切实可行的方案和措施，认真细致地逐项填写有关文件。

(2)科学严谨，先进合理。对标价的经济分析要采用科学的方法，所制定的方案、措施、工期要先进合理，最大限度地满足招标单位的要求，反映出投标单位的技术力量和管理水平。

2. 编制标书的主要依据

(1)招标文件，包括资料、图纸和要求。这是编制标书的主要依据，因此须熟悉并掌握。

(2)国家的有关方针政策，法律法规和市场行情的相关资料。这是确保企业正确的经营方向，合法经营的重要前提。

(3)经核算后的工程成本，是编制投标报价的重要参考依据。

(4)投标企业内部条件，能否适应外部环境的变化，也是编制标书的重要依据之一。

3. 投标书的格式和内容

投标书由建设主管部门随招标文件发给招标企业。由封面、主文、和附件三部分组成。

4. 标书附件

(1)投标企业资质等级证书。

(2)投标企业近几年的业绩及奖惩情况。

(3)工程勘察设计大纲或工程施工组织设计或工程监理大纲。

2.5 项目用具

会议桌、投影仪、计算机若干台、OFFICE 等办公软件、打印机若干台。

2.6 项目实施

任务 1 完成投标准备工作

一、组织招投标

1. 同上一任务，由 5～6 人组成一个小组，每个小组设组长 1 名，负责本小组的投标组织工作和本小组成员的成绩评定，同时作为投标单位的法人代表履行投标责任。

2. 准备阶段每个小组主要工作任务包括：确定各个小组投标单位身份(代表一家工程施工建设单位)，各组拟定一个单位名称作为小组的模拟投标单位名称，可刻一枚小组印章作为小组投标印章。收集该单位的有关信息资料，整理招标文件研读报告和投标预备会会议记录，为投标做准备。

二、确定投标工作流程

从投标人的角度看工程投标的一般程序，主要经历如图 2.1 的几个环节。

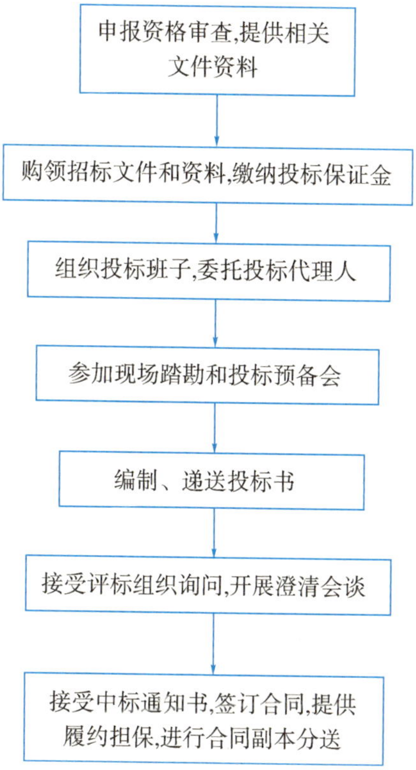

图 2.1　工程投标程序

任务 2　编制、递交投标文件

一、编制投标文件

(一)工程投标文件的基本内容

工程投标文件，是工程投标人单方面阐述自己响应招标文件要求，旨在向招标人提出愿意订立合同的意思表示，是投标人确定、修改和解释有关投标事项的各种书面表达形式的统称。

投标人在投标文件中必须明确向招标人表示愿以招标文件的内容订立合同的意思；必须对招标文件提出的实质性要求和条件做出响应，不得以低于成本的报价竞标；必须由有资格的投标人编制；必须按照规定的时间、地点递交给招标人。否则该投标文件将被招标人拒绝。

投标文件一般由图 2.2 中内容组成：

图 2.2　投标文件内容

投标人必须使用招标文件提供的投标文件表格格式，但表格可以按同样格式扩展。招标文件中拟定的供投标人投标时填写的一套投标文件格式，主要有投标函及其附录、工程量清单与报价表、辅助资料表等。

（二）编制工程投标文件的步骤

领取了招标文件，接着要开始编制投标文件。一般步骤是：

1. 熟悉招标文件、图纸、资料，可以用书面或口头方式向招标人询问、澄清图纸和资料方面不清楚、不理解的地方；

2. 参加招标人施工现场情况介绍和答疑会；

3. 了解材料供应和价格现状；

4. 调查当地交通运输条件；

5. 施工组织设计编制，计算、复查图纸工程量；

6. 编制投标单价；

7. 取费标准的计算或确定采用取费标准；

8. 投标造价计算；

9. 投标造价的核对调整；

10. 最终确定投标报价。

（三）编制工程投标文件的注意事项

1. 投标人必须使用招标方规定的投标文件表格格式编制投标文件（表格可同样格式扩展）。履约保证金、投标保证金的方式，按招标文件相关条款的规定可选择。投标人填写投标文件的空格时，凡要求填写的空格都必须填写，如果空着不填将视为放弃。工期、质量等级、价格等实质性的项目或数字如未填写的，将被作为无效或作废处理。将投标文件按规定的时间送交招标人，等待开标、决标的开始。

2. 应当编制的投标文件"正本"仅一份，"副本"则按招标文件前附表所述的份数提供，同时要明确标明"投标文件正本"和"投标文件副本"字样。当出现投标文件正本和副本不一致时，以正本为准。

3. 正本与副本均应使用不能涂改的墨水书写或打印，填写投标文件要字迹整洁、清楚，补充设计图纸要规范。

4. 所有投标文件均由投标人的法定代表人签署、加盖印鉴，并加盖法人单位公章。

5. 填报时应反复核对，保证汇总计算和分项不会出现错误。除非招标人的要求，或者是投标人引起的必须改正的错误，全套投标文件应无行间插字和涂改。并且修改处须由投标文件签字人签字作证明并加盖印鉴。

6. 如招标文件规定按合同总价百分比收取投标保证金时，为防止泄漏己方报价，开投标保函不要太早。但有的投标商故意加大并提前开出保函金额，以达到麻痹竞争对手的目的。

投标文件有下列情形之一的，在开标时将被作为无效或作废的投标文件，不能参加评标。

（1）投标文件未按规定标志、密封的；

（2）未经法定代表人签署或未加盖投标人公章或未加盖法定代表人印鉴的；

（3）未按规定的格式填写，内容不全或字迹模糊辨认不清的；

（4）投标截止时间以后送达的投标文件。

投标人在编制投标文件时应特别注意，以免被判为无效标而前功尽弃。

二、递送投标文件

递送投标文件，也称递标，是指投标人在标文件要求提交投标文件的截止时间前，将所有准备好的投标文件密封送达投标地点。招标人收到投标文件后，应当签收保存，不得开启。投标人有权要求招标人或者招标投标中介机构提供签收证明。投标人在递交投标文件以后，投标截止时间之前，可以对所递交的投标文件进行补充、修改或撤回，并书面通知招标人，但所递交的补充、修改或撤回通知必须按招标文件的规定编制、密封和标志。补充、修改的内容为投标文件的组成部分。

投标人应将投标文件的正本和每份副本分别密封在内层包封，再密封在一个外层包封中，并在内包封上正确标明"投标文件正本"和"投标文件副本"。内层和外层包封都应写明招标人地址和名称、招标编号、工程名称、合同名称，并特别注明开标日期之前不得启封。在内层包封上还应写明投标人的地址与名称、邮编，避免投标出现逾期送达时不能原封退回。如果内外层包封未按规定密封并标注，招标人不承担提前开封或投标文件错放的责任，投标文件将会被拒绝，并退还给投标方。

任务3 开标、评标、定标

开标会由教师组织，各组选一个同学作为评标专家参加会议。

各组法人代表及法人代表代理人参加开标，全体同学参与。评标由各组选出的代表及教师参加，当场定标。若开标后发现废标的组本项目得分为零。

一、开标

投标预备会结束后，招标人就要为接受投标文件、开标做准备。接受投标工作结束，招标人要按招标文件的规定准时开标评标，参见表2.1。

表2.1 开标会安排

开标会时间	开标，应在招标文件要求的投标文件提交截止日期的同一时间进行
开标会地点	开标地点应当为招标文件所确定的地点
参会人员	参加开标会议的人员，包括投标人法人或其委托代理人、招标人或代表人、招标代理人、招投标监管人员和招标人自愿邀请的公证人员等。评标组织成员不参加开标会议。开标会议由招标人或招标代理人组织，由招标人或招标人代表主持，并在招标投标管理机构的监督下进行。

1.会议程序

(1)参加开标会议的人员签名报到，表明与会人员已到会。

(2)会议主持人宣布开标会议开始，宣读招标人法定代表人资格证明或招标人代表的授权委托书，介绍参加会议的单位和人员名单，宣布唱标人员、记录人员名单。唱标人员一般由招标人的工作人员担任，也可以由招标投标管理机构的人员担任。记录人员一般由招标人或其代理人的工作人员担任。

(3)介绍工程项目有关情况，请投标人或其推选的代表检查投标文件的密封情况，并签字予以确认。也可以请招标人自愿委托的公证机构检查并公证。

(4)由招标人代表当众宣布评标定标办法。

(5)由招标人或招标投标管理机构的人员核查投标人提交的投标文件和有关证件、资料，检视其密封、标志、签署等情况。经确认无误后，当众启封投标文件，宣布核查检视结果。

(6)由唱标人员进行唱标。唱标是指公布投标文件的主要内容，当众宣读投标文件的投标人名称、投标报价、工期、质量、主要材料用量、投标保证金、优惠条件等主要内容。唱标顺序按各投标人报送的投标文件时间先后的逆顺序进行。

(7)由招标投标管理机构当众宣布审定后的标底。

(8)由投标人的法定代表人或其委托代理人核对开标会议记录，并签字确认开标结果。

开标会议的记录人员应现场制作开标会议记录，将开标会议的全过程和主要情况，特别是投标人参加会议的情况、对投标文件的核查检视结果、开启并宣读的投标文件和标底的主要内容等，当场记录在案，并请投标人的法定代表人或其委托代理人核对无误后签字确认。开标会议记录应存档备查。投标人在开标会议记录上签字后，即退出会场。至此，开标会议结束，转入评标阶段。

2. 无效条件

(1)未按招标文件的要求标志、密封的;

(2)无投标人公章,无投标人的法人/委托代理人印鉴或签字的;

(3)投标文件标明的投标人在名称和法律地位上与通过资格审查时的不一致,且这种不一致明显不利于招标人或为招标文件所不允许的;

(4)没有按照招标文件要求的格式、规范填写,内容不完整或字迹不清晰的;

(5)投标人在一份投标文件中对同一招标项目报有两个或多个报价,且未书面声明以哪个报价为准的;

(6)逾期送达的;

(7)投标人未参加开标会议的;

(8)提交合格的撤回通知的。

有上述情形,如果涉及投标文件实质性内容的,应当留待评标时由评标组织评审、确认投标文件是否有效。实践中,对在开标时就被确认无效的投标文件,也有不启封或不宣读的做法。若在开封前确认投标文件为无效的,不予启封;在开封后唱标前被确认为无效的,不予宣读。应由参加开标会议的招标人或其代表在开标时确认投标文件是否无效,所得出结论投标当事人若无异议,经管理机构认可后宣布。若当事人有异议的,则应留待评标时由评标组织评审确认。

二、组建评标组织进行评标

开标会后,招标人要接着组织评标。评标必须在管理机构的监督下,由招标人依法组建的评标组织完成。组建评标组织是评标前的一项重要工作。

评标组织由招标人的代表和有关经济、技术等方面的专家组成。其具体形式为评标委员会,实践中也有是评标小组的。其成员名单在中标结果最终确定前必须保密。

评标一般采用评标会的形式进行。参会人员为招标人或其代表人、招标代理人、招标投标监管人员、评标组织成员等。投标人不得参加。评标会由招标人或其委托的代理人召集,由评标组织负责人主持。

1. 评标会程序

(1)待开标会结束,投标人即离开会场,参与评标人员进入会场,由评标组织负责人宣布评标会开始。

(2)评标成员审阅投标文件,主要检查确认是否在实质上响应招标要求;正副本内容一致性;是否存在重大漏/缺项;是否提出了招标人无法接受的保留条件等。

(3)根据评标定标办法的规定,评标组织成员只对有效的投标文件进行评议,并对评标结果签字。

(4)在有必要时,评标组织可要求投标人对文件中不清楚的问题作必要的澄清或者阐释,但不得改变投标文件的实质性内容或超出投标文件的范围。所澄清和确认的问题,经招投标双方签字后,以书面形式作为投标文件的一部分,并列入评标依据内。在会谈中,不允许双方变更或寻求变更质量等级、价格、工期等实质内容。开标后,投标人对质量等级、价格、工期等实质性内容提出的任何附加优惠条件或者修正声明,一律不得作为评标的依据。

(5)评标组织负责人对结果完成校核，依据得分高低排出投标人顺序并形成评标报告，经管理机构审查无误后，根据评标报告确定中标人。评标工作结束。

2.两段三审

依据评标过程中的评议内容，评标程序包括两段三审——初审以及终审。

初审：在符合性、技术性及商务性三方面对投标文件进行评审，从有效或作废的投标文件中遴选出满足资格的投标人。

终审：综合性地比较分析投标文件，进一步对筛选出的投标人完成澄清、答辩工作，择优选择中标候选人。

三审：对投标文件的符合性、技术性和商务性开展评审。

要注意，终审并非在每一项评标中都必备，例如，未采用单项评议法时，可不开展终审。

3.评审内容

评标阶段审查评议投标文件的内容包括：

(1)符合性鉴定。包括商务符合性和技术符合性。招标文件需要投标文件对其要求有实质的响应，即是指投标与招标文件在所有条款、规定和条件上应无显著差异或保留，确保相符。如果投标文件未满足上述要求，招标人应予以拒绝，并不允许投标人撤销或修正投标文件中不符合要求的差异或保留。

(2)技术性评估。评估内容包括：方案或组织设计、进度计划、关键工序，技术能力，人员和设备配置，质量控制，临时场地、设施情况，施工现场环境保护措施等。

(3)商务性评估。对投标文件中，满足实质上响应招标文件要求的，开展投标报价评估，工作内容有：校核投标报价，审查数据有无累计上或计算上的错误，分析报价构成是否合理。如果查出算术错误，视具体情况进行修改：如果文字表达方式数额与数字表达方式数额不一致时，以文字数额为准；当总价与工程量和单价的乘积彼此不一致时，以单价为准，除非有明显的小数点错位时以合价为准，同时对单价进行修改。据此原则调整投标报价，在投标人确认之后，对投标人起到约束作用。如果投标人不接受，则拒绝其投标。

(4)综合评价、比较。评标时依照招标文件中明确的评标方法和标准，本着公正合理、平等竞争的原则，综合评价和比较报价、质量、工期、主材用量、施工方案、业绩和合同履行情况、社会信誉、优惠条件等方面，对比分析标底，通过进一步澄清、答辩和评审，公正、合理、择优确定候选中标人。

评标委员会根据综合评审情况得出评标结论，其中应注明收到的投标文件数、无效的投标文件数及原因、满足要求的投标文件数，评标过程相关情况，评审结论等，并向招标人推荐一至三个候选中标人(需注明排列顺序并说明原因以及方案的优劣对比等)。

三、定标

1.审查评标委员会的结论。招标人对评标委员会提交的结果进行审查，审查内容应包括：评标记录、综合评审、询标记录和比较记录、成员的个人意见等。

2.定标。招标人按照招标文件明确的定标原则，在规定时间内从推荐的候选中标人中确定中标人，而中标人必须满足各项招标要求，且其方案为最优，在综合评审时得分最高。

3. 中标通知。招标人在确定中标人后应将中标结果书面通知所有投标人。

4. 合同签订。中标人需按照招标文件和中标通知书的规定，与采购人签订合同。招标文件（含修改和澄清部分）、中标通知书、投标文件（含补充部分）是合同签订的重要依据。

四、评标报告的撰写和提交

根据《招标投标法》第四十条规定和《评标委员会和评标方法暂行规定》，委员会完成评标后，应向招标人提供书面评标报告，并推荐合格的中标候选人，候选人数量应限定在1～3人，招标人也可以授权评委会直接确定中标人。评标报告内容见图2.3，具体包括：

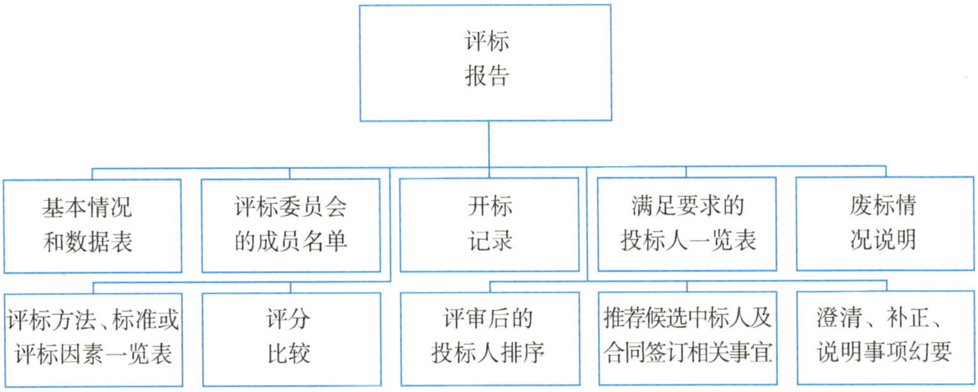

图2.3　评标报告内容

评标委员会全体成员在评标报告上签字。委员若对结论持有异议可书面阐述其不同理由和意见。成员拒绝签字并且就其不同理由与意见不作陈述的，将被视为同意。评标委员会对此类情况作说明并记录在案。

2.7　项目小结

本次实训后需完成以下任务并提交成果：

1. 工程投标文件1份；
2. 开标、评标过程的会议记录1份；
3. 评标报告1份。

2.8　思考练习

1. 编制标书的依据是什么？
2. 阐述投标工作流程。
3. 总结如何编制工程投标文件？
4. 递送投标文件时有哪些注意事项？
5. 阐述开标会议流程。
6. 评标阶段审查评议投标文件的哪些内容？
7. 评标报告的内容包含什么？

2.9 拓展提高

小组讨论后开展交流会分享投标决策的影响因素及投标技巧。

2.10 知识链接

相关法规与标准：

1.《中华人民共和国招标投标法》

2.《中华人民共和国招标投标法实施条例》

3.《评标委员会和评标办法暂行规定》

4.《施工招标投标人资格审查办法》

5.《工程建设项目勘察设计招标投标办法》

参考文献：

1. 刘匀，金瑞珺. 工程概预算与招投标[M]. 同济大学出版社，2007.

2. 宋春岩. 建设工程招投标与合同管理[M]. 北京大学出版社，2014.

3. 郝林，郝瑛. 工程招投标原理及应用[M]. 中国电力出版社，2011.

项目 3　LTE 基站工程勘察设计

3.1　项目描述

某运营商某地分公司“2016 年某实验楼 LTE 基站设计项目”已由该分公司根据 2016 年投资情况及年度建设规划着手启动，受托方为某设计院某地分公司。作为该设计院的一名工作人员的你，需要对该 LTE 基站工程项目于 2016 年 5 月 21 日前完成设计。

请教师带领学生们模拟设计方所做的工作流程，完成设计工作，编写《某实验楼 LTE 基站设计文件》，绘制成套的《LTE 基站施工图纸》。

3.2　项目解析

一、工作背景介绍

通信设计工作属于通信产业链的服务支撑类工作，属第三方，其作用是为运营商提供设计、咨询类工作。一般来说，国内从事通信类设计工作的单位有设计院、设计公司等，他们存在的目的是为了避免投资浪费和保证施工质量，为甲方的投资负责。

设计院(公司)完成的工作主要分为项目咨询与设计两大类，工作内容是通信网络规划、方案及施工图的设计、投资预算编制，这些工作是科学技术与经验应用结合非常强的工作。设计院(公司)是运营商与厂家的重要桥梁，也是运营商的重要参谋，但是，随着行业的发展，设计院的工作已经不仅仅是简单的勘察设计与图纸绘制，也会涉及运营商汇报材料编制和文秘性服务。

一个合格的设计人员，需要掌握设计技能、设备知识以及工程的建设流程。工作中常用到的软件有 Office、Auto　CAD、VISIO、Mapinfo 及预算软件等。建议大家在实训前，自行学习常用软件。学会这些软件，能够有效地完成移动通信工程设计工作，提高自己的工作效率，对于自我提升来说，非常重要。

二、设计流程介绍

要进行方案及施工图的设计，设计工作前期必须进行勘察，得到现场数据后，才会进行设计工作，设计工作主要是方案及图纸设计、说明和预算编制。

按照设计的常规流程来说，通信工程勘察设计的工作程序分为：

1. 接受任务，分析内容；
2. 联系人员，目的明确；
3. 准备工具，确定方位；
4. 实地查勘，做好记录；
5. 收集资料，确定方案；
6. 绘制图纸，编制预算；
7. 上交主管，审核方案；
8. 编制文件，打印出版；
9. 熟悉文件，按时会审；
10. 总结经验，取长补短。

简要的归纳下来，较为重要的有四大步骤，即勘察准备、站点勘察、机房勘察、工程设计。这四个步骤的主要工作有：

1. 准备资料、工具、文档等；
2. 出具勘察报告；
3. 编写工程设计文件；
4. 绘制施工图纸。

3.3 教学策略

1. 项目名称

LTE 基站工程勘察设计；

2. 适用年级

本科四年级；

3. 教学目标

(1)具备勘察设计常用仪器设备的使用能力；

(2)具备基站站点室外勘察的能力；

(3)具备基站机房工程勘察的能力；

(4)具备 CAD、VISIO 制图的能力；

(5)具备工程设计的制作能力。

4. 教学时间/学时

第一学期/8 学时；

5. 教学资源

多媒体资料、教材、教学课件、视频资料、LTE 基站机房、楼顶天馈系统等；

6. 参考教学方法

讲授法、参观教学法、互动式教学法、现场教学法、演示法、角色扮演、分组讨论；

7. 参考资料、学习资源

建议该部分参考以下设计标准：

(1)中华人民共和国国家标准 GB8702－88《电磁辐射防护规定》；

(2)中华人民共和国通信行业标准 YD　5039－2009《通信工程建设环境保护技术暂行规定》；

(3)中华人民共和国通信行业标准 YD/T　5003－2005《电信专用房屋设计规范》；

(4)中华人民共和国通信行业标准 YD　5059－2005《电信设备安装抗震设计规范》；

(5)中华人民共和国通信行业标准 YD　5098－2005《通信局(站)防雷与接地工程设计规范》；

(6)中华人民共和国通信行业标准 YD/T　5182－2009《第三代移动通信基站设计暂行规定》；

(7)中华人民共和国通信行业标准 YD/T　5120－2005《无线通信系统室内覆盖工程设计规范》；

(8)中国电信 WLAN 系统工程设计规范(暂行)[DXJS　1026－2008]；

(9)中华人民共和国通信行业标准 YD/T　5115－2005《移动通信直放站工程设计规范》；

(10)中华人民共和国通信行业标准 YD/T　5104－2005《900/1800 MHz　TDMA 数字蜂窝移动通信网工程设计规范》；

(11)中华人民共和国通信行业标准 YD/T　5161－2007《边远地区 900/1800 MHz　TDMA 数字蜂窝移动通信工程无线网络设计暂行规定》；

(12)中华人民共和国通信行业标准 YD　5112－2008《2G Hz　TD－SCDMA 数字蜂窝移动通信网工程设计暂行规定》；

(13)中华人民共和国通信行业标准 YD　5110－2009《800 MHz/2G Hz　CDMA2000 数字蜂窝移动通信网工程设计暂行规定》；

(14)中华人民共和国通信行业标准 YD　5111－2009《2G Hz　WCDMA 数字蜂窝移动通信网工程设计暂行规定》；

(15)《工程建设标准强制性条文(信息工程部分)宣贯辅导教材(2007年版)》。

3.4　必备知识

移动通信设计主要包括核心网、无线网、电源以及土建配套等专业，而无线网最为复杂，工作量大，也是整网质量好坏的最关键因素，因此无线网设计至关重要，本任务主要介绍无线专业查勘的具体操作。在设计之前，对移动基站的勘察工作必不可少，这是工程设计中的一个重要环节，勘察工程师需按照理想站址实地察看，根据各种建站条件(包括电源、传输、电磁背景、征地情况等)将可能的站址记录下来，再综合其偏离理想站址的范围、对将来小区分裂的影响、经济效益、覆盖区预测等各方面进行考虑，得出合适的站址方案，并取得基站工程设计中所需要的数据。可以说基站现场勘察是系统工程设计的基础，所以要求勘察工程师必须具有一定的专业知识和认真、实事求是的工作态度。

一、勘察注意事项

(1)勘察信息的标准化，不要加入个人的主观意识。勘察信息按照勘察表格中的要求尽量填写完整，切忌遗漏信息而增加二次勘察的时间和成本。

(2)阶段性查勘完毕后，应及时对勘察数据进行核对、整理、归档，并将基站相关信息填入表格，以便汇总统计及与建设单位进行沟通。

(3)阶段性勘察完毕后，应及时对现场设计草图进行核对、整理，便于绘制正式设计施工图纸。草图应尽可能考虑机房设备摆放的多种方案，初步设计机房设备布置方案、室内走线架安装方案等。

基站勘察时需将勘察得到的信息记录在规范的表格中。

二、“机房平面图”应记录的有关信息

(一)已有机房(利旧、共享)

1. 机房长宽高尺寸，门、窗、梁(上、下)、柱等的位置、尺寸(含距地高度)；指北方向；如为多孔板楼面的应标明孔板走向，便于加固设计及设备摆放布置。

2. 室内如有其他障碍物(水管、煤气管、消防设施、暖气片、地暖、防静电地板等)，应注明障碍物的位置、尺寸(含高度)。

3. 走线架、馈线窗、室内接地排、交流配电箱、浪涌抑制器等的位置、尺寸(含距地高度)。

4. 机房如需改造，应详细注明改造的相关信息，需新增部分走线架的应有设计方案并与原有走线架相区别。

5. 已有设备(含空调、蓄电池等)的平面布置，设备型号、设备配置、设备尺寸(含高度)等；

6. 新增设备(含空调、蓄电池等)的平面布置，设备型号、设备配置、设备尺寸(含高度)等；

7. 馈线及电缆路由。

8. 在平面图适当地方画出馈线孔及室内接地排使用情况图，如不能满足本期工程要求，需说明如何改造或新增。

9. 在平面图适当地方画出交流配电箱空开分配情况图，说明每路空开下挂的设备情况，剩余空开的路数、容量能否满足本期工程新增设备的要求，如不能满足需说明如何改造。

10. 在平面图适当地方画出开关电源内空开或熔丝分配情况图，说明每路下挂的设备情况，剩余空开或熔丝的数量、容量能否满足本期工程新增设备的要求，如不能满足需说明如何改造。

11. 在机房内应从不同角度拍摄机房照片，必要时对局部特别情况拍摄照片记录以帮助日后记忆。

12. 如蓄电池需升级，则提出升级方案。

13. 机房承重问题应由土建专业设计人员进行核实。

（二）新机房（租用、自有）

1. 机房长宽高尺寸，门、窗、梁（上、下）、柱等的位置、尺寸（含距地高度）；指北方向；如为多孔板楼面的应标明孔板走向，便于加固设计及设备摆放布置。

2. 室内如有其他障碍物（水管、煤气管、消防设施、暖气片、地暖、防静电地板等），应注明障碍物的位置、尺寸（含高度）。

3. 设计走线架、馈线窗、室内接地排、交流配电箱、浪涌抑制器等的布置位置、尺寸（含距地高度）。

4. 设计新增设备（含空调、蓄电池等）的平面布置；空调室外机的放置位置。

5. 馈线及电缆路由。

6. 在机房内应从不同角度拍摄机房照片，必要时对局部特别情况拍摄照片记录以帮助日后记忆。

7. 机房承重问题应由土建专业设计人员进行核实。

8. 确定油机切换箱和电表箱的位置。

（三）新机房（新建、共建）

1. 应清楚标明指北方位、机房建造位置（相对于参照物）、机房尺寸（含高度）、机房与塔桅的相对位置、机房门所开位置及大小、馈线爬梯（含高度），馈线窗（含距地高度）。

2. 设计走线架、馈线窗、室内接地排、交流配电箱、浪涌抑制器等的布置位置、尺寸（含距地高度）。

3. 设计新增设备（含空调、蓄电池等）的平面布置等；空调室外机的放置位置。

4. 馈线及电缆路由。

5. 应从不同角度拍摄机房及塔桅建造位置照片。

6. 确定油机切换箱和电表箱的位置。

（四）室内分布及 Wlan

1. 机房图参照基站机房需记录的相关信息。

2. 各层平面图及详细尺寸。

3. 各层的层高。

4. 管道井、走线井、电梯井的详细位置、尺寸。

5. 天花板的详细情况。

三、“天馈安装示意图”应记录的有关信息

（一）落地塔

1. 对已有落地塔，需详细记录铁塔塔型，铁塔与机房的相对位置，馈线路由（室外走线架及爬梯），各安装平台的高度、直径、抱杆及方位，所有已安装天线（包括微波、GPS 等）的具体安装位置、高度、方位、天线型号等。

如果是共建共享的铁塔，需要记录各运营商占用或规划预留情况。

2. 设计本期需安装天线（包括微波、GPS 等）的安装位置、高度、方位、下倾角；如铁塔需改造，则需由塔桅设计单位设计改造方案，无线专业提出改造工艺要求。

3. 应从不同角度拍摄铁塔及已安装天线的照片。

4. 对新建铁塔，需设计铁塔塔型，铁塔与机房的相对位置，馈线路由（室外走线架及爬梯,或地下管道、套管走线),各安装平台的高度、直径、抱杆及方位。

(二)已有屋顶塔桅基站

1. 屋顶总体平面图,尺寸应尽可能详细。如屋顶有楼梯间、水箱、太阳能热水器、女儿墙等的位置及尺寸(含高度信息),梁或承重墙的位置,机房的相对位置等。如建筑物结构复杂,应另画"建筑物立面图"以说明。

2. 周围 50 米以内的障碍物与本基站的相对位置。附近高压线、变电站、加油站、煤气站、医院、幼儿园、小学或其他敏感设施与本基站的相对位置。如同一张图上无法体现,应另画"周围环境示意图"以说明。

3. 现有塔桅在屋顶的准确位置、高度;各系统天线的安装位置、安装高度、方位角和下倾角;室外走线架及馈线爬梯位置、尺寸;馈线走线路由;馈线下爬与机房馈线入口洞的相对位置;室外接地排位置等。

如和其他运营商共建共享,也需要记录其各自的上述相关信息。

4. 如塔桅需改造则需设计塔桅改造方案、尺寸。

5. 设计本期工程天馈(含 GPS 天馈)安装位置(含高度信息)、方位、下倾角。

6. 楼体防雷接地网情况,记录接地点可选位置,考虑防雷接地方案。

7. 需绘制"馈线走线图",如馈线走线路由复杂,可分段绘制,增加图纸数量。

8. 需对整体及局部特别情况拍摄照片记录以帮助日后记忆。

(三)新建屋顶桅杆基站

1. 屋顶总体平面图,尺寸应尽可能详细。如屋顶有楼梯间、水箱、太阳能热水器、女儿墙等的位置及尺寸(含高度信息),梁或承重墙的位置,机房的相对位置等。如建筑物结构复杂,应另画"建筑物立面图"以说明。

2. 周围 50 米以内的障碍物与本基站的相对位置。附近高压线、变电站、加油站、煤气站、医院、幼儿园、小学或其他敏感设施与本基站的相对位置。如同一张图上无法体现,应另画"周围环境示意图"以说明。

3. 塔桅设计:塔桅在屋顶的准确位置、高度及塔桅结构;设计本期天线(含 GPS 天线)的安装位置、安装高度、方位角和下倾角;室外走线架及馈线爬梯位置;馈线走线路由;馈线下爬与机房馈线入口洞的相对位置;室外接地排位置等。

4. 如本基站采用微波传输时,应同时确定微波天线的安装位置及天线指向。

5. 楼体防雷接地网情况,记录接地点可选位置,考虑防雷接地方案。

6. 需绘制"馈线走线图",如馈线走线路由复杂,可分段绘制,增加图纸数量。

7. 需对整体及局部特别情况拍摄照片记录以帮助日后记忆。

在屋顶应同时记录站址经纬度并拍摄周围环境照片。环境照片从正北开始,至少每隔 45 度照一张,共八张。

四、草图绘制注意事项

(一)基站建设

1. 现场草图绘制要求至少记录或设计二张草图:机房平面图和天馈线安装示意图。如仍无法说明基站总体情况时可增加:馈线走线图、室内馈线路由图(BBU+RRU),建筑物立面图,周围环境示意图。

2. 草图应画得较为工整,信息越详细越好。

(二)室内分布或 WLAN 建设

现场要求记录:建筑物各层的平面图,机房平面图,建筑物立面图(要求有各层高信息)。草图应画得较为工整,信息越详细越好。

3.5 项目用具

表 3.1 勘察工具和仪器

序号	名称	用途及注意事项	外形	备注
1	GPS 定位仪	确定基站的经纬度和海拔高度。使用时尽量放在开阔处，才能保证尽快获得当时位置的经纬度数据，一般来说要测到四颗卫星的信号才能计算出经纬度。		必备
2	指北针	确定天线方位角。测量时必须水平放置罗盘，注意避免电磁干扰对其结果的影响。如机房内干扰严重，室内与室外的数据不一致，一般我们取室外数据为准。		必备
3	便携计算机	记录、保存和输出数据		必备
4	卷尺	测量长度信息，建议带 30 米以上皮尺。		必备
5	数码相机	拍摄基站周围无线传播环境、天面信息以及共站址信息。购买相机时，应买带有广角镜头的相机，室内拍摄主要使用广角或微距拍摄，拍照时注意对焦。		必备
6	笔和纸	记录数据和绘制草图	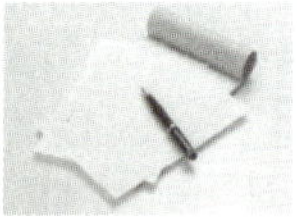	必备
7	倾角仪	测量天线下倾角		必备
8	激光测距仪	测量建筑物高度以及周围建筑物距离，勘察站点的距离等。		必备
9	钳形接地电阻仪	测量建筑物接地网阻值	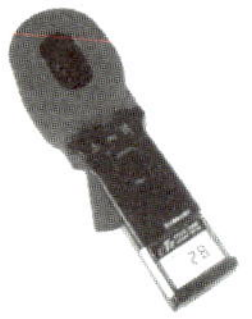	必备
10	望远镜	观察周围环境		推荐
11	角度仪	测量角度，可用于推算建筑物高度。		推荐

续表

12	Mapinfo 软件	处理基站位置信息		推荐
13	地图	当地行政区域纸面地图，显示勘察地区的地理信息。	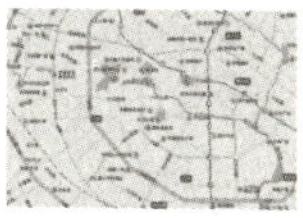	推荐

3.6　项目实施

一、实施建议

本次实训，由于内容较为综合，建议学生在教师的指导下，分为多个组，每组 6～8 人，组长 1 人。各组内组员分别模拟勘察人员（建议设置不同专业）、设计人员、客户等角色，角色之间协作完成 LTE 基站站点勘察、机房勘察、设计文件的编制、施工图的绘制工作。

二、专业接口划分

根据设计分工的传统，LTE 基站勘察设计人员各专业接口划分建议如下。

1. 交换专业和基站无线专业：交换专业负责 EPC 系统的设计和平面布置，无线专业负责基站部分（ENodeb）等无线核心网设备的平面布置的设计。两者的分工以交换机房内 ODF 的外侧（内侧指到交换机）为分界，交换专业负责将传输光缆送到 ENodeb 等设备上。

2. 交换专业与传输专业：以交换机房内 ODF 的外侧为界，传输专业负责将传输光缆送到交换机房的 ODF 架上。

3. 交换专业（或无线专业）与电源专业：以交换机房内的电源分配架为界，电源专业负责将 EPC 和 ENodeb 等无线核心网设备所需的电源线引至相应的电源分配架上。电源专业负责移动交换局通信交、直流供电系统的设计，电力、电池室、油机室配套电源设备的安装设计及相关电源线的布线设计。

4. 基站专业与电源专业：直流电源线以移动机房内开关电源直流分路出线端为界，以内由电源专业负责，以外由基站专业负责。

5. 基站专业与传输专业：传输专业负责将传输线引入基站机房的 ODF 框上的设计。

6. 传输与电源专业的分工和分界点：传输设备至基站电源设备的−48 V 电源线及保护接地线由传输负责。

7. 基站的土建、机房改造、暖通空调及机房接地系统，均由建设单位负责实施、解决。综合楼接地系统中由建设单位负责提供电力室总接地铜排引入的接地端子，通信用接地线负责由接地端子引入电力室总接地铜排上，并由电源专业负责接地铜排设计。

8. 基站机房的地面承重核算，由建设单位委托土建设计单位计算并提出加固措施及加固设计方案。各机房的空调设备用电和机房照明用电（含机房事故照明）及插座的交流电源由当地通信机房提供。另外，建设单位还将负责将交流电源线引至各基站通信机房的交流配电箱进线端（但材料费列在电源概算内）。移动机房内交流线及地线均以移动通信机房交流配电箱进线端及接地铜排为界，以内由电源专业负责设计，以外由建设单位负责交流系统的引入和施工。

三、课前学习建议

在编制设计文件之前，学生应该在教师的指导下，学会各种勘察仪器的使用，学会 Auto CAD、VISIO 等制图软件的使用，能够识读通信工程设计文件，熟悉通信工程设计标准及要求。

任务 1　完成现场调查工作

该 LTE 基站工程建设所需的现场调查主要为以下内容，教师可酌情带领学生完成。

一、调查待覆盖区域的人口分布、经济状况、建筑物分布情况

该步骤需要对计划建站区域进行经济效益评估。分组后，可以指定不同的组来完成对人口、经济及建筑物状况的调查，再结合教学所在地群众的消费习惯及用户特性，便可以预估出未来用户规模、用户消费指数，然后计算得出预计收益，判断投入产出比，最终确定建站条件。

二、调查周边基站的分布、覆盖现状

该步骤需要获取运营商该片区的工参，同时结合路测报告，重点关注周边基站边界覆盖情况、通话质量、小区间切换、掉话、数据下载速率等各项指标。

特别是城市中，我们迫切需要解决现网中的投诉及小范围的覆盖弱区及盲区，这样的话可能仅仅关注 DT 测试指标是不够的，还需要关注 CQT 测试指标，以保证基站选址的准确性及有效性。

三、调查共建共享情况

由于工业和信息化部推行了共建共享政策，该任务进行时还需要考虑现场站址附近其他运营商的基站建设和规划情况，特别是铁塔基站（塔桅高度大于等于 10 米的）的情况，对于他方站址可用的，在设计中首先要提出共建共享建议，运营商可以报各地通管局审批。

四、调查基站环境

该步骤主要在站址附近楼顶来查看基站所在地周围开阔程度、平坦程度、地形地貌情况、主要话务区、话务区与天线之间的落差，特别是视力范围内可见的阻挡物必须估测大致距离和方向（与正北方向的夹角，北偏东）。这部分情况的调查结果后续会在任务 3 中要求绘制草图，配合文字说明。

五、调查建设条件

该步骤需要调查可选站址的土质、场地、建筑物、环保、机房位置、塔桅安装位置、电源引入、传输方式、业主要求等。

六、搜集建筑物资料

如果是运营商租用或购买机房及天面，该步骤还必须搜集相关建筑物的资料，主要包括建筑结构、主梁分布、建筑承重等情况。另外，如果需要对建筑物本身施工（加固、开孔等），需要与业主协商施工的可行性，并作记录。

如果是利旧现有站点、共享其他运营商的站点，则必须记录现有机房、塔桅的情况，主要包括机房大小、剩余空间、现有机房内的设备情况、市电引入容量、开关电源容量、剩余熔丝、蓄电池组容量、空调容量、馈线窗剩余洞孔、走线架剩余资源、塔桅剩余平台及抱杆等情况，并作详细记录，需要了解剩余资源是否可用，共建共享方是否同意等。

七、调查干扰情况

该步骤主要确认站址附近是否存在可能对系统信号产生干扰的信号源，如雷达站、大功率发射台、其他通信系统等，并且要确认隔离距离。一般来说定向天线面的水平正前方 50 米内不应有同系统基站天线，全向天线的同一高度内不应有同系统基站天线正对。

在部队、国家机要部门附近应该远离，选择其他站址。

八、调查社会环境及环保情况

该步骤主要是了解当地居民或业主方对建站的意见，是否能实施，避免以后出现大量投诉或阻挠施工带来的负面影响。同时还需要了解附近的加油站、煤气站、高压线、铁路等情况，按照有关规定选择合理的站址。

任务 2　完成勘察前期准备工作

完成任务 1 的现场调查工作后，我们进入勘察的前期准备工作。LTE 基站工程勘察工作前期需要准备六方面的内容，具体如下。

一、准备 LTE 基站工程信息

每组的勘察组长应和教师模拟的项目组长取得联系，根据需要确定是否召开勘察协调会，获取本次 LTE 基站工程的合同信息、LTE 基站工程计划、拟查勘现场准备情况等。该基站工程的合同信息体现在合同清单、工程责任界面、基站组网图、技术建议书中，包含本次工程的规模、产品配置情况、工程责任界面等。工程计划由小组和客户根据整个工程要求协商制定，工程勘察计划中的进度和安排应尽量配合工程计划。工程勘察联络单中应当包含现场情况的基本信息，要确认现场勘察条件、客户人员和车辆配合以及本次勘察中需要的例外工作等。

二、准备资料

在完成工程信息准备以后，勘察组的同学应当完成资料准备工作。完整的资料准备工作包括如下内容。

1. 收集好勘察所需资料和数据，包括：预规划报告、站址选择建议、网络建设要求信息、项目进程及进度安排信息等。

特别要：了解当期工程基站建设原则、建设规模等情况，建设方是否有什么特殊要求。了解当期工程的设备选用情况，包括基站设备、传输设备、电源设备、配套设备等，了解各项设备性能参数（含设备上、左、右及前后的维护空间要求）。了解当地常用的机房类型、塔桅方式，是否有特殊要求。了解当地网络的默认基站扇区方位角，对第一扇区是如何定义的，有没有特殊要求。

2. 了解运营商是否有 2G 站点可以共用。了解进入基站流程，准备好基站钥匙，另需要制定好勘查计划和路线。如果是共建共享其他运营商的站点，需要协调好相关人员。

3. 根据电子地图熟悉规划区域地形数据。了解勘察区域的地形地貌特点和当地人口、经济情况。

4. 根据预规格报告和仿真报告中的建议站点做好站点勘察计划。

5. 从教师模拟的无线网络规划师处获得无线网络预规划报告、无线网络预规划基站信息表、站点分布图。

6. 从教师模拟的项目管理员处获得站点信息采集表、规划区电子地图、覆盖距离估算工具、天线挂高估算工具、话务估算工具等。

三、准备工具

工程勘察需要的仪表和工具包括数码相机、指北针、带海拔显示的 GPS、激光测距仪、笔记本电脑等必备仪表和工具，也包括卷尺、坡度仪、望远镜、频谱仪等选配仪表和工具。

四、准备文档

工程勘察用到的文档主要有：《工程勘察任务书》《工程勘察计划》《网络规划站点勘察现场采集表》《网络站点勘察报告》《工程勘察报告》《合同问题反馈表》《工程勘察报告评审表》等。

五、准备勘察设计用标准

勘察设计需要用到的 LTE 基站工程勘察设计相关标准如下。

1. 中华人民共和国国家标准 GB8702—88《电磁辐射防护规定》；

2. 中华人民共和国通信行业标准 YD 5039—2009《通信工程建设环境保护技术暂行规定》；

3. 中华人民共和国通信行业标准 YD/T 5003—2005《电信专用房屋设计规范》；

4. 中华人民共和国通信行业标准 YD 5059—2005《电信设备安装抗震设计规范》；

5. 中华人民共和国通信行业标准 YD 5098—2005《通信局(站)防雷与接地工程设计规范》；

6. 中华人民共和国通信行业标准 YD/T 5182—2009《第三代移动通信基站设计暂行规定》；

7. 中华人民共和国通信行业标准 YD/T 5120—2005《无线通信系统室内覆盖工程设计规范》；

8. 中国电信 WLAN 系统工程设计规范(暂行)[DXJS 1026—2008]；

9. 中华人民共和国通信行业标准 YD/T 5115—2005《移动通信直放站工程设计规范》；

10. 中华人民共和国通信行业标准 YD/T 5104—2005《900/1800 MHz TDMA 数字蜂窝移动通信网工程设计规范》；

11. 中华人民共和国通信行业标准 YD/T 5161—2007《边远地区 900/1800 MHz TDMA 数字蜂窝移动通信工程无线网络设计暂行规定》；

12. 中华人民共和国通信行业标准 YD 5112—2008《2G Hz TD-SCDMA 数字蜂窝移动通信网工程设计暂行规定》；

13. 中华人民共和国通信行业标准 YD 5110—2009《800 MHz/2G Hz CDMA2000 数字蜂窝移动通信网工程设计暂行规定》；

14. 中华人民共和国通信行业标准 YD 5111—2009《2G Hz WCDMA 数字蜂窝移动通信网工程设计暂行规定》；

15.《工程建设标准强制性条文(信息工程部分)宣贯辅导教材(2007 年版)》。

六、准备角色分工

LTE 基站勘察工作中，常见的岗位角色定义如下所述，实训教师及组长可对组内学生进行角色分配，配合完成实训任务。

1. 客户角色

客户一般指的是建设单位，建设单位是项目管理的核心。管理的目标包括投资目标、进度目标及质量目标，其管理工作设计项目设计、实施的全过程，包括安全管理、投资控制、进度控制、质量控制、合同管理、信息管理、组织和协调。

2. 监理角色

监理是通过招标请来的为业主服务的合作单位，主要职责是对工程质量、进度、费用、环境、安全控制、协调施工单位和业主的关系。

3. 优化单位角色

网络优化单位角色是对整个网络进行规划选点，确认规划信息。

4. 物业协调人角色

该角色负责对目标楼宇进行物业谈点和协调，无线查勘人员查勘现场需要和物业协调人确认机房、天馈等设备安装位置及外电引入等相关事宜。

5. 业主角色

业主一般就是基站建设所在物业的所有人，查勘前需要提前联系好，并在现场与业主确认设备及天馈安装位置等相关事宜。

6. 无线勘察人员角色

无线勘察人员属于设计院工作人员，主要负责基站机房内设备以及天馈系统侧的方案勘查与设计。

7. 土建勘察人员

同样属于设计院工作人员，负责土建机房、基础、装修及铁塔基础设计工作。

任务 3　勘察 LTE 基站工程站点

LTE 站点勘察是在无线网络预规划的基础上进行的数据采集、记录和确认工作。

一、勘察现场

现场勘察可以分布为业务分布勘察和站点选择勘察，在实际工程中，我们一般把二者合并，同时完成。可以按照如下顺序完成。

1. 站点勘察分类

2. 填写 LTE 基站站点勘察现场信息采集表

3. LTE 基站站点勘察流程

适用于新建网络、扩容网络及搬迁网络的站点勘察的流程如下。

(1)各小组组长根据对规划区域地形地貌的了解，对站点进行筛选，给出需要在当前阶段勘察的站点。

(2)勘察组长为组内 LTE 勘察工程师提供《可提供站点勘察清单》，在地图上标出需要勘察站点的位置。勘察工程师做好勘察前的准备工作。

(3)勘察工程师通知客户第二天的勘察任务，由客户联系好站点(准备钥匙、确保能上到天面等)。

(4)勘察工程师和客户找到需要勘察的站点,根据《LTE 基站站点勘察现场信息采集表》,对站点进行勘察,记录需要填写的内容。勘察报告中,经纬度、天线挂高、扇区朝向、周围环境描述、遮挡情况、共站 G 网或原有站点信息等是关键项目,不能缺少。

(5)完成当天的勘察任务后,勘察工程师将勘察情况记入《LTE 基站站点勘察报告》。

(6)各小组组长根据勘察报告检查每个站点是否满足站点选用原则,对不满足要求的站点不能选用。

(7)各小组组长根据勘察报告及周围站点情况,给站点选择恰当的站型及天线。

(8)勘察站点后,若出现和设计员、客户意见不一致的地方,例如天面的选择、天线安装位置、天线方位角设置等,要及时上报给实训教师,以方便进一步的协调和沟通。

二、输出勘察报告

该阶段主要根据勘察的结果,在与各小组组长及客户达成一致意见的前提下,完成报告输出。

1. 勘察报告的填写

2. 勘察总结

由于无线勘察数据量较大和部分信息的不确定性,勘察总结分为两个部分:信息整理和交流确认。

三、勘察话务分布情况

话务分布是无线网络容量规划的基础,获取详细、准确的话务分布信息是整个无线网络规划勘察的主要任务之一。

话务分布勘察的主要内容有:

1. 调查服务区内话务需求分布情况,记录话务热点区的位置(经度、纬度和海拔高度)、小区及村庄的用户数。

2. 了解服务区内经济发展水平、人均收入和消费习惯。

3. 了解运营商通信业务发展计划,对规划期内的用户发展做出合理预测或建议。

四、勘察无线传播环境

基站的勘察和选址工作是由运营商代表和勘察工程师共同完成。勘察工程师通过勘察、选址工作,掌握每个站点的具体位置和周围电磁波传播环境以及用户密度分布等情况。一般来说,选址站址主要从场强覆盖、话务密度分布、建站条件、成本等几个方面来考虑。

1. 基站布局原则

基站的初始布局与勘察要遵循以下原则。

(1)站址应尽量选择在规划蜂窝网孔中规定的理想位置,以便频率规划和以后的小区分裂,其偏差不应大于基站小区半径的 1/4。

(2)基站的疏密布置应对应于话务密度分布。

(3)在建网初期投入站点较少时,选择的站址应保证重要用户和用户密度较大区域的覆盖。

(4)在勘察市区基站时,对于宏蜂窝基站,宜选高于建筑物平均高度但低于最高建筑物的楼宇站;对于微蜂窝站,应选低于建筑物平均高度且四周建筑物屏蔽较好的楼宇站。

(5)市区楼群选址时,避免天线指向附近的高大建筑物或者即将建设的高大建筑物。

(6)避免在大功率无线电台、雷达站、微波站等附近设置基站。避免在高山设置站点。避免在树林中设置站点。基站供电尽量不要采用农电直接供电。

2. 勘察信息记录

勘察记录的信息表如下表 3.2 所示。

表 3.2　现场勘察记录表

基站编号		基站名称		勘察人员		勘察时间	
基站配置		设备厂家		配合单位		配合人员	
站址信息							
详细站址							
经度		纬度		海拔高度		地图标注	□
机房信息							
使用情况	租用□	自建□	购置□	利旧□		共址□	
楼层		机房位置		机房平面图	□	相邻情况图	□
机房类型	现浇□	预制板□	通信机房□	电梯机房□	平房□	机房照片	□
现有设备	无□	基站设备□	光传输□	微波□	开关电源□	电池□	其他□
类型							
厂家							
型号							
机架数量							
容量配置							
走线架	无□	有□	走线架宽		下沿距地高		
馈线窗	无□	有□	下沿距地高		孔数/空余孔	/	
其他说明							
天线信息							
现有天线	联通 GSM	□900□1800	电信 CDMA	□	移动 GSM	□900□1800	移动 TD□
天线类型	全向□	定向□	全向□	定向□	全向□	定向□	
楼顶抱杆	□	楼顶增高架	□	楼顶铁塔	□	地面铁塔	□
楼房高度		增高架高度		楼顶塔高度		铁塔高度	
天线挂高		天线挂高		天线挂高		天线挂高	
天线方位角		天线方位角		天线方位角		天线方位角	
女儿墙高度							
抱杆长度							
天面改造						天面照片	□
周围环境							

续表

地貌特征	东	密集城区□	一般城区□	乡村□	开阔地□	森林□	水面□
环境片□	南	密集城区□	一般城区□	乡村□	开阔地□	森林□	水面□
	西	密集城区□	一般城区□	乡村□	开阔地□	森林□	水面□
	北	密集城区□	一般城区□	乡村□	开阔地□	森林□	水面□
障碍物	障碍物 1□	障碍物 2□	障碍物 3□	障碍物 4□	障碍物 5□	障碍物 6□	障碍物 7□
障碍物类型							
阻挡范围角							
距离							
障碍物高度							
重点区域 1	方位		距离				
重点区域 2	方位		距离				
重点区域 3	方位		距离				
相邻基站 1	方位		距离				
相邻基站 2	方位		距离				
相邻基站 3	方位		距离				
备注							

五、勘察天馈系统

表 3.3　天面勘察内容

项目	内容	说明
高度测量	测出建筑物和天线的高度	此高度为距离地面高度
天面环境	绘制天面平面示意图	现场可绘制草图
	机房位置	如机房设置在天面上应记录其位置
	天面的建筑物	对天面上的阁楼、楼梯间等建筑物进行记录
	新建天线安装位置	在天面示意图中记录安装位置和尺寸
	共站天线位置	如天面上存在其他系统天线应作记录
	障碍物	天面如有广告牌等障碍物应作记录
共站系统信息采集	天线参数	记录共站天线的方位角、下倾角、频段、类型、运营商和系统名等信息
	位置信息	勘察新建天线与共站天线间的水平、垂直间距
	共站天线的连线示意图	如无法由运营商处获得共站天馈系统连线图，可现场勘察绘制
拍照	覆盖目标图	如果已拍摄的站址周围传播环境照片不能反映新建天线覆盖目标，需补充拍摄

天线根据架设方式、安装层面位置的不同，天线高度测量采用的主要方法如图 3.1 所示，其中 H1、H2、H3 为天面高度，测量中应注意以下几种情况。

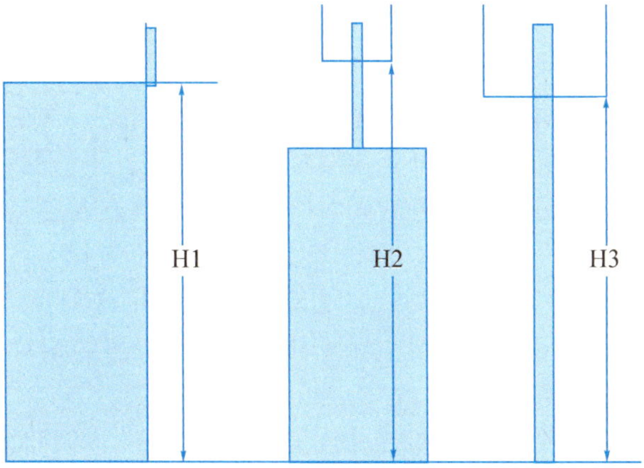

图 3.1　天面高度测量

1. 勘察建筑物天面：对于天线安装在建筑物楼顶层面上的情况，只需记录建筑物高度。

2. 勘察楼顶塔桅：对于天线安装在建筑物楼顶铁架（增高架）上的情况，应注意天线天面高度与建筑物高度的区别。天线天面高度可通过卷尺和激光测距仪测量。

建筑物天面或楼顶塔桅的勘察流程如下。

（1）基本信息，准确记录勘察时间、基站编号、名称、站型、经纬度、海拔、共址情况、区域类型等基本信息。

（2）塔桅及建筑物信息，准确记录新建塔桅类型，高度，并在天馈草图中准确标注塔桅与机房的相对位置；如果是租用建筑物，则需要记录建筑物的侧视图、俯视图，塔桅位置、与机房的相对位置等信息；测量磁北的位置及方位角；记录共建共享情况。

（3）如果是利旧塔桅，需要记录原有塔桅类型、归属、已用与可用平台高度、可用支架高度与方位角。并在天馈草图中标注利旧塔桅与机房的相对位置。

（4）天馈信息，记录本期工程所有天线（如含有 GPS 天线，还需要记录 GPS 天线）的安装位置、安装高度、方位角和下倾角。

（5）馈线信息，记录馈线的数量与长度，室外走线架的长度；并在天馈草图中标注室外走线架路由及馈线爬梯位置、馈线走线路由、馈线下爬与机房馈线入口洞的相对位置。

（6）初步了解大楼地网情况，提供给土建部门，以供参考。

（7）草图绘制，依照要求，绘制室外天馈草图，包括塔桅位置、馈线路由（室外走线架及爬梯）、共址塔桅、主要障碍物等，尺寸应尽可能详细。如屋顶的楼梯间、水箱、太阳能热水器、女儿墙等的位置及尺寸（含高度信息），梁或承重墙的位置，机房的相对位置等；自正北方向，每隔 45 度拍摄基站周边环境照一张，应尽可能真实记录基站周围环境，以备日后回忆所需。以及新建塔桅、机房位置、主要障碍物的照片。如果是利旧塔桅，需要从不同角度拍摄利旧塔桅及已安装天线的照片。

3. 勘察落地塔：对于天线安装在铁塔上的情况，在确认天线安装在铁塔第几层面的前提下，可通过卷尺、角度仪和激光测距仪测量。落地塔的勘察流程如下。

（1）基本信息，准确记录勘察时间、基站编号、名称、站型、经纬度、海拔、共址情况、区域类型等基本信息。

（2）塔桅信息，准确记录新建铁塔塔型，各安装平台的高度；并在天馈草图中标注铁塔与机房的相对位置，馈线路由（室外走线架及爬梯）；共建共享情况。

（3）天馈信息，准确记录本期工程的天线（包括 GPS、微波等）安装位置、高度、方位、下倾角等参数。

（4）如果是利旧或共享塔桅，需要记录原有塔桅类型、归属、已用与可用平台高度、可用支架高度与方位角。并在天馈草图中标注利旧塔桅与机房的相对位置，馈线路由（室外走线架及爬梯、地下走线管等）。

（5）草图绘制，绘制室外天馈草图，包括铁塔与机房位置、馈线路由（室外走线架及爬梯）、主要障碍物，共址塔桅的相对位置等；

（6）自正北方向，每隔 45°拍摄基站周边环境照一张，应尽可能真实记录基站周围环境，以备日后回忆所需。以及新建铁塔、机房位置、主要障碍物的照片。如果是利旧或共享铁塔，需要从不同角度拍摄利旧铁塔及已安装天线的照片。

在进行草图绘制时，要求至少记录或设计两张草图：

（1）机房平面图；

（2）天馈线安装示意图。

如仍无法说明基站总体情况时可增加：

（3）馈线走线图、室内馈线路由图（BBU+RRU）；

（4）建筑物立面图；

（5）周围环境示意图。

草图应画得较为工整，信息越详细越好。

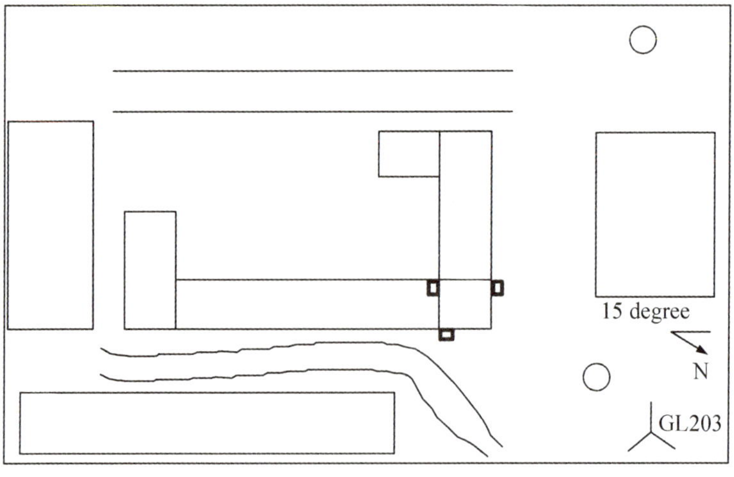

图 3.2　基站环境示意图

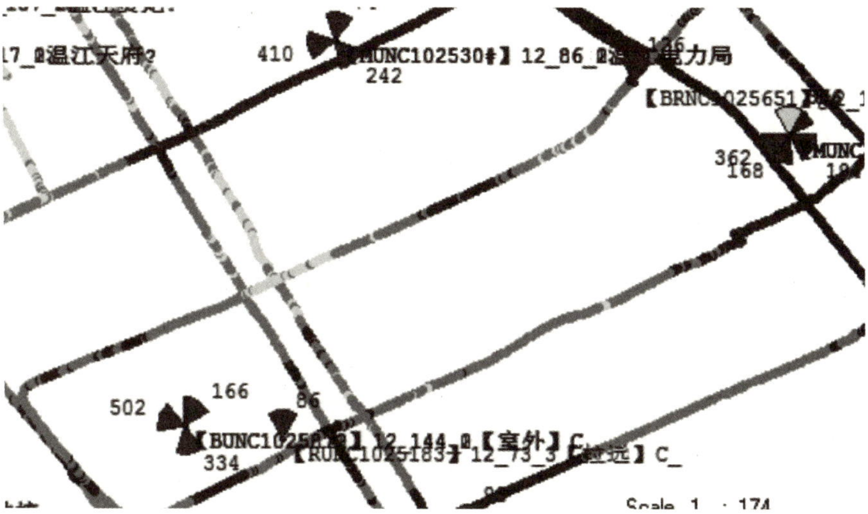

图 3.3　站址位置及路测数据示意图

任务 4　勘察 LTE 基站工程机房

请模拟勘察与设计的同学按照以下原则对实验楼五楼的基站机房进行现场勘查，绘制草图。

一、基站机房查勘原则

(1)避免设置于地下室或潮湿地点，不允许设置在机房出口过小，不便搬运的地方。

(2)避开电磁场、电力噪声、腐蚀性气体及易燃易爆物等有害环境。

(3)注意建筑物承重的问题。

(4)机房严禁靠近水源，不得放于有水设备下层。

(5)勘察时应对房间和楼梯的位置、楼梯的宽度、层高、房间原门窗大小进行测量，看是否有必要改造。

(6)检查房间地面，看是否需要铺设静电地板。

(7)确认交流电的位置。

(8)确认机房设置蓄电池组的位置。

(9)确认机房是否需要新开馈线孔。

表 3.4　机房环境要求

勘察项目	要求说明
门窗	使用双层外包边钢制防盗门，内部填充防火材料；窗户原则上用防火板封死，对于不允许封死的窗户要用进行密封，玻璃表面贴防晒膜处理。
照明	为便于施工和维护，20 m^2 左右可采用 4 个 40W 的吸顶灯。
墙面	不允许有开裂现象，并进行防漏、防潮处理。
供电接入	一般采用三相四线制直接引入交流 380V 供电，室内需有 220V 的交流电源插座，以供后期维护使用。
水暖管道	原则上机房内部水暖管道和阀门全部拆除，不能拆除的需进行防漏处理。
地面	尽量避免采用预制板结构，机房楼板承重应大于 600 kg/ m^2。

二、机房设备一般布置

机房内设备一般包括：交流配电箱、电力保护箱、开关电源、传输设备、室内走线架、蓄电池、室内接地排、ENodeb 主设备、环境监控系统、空调等。机房内设备的一般布放原则如下。

1. 先要了解设备的基本性质，如采用的是什么设备、有几个机柜、设备背后（侧面）是否需要维护，是光站还是微波站，采用几组电池组，各种设备的尺寸等。考虑地面承重，安装位置铺设工字钢加固。

2. 主要设备摆放因业务种类不同各有差异，应最大化利用机房空间，设备机柜（基站主设备机柜、传输设备、开关电源柜、微波机架等）应排成一条直线，与走线架外沿平齐，但要预留主设备扩容机位。可按照开关电源、传输综合柜、基站主设备自右向左排列（根据实际情况也可以自左向右）。设备布置合理，不能堵住门口。设备前面有大于 1.2 m 的维护空间，后面留有至少 0.45 m 的维护空间。

3. 环境监控箱、交流配电箱、防雷箱靠门壁挂安装，挂高离地大于 1.4 m。交流配电箱应靠门挂墙安装，离门 30～50 cm。室内接地排靠近走线架挂墙安装。

4. 空调室内机安装于机房的屋角处，并考虑方便排水和室外机的连接。楼顶站室外机原则上安装于机房屋顶上。

5. 电池组较重，应放在梁上或靠墙分开放置，也可固定于加固工字钢上，平行排列，后沿距离墙面大于 10 cm；两组蓄电池之间应预留不小于 30 cm 的间距。

6. 基站馈线窗位置原则上应固定于房屋长方向两端的墙上，下沿距离地面 2.4 m，如果因房屋结构限制，可根据实际情况调整。

7. 走线架位置为馈线窗正下方，每 3 m 一段水平连接一次，在荷重较大的地方设吊挂件或支撑件，爬墙走线架视具体情况而定。

8. 基站内部需配备至少 3 个悬挂式灭火器，2 至 4 个手持式灭火器；悬挂式灭火器须挂于开关电源、主设备和电池连接处正上方；手持式灭火器放置在进门顺手侧靠墙地面上。

9. 清洁用品统一放置在门后，在空间不够的情况下，放置在空调旁边。

三、机房内勘察内容

1. 记录确定所选站址建筑物的详细地址信息，共建共享情况。

2. 机房长、宽、高（梁下净高）；门、窗、立柱、洞孔和主梁等的位置和详细尺寸（窗、洞孔等需要记录下沿距地尺寸）。

3. 确定机房的方向，用指北针测量。

4. 判断机房建筑结构、主梁位置、承重情况（规范要求 BTS 机柜承重要求≥6 kN/m^2，蓄电池组承重要求为 10 kN/m^2，一般的民房承重在 2 k～4 kN/m^2，需采取加固措施），并向建设单位陪同人员和业主索取有关信息。

5. 机房内已有设备（或器件、材料）的位置、设备尺寸、设备生产厂家、设备型号。

6. 了解及记录机房内市电容量及市电引入、接地的情况；如果是原有基站，需要记录交流配电箱的空开和使用情况，同时要求拍照记录。

7. 了解及记录机房内直流供电的情况（开关电源的型号、模块型号、模块数，电流读数）。

8. 走线架、馈线窗的位置、高度，下沿距地的距离。

9. 其他障碍物位置、尺寸，有无特殊防护或设计要求（如水管、消防设施、煤气管、暖气片、地暖等）。

10. 如果机房内有防静电地板，则需要测量防静电地板的高度（考虑做机墩安装设备），地板大小及地板布置图。

11. 尽可能考虑机房内设备摆放的各种方案，从中选择确定机房内设备布置方案、室内走线架布置方案；在摆放空调时，要注意散热效果和空调排水洞孔的位置和高度。有些地市采用全自动灭火器时，需要注意摆放位置及距离要求。

12. 了解机房传输情况。

13. 拍摄机房整体及机房内照片。

四、机房内的勘察步骤

1. 进入机房前，在勘察记录表格记录所选站址建筑物的地址信息，共建共享情况。

2. 进入机房后，在勘察表格记录建筑物的总层数、机房所在楼层；并结合室外天面草图画出建筑内机房所在位置的侧视图。

3. 在机房草图中标注机房的指北方向；机房长、宽、高（梁下净高）；门、窗、立柱和主梁等的位置和尺寸；防静电地板的高度、尺寸，其他障碍物位置、尺寸。

4. 机房内设备区查勘

（1）根据机房内现有设备的摆放图、走线图，在机房草图标注原有、本期新建设备（含蓄电池）摆放位置；

（2）机房内部是否需要加固需经有关土建部门核实。

5. 确定机房内走线架、馈线窗的位置和高度

（1）在机房草图标注馈线窗位置尺寸、馈线孔使用情况；

（2）在机房草图标注原有、新建走线架的离地高度；走线架的路由；统计需新增或利旧走线架长度。

6. 了解机房内市电容量及市电引入的情况

对于新建站需明确市电容量和引入位置，并根据典型基站的电源容量判断是否需要市电增容，在机房草图标注引入点的位置和引入长度。

7. 了解机房内交、直流供电的情况

对于已有机房，在勘察表格中记录开关电源整流模块、空开、熔丝等使用情况，判断是否需要新增，并做好标记，现场拍照存档。

8. 了解机房内蓄电池、UPS、空调、通风系统情况

对于已有机房，在勘察表格中记录机房内蓄电池、UPS、空调、通风系统的一些参数；判断是否需要新增或替换，并现场拍照存档。

9. 了解传输系统情况

对于已有基站，需了解现有基站的传输情况，包括传输的方式、容量、路由和 DDF 端子板使用情况等。

10. 确定机房接地情况

对于租用机房，尽可能了解租用机房的接地点的信息，在机房草图标注室内接地铜排安装位置、接地母线的接地位置、接地母线的长度。

11. 在机房内应从不同角度拍摄机房照片，必要时对局部特别情况（馈线窗、封洞板、室内接地铜排、走线架、馈线路由、原有设备和预安装设备位置）拍摄照片记录。

图 3.5 所示为该次基站机房设备布放图(经 CAD 软件绘制)。

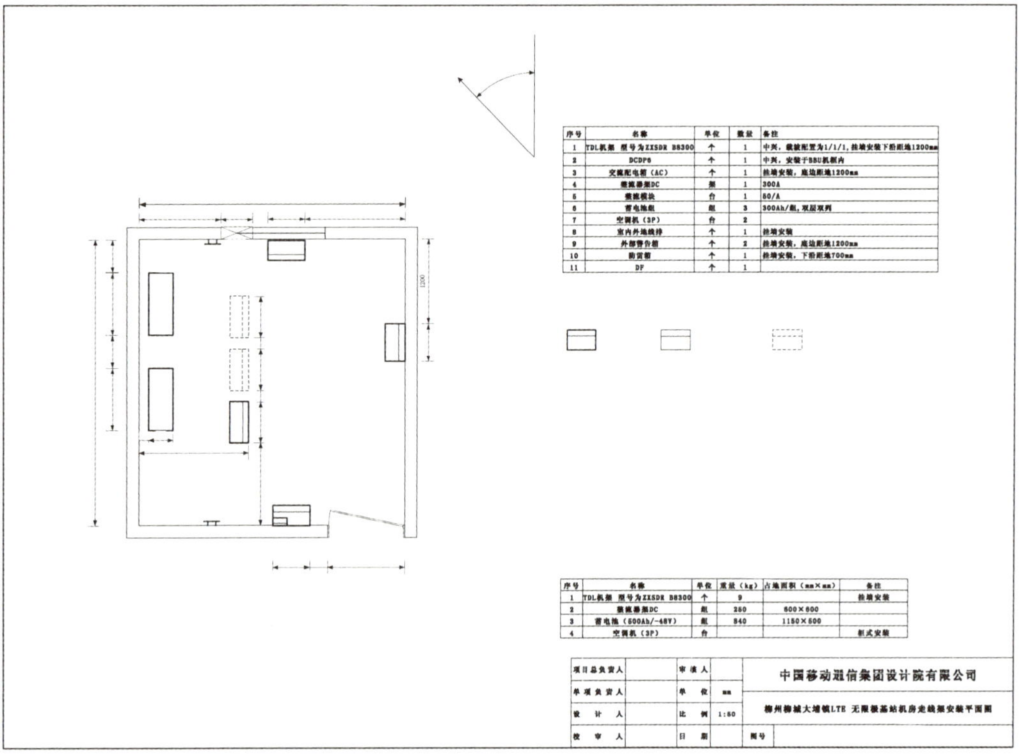

图 3.5　机房设备分布图

1—接地排　2—电力保护箱　3—交流配电箱　4—电力开关　5—环境监控箱　6—灭火器　7—蓄电池　8—开关电源　9—综合传输柜　10—GSM-BTS　12—Node　B　13—馈线窗　14—空调

在勘察完成后，应当出具勘察报告，如表 3.5 所示。

表 3.5　基站勘察报告

TD-LTE 项目无线勘测报告					
勘测人员					
勘测工程师		电话：		Email：	
规划负责人		电话：		Email：	
客户工程师		电话：		Email：	
查勘日期(年/月/日)				备注：	
基站名：	苦站编号：	站高	经度	纬度	
站址详细地址：					
机房信息	☑利旧	□室外型设备	☑简易机房	☑新建	☑其他类型
共站信息	☑移动	□联通	□电信	□网通	□铁通
塔桅所在的建筑物信息					

建筑物的功能	□居民楼	□宾馆或商住楼	□写字楼	□政府办公楼	□工业楼
	☑其他	□说明________			
塔桅城建筑物上的位置	□建在屋顶上	□建在阁楼楼顶	□裙楼平台	□天线挂在墙面	□建在空旷
	☑其他	□说明________			
	□建筑物的高度（从地面算起）	________	□建筑物的楼层数	________	
	□描述建议的塔桅位置	________	□离最近的路的距离（米）	________	
塔桅类型信息	□楼顶塔	□落地塔	□单管塔	□拉线塔	□烟囱塔
	□增高架	□仅有桅杆（抱杆）	☑铁塔（角钢塔）	☑H杆	
	☑其他	☑塔桅高度（从建筑物平台算起）	________	☑其他类型塔桅说明	________
建站建议	□建议抱杆高度	□建议天线方位角（度）	□S1 ________ □S2 ________ □S3 ________	□建议天线下倾角（度）	□S1 ________ □S2 ________ □S3 ________
基站周围环境图片	☑终点全貌（从地面仰视）图片　P1　☑在建筑物上的全景照 ☑站点入口图片　P2　☑建筑物上四个方向的正视图 ☑屋顶天面（显示塔桅、爬楼、天线等）　P3　☑相关照片1（如重点覆盖目标）图片 □周围建筑物阻挡描述1________ □周围建筑物阻挡描述2________				
基站所属建筑的业主信息					
基站所属建筑的业主________　业主联系人：________　联系方式：________					
备注：					

基站三扇区图如图3.6所示。

1扇区(20)

2扇区(150)

3扇区(250)

图 3.6 基站三扇区图

任务 5　完成施工图设计工作

一、机房设计原则

1. 满足间距要求：主走道>=1200 mm，副走道>=800 mm，第一排机柜正面距墙至少 800 mm。

2. 要根据局方总的扩容规划考虑到扩容需要的空间并预留扩容位置。

3. 有利于走线，避免发生交、直流电源线和信号线走线冲突。

4. 设计的合理性、安装的可行性、机房的美观性等方面也要考虑。

5. 走线设计原则：沿机柜后沿走线；沿主/副走道走线；电源线与传输线、信号线、告警线尽量分开走线；如必须平行走线，则间距应大于 200 mm。

二、工程设计流程

1. 由组长制订工程设计计划，并制订《工程设计计划表》，同时向设计工程师发出《工程设计计划通知》。

2. 工程设计工程师接到《工程设计计划通知》后，首先根据《工程勘察报告》及相应的产品工程指导手册，进行工程设计文件的编制，编写出《工程设计文件》，并把《工程设计文件》交给教师进行审核与评定。

3. 教师对《工程设计文件》进行审核和质量评定，并编制《工程设计文件审核表》。如果《工程设计文件》不合格，将被教师退回到工程设计工程师处，由工程设计工程师进行修改，修改好之后再次提交给教师，直到审核通过为止。若《工程设计文件》合格，则由教师签署《工程设计文件审核表》，并把《工程设计文件》提交给组内工程督导。

4. 工程督导根据产品的《硬件安装手册》和《工程勘察报告》以及国家对电信行业的一些要求对《工程设计文件》进行可行性评估，进而确定是否需要更改设计。如果不需要更改设计，就对现场资料进行整理和完善，并把资料交个文员。

5. 组内文员将相关资料进行归档，整个工程设计结束。

在步骤 4 中，如果《工程设计文件》与工程施工不相符，就要对《工程设计文件》进行更改。此时工程督导需填写《设计更改申请表》，并将它提交给工程设计工程师。

工程设计工程师收到工程督导的《设计更改申请表》之后，对其中的每一项进行评估，并判断是否需要修改《工程设计文件》。如果不需要修改，就对《设计更改申请表》进行驳回，同时将《工程设计文件》退回给工程督导。如果需要修改，则做出相应的处理，并在修改之后将《工程设计文件》再次提交给教师。重复步骤 3~5，直到整个工程设计流程结束。

三、工程草图绘制

为了能够在网络规划阶段利用工程勘察人员绘制的草图，要求工程草图中提供网络规划关心的信息。绘制草图的总原则为：在表达清楚的前提下，图纸尽可能简单易懂。

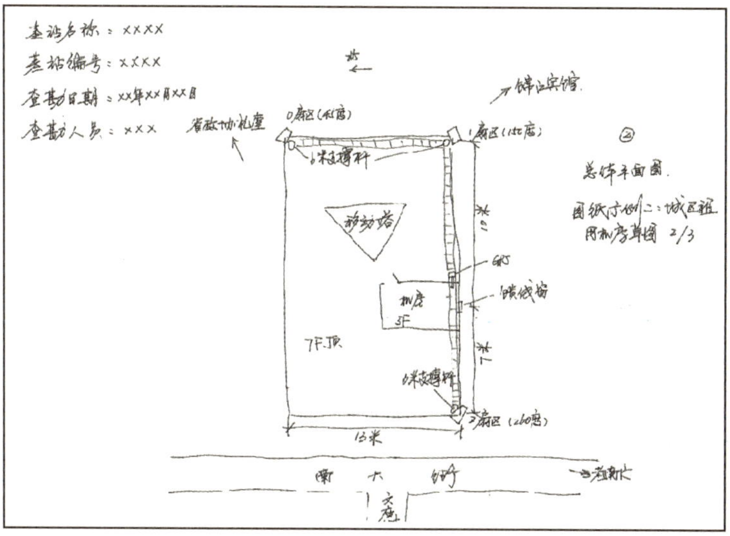

图 3.7　楼面草图

1. 绘制正北方向

绘制过程中，一般可以根据建筑物的形状和走势来确定其在图纸上的布局。故首先应确定正北方向。

2. 绘制天面图

在绘制天面图时，需要对关键部分进行长度等标注，力求准确。另外，若天面上存在电梯房或是水塔房，需要对其进行绘制和标注。

3. 绘制天线抱杆位置

绘制天线抱杆位置时，应标注天线朝向。若天线抱杆位于天面的某个凸台上，需注明凸台高度。

4. 绘制 GPS 天线位置

GPS 天线抱杆的符号与天线抱杆的符号相同，绘制 GPS 天线位置时，可根据天面具体情况简化尺寸的绘制，并在 GPS 天线抱杆旁边注明该抱杆为 GPS 天线抱杆。

5. 绘制天面上可能影响天线安装或遮挡天线的设施

若天面上有可能影响天线安装或遮挡天线的设施，如大型广告牌等，需要绘制这些设施的占地区域边界及相关的尺寸，并注明其高度。

6. 绘制馈线走线图

绘制馈线窗入口位置。

四、工程制图

1. 图幅尺寸

工程设计图纸幅面和图框大小应符合国家标准的规定，一般应采用 A0、A1、A2、

A3、A4 及其加长的图纸幅面。当上述幅面不能满足要求时，可按照《机械制图图纸幅面及格式》的规定加大幅面。应根据描述对象的规模大小、复杂程度、所要表达的详细程度、有无图衔及注释的数量来选择较小的合适幅面。

2. 图线类型及应用

(1)图线的类型

实线：用作基本线条，如图纸主要内容用线、可见轮廓线、可见导线。

虚线：用作辅助线条，如屏蔽线、机械连接线、不可见轮廓线、不可见导线、计划扩展内容用线。

点划线：用作分界线、结构图框线、功能图框线、分级图框线。

双点划线：用作辅助图框线，可表示更多的功能组合或从某图框中区分不属于它的功能部件。

(2)图线的应用

图线的宽度一般从以下系列中选用：0.25 mm，0.35 mm，0.5 mm，0.7 mm，1.0 mm，1.4 mm。通常只选用两种宽度的图线。粗线的宽度为细线宽度的两倍，主要图线用粗线，次要图线用细线。对复杂的图形也可采用粗、中、细三种线宽，线的宽度按 2 的倍数依次增加。线宽的种类不宜过多。

使用图线绘图时，应使图形的比例和配线协调，重点突出，主次分明。在同一张图纸上，按不同比例绘制的图样及同类图形的图线粗细应保持一致。

细实线是最常用的线条。在以细实线为主的图纸上，粗实线主要用于主回路线、图纸的图框线及需要突出的线路、电路等。指引线、尺寸标注线应使用细实线。

当需要区分新安装的设备时，则粗线表示新建设备，用细线表示原有设备，用虚线表示规划预留部分。

并行线之间的最小距离不宜小于粗线宽度的两倍，最小时不能小于 0.7 mm。

3. 图形的比例

对于建筑平面图、平面布置图、管道线路图、设备加固图及零部件加工图等图纸，一般应有比例要求；对于系统框图、电路图、方案示意图等图纸，则无比例要求。

应根据图纸表达的内容深度和选用的图幅，选择合适的比例。对于通信线路及管道类的图纸，为了更方便地表示周围环境情况，可沿线路方向按一种比例，而周围环境的横向距离采用另外的比例或基本按示意图绘制。

4. 尺寸标注

图中的尺寸单位，除标高和管线长度以 m 为单位外，其他尺寸均以 mm 为单位。按此原则标注的尺寸可不加注单位的文字符号。若采用其他单位时，则应在尺寸数值后加注计量单位的文字符号。

尺寸界线用细实线绘制，两端应画出尺寸箭头，指到尺寸界线上，表示尺寸的起止。尺寸箭头宜用实心箭头，箭头的大小应按可见轮廓线选定，其大小在图中应保持一致。

尺寸数值应顺着尺寸线方向写并符合视图方向。数值的高度方向应和尺寸线垂直，并不得被任何图线通过。当无法避免时，应将图线断开，在断开处填写数字。

5. 图纸要求

(1)图纸规范性

图面要清晰,线条粗细、点、划的运用要恰当,数字、文字、代号、符号必须规范、条理,索引、检索必须已与查找,便于对号入座,文字说明语言精确,用词准确,不得含糊有二义性。

(2)平面设计

机房平面须符合设备安装的基本要求,土建装修套用标准要有说明,设备的平面布置要有前瞻性和后顾性,所采用的主要参数、依据、标准要符合国家标准和行业规范。

(3)空间设计

空间设计须合理,各种器件在墙面上布局要尽可能的考虑性能特点,同时还要注意有效的利用墙面与美观效应、空间布局、尺寸必须准确,符合要求,参照物、基准、标示要定位准确。

(4)各专业设计

机房内所涉及的电力引入、传输设备、空调布置、后期设备布置及消防等专业的搭接要统筹兼顾,专业间的界面要严谨,避免或减少矛盾冲突,专业间的工艺考虑一定要有后顾性,平面和空间要有主次,在满足性能指标要求的前提下,尽可能的协调、和谐。

(5)安全性要求

天面升高架(铁塔)防雷的设计不可轻视,参数和指标要符合设计规范,选材要有一定的裕度,地网的敷设安装其图示要准确,文字说明须详细,各类电器规范和钢结构制作要有明确的指定依据,其参数、等级须一一注明。

6. 图纸内容

(1)基站机房设备平面布置图

机房情况(门、窗、墙、馈线洞位置等),原有和新增设备位置,尺寸标准(设备、机房尺寸详细尺寸,不要出现封闭标注),必要说明文字,设备列表(机房内原有、新增设备),基站站名、编号、图纸名称、图例等图框内文字填写。

(2)基站机房走线架平面布置图

机房情况、走线架位置、馈线洞确切位置(必要时用侧视图),尺寸标注(特别是与走线架有关尺寸),必要说明文字(走线架高度、宽度等),基站站名、编号(规则)、图纸名称等图框内文字填写。

(3)基站天馈系统俯视图

天线塔与机房建筑物相对位置(要标明机房在建筑物中位置),磁北、建北、各小区方位角,天线在安装平台的位置情况,尺寸标注,必要说明文字,基站站名、编号、图纸名称、图例等图框内文字填写。

(4)基站天馈系统侧视图

天线塔与机房建筑物相对位置(要标明机房在建筑物中位置),磁北、建北、各小区方位角,天线塔平台、建筑物高度,天线在安装平台的位置情况,尺寸标注,必要说明文字,基站站名、编号、图纸名称、图例等图框内文字填写。

(5)基站天馈系统接地示意图

天线塔与机房建筑物相对位置(要标明机房在建筑物中位置),磁北、建北、各小区方位角,天线在安装平台的位置情况,接地点位置标识及必要说明文字,基站站名、编号、图纸名称、图例等图框内文字填写。

(6)基站电力电缆路由图

电力电缆路由图(交流电源线、直流电源线、接地线),必要说明文字(线缆布放注意事项及要求),基站站名、编号(规则)、图纸名称等图框内文字填写。

(7)基站导线明细表

导线编号与电缆路由图中编号一致,写明导线路由两端连接设备名称,标明导线具体型号、尺寸,备注好导线提供方(甲方提供方或者设备商提供)。

五、工程设计文件

一套完整的工程设计文件包括文字资料和设计图纸两大部分。

1. 文字资料

文字资料包括以下内容。

设计文件封面页、设计文件签署页、资料图纸目录、说明书、设备表、材料表。

2. 设计图纸

网络组织结构图、设备连接关联图、设备间布线电缆连接表、各种机房设备布置平面图、各种机房电缆走向平面图、机柜板面布置图、设备整机内部电缆布线图、设备机柜间电缆布线图、设备整机电缆布线接线表、后台维护设备系统连接图、设备机柜至其他设备或配线架的电缆连接图、各种电缆连接端子安排图、机柜底座安装尺寸图。

六、安装设计书

《安装设计书》是指导工程施工的书面文件。工程设计人员参照《安装设计书》,根据《工程勘察报告》制作《安装设计书》。

《安装设计书》应包括以下内容:

1. 设计的依据、原有设备概况及本期工程概况;

2. 网络组织结构及各种业务处理方式;

3. 网络规划设计;

4. 各端局详细设备配置清单;

5. 根据工程勘察现场图及系统配合绘制的详细工程施工图,包括网络图、电气连接图及平面布置图等;

6. 系统局数据及用户数据。

七、概预算编制

本次实训的概预算编制采用专门的概预算软件,按照表三－表四－表二－表五－表一的顺序进行编制。

表三:依据定额手册完成表三工程量统计;

表四:依据设计方案统计工程所需安装的设备、材料;

表二:统计安装工程费;

表五：统计其他工程费；

表一：计算工程总造价。

3.7　项目小结

本任务的成果如下：

1.《LTE 基站勘察报告》1 份；

2.《LTE 基站工程设计文件及施工图纸》1 份；

3. 记录勘察设计流程的完整实训报告 1 份。

3.8　思考练习

1. 简述 LTE 基站工程设计的流程。

2. 设计文件的主要有哪些内容组成？

3. 基站楼顶草图一般需要几张？主要是哪些内容？

4. 机房内草图绘制时需要注意哪些事项？

5. 施工图纸一般包含哪些内容？

3.9　拓展提高

1. 天面勘察有哪些安全注意事项？

2. LTE 基站工程设计文档说明书的编制应该包含哪些内容？

3.10　知识链接

1. YD/T1712－2007　中小型通信机房环境要求

2. YD/T5003－2005　电信专用房屋设计规范

3. YD/T5026－2005　电信机房铁架安装设计规范

4. YD/T5060－2010　通信设备安装抗震设计图集

5. YD/T5059－2005　电芯设备安装抗震设计规范

6. YD5098－2005　通信局站防雷与接地工程设计规范

7. YD5002－1994　邮电建筑防火设计标准

8. TD－LTE 移动通信网无线网工程设计规范，中国移动通信企业标准

项目4　LTE 基站工程施工

4.1　项目描述

作为 TD-LTE 基站建设项目中标施工单位工作人员的你，完成工程施工工作。为了保证工程进度、质量，提高工程管理水平，参与任务的同学需严格遵循施工准备工作程序和内容要求，完成工程的前期准备工作，编制施工组织设计方案，依照施工标准规范和规划设计内容完成机房内与机房外通信设备、线路、天馈系统安装施工工作。

4.2　项目解析

施工准备工作是为了保证工程顺利开工和施工活动正常进行而必须事先做好的各项准备工作。它是施工程序中的重要环节，不仅存在于开工之前，而且贯穿在整个施工过程之中。为了保证工程项目顺利地进行施工，必须做好施工准备工作。根据施工顺序的先后，有计划、有步骤、分阶段进行。按准备工作的性质，大致归纳为技术准备、施工现场准备、物资准备、劳动组织准备等内容，同时需完成《××基站建设项目施工组织方案》的编制。

承担移动通信机房施工，工作内容包括基站机房内设备安装调测，室内外桥架安装，机柜内外线缆安装，天线、馈线、馈线窗、避雷器等天馈系统的施工，塔桅系统施工等。

经过本次任务，将掌握施工准备工作的流程和具体内容要求，学会施工组织设计方案的编制原则和方法。具备依照标准流程，规范地进行移动基站设备安装、天馈系统施工、移动通信机房建设施工的能力。

4.3　教学策略

1. 项目名称

LTE 基站工程施工；

2. 适用年级

本科四年级；

3. 教学目标

(1)具备工程施工常用仪器、工具的使用能力；

(2)具备基站主设备安装的能力；

(3)具备基站机房器材的安装能力；

(4)具备施工组织设计的编制能力；

(5)具备工程的管理能力。

4. 教学时间/学时

第一学期/8 学时；

5. 教学资源

多媒体资料、教材、教学课件、视频资料、LTE 基站机房、楼顶天馈系统等；

6. 参考教学方法

讲授法、参观教学法、演示法、角色扮演；

7. 参考资料、学习资源

教材、教学课件、通信工程施工相关标准、专业网站、施工类图片资料、基站安装视频等媒体文件。

4.4 必备知识

一、施工准备

(一)目的

1. 遵循工程施工程序

"施工准备"是施工程序的一个重要阶段。现代工程施工是非常复杂的生产活动,必须严格按建设施工程序进行,这是社会主义市场经济规律和其技术规律所决定的。只有做好施工准备相关工作,才能取得良好的建设效果。

2. 降低施工风险

工程项目施工的生产受自然因素的影响及外界干扰较大,因此可能遭遇的风险较多。做好充分的准备、加强应变能力、采取预防措施,才能有效地降低施工风险。

3. 创造工程开工和顺利施工条件

施工中不仅会耗用大量材料,使用许多工机具和设备、安排组织各工种人力资源。涉及各种复杂的技术问题,而且还要处理广泛的社会关系,因而需要通过周密准备和统筹安排,才能使施工有序顺利开展,能得到各方面条件的保障。

4. 提高企业经济效益

做好施工准备工作,能调动各种积极因素,提高工程质量、合理组织资源进度、降低工程成本,从而提高企业社会效益和经济效益。反复的实践证明,准备工作将直接影响生产的整个过程。凡是重视准备工作,积极创造有利施工条件的,则该项目能顺利进行,取得施工的主动权;反之,如果忽视准备工作,违背施工程序,或者仓促开工,必然在工程施工进行中处处被动,受到各种掣肘,甚至导致重大经济损失。

(二)分类

1. 按施工准备的范围不同分类

按工程项目施工准备工作的范围不同,可分为全场性施工准备、单位工程施工条件准备和分部(项)工程作业条件准备等三种。

(1)全场性施工准备

以一个整体工程为对象进行的施工准备。特点是其目的、内容都是为全场性施工服务的,它不仅要为全场性的施工提供有利条件,也要兼顾单位工程施工准备。包括技术、组织、物资、劳力和现场准备,是各项准备工作的基础。

(2)单位工程施工条件准备

它是以一个单一工程对象(如某一基站)而进行的施工条件准备工作。单位工程施工准备是全场性施工准备的继续和具体化,要求做得细致,预见到施工中可能出现的各种问题,能确保单位工程均衡、连续和科学合理地施工。它不仅为该单位工程在开工前做好一切准备,而且要为分部分项工程做好施工准备工作。

(3)分部分项工程作业条件的准备

它是以一个分部分项工程为对象而进行的作业条件准备。

施工准备工作,必须实行分工负责和统一领导的制度,做到谁施工谁准备。全场性准备由施工总包单位担任整体规划和平时的管理;单位工程施工准备,由单位工程负责人组织开展。施工有一定的工期,有充分的准备才能全面提高经济效益和加快建设进度。

2. 按拟建工程所处的施工阶段的不同分类

按拟建工程所处的施工阶段不同,可分为开工前的施工准备和各施工阶段前的施工准备等两种。

(1)开工前的施工准备

为拟建工程正式开工提供必要的施工条件，在开工之前所进行的各项准备工作。可能是全场性准备，也可能是单位工程准备。

(2)各施工阶段前的施工准备

为施工阶段正式开工提供必要的施工条件，在拟建工程开工后，各施工阶段开工前所进行的准备工作。各阶段的施工内容有差别，所需物资条件、技术条件、现场布置和组织要求等也不同，所以必须在各施工阶段开始之前做好相关准备工作。

综上所述，不仅在拟建工程开工前需做好准备，而且伴随工程的进展，在各工程阶段开始前也要做好准备。施工准备既有阶段性，又有连续性，所以必须有步骤、有计划、分阶段和分期地进行，贯穿整个工程项目的始终。

各项准备工作并不是孤立的、分离的，而是相互配合，相互补充的。为了加快准备工作的速度、提高准备工作的质量，需要强化设计单位、建设单位和施工单位之间的协调，建立健全责任制度和检查制度，使施工准备工作有组织、有领导、分期分批有计划地进行，贯穿整个工程始终。

二、移动通信基站设备设施

(一)天线

无线电发射机输出的射频信号功率，通过馈线(电缆)输送到天线，由天线以电磁波形式辐射出去。电磁波到达接收地点后，由天线接下来(仅仅接收很小很小一部分功率)，并通过馈线送到无线电接收机。可见，天线是发射和接收电磁波的一个重要的无线电设备，没有天线也就没有无线电通信。

对称振子是目前使用最广泛的天线，单个半波对称振子可独立使用或作为抛物面天线的馈源，也可由多个半波对称振子构成天线阵。

对称振子是两臂长度相等的振子。单臂长为 1/4 波长、全长为 1/2 波长的振子，称之为半波对称振子(图 4.1a)。

将全波对称振子折合成一个矩形框，并把两个端点相叠，该矩形框称为折合振子，其长度也是为 1/2 波长，称之为半波折合振子(图 4.1b)。

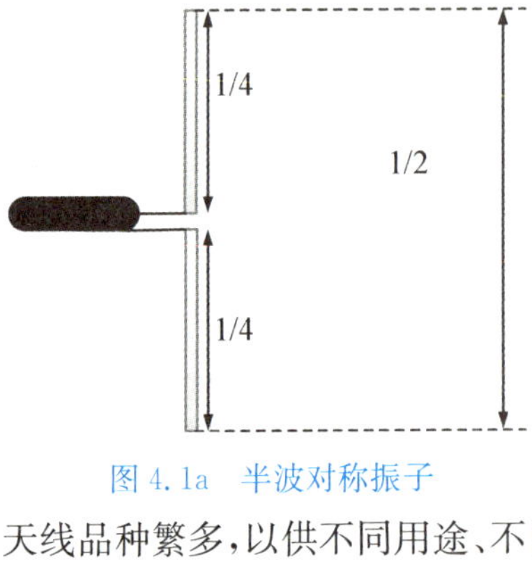

图 4.1a　半波对称振子

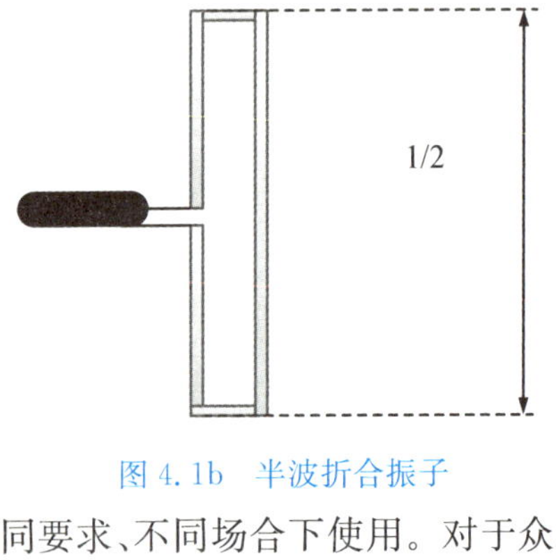

图 4.1b　半波折合振子

天线品种繁多，以供不同用途、不同频率、不同要求、不同场合下使用。对于众多类型的天线进行分类是必要的：

按工作频段分，可分为微波天线、超短波天线、短波天线等；按用途分，可分为电视天线、通信天线、雷达天线等；按外形分，可分为面状天线、线状天线等；按方向性分类，可分为定向天线、全向天线等类型。

移动通信系统中天线分类一般分为全向天线、定向单极化天线、定向±45°双极化天线，天线倾角的调节方式有固定下倾、机械下倾、电调下倾等，常用的天线有 65°、90°、105°、120°定向天线和 360°全向天线，如图 4.2。

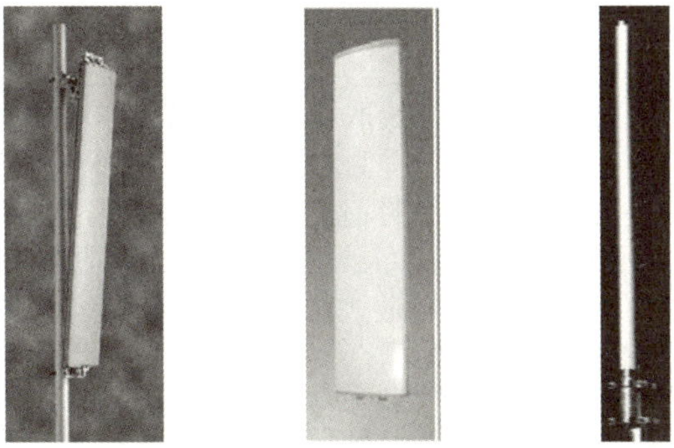

定向天线　　双极化定向天线　　全向天线

图 4.2 各种类型天线示意图

1. 板状定向天线

板状天线是用得较为普遍的一类基站天线。这种天线的优点是：扇形区方向图好、增益高、俯仰角控制方便、后瓣小、密封性能优良以及使用时间长等。

板状天线也常被用作为直放站的用户天线，依照作用区域的范围，选择合适的型号。

2. 室内吸顶天线

室内吸顶天线具有造型美观、结构小巧、安装便利等优点。如图 4.3 所示。

图 4.3 室内吸顶天线

这种天线结构尺寸很小，但能很好地适应在较宽工作频带上的 VSWR 要求，按国家标准，在宽频状态下工作的天线其 VSWR≤2，当然如能达到 VSWR≤1.5 更好。要注意的是，室内吸顶天线增益一般为 G=2 dB，属于低增益天线。

3. 室内壁挂天线

图 4.4 所示为室内壁挂天线，它同样造型美观、结构小巧、安装便利等优点。

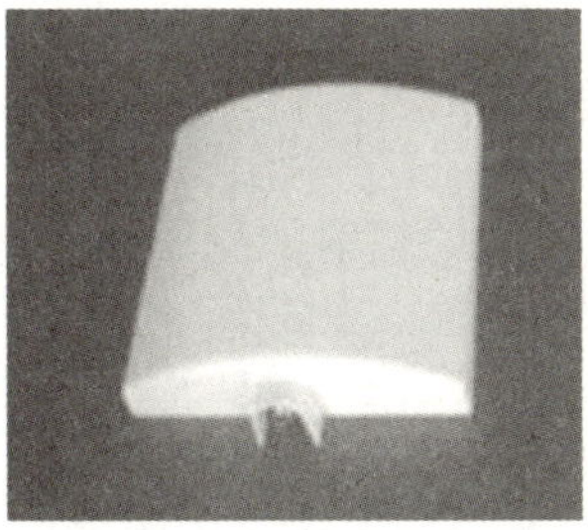

图 4.4 室内壁挂天线

这种壁挂天线属于空气介质型微带天线。由于采用了展宽天线频宽的结构，能较好适应宽频带的要求。室内壁挂天线具有一定的增益，约为 G=7 dB。

（二）天线的基本特性

1. 天线方向性

发射天线的基本功能之一是把从馈线取得的能量向周围空间辐射出去，基本功能之二是把大部分能量朝所需的方向辐射。垂直放置的半波对称振子具有“面包圈”形的立体方向图（图 4.5a）。立体方向图虽然立体感强，但绘制困难，图 4.5b 与图 4.5c 给出了它的两个主平面方向图，平面方向图描述天线在某指定平面上的方向性。从图 4.5b 可以看出，在振子的轴线方向上辐射为零，最大辐射方向在水平面上；而从图 4.5c 可以看出，在水平面上各个方向上的辐射一样大。

图 4.5a　立体方向图

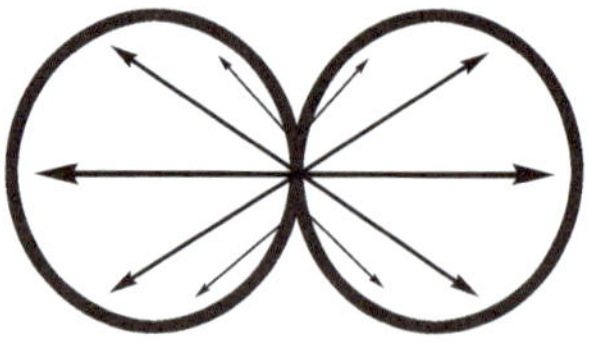

图 4.5b　垂直面方向图

图 4.5c　水平面方向图

若干个对称振子组阵，能够控制辐射，产生“扁平的面包圈”，把信号进一步集中到在水平面方向上。图 4.6 是 4 个半波对称振子沿垂线上下排列，形成一个垂直四元阵时的立体方向图和垂直面方向图。

立体方向图　　垂直面方向图

图 4.6　垂直四元阵方向图

也可以利用反射板可把辐射能控制到单侧方向。平面反射板放在阵列的一侧构成扇形区覆盖天线。下面的水平面方向图 4.7 说明了反射面的作用：反射面把功率反射到单侧方向，提高了增益。

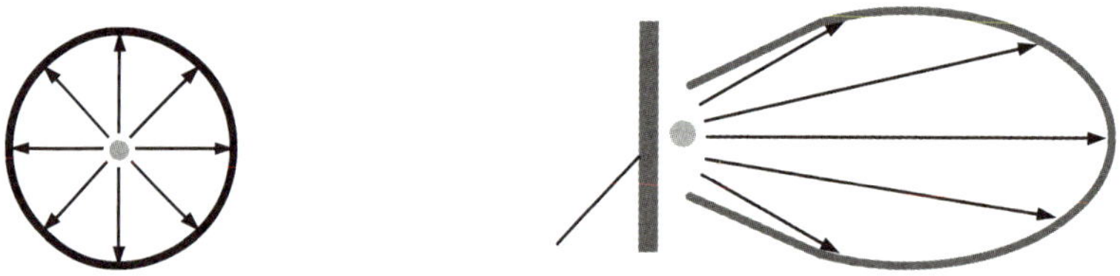

全向阵
（垂直阵列　·不带平面反射板）

扇形区覆盖
（垂直阵列　·带平面反射板）

图 4.7　反射面的作用

抛物反射面的使用，更能使天线的辐射像探照灯那样，把能量集中到一个小立体角内，从而获得更高的增益。

2. 增益

增益是指在输入功率相同的前提下，理想的辐射单元与实际天线在空间相同位置所产生的功率密度之比。增益定量地描述天线集中辐射信号能量的程度。它和方向图有紧密的联系，主瓣越窄，副瓣越小，增益越大。

增益使用 dBi 与 dBd 作为单位。dBi 指用点源天线(i)作为标准天线计算出的天线增益;而 dBd 用半波振子天线(d)作为标准天线计算出的天线增益。

dBi 与 dBd 的关系为 Gd=Gi−2.15(dBd)。

半波对称振子的增益为 G=2.15 dBi;4 个半波对称振子沿垂线上下排列,构成一个垂直四元阵,其增益约为 G=8.15 dBi(dBi 这个单位表示比较对象是各向均匀辐射的理想点源)。

半波对称振子的增益为 G=0 dBd(因为是与自身比较,比值为 1,取对数得零值);所以垂直四元阵,其增益约为 G=8.15−2.15=6 dB。

3. 波瓣宽度

方向图中辐射强度最强的称为主瓣,其余为旁瓣或副瓣。参见图 4.8a,在主瓣最大辐射方向两侧,辐射强度减少 3 dB,即功率密度降低一半的两点间夹角定义为波瓣宽度(又称波束宽度、主瓣宽度或半功率角)。波瓣宽度越窄,方向性越好,作用距离越远,抗干扰能力越强。

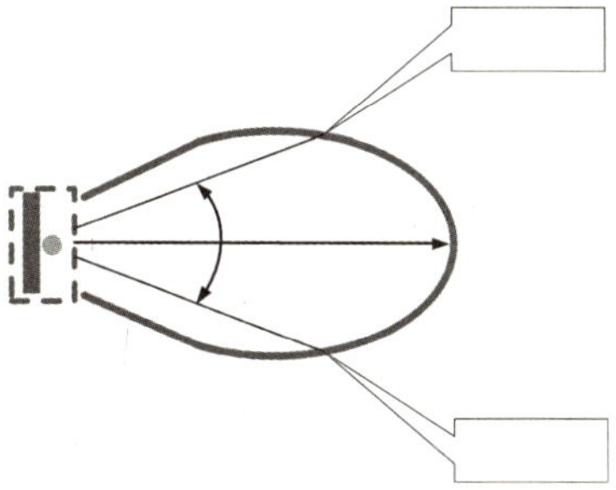

图 4.8a 3 dB 波瓣宽度

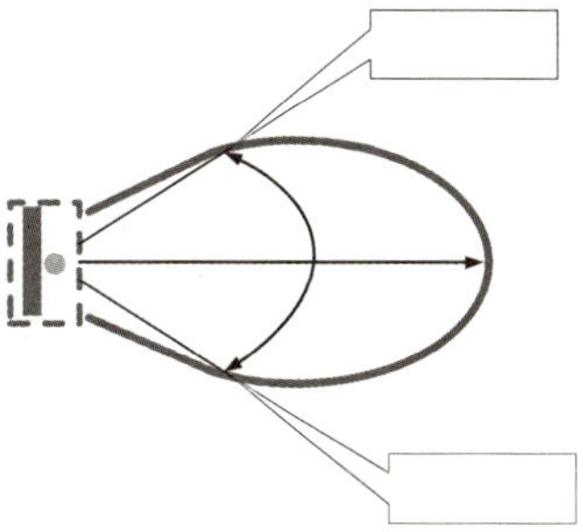

图 4.8b 10 dB 波瓣宽度

还有一种波瓣宽度称为 10 dB 波瓣宽度,顾名思义它是方向图中辐射强度降低 10 dB 的两个点之间的夹角,见图 4.8b。

4. 前后比

方向图中,前后瓣最大值之比称为前后比,记为 F/B(图 4.9)。前后比越大,天线的后向辐射(或接收)越小。前后比 F/B 的计算:

F/B=10Lg[(前向功率密度)/(后向功率密度)]

对天线的前后比 F/B 有要求时,其典型值为(18~30) dB,特殊情况下则要求达(35~40) dB。

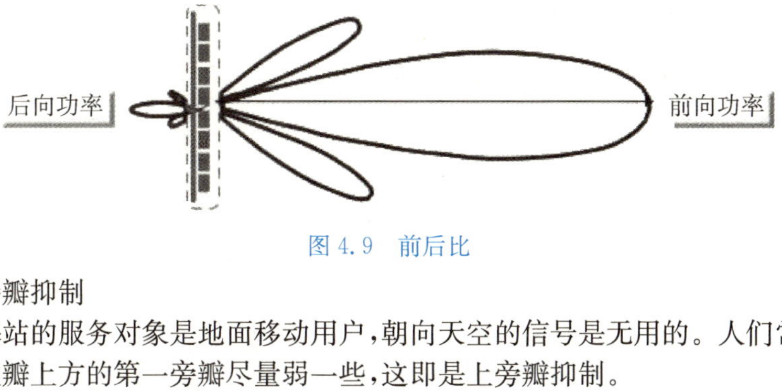

图 4.9 前后比

5. 上旁瓣抑制

因为基站的服务对象是地面移动用户,朝向天空的信号是无用的。人们常常要求基站天线的主瓣上方的第一旁瓣尽量弱一些,这即是上旁瓣抑制。

6. 天线的下倾

为使主瓣信号覆盖地面，安装天线时需将其适度下倾。

下倾角使天线波束指向地面，倾角方式可分为：电调下倾和机械下倾(图 4.10)。

图 4.10　天线下倾方式

7. 天线的极化

天线辐射的电磁波由电场和磁场构成。人们规定：天线极化方向为电场的方向。图 4.11 示出了两种基本的单极化的情况：水平极化和垂直极化。

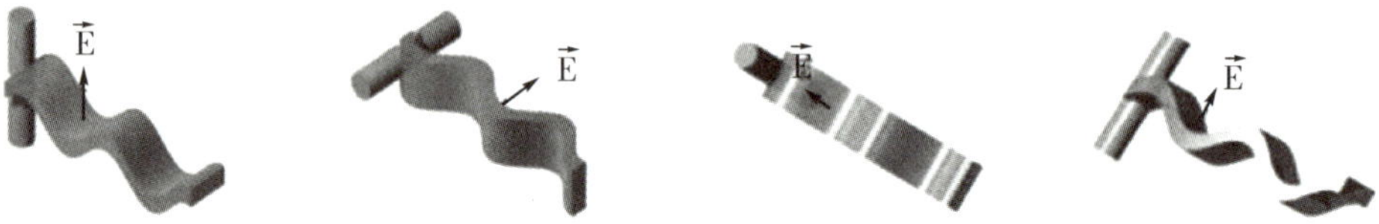

图 4.11　单极化方式

图 4.11 给出了另外两类单极化的情况：+45°极化与−45°极化，它们在特殊情况下使用。把水平极化和垂直极化两种天线组合，或者把−45°极化和+45°极化两种天线组合，就形成了一种新的天线：双极化天线。

图 4.12 示出了两个单极化天线安装组成一副双极化天线，注意，双极化天线有两个馈线接头，双极化天线辐射(或接收)两个极化在空间相互正交(垂直)的波。

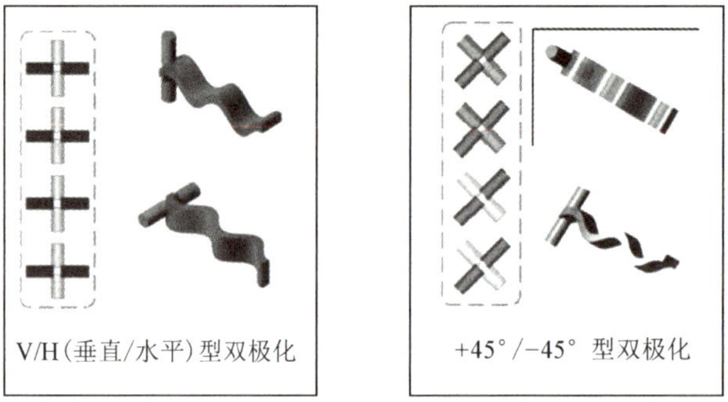

图 4.12　双极化天线

8. 隔离度

隔离度是某一极化接收到的另一极化信号的比例。

对于±45°双极化基站天线：+45°和−45°天线可能同时处于 Tx/Rx 状态，为避免一

副天线在 Tx 状态对另一副天线的 Rx 状态产生干扰，相互之间具有隔离度的要求。见图 4.13 所示：

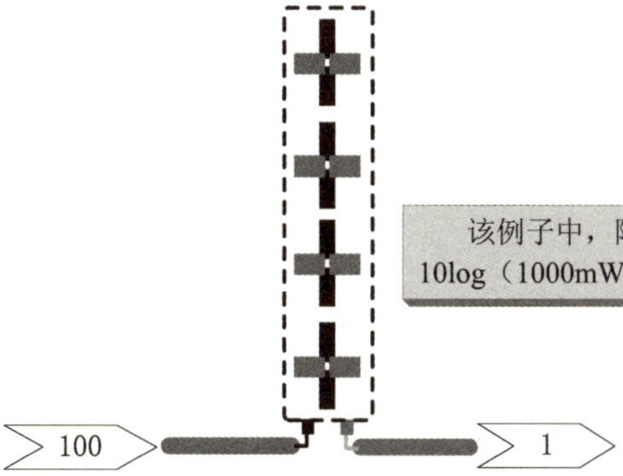

图 4.13　隔离度

9. 阻抗

阻抗是电磁能量通过介质的一个特性，阻抗的单位为欧姆(W)。

为实现良好的性能，阻抗需达到匹配状态，如图 4.14.

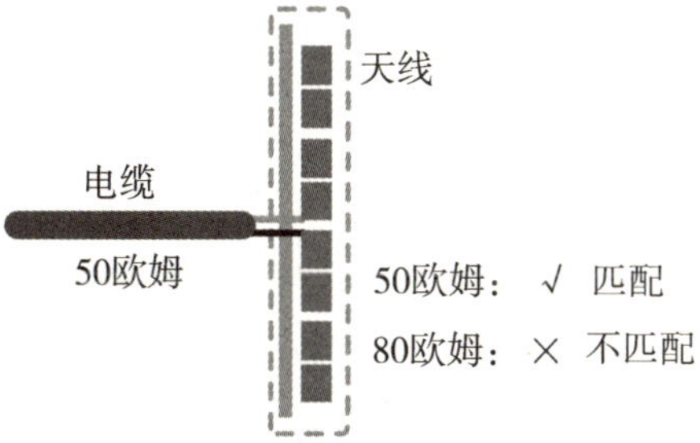

图 4.14　阻抗匹配

10. 驻波比

天线驻波比表示天馈系统阻抗匹配程度的指标。驻波比的产生，是由于入射波能量经馈线往天线传输过程中未被完全吸收，产生反射波后叠加而形成的。它是行波系数的倒数，其取值区间在 1 到无穷大之间。驻波比为 1，表示阻抗完全匹配；驻波比为无穷大，表示阻抗完全失配，全反射。过大的驻波比会减小基站的覆盖并造成系统内干扰加大，影响基站的服务性能。

VSWR 越大，反射越大，匹配越差。我国移动通信系统基站天线技术条件要求：基站天线驻波比应不大于 1.5。

(三)天馈系统

1. 主天馈系统组成

天馈系统由天线、跳线、主馈线、避雷器、接地卡等部件等组成。

(1)主馈线

主馈线位于与机柜相连的 1/2″跳线和与天线相连的 1/2″跳线之间，用于连接 BTS 到天线之间信号传输的主电缆，要求损耗小。

主馈线外形结构图如图 4.15 所示。

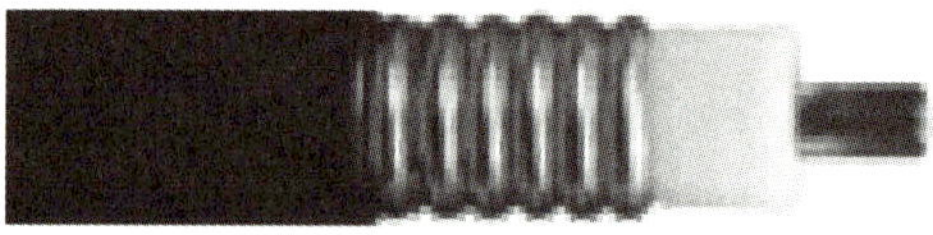

图 4.15　主馈线外形结构

(2)跳线

跳线用于转接主馈缆与机柜之间及主馈缆和天线之间的转接线,用于信号的传输,特点是具有较深的螺旋皱纹,以便弯曲和抵抗侧压力,外护套使用了低密度聚乙烯,使电缆容易弯曲并且具有耐磨和防潮的功能(图 4.16)。

图 4.16　跳线外形结构

(3)避雷器

避雷器能够有效地防止通过基站馈线引入的雷击,用于机房的防雷。四分之一波长短路型避雷器采用 1/4λ 短路原理,保护器内部做成同轴腔体形式,将一段短导线并联在同轴传输线上,一端接芯线一端接地,对于雷电流来说相当于用 1/4λ 长度的金属导体直接对地短路来进行雷电防护。适用于各种无人值守的通信基站。1/4 波长避雷器如图 4.17。

图 4.17　1/4 波长避雷器外形

(4)主馈线接头

主馈线接头适配于 7/8″主馈线的 7/16″型连接器。

7/16″−M(−F)主馈线接头结构图如图 4.18a 和图 4.18b 所示.

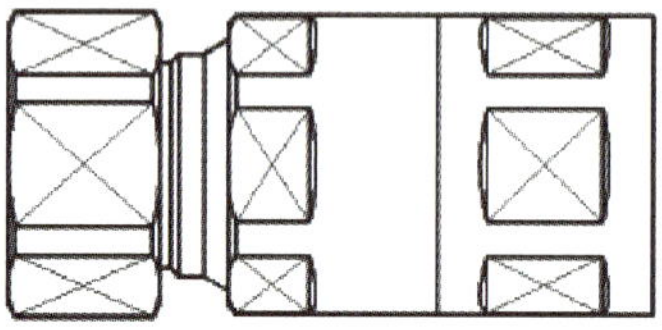

图 4.18a　7/16″−M 主馈线接头结构图

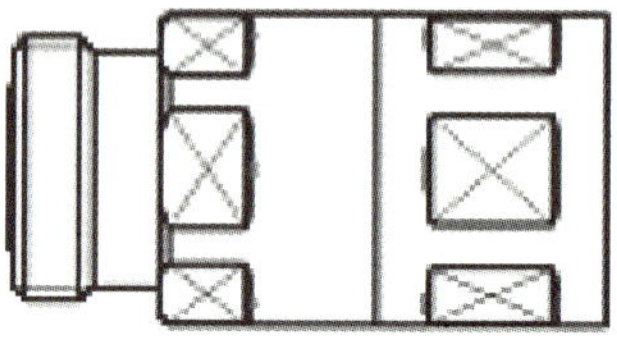

图 4.18b　7/16″−F 主馈线接头结构图

(5)跳线接头

跳线接头适配于 1/2″主馈线的 7/16″型和 N 型连接器。

1/2″跳线接头如图 4.19 所示。

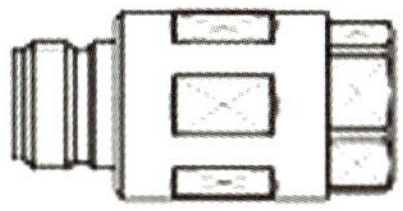

图 4.19a　N−F1/2″

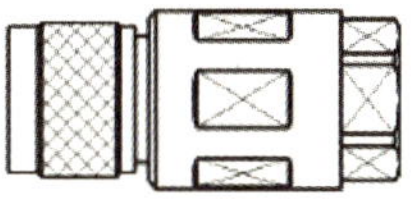

图 4.19b　N−M1/2″

图 4.19c　7/16″−F1/2″

(6)接地卡

接地卡用于同轴电缆接地,可以最容易简单的方式安装,可靠的保护同轴电缆系统免于雷电的损坏,应在塔顶、塔底和收发信机入口处接地。

接地卡外形结构如图 4.20 所示。

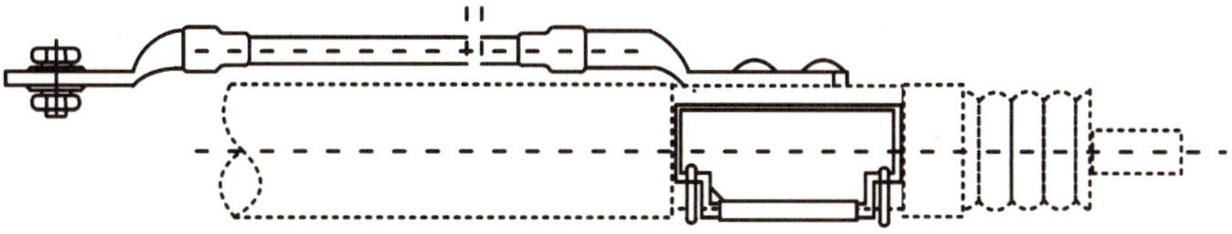

图 4.20　接地卡外形

(7)馈线固定卡

馈线固定卡用于固定馈线,以坚固的抗紫外线及耐低温材料制成,根据所固定的电缆的数目的不同,可以分为单联卡、双联卡、三联卡等,其孔径与所固定的电缆的直径相同。见图 4.21。

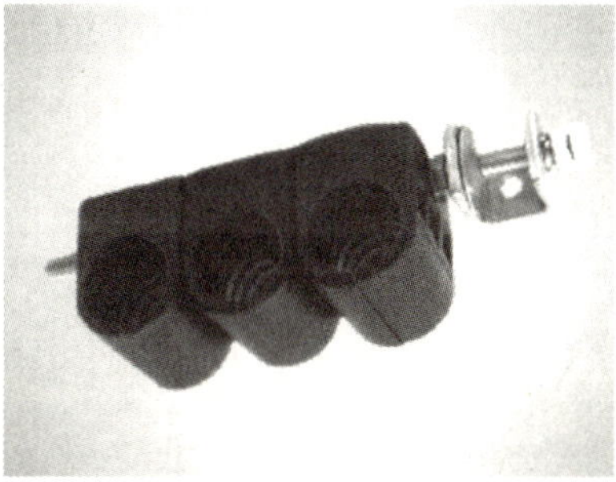

图 4.21　馈线卡

三、安装规范

LTE 基站的硬件安装检查规范如表 4.1 所示。在任务进行中可以按照对应项目来检查工作。

表 4.1 LTE 基站硬件安装检查规范

基站安装阶段	安装子项内容	安装注意事项与检查项	检查结果打√或者数字	备注(不符合要求的说明)
安装准备	机房环境	机房密封良好、无水迹，有空气调节设备，是否有接地排		
		设备周围和底下、地板上清洁无杂物		
室内安装	室内设备安装	设备安装位置合理，符合设计图纸要求		
		机架和底座(支架)联接可靠牢固，绝缘垫、弹簧垫、平垫安装正确		
		同一排机架的设备面应在同一水平面，偏差不大于 3 mm		
		机架外观完整，机框表面无损伤、无划痕，油漆完好		
		机柜内插箱安装位置正确，各种螺丝固定齐全；每个机架装一个防静电手环		
		机柜门应开、合顺畅，机柜门接地线的螺丝必须拧紧，接线符合要求		
		室内防雷箱安装位置符合要求		
		GPS 避雷器安装配件(螺母和弹片)齐全，安装牢固		
	室内电缆布放	机顶各线缆出线孔正确，机顶各线缆扎带在同一水平面上		
		机柜内中继线缆及光纤绑扎符合要求，尾纤套缠绕管保护且长度符合规范		
		电源线及地线线鼻柄和裸线需用同色热缩套管包裹，无铜线裸露，电源线、地线端子压接牢固		
		电源线和信号线、尾纤分类绑扎，间隔均匀，各线缆需分开布放，间距大于 5cm，无交叠；电缆的弯曲半径符合标准要求		
		室内扎带尾齐根剪断无尖口，扎带朝向一致		
		室内防雷箱各线缆连接正确、各线缆占用防雷箱下方走线孔正确，室内防雷箱内户外电源线屏蔽层接地规范		
		线缆标签齐全，格式正确，朝向一致，如用户有特殊要求，按用户要求的格式操作(需提供用户要求相关文档证明)		

续表

室外设备安装及线缆布放	室外设备安装	抱杆必须配有避雷针，确保设备处于45°保护范围内，并可靠接地		
		定向天线方位角误差不大于±5°，定向天线俯仰角误差应不大于±0.5°，天线连接正确，扇区关系正确，没有接反、接错		
		RRU安装件绝缘垫板、白色绝缘垫套、平垫、弹垫安装顺序正确		
		室外防雷箱密封圈开孔正确，密封效果良好		
		GPS天线应该安装在45°避雷区域内，天线竖直向上的视角应大于90°		
	接地、防水	室外电源线、GPS馈线接地点符合规范要求		
		电源线缆接地卡、非免胶型GPS馈线接地卡、RRU接头、天线接头做防水包扎，按顺序紧密缠绕绝缘胶带和防水胶带（采用1层绝缘+3层防水+3层绝缘），使用黑色扎带在接头两端进行固定		
		接地卡接地线应顺着线缆下行的方向，接地引出线与馈线夹角应不大于15度，保护地线接地端子连接前要进行除锈除污处理		
	线缆布放	RRU接头、天线接头需保持20cm垂直的走线；RRU所有未用接口必须拧紧保护盖		
		富余的天线跳线盘绕成“S”型或“8”型，不能盘绕成圆圈		
		线缆进入机房前须做滴水弯；滴水弯的最低点要求低于馈线窗进线口下沿10 cm～20 cm		
		室外采用黑色扎带，室外黑色扎带必须留2～3扣(3～5 mm)		
		各线缆布放美观，绑扎方式正确。多余野战光缆盘留在室外抱杆上		
		室外标牌齐全，格式正确		

四、LTE的基础知识

LTE网络体系结构可以用SAE体系结构作简单介绍。在SAE体系结构中，演进的分组核心网EPC是由原来的RNC部分功能、GGSN、SGSN节点融合形成的一个新的节点。EPC中由MME和SGW两个功能实体来分别完成EPC的控制面和用户面功能。

（一）LTE基础

1. LTE网络结构

LTE 网络结构如图 4.22 所示。

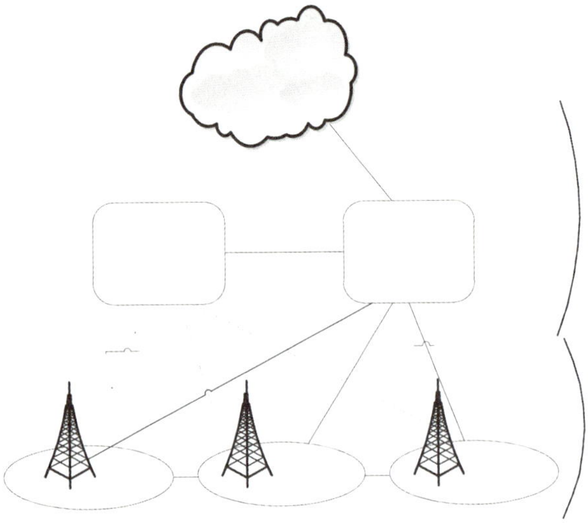

图 4.22　E－Utran 系统架构

LTE(Long　Ter m　Evolution)针对无线技术，主要是演进的无线接入网，即 E－UTRAN。E－UTRAN(Evolved　Universal　Terrestrial　Radio　Access　Network)，即演进的通用陆基无线接入网。LTE 基站和核心网都采用扁平化的架构组网，E－UTRAN 包含唯一的节点 eNodeB，该设备提供 E－UTRAN 用户面 RLC/MAC/物理层协议的功能和控制面 RRC 协议的功能。E－UTRAN 中没有了原有的 Iu 和 Iub 以及 Iur 接口，取而代之的是 X2 接口(eNodeB 之间，主管切换)、S1 接口(eNodeB 和 EPC 之间，分为 S1－MME 和 S1－U)。EPC 分组核心网分为移动性管理实体 MME 和 SAE 接入网关两部分，同时满足 TD－LTE 和 LTE　FDD 两种无线侧接入模式，实现 4G 业务功能。

随着无线数据业务的迅速增长和新空口技术的不断引入，传统的网络架构在对实时数据业务和大数据量业务的支持方面面临挑战，需要不断演进。无线接入网向两个可能的方向演进：一是空口能力不断增强，但网络构架不变，继续维持 RNC 和 NodeB 的二层架构；二是 RNC 和 NodeB 功能合并为增强型 NodeB，即 eNodeB，UTRAN 向扁平化方向发展。

2. eNodeB 功能

E－UTRAN 中的 eNodeB 除了具有原来基站的功能之外，还有原来无线网络控制器的大部分功能。如物理层功能(包括 HARQ)、MAC 层功能(包括 ARQ 功能)、RRC 功能(包括无线资源控制功能)、调度、无线接入许可控制、接入移动性管理以及小区间的无线资源管理功能等。具体有无线资源管理(无线承载控制、无线接纳控制、连接移动性控制、上下行链路的动态资源分配等功能)；IP 信头压缩和用户数据流的封装；UE 附着时选择 MME；路由用户面数据到 SAE 网关；寻呼消息的调度和传输；广播信息的调度和传输；用于移动和调度的测量和测量报告的配置。

3. MME 功能

对于 EPC 中的主要设备，EPC 的功能有：分配寻呼消息给 eNB、安全控制、空闲状态的移动性控制、SAE 承载控制、NAS 信令的加密和完整性保护、SAE 网关功能、寻呼原因引起用户面分组的终止、支持 UE 的移动性切换用户面。

（二）LTE 基站产品知识

国内通信厂商为 LTE 网络提供了多种基站产品。常见 LTE 基站产品的如华为公司的 dBS3900、中兴公司的 BS8300（TD－LTE）、BS8200（FDD　LTE）等。

1. 华为公司产品

dBS3900 是华为根据 3GPP 协议开发的分布式基站，可用于射频拉远，基带和射频分散安装的场景。其主设备包括 BBU 基带单元模块和 RRU 射频远端模块，如图 4.23 所示。BBU 基带单元模块与 RRU 射频远端模块通过基于 CPRI 协议的光接口或电接口互相连接。

3900 系列基站通过一套设备支持多种制式应用和 GSM→UMTS→LTE 的演进，同时提供种类丰富的射频模块，如支持 MIMO 的双发模块、支持大功率大配置的单发大功率模块等，满足不同场景的应用，极大的节约运营商的投资。

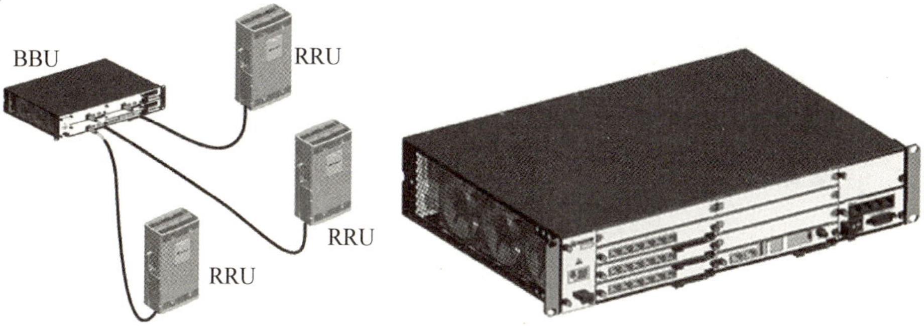

图 4.23　华为 dBS3900 设备

dBS3900 设备部署灵活，BBU3900 可安装于可安装在具有 19 英寸宽、2U 高的室内环境或有防护功能的室外机柜中。RRU 可安装于楼顶、塔上等靠近天馈的位置，以减少馈线损耗，提高基站的性能。如图 4.24 所示。

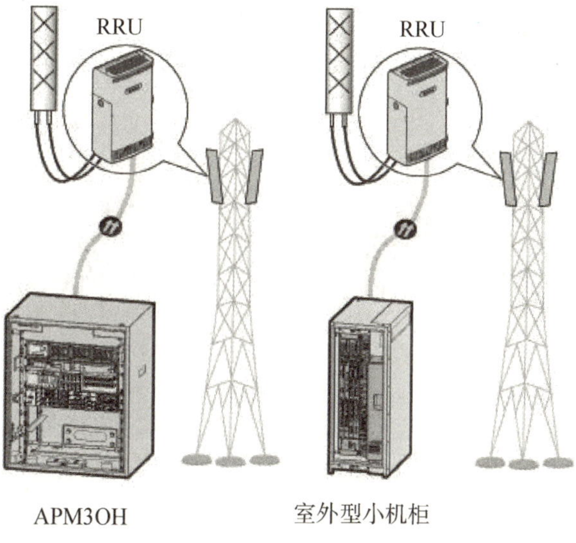

图 4.24　dBS3900 分布式基站在室外的应用

BBU3900单板包括主控传输板UMPT,基带处理板LBBP,星卡时钟单元USCU,防雷板UELP、UFLP、USLP2,电源模块UPEU,环境接口板UEIU,风扇模块FAN。

2. 中兴公司产品

中兴公司LTE eNodeB由室内单元和室外单元两部分构成:室内基带处理单元BBU和远端塔顶单元RRU,基带共享资源池(即BBU)集中放置,通过光纤与远端单元(即RRU)相连,从而实现经济、灵活、快速建网。ZXSDR 8300同时支持多种无线接入技术,包括GSM,WCDMA,CDMA,WIMAX和LTE,只需要更换相应的单板就可以支持从GSM/WCDMA/CDMA/WIMAX到LTE的平滑过渡。

ZXSDR B8300采用19英寸标准机框,高度为3U,产品外观如图4.25所示。BS8200结构及外观与B8300类似,只是高度为2U。(1U=44.45 mm)

图4.25 B8300机框图

B8300由以下功能模块组成:控制时钟板(CC)、基带处理板(BPL)、环境告警模块(SA)、电源模块(PM)、风扇模块(FA)和通用时钟接口板(UIC 选配)。各模块作用如表4.2所示。

表4.2 B8300模块功能表

模块名称	模块功能
CC	提供系统时钟,信令流和媒体流交换平面。
BPL	提供和RRU的光接口,实现用户面处理和物理层处理。
SA	监控及控制风扇转速,提供6路输入干接点和2路双向干接点。
PM	输入过压、欠压测量和保护功能,输出过流保护和负载电源管理功能,具有防雷、防接反、缓启等功能。
FA	提供风扇控制的接口和自动调节风速的功能,提供检测进风口温度功能。

RRU是基站的中频、射频部分。它通过光纤与BBU相连,并与BBU一起构成完整的基站,最大拉远距离为40 km,并且它还可以为BBU提供到其他RRU的级联,最大可支持4级级联。通过线缆或盲插连接天线,RRU提供与UE的Uu口连接。另外它还提供LMT及用户设备环境监控。

R8972有交直流合一型和直流型两种,以直流型为例,如图4.26所示。

ZXSDR R8972支持LTE 10 MHz、20 MHz等载波带宽的自由配置,支持两通道收发信功能,支持2x2 MIMO,双工方式为TDD,支持频段Band39、Band40、Band41,支持LMT,设备维护方式灵活,工作带宽60 MHz,接收机灵敏度为−105 dB m,防护等级为IP66。

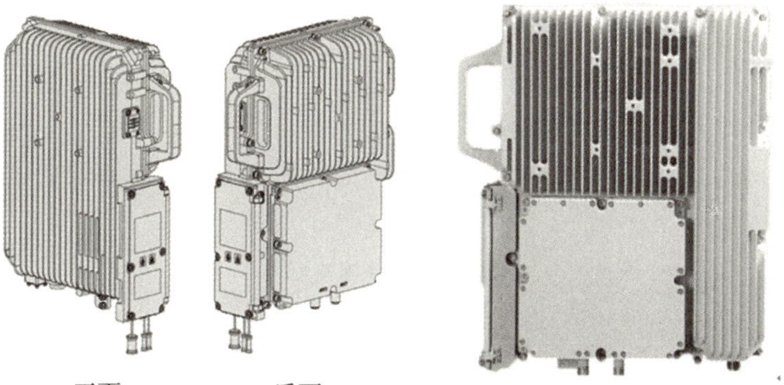

正面　　　　反面

图 4.26　R8972 设备图

R8972 支持版本管理、性能管理、故障管理、安全管理、电源管理、透明通道管理等功能。

4.5　项目用具

施工工机具、天线、各类线缆及配件、机柜、桥架、计算机、OFFICE 等办公软件。

4.6　项目实施

任务 1　完成技术准备工作

技术准备是施工准备的核心。由于任何技术的差错或隐患都可能引起人身安全和质量事故，因此必须认真地做好技术准备工作。

(一)熟悉有关资料，审查设计图纸。核对图纸完整程度，图纸有无矛盾和错误，施工条件与设计内容能否吻合，各工种的配合衔接是否存在问题等。同时应掌握设计数据，施工环境及结构特征、工期要求等资料。

(二)搜集资料，现场查勘。为了做好施工准备工作，除了要掌握有关拟建工程的书面资料外，还应该做好拟建工程的实地勘测和调查，搜集建设工程当地的自然条件资料和技术经验资料；深入实地查勘施工现场情况，获得有关数据的第一手资料，这对于拟定一个先进合理、切实可行的施工方案尤为重要。

(三)编制施工组织设计。施工组织设计是施工准备工作的重要组成部分，也是指导施工现场全部生产活动的技术经济文件。为了正确处理人与物、主体与辅助、工艺与设备、专业与协作、供应与消耗、生产与储存、使用与维修以及它们在空间布置、时间排列之间的关系，必须根据拟建工程的规模、特点和要求，在原始资料调查分析的基础上，编制出一份能切实指导该工程全部施工活动的科学方案，即施工组织设计。

任务 2　完成施工现场准备工作

施工现场是全体施工人员为建设优质、高效、低消耗的工程，而有节奏、均衡连续工作生产的活动空间。施工现场的准备工作，主要是为了给拟建工程的施工创造有利的施工条件和物资保证。

(一)在基站设备和天馈系统安装工程开始以前，必须对机房、屋面的建筑和环境条件进行检查。

1. 机房、屋面结构、塔结构是否牢固，承载应符合通信设备安装要求。

2. 机房内外土建工程全部竣工，室内墙壁、地面已干燥，机房门窗符合通信机房设计要求，房门锁和钥匙齐全。

3. 检查现场情况确定合理馈线走向，实测长度。

4. 现场环境不会对施工人员职业健康产生危害。

工程督导需提供《安装环境检查表》，如表 4.3 所示。由客户代表和勘测工程师根据工程勘测指导书进行“前期一次检查”，完成后再由客户代表和工程督导进行“工前二次检查”。所有检查项目都应如实填写，以确认是否具备开局条件。

表 4.3 安装环境检查表

序号	检查项目	基站名称： **检查要求** 检查通过的项目打“√”，不通过的项目打“×”，不检查的项目打“/”	检查结果	备注
1	机房土建	机房建筑及装修是否完成，承重满足要求		
2	电源系统	电源是否到位，且容量足够		
		端子是否满足要求		
3	传输系统	传输是否到位、调通		
4	室内保护地系统	地排和接地母线是否到位，且接地电阻<5 欧姆		
5	室外防雷地系统	地排和接地母线是否到位，接地电阻<5 欧姆		
6	室内走线架	室内走线架是否安装且适合走线		
7	馈窗	馈窗余孔是否足够，如需后期安装馈窗，馈洞是否开好，且尺寸符合要求		
8	空调设备	空调设备是否到位		
9	铁塔	铁塔是否就绪		
10	抱杆	抱杆是否安装就绪，且符合安装位置、方位角要求		
		抱杆尺寸是否符合天线安装要求		
11	室外走线架(桥)	室外走线架(桥)是否就绪且适合走线		
		室外走线架(桥)是否良好接地		

(二)机房应具备装机条件

机房配套建筑需满足工程设计需要。有关建筑已完工并经验收合格，室内墙面、地面已完全干燥，门窗开关应可靠安全。

机房馈线孔洞窗已安装，位置、尺寸、数量等均应符合设计要求。

新机房时，空调已安装完毕并可正常使用。室内湿度应符合设计要求。

机房接地系统必须符合工程设计的要求，机房内应设有工作地排，保护地排，机房外应设有防雷地排(各地排规格和孔洞符合工程设计要求)，各地排有接地引入线(40×4 mm^2 扁钢或 95 mm^2 铜线)牢固连接，接地电阻符合设计要求。

市电已引入机房，机房照明系统已能正常使用。

配套的走线架、电源、传输设备已安装。

机房承重满足设备安装要求。

机房建筑必须符合 YD5002－94《邮电建筑防火设计标准》的有关规定。机房内及其附近严禁存放易燃易爆等危险品。

（三）天线抱杆应具备安装条件

1. 铁塔抱杆

（1）天线抱杆、悬臂及塔体必须紧固连接，符合安全要求；抱杆和悬臂必须防锈抗腐蚀；抱杆位置设置应符合工程设计要求，抱杆应垂直地面（左右偏差不超过 1°）。

（2）天线抱杆应满足天线系统水平分离度和垂直隔离度的要求。

（3）所有天线抱杆必须处于避雷针 45°保护范围之中。

2. GPS 天线抱杆

GPS 天线一般应安装在铁塔或楼顶南面可选择的最开阔处，与 GPS 天线杆成 45°角范围内应无阻挡；抱杆应垂直，误差在 1°以内。铁塔 GPS 支架悬臂伸出塔体长度大于 1m。建议抱杆长度 1m 左右，直径 75mm。

（四）馈线走线架应具备安装条件

室外走线架宽度不小于 0.4m，横档间距不大于 0.8m，横档宽度不大于 50mm，横档厚度不小于 5mm。

从铁塔和桅杆到馈线孔必须有连续的走线架。为使馈线进入室内更安全、更合理，施工更安全便利，高层机房外爬墙走线架应在馈线孔以下留有 1.5～2m 长。

走线架需有足够的支撑力承重。

（五）铁塔或走线架应具备馈线接地处

新建铁塔按照主馈线接地要求预留接地位置。A 点：平台上距抱杆底 1～2 m 处，每根抱杆各 1 处；B 点：塔体下部爬梯笼两侧横铁上 2 处，高于 60 m 的铁塔还应在塔中央爬梯笼两侧横铁上加 2 处。A、B 点接地铜排建议采用 $40\times4\ mm^2$ 铜条制作，孔洞建议采用椭圆型。

楼顶走线架安装主馈线时，相应的位置应有可供接地的孔洞。

任务 3　完成物资准备工作

器材、线缆、工具和设备等是保证施工顺利进行的物资基础，这些物资的准备工作必须在工程开工之前完成。根据各种物资的需要量计划，分别落实货源，安排运输和储备，使其满足连续施工的要求。具体工作包括：

根据施工预算、分部（项）工程施工方法和施工进度的安排，拟定物资的需要量计划。

根据各种物资需要量计划，组织货源，确定供应地点和供应方式，签订供应合同。

根据各种物资的需要量计划和合同，拟运输计划和运输方案。

按照施工总平面图的要求，组织物资按计划时间进场，在指定地点，按规定方式进行储存或堆放。

基站安装施工涉及大量物资分配、发送与接收，必须做到分货发货有条不紊才能保证工程的进度及总体成本控制。

（一）货物分配

通常一个标准的基站系统有基站机柜、交流供电、直流供电、天馈、传输等设备共同组成，基站安装就涉及机柜、电源柜、电池组、综合业务柜、电源线、传输线、馈线、天线等多种物资调配安装，因此在发货时必须严格按照基站设计规划进行物资调配，主要设备及其相关辅料、工机具仪表都必须准备充分，尤其是扎带、接地夹、标签等小件必须足量发货。

（二）开箱验货

在非交钥匙方式下，开箱时要求客户方和工程督导（供货商工程师或合作方工程师）必须同时在场，如开箱时双方不同时在场，则出现货物差错问题，由开箱方负责。

在交钥匙方式下，工程督导与订单管理工程师进行货物的开箱、验收和移交，并签字确认。开箱验货的操作和货物问题的反馈方法，除不需客户方签字外，其余与非交钥匙工程的操作方法一样。货物在整个工程初验合格后一起移交给客户。

下面着重介绍非交钥匙方式下的开箱验货和货物移交过程。

1. 核对装箱单

开箱前，双方需要检查包装箱是否有破损，发现破损时应立即停止开箱，并与供货商当地办事处订单管理工程师取得联系，等候处理。同时检查现场包装箱件数与《装箱单》是否相符，运达地点是否与实际安装地点相符，若出现不符时，工程督导应将经客户签字确认的《货物问题反馈表》反馈给当地办事处订单管理工程师。

当以上各项检查通过，即可开箱验货。

货运包装箱分木箱和纸箱两种，现场应根据不同的包装箱使用不同工具开箱。通常《装箱单》装在 1 号纸箱中，该纸箱可能贴有红色标签以便识别。

2. 木箱的开箱和货物检查

木箱一般用于包装机柜等沉重物品。

机柜的包装件包括木箱、泡沫包角和胶袋，如图 4.27 所示。开箱前最好将包装箱搬至机房或机房附近（空间允许情况下）进行开箱，以免搬运时损伤机柜。

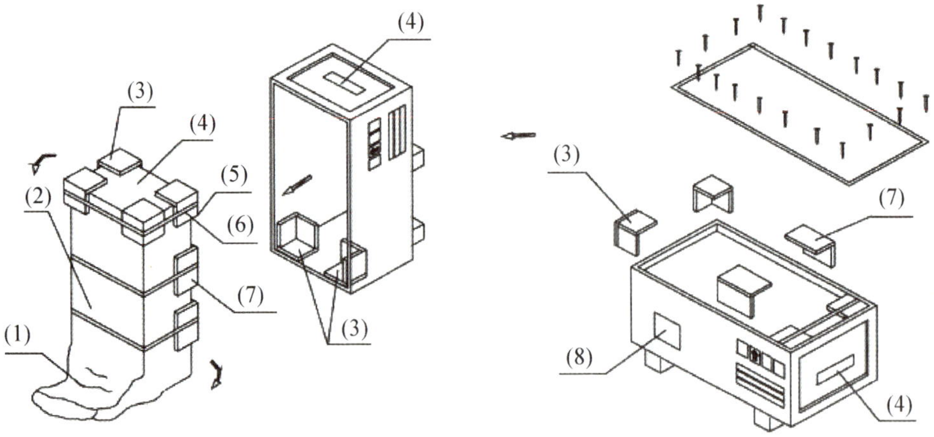

（1）防潮袋　（2）机柜后面　（3）包角泡沫　（4）机柜顶部
（5）机柜前面　（6）压敏胶带　（7）直角泡沫　（8）装箱标签

图 4.27　木箱包装示意图

开箱步骤如下：

(1)用羊角锤、钳子、一字螺丝刀、撬杠启掉包装铁皮，打开包装箱盖板；

(2)使用一字螺丝刀插入木箱面板接缝处，将其松动，然后再插入撬杠将其撬开，直至完全将这面包装板去掉；

(3)将货物拉出，注意拉出之前不能去除货物包装胶袋；

(4)除去货物包装胶袋。

开箱后进行货物检查，主要检查：

(1)机柜的外观有无缺陷，整个机柜是否扭曲变形；

(2)机柜的前、后门是否齐全配套；

(3)机柜顶盖是否完好，标识是否清晰；

(4)插框板名条及假面板等是否安装齐全；

(5)机柜内部卫生情况是否符合要求；

(6)馈线夹等其他货物是否齐备且没有损坏。

3.纸箱的开箱和货物检查

纸箱一般用来包装单板、模块和终端设备等物品。单板是置于防静电保护袋中运输的。袋中一般有干燥剂，以保持袋内的干燥。单板包装如图 4.28 所示。

拆封时必须采取防静电保护措施，以免损坏设备；同时，还必须注意环境温、湿度的影响。

注意当设备从一个温度较低、较干燥的地方拿到温度较高、较潮湿的地方时，必须至少等 30 分钟以后再拆封。否则，可能会由于潮气凝聚在设备表面，而损坏设备。

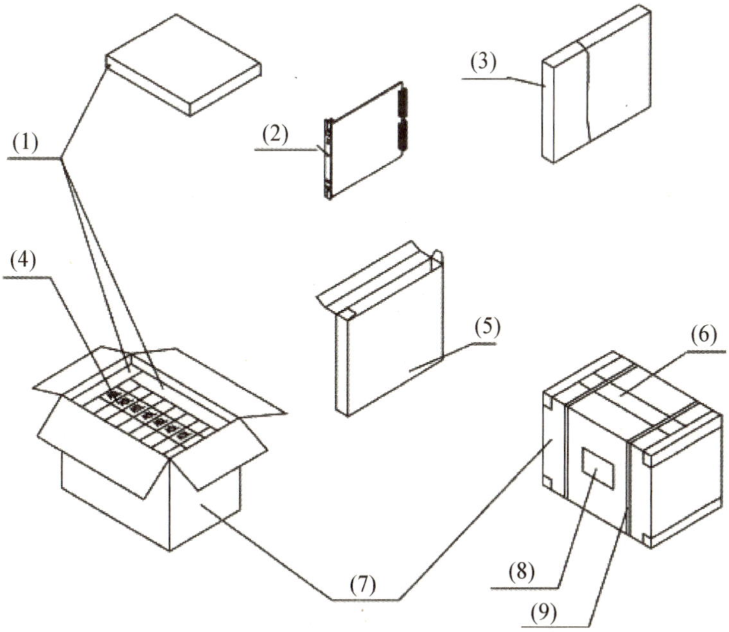

(1)泡沫板　(2)单板　(3)防静电袋　(4)单板标签　(5)单板盒
(6)压敏胶带　(7)纸箱　(8)纸箱标签　(9)打包带

图 4.28　单板包装示意图

开箱步骤如下：

(1)查看纸箱标签，了解箱内单板类型、数量；

(2)用斜口钳剪断打包带；

(3)用裁纸刀沿箱盖盒缝处划开胶带，在用刀时注意不要插入过深避免划伤内部物品；

(4)打开纸箱，取出泡沫板；

(5)浏览单板盒标签，查看数量是否与纸箱标签上注明的数量相符，然后取出单板盒；

(6)打开单板盒，从防静电袋中取出单板。

开箱过程中要注意以下问题：

拿取单板时必须采取防静电保护措施；单板盒打开后，单板外还有一层普通袋包装和一层防静电袋包装，请妥善保管这两个袋子，以便在备板保存和故障板返修中使用。

开箱后进行货物检查，下一箱开箱之前必须对本箱进行检查，在确认本单板盒内确实是空的以后再拆下一箱，避免失误。切忌纸箱内还有未取出的单板便将纸箱扔掉，给施工带来麻烦。

开箱后主要检查：

(1)内部包装是否有破损情况；

(2)单板和模块等物品的数量、型号是否与《装箱单》内容相符；

(3)是否存在印制板断裂，元器件脱落等现象；

(4)检查计算机终端的显示器、键盘、鼠标是否齐全，有无损坏。

检查时需要注意，如果内部包装有破损处，请详细记录检查结果；在内部无破损的情形下，拆包后对设备，尤其是对易造成电气特性不良状况的器件进行完整情况检查时，应以设备供应商为主进行检查，如有损坏，由其负责处理或赔偿；若发现任何货物不符合情况，应及时和设备供应商联系；已检验的货物应按类摆放。

4. 货物验收移交

验货完毕，若货物没有问题则双方须在《装箱单》上签字确认，货物随即移交给客户保管。

在验货过程中，若《装箱单》上标明“欠货”，请直接反馈至供货商办事处订单管理工程师进行后续处理，同时签署《装箱单》；如出现缺货、错货、多发货或货物破损等情况，则双方签署《开箱验货备忘录》和《装箱单》，同时由工程督导如实填写《货物问题反馈表》，反馈给当地办事处订单管理工程师，并负责有问题货物(连同内外包装)的原状保存完好，以便查证。

与客户方货物交接完毕后，若因客户方保管不善而导致的货物损坏或遗失，责任应由客户方承担。

在整个安装过程中，若出现货物、器件的损坏或需更换、补发货物的情况，工程人员应认真填写《货物问题反馈表》，及时反馈给当地办事处货管员备案。货物应存放在专用的房间里，由客户方指定的责任人负责管理，房间环境应满足温湿度合理、灰尘少、振动小、有良好的接地、无强电磁干扰及无生物破坏等要求。若因客户方保管不善而导致的货物损坏或遗失，责任应由客户方承担。

任务4　完成劳动组织准备工作

（一）建立拟建工程项目的领导机构

施工组织机构的建立应遵循以下的原则：根据拟建工程项目的结构、规模和复杂程度，确定项目施工的领导机构名额及人选；分工与协作相结合；把有工作效率、有创新精神、有施工经验的人员安排在领导层；认真执行因事设职、因职选人的原则。

（二）建立精干的施工队伍

施工队伍的组建要充分考虑工种、专业的配合，各级别工人的比例要符合流水施工组织方式的要求，要能满足合理的劳动组织，确定是建立专业施工队伍，抑或是混合施工队伍，要坚持精干、合理的原则；进而制定出劳动力需求计划。

（三）集结施工力量、组织劳动力进场

工地的领导机构确立后，按照劳动力需求计划和开工时间，组织劳动力进场。同时要及时进行文明施工和安全等方面教育，并安排好生活后勤保障。

（四）向施工队组、工人进行施工组织设计、计划和技术交底

交底是为了把设计内容、施工计划和施工技术等具体要求详尽地向施工队组和工人介绍交代。这是技术责任制和落实计划的较好选择。

交底需要在分部分项工程或单位工程开工前按时进行，以保证工程严格地按照设计图纸，施工组织设计、安全操作规程和施工验收规范等要求进行施工。

交底的内容有工程的施工进度计划、月（旬）作业计划；施工组织设计；安全保障措施、质量标准、验收规范和成本控制措施的要求；新技术、新材料、新结构和新工艺的实施计划和保障办法；图纸会审时确定的技术核定和设计变更事项。交底时根据管理架构逐级进行，从上至下直到工人。口头交底、书面交底和现场示范都属于交底的方式。队组接受交底后，要组织工人进行仔细的研究分析，搞清楚质量标准、关键技术、操作要领和安全措施。根据需要进行示范，并做好任务分工及配合协作，建立健全岗位责任制。

（五）建立健全各项管理制度

施工现场的各项管理制度，直接影响到各项施工内容的顺利进展。有章不循其后果是严重的，而无章可循更是危险的。为此必须建立健全相关管理制度。通常内容如下：

技术档案管理制度；质量检查验收制度；材料设备验收检查制度；技术责任制度；交底制度；施工图纸会审与学习制度；考勤制度；职工考核制度；安全施工制度；耗材出入库制度；工地经济核算制度；工具使用保养制度。

(六)典型施工组织架构

图 4.29 为典型的工程施工组织架构图。

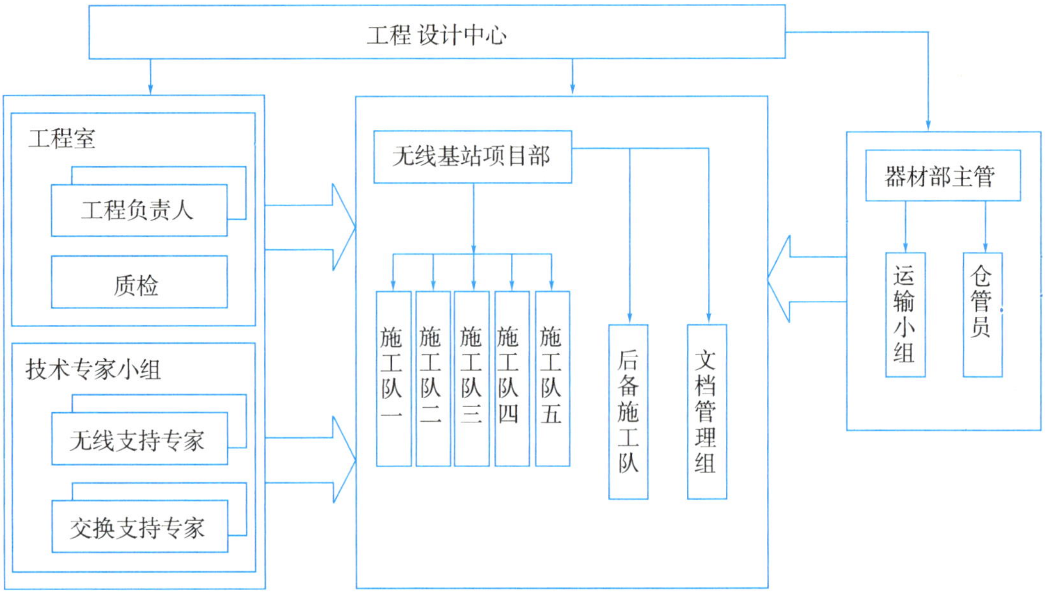

图 4.29　工程施工组织架构图

其中,工程设计中心负责工程的宏观控制管理及组织策划。项目部负责工程的具体实施。包括质量、进度控制,安全文明施工管理及对外关系的协调。工程室负责收集、处理和反馈建设单位的意见;负责工程实施过程中的质量检查和质量监督。技术专家小组负责技术支持保障及技术培训。

进一步明确具体的岗位设置及职责(图 4.30)。

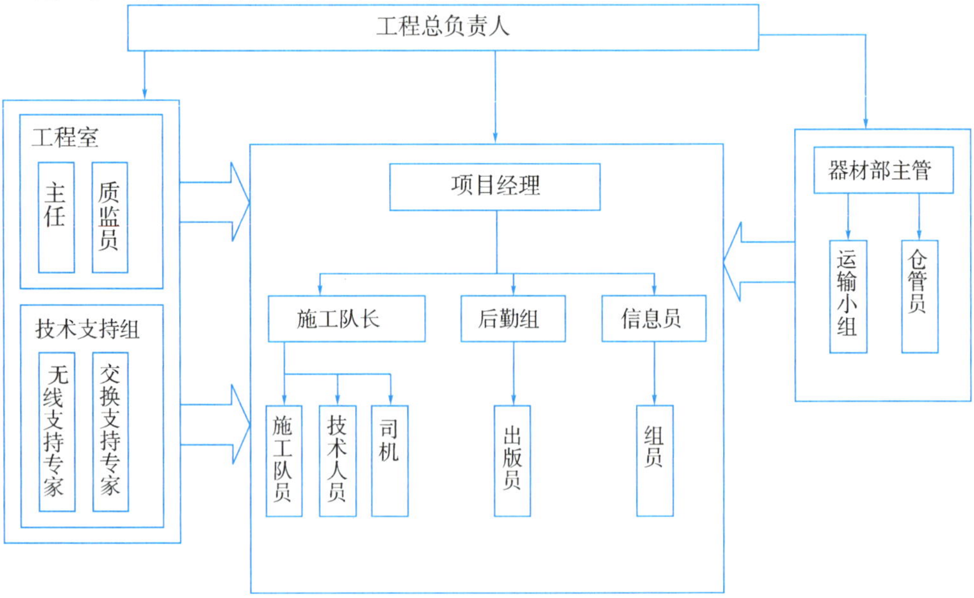

图 4.30　工程施工人员岗位设置

1. 工程总负责人(经理)

(1)负责招投标相关事宜,负责总体施工方案的制定。

(2)负责整个工程合同的组织实施,并阶段性对合同的履行情况加以总结,报工程局领导。

(3)协调公司内部各部门的配合工作,事先做好各地方人员调配工作。

(4)工程结束后拜会客户,对建设单位的意见和建议进行总结,向工程局领导提交报告。

2. 工程室(主任)

(1)负责项目的整体管理和协调。

(2)指派项目经理,并做好人员调配工作。

(3)做好项目经理的职能分工,组织他们学习并深入了解各自职能,做好项目管理工作。

(4)建立高效的项目管理制度。组织进行飞行检查,保证各地工程的顺利,按质按量完成。

(5)掌握各地工程进度,负责调度人手,解决项目经理,无法处理的问题。

(6)组织相关技术培训和技术交流。

(7)及时了解建设单位对工程施工的意见和要求,及时改进工作。

(8)项目评价。

(9)接受建设单位投诉,及时监督投诉的处理,并将处理结构反馈给建设单位。

(10)对建设单位负责,在工程施工期间,及时了解公司的施工情况。

3. 无线项目组(经理)

(1)负责本工程项目管理,做好后勤协调工作,保障施工顺畅开展。

(2)积极、主动与建设单位的工程管理人员联系,在工程开工前就工程的开展、流程等进行必要的沟通,并取得一致意见;在施工中,及时、虚心听取建设单位对我公司服务质量的意见。

(3)工程开工前与建设单位的工程管理人员和施工队沟通,确定进度计划和施工细则。组织相关技术人员认真学习设计文件,并做好开工的准备工作。

(4)按照进度计划和建设单位的指示安排施工队进场施工。

(5)工程施工过程中,与建设单位的工程管理人员随时沟通,了解建设单位的意见并及时回应,积极配合。

(6)对工程中发生的问题及时进行协调和处理,重大技术问题请求支持专家给予支持。

(7)按照施工进度计划控制施工进度,在施工进度出现偏差或由于其他原因需要调整时及时调派人手,保证工程进度。

(8)定期巡视施工现场,控制施工质量。发现出现质量问题,及时要求施工队进行整改。

(9)根据每月计划对仓库设备、材料进行核查,发现缺货少料情况上报建设单位。

(10)对分包单位施工质量把关。

(11)管理和监督工程文件的编写和归档,并对文档的完整性、真实性、有效性进行审核。

4. 信息员

(1)负责工程各项资料的整理出版。

(2)负责施工信息进行收集并报建设单位。

5. 施工队长

(1)接受项目经理,分派任务,严格按照质量要求、进度要求进行施工。

(2)合理安排施工队员的工作任务,高效率、高质量地完成施工任务。

(3)遵守各项机房的规章制度,严格要求队员。

(4)随时检查施工队员的施工质量,对关键工序要严格把关,对工程质量负责。

(5)定期对施工工具、调测仪表、车辆状态进行检查,定期补充常用后备材料。

(6)按照文档要求,及时填写各类工程文档。

(7)保证安全文明施工。

(8)严格按照有关调测规程、技术指标,质量要求、进度要求进行基站调测。

(9)负责竣工文件原始资料的收集整理。

6. 质监小组组长

(1)对工程室负责,对建设单位负责,在工程期间检查无线部的各项工作是否符合施工规范、质量要求、安全规定、文档填写要求。

(2)对每个地区基站的安装、调测进行抽查。

7. 技术支持专家

(1)24 小时提供远程技术支持。对于紧急情况,根据需要到现场解决问题。

(2)跟踪新技术,向工程技术人员及建设单位的工程管理人员提供新技术讲座。

任务 4 编制施工组织设计方案

(一)施工组织设计的基本概念

施工组织设计是指导拟建工程施工全过程各项活动的技术、经济和组织的综合性文件。

施工组织设计要根据国家的有关技术政策和规定、设计图纸和组织施工的基本原则。从拟建工程施工全局出发,结合工程的具体条件,合理地组织安排,采用科学的管理方法,不断地改进施工技术,有效地使用人力、物力,安排好时间和空间,以期达到耗工少、工期短、质量高和造价低的最优效果。

编制一个好的施工组织设计可以大大降低标价,提高竞争力。编制的原则是在保证工期和工程质量的前提下,尽可能使工程成本最低,价格合理。

(二)施工组织设计的编制原则和编制依据

1.施工组织设计的编制原则

在编制施工组织设计时，应根据施工的特点和以往积累的经验，遵循以下几项原则。

(1)认真贯彻国家对通信工程建设的各项方针和政策，严格执行建设程序。

历史的经验表明：凡是遵循基本建设程序，建设就能顺利进行；否则，不但会造成施工的混乱，影响工程质量，而且还可能会造成严重的浪费或工程事故。因此，认真执行基本建设程序，是保证工程顺利进行的重要条件。另外在工程建设过程中，必须认真贯彻执行国家对工程建设的有关方针和政策。

(2)科学的编制进度计划，严格遵守要求的工程竣工及交付使用期限。

(3)遵循施工工艺和技术规律，合理安排工程施工程序和施工顺序。

(4)在选择施工方案时，要注意结合工程特点和现场条件，使技术的先进适用性和经济合理性相结合；还要符合操作规程要求、验收规范和有关安全、防火及环卫等规定，确保施工质量和现场安全。

(5)对于在雨季、冬季施工的项目，应落实季节性施工措施，保证生产的均衡性和连续性。

(6)多利用正式工程、已有设施，尽量减少各类临时性设施；尽可能就近利用本地资源，合理安排运输、装卸与储存作业，减少物资运输量，避免二次搬运；精心进行场地规划布置，节约施工用地。

(7)要贯彻“百年大计、质量第一”和预防为主的方针，制订质量保证的措施，预防和控制影响工程质量的各种因素。

(9)要贯彻安全生产的方针，制定安全保证措施。

2.施工组织设计的编制依据

施工组织设计应以工程对象的类型和性质、所在地的自然条件和技术经济条件及收集的其他资料等作为编制依据。主要应包括：

(1)经过复核的工程量清单及开工、竣工的日期要求。

(2)施工图纸及设计单位对施工的要求。

(3)建设单位可能提供的条件和水、电等的供应情况。

(4)各种资源的配备情况如机械设备来源、劳动力来源等。

(5)施工现场的自然条件、现场施工条件和技术经济条件资料。

(6)有关现行规范、规程等资料。

(三)施工组织设计的编制程序

施工组织设计是企业控制和指导施工的文件，必须结合工程实体，内容要科学合理。在编制前应会同各有关部门及人员，共同讨论和研究施工的主要技术措施和组织措施。施工组织设计的编制程序见图4.31。

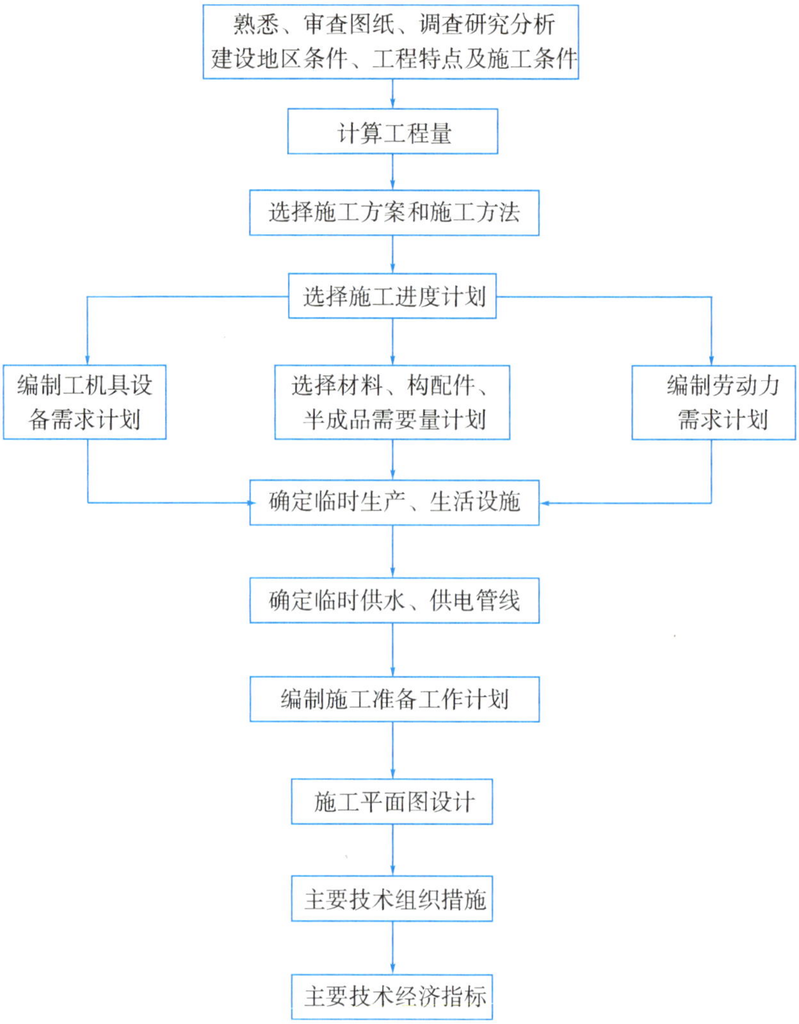

图 4.31　施工组织设计的编制程序

（四）施工组织设计的主要内容

施工组织设计一般应包括：工程概况说明；施工现场平面布置；项目管理班子主要管理人员；劳动力计划；施工进度计划；施工进度施工工期保证措施；主要工机具设备；主体施工方案和方法及质量保障措施；各种管线等基础结构质量保障措施；采用新工艺新技术专利技术；各工序间的协调；安全保障措施；冬季雨季施工措施；施工现场维护措施；现场保护措施；现场文明施工；交验后服务措施等内容。

施工方案的制定要从工期要求、技术可行性、保证质量、降低成本等方面综合考虑。选择和确定各项工程的主要施工方法和适用、经济的施工方案。

任务6　安装机柜

(一)机柜配件

机柜配件包括底座、支架和支撑槽钢。其中下框架用于在水泥地面上的安装,支架用于在防静电地板上的安装,支撑槽钢用于在承重不足地面上的安装。

机柜配件的选择参见图4.32所示。

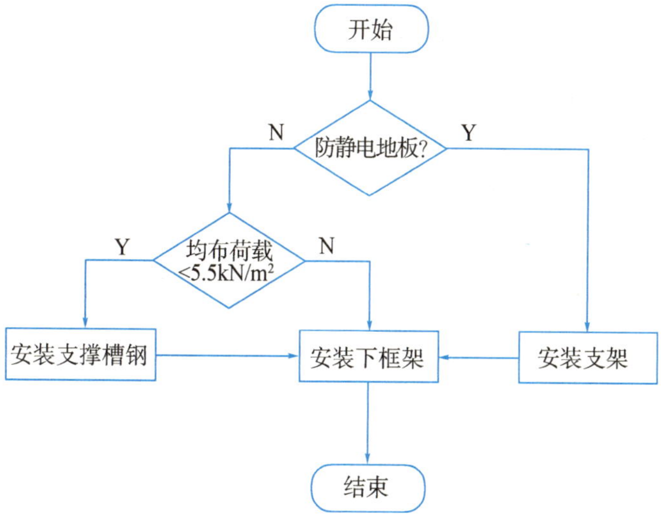

图4.32　机柜配件安装选择

1.底座

机柜底座外形如图4.33所示,分为上下框架。

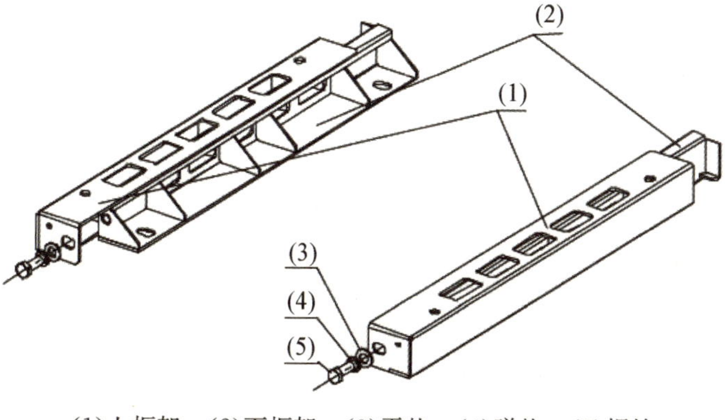

(1)上框架　(2)下框架　(3)平垫　(4)弹垫　(5)螺栓

图4.33　机柜底座外形示意图

上框架出厂时已固定在机柜底部,下框架固定在水泥地面或者防静电地板上,安装时将机柜推入下框架中,锁定螺栓后,即可完成机柜的安装。

机柜无论采用何种安装方式,均需在下框架下加绝缘垫,并在固定下框架的紧固件中加绝缘套,以使整套设备在未连接地线之前,不与大地导通,有效绝缘。

机柜安装采用 N 方式选用下框架，即 N 个机柜选用 N 个下框架安装。

2. 支架

机柜支架外形如图 4.34 所示。通常支架有四种组件：三种高度可调式与一种固定高度式。每种组件的高度调节范围各有不同，依照机柜安装具体情况调节。

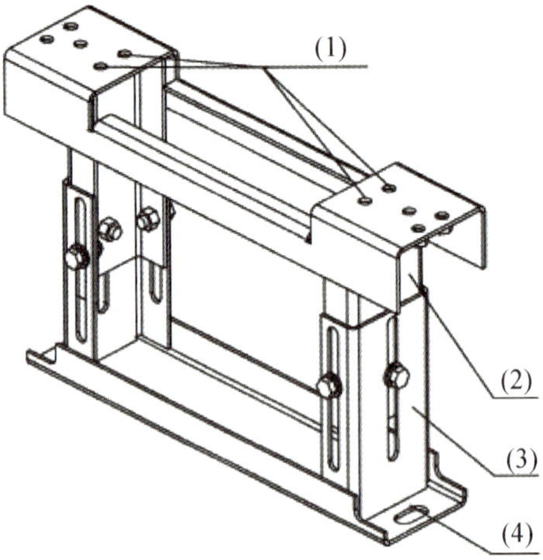

(1)接孔　(2)上支架　(3)下支架　(4)安装孔

图 4.34　支架外形图

支架的安装采用托地板方式，即将地板夹在机柜与支架之间，用螺栓穿过防静电地板，将机柜和支架固定在一起，从而达到对机柜固定和支撑的目的。

机柜安装采用 2N 方式选用支架，即 N 个机柜选用 2N 个支架安装。

3. 支撑槽钢

支撑槽钢即现场制作的大底座，材料选用热轧槽钢，其外形如图 4.35 所示。

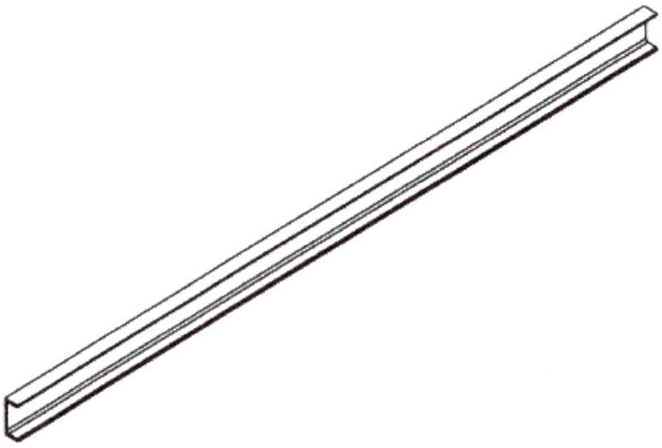

图 4.35　支撑槽钢外形图

支撑槽钢需要现场制作，依据现场需要而定。

(二)机柜摆放原则

机柜后面与墙壁的距离不少于 0.3 m(经靠墙设计的机柜型号除外)；

机柜侧面可以靠墙壁安装；

机柜正面应留有不小于 0.8 m 宽的通道；

机柜离天馈窗应尽可能近，以减少馈线长度。

(三)在水泥地面上安装机柜

1. 安装流程

水泥地面上的机柜安装流程如图 4.36 所示。

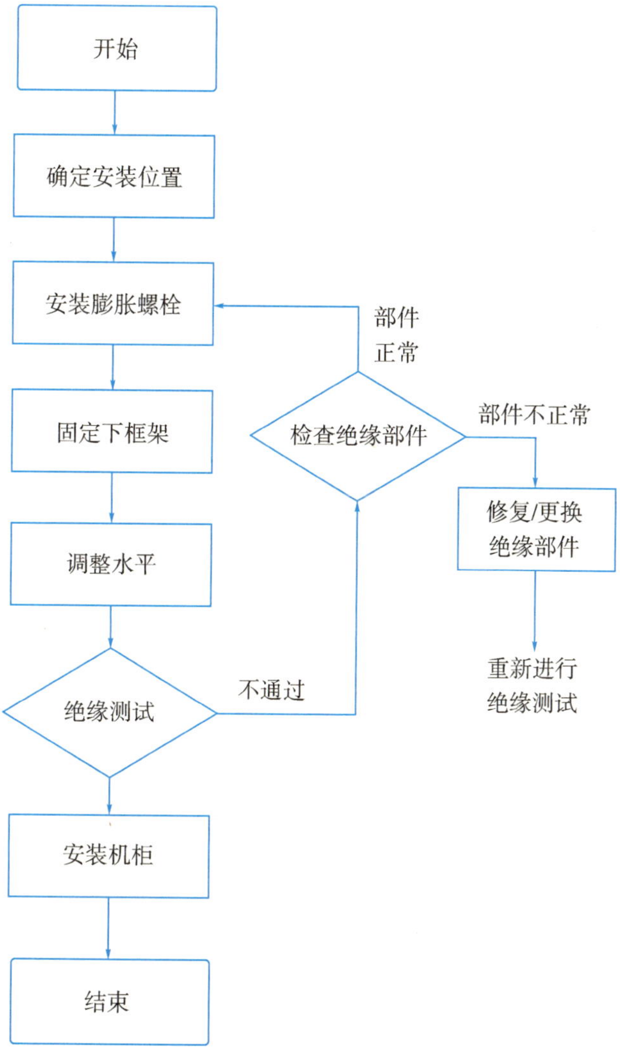

图 4.36　水泥地面上机柜安装流程

2. 确定机柜安装位置

确定机柜安装位置的过程如下。

①根据工程设计与施工图纸给定的定位尺寸和机柜安装孔位置尺寸确定膨胀螺栓孔的位置；

②根据机柜到基准线的尺寸用卷尺测量出几个划线点；

③连接划线点绘制两条平行于基准的平行线；

④根据设计要求在平行线上标记第一台机柜膨胀螺栓孔位置，以此孔为基准点，逐个划出其他机柜用的膨胀螺栓孔位置标记；

⑤重复上述操作，确认尺寸无误。

3. 钻孔与安装膨胀螺栓

钻孔深度必须在螺栓许可范围之内(膨胀螺栓的膨胀管长度加上锥头长度)，深度小于或大于该长度都将导致膨胀螺栓无法正常安装紧固。各孔孔深应一致，在测量孔深时应除去孔内灰尘，量取净深度。

如果地面特别坚固平滑，钻头不宜定位，可先用样冲在孔位上凿一个凹坑，帮助钻头定位。钻孔与安装膨胀螺栓过程如下：

①选择 M12 的膨胀螺栓和 Φ16 钻头。

②钻头与地面垂直，双手紧握钻柄，垂直于地面钻孔。

③钻孔同时，使用吸尘器，吸净灰尘。

④取下 M12×70 螺栓、弹垫、平垫和绝缘垫圈，如图 4.37 所示。

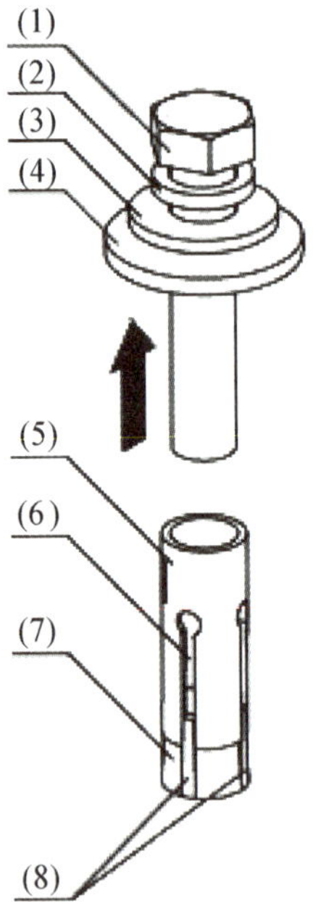

(1)M12×70 螺栓　(2)弹垫　(3)平垫　(4)绝缘垫圈

(5)膨胀管　(6)导向槽　(7)膨胀螺母　(8)导向筋

图 4.37　拆卸膨胀螺栓示意图

⑤将膨胀管和膨胀螺母垂直放入孔洞，保证膨胀螺母上的导向筋正插在膨胀管的导向槽。

⑥用铁锤敲打，直至膨胀管全部进入地面。

注意安装时必须取下弹垫，否则在敲打膨胀螺栓时会导致弹垫失效。将螺栓敲入孔洞中时，用力不能太轻，但也不要敲坏螺栓上的螺纹。

4. 固定下框架

固定下框架的过程如下：

①对准四个膨胀螺栓依次放入绝缘板和下框架。

②在四个螺栓依次放入弹垫、大平垫、绝缘套。

③将螺栓穿过下框架，依次交叉拧紧螺栓，如图 4.38 所示。

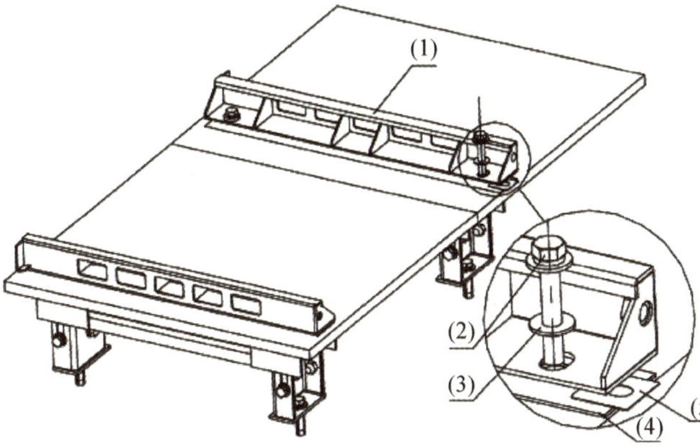

(1)下框架　(2)压爆膨胀螺栓　(3)平垫弹垫 12　(4)绝缘板　(5)调平垫片

图 4.38　下框架安装示意图

5. 调整水平

在下框架顶部平面两相互垂直方向放置水平尺检查下框架的水平度，当有误差时可通过在下框架下增加垫片调节水平。

6. 绝缘测试

调节万用表至电阻档，用万用表的两个测量头分别与底座无油漆处和膨胀螺栓接触。若电路呈现断路(大于 5 MΩ)状态，表示已绝缘，结束安装；若小于 5M? 说明底座没有绝缘，检查是否有漏装绝缘套或绝缘垫板的现象，或者绝缘套是否有损坏。若无漏装或损坏，返回安装膨胀螺栓，重新安装底座，重新进行绝缘测试。

7. 安装机柜

安装过程如下(图 4.39)：

①将机柜抬到下框架上，使机柜底部的上框架与下框架配合上；

②推入机柜；

③在机柜正面装上螺栓紧固；

④装上面板；

⑤紧固面板螺钉。

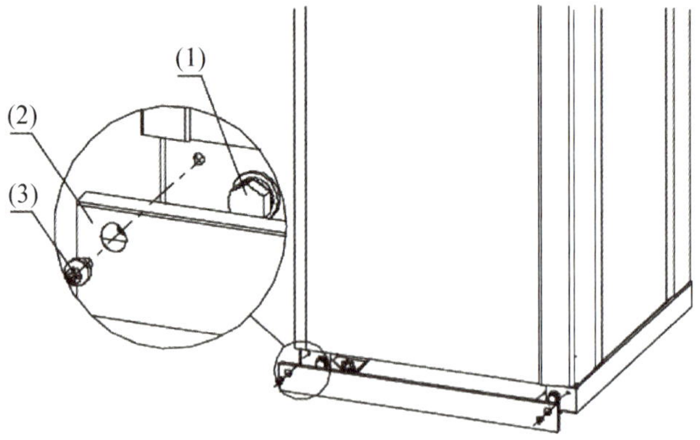

(1)上下框架固定螺栓　(2)面板　(3)组合螺钉 M6X20

图 4.39　机柜水泥地面上安装示意图

任务 7　安装走线架

走线架系统用以承托各种电缆。机柜下走线时，需要在防静电地板下面安装保护线槽，同时机架上安装走线槽来承托电源线；上走线时，机架需要安装走线架。我们主要对走线架结构、走线架部件和走线架系统的安装过程进行说明。

(一)走线架结构

1. 线槽

(1)上走线保护线槽

上走线保护线槽为封闭式线槽，可调整的长度范围为 1200 mm～1500 mm，其结构如图 4.40 所示。

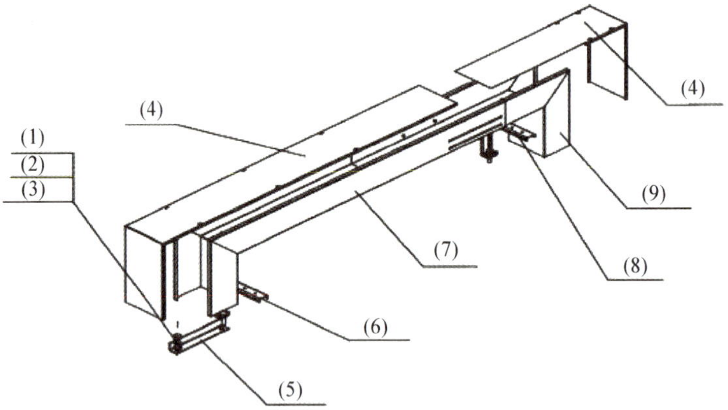

(1)平垫　(2)弹垫　(3)螺栓　(4)盖板　(5)支撑板　(6)支架　(7)长线槽
(8)支架　(9)短线槽

图 4.40　上走线保护线槽结构示意图

(2)下走线保护线槽

下走线保护线槽适用于防静电机房，安装在防静电地板下，线槽两侧应紧贴机柜的下出线口。线槽高度通过活动线槽可调，能适应的防静电地板高度为 150 mm～500 mm；线槽长度也可调，中间线槽可在两边线槽中抽动，当两行机柜之间的距离为 1150 mm～1550 mm 时，都能满足要求。其结构如图 4.41 所示。

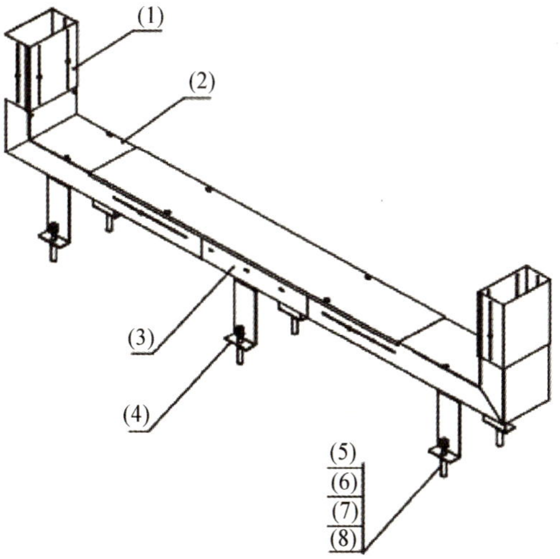

(1)活动线槽　(2)线槽　(3)中间线槽　(4)支撑架　(5)螺母　(6)平垫　(7)弹垫　(8)膨胀螺栓

图 4.41　下走线保护线槽结构示意图

2.线梯

线梯采用槽形钢与横撑件作为基本骨架。其中槽形钢作为线梯的纵梁，横撑件作为横梁。线梯基本结构如图 4.42 所示。

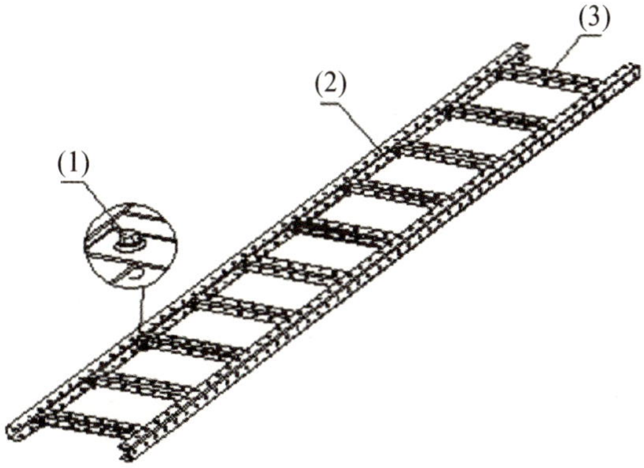

(1)固件　(2)槽型钢　(3)横撑件

图 4.42　线梯的基本结构图

(二)安装走线架

1.安装方式

机房内上走线时，机房要安装走线架。走线架上可以铺设机房内的各种电缆，加固设备，使其具有抗震功能，根据走线架在机房的具体位置，走线架可有四种安装方式，需要注意的是走线架必须与地面、屋顶及墙壁绝缘。

(1)从屋顶安装吊杆来悬挂走线架(简称吊装方式)；

(2)从地面安装支杆支撑走线架(简称地支方式)；

(3)走线架从机柜上方经过时，在机柜上安装防震支架或爬梯来支撑走线架；

(4)当走线架靠墙架设时，可在墙上安装三角支架来支撑走线架。

走线架以线梯形式为主，辅以线槽形式（即线槽作为选配件）。线梯和线槽有如下规格。

（1）200 mm 宽线梯选配 200 mm 宽线槽；

（2）400 mm 宽线梯选配 400 mm 宽线槽；

（3）600 mm 宽线梯选配 400 mm+200 mm 宽线槽。

建议机柜上方采用 400 mm 线梯，不选配线槽，以利于走线及系统散热。

2. 安装流程

走线架的安装流程如图 4.43 所示。

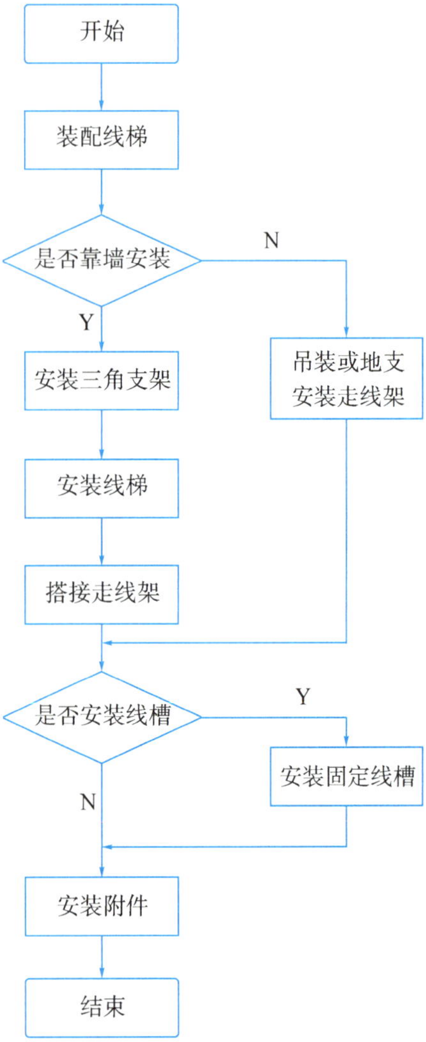

图 4.43　走线架安装流程图

3. 装配线梯

装配线梯时只需用紧固件将线梯的横撑件与槽形钢相连，两个横撑件的间距为 250 mm，由于槽形钢的孔距为 50 mm，故每隔 5 个槽孔装一根横撑件。当装配好的线梯用于机房内走线架的水平安装时，必须使线梯螺栓头面向下，使线梯上面无任何凸起物以利于线槽的安装。

当工程安装要求线梯很长时，可采用多段线梯前后相接，连接零件为槽形连接件，如图 4.44 所示。

当工程安装中线梯长度不为 2.5 m 的整数倍时，可将余数部分截去，此时必须在截断面处补漆，确保线梯的防锈和美观。

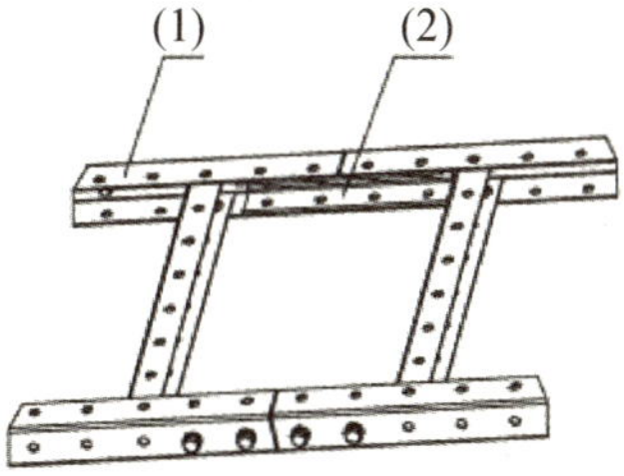

(1)型钢 (2)槽型连接器

图 4.44 线梯连接图

4. 吊装或地支安装走线架

当走线架不靠墙放置时，可采用吊装悬挂或地面支撑安装方式。吊装和地支安装方式基本相同，差异在于前者与屋顶联接，后者与地面联接。

吊装或地支部件主要由槽形钢、弯角联接件、紧固件和膨胀螺栓组成，由两根槽形钢将线梯与屋顶(或地)联接起来，其联接方式与走线架与墙联接方式相同。

槽形钢每根长度为 2.5 m，可根据走线架与机房高度的不同，截取适当的长度。当需要长度大于 2.5 m 时，可采用两根槽形钢相连，联接方式同线梯的联接，联接件仍然用槽形联接件，同时在截断面处注意补漆。由于槽形钢孔距为 50 mm，因此吊杆或支撑杆间的间距必须为 50 mm 的整数倍，否则将使安装无法进行，推荐两副吊杆或支撑杆间的间距为 1250 mm，即每段线梯由两副吊杆或支撑杆承重。

采用吊装或地支方式时，吊杆或支杆须安装在线梯外侧以利于线槽的放置，同时必须考虑吊装或地支部件与屋顶或地面的绝缘，安装时应注意增加绝缘板和绝缘垫。如图 4.45。

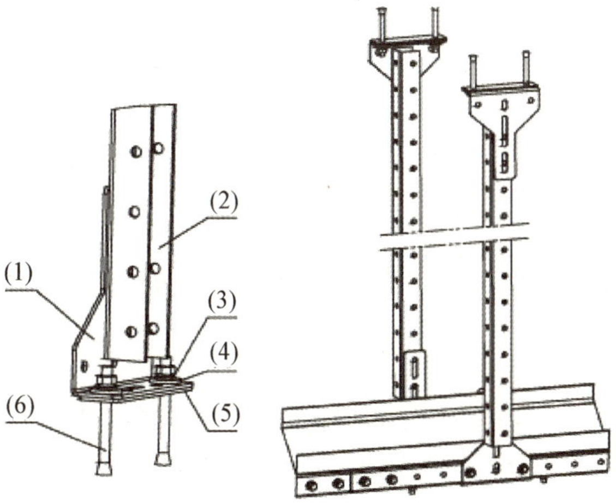

(1)弯角联接件 (2)槽形钢 (3)平垫

(4)绝缘垫 (5)绝缘板 (6)拉爆膨胀螺栓

图 4.45 吊装或地支安装方式图

5.安装三角支架

当走线架靠墙放置时,采用三角支架支撑。

三角支架采用焊接式结构,通过膨胀螺栓固定在墙上,在其横梁上开有安装孔,用以安装线梯。三角支架有三种规格,分别对应于安装 200 mm、400 mm、600 mm 宽的线梯(大规格的三角支架可应用于支撑小规格的线梯,但不推荐使用),其与墙的安装尺寸相同。

安装线梯时,直接将线梯搁置于三脚支架横梁上,将线梯两侧槽形钢下翼缘面上的孔与三脚支架横梁上的安装孔对齐,用紧固件连接即可。

注意两个三脚架之间的间距必须保证为 50 mm 的整数倍,否则,将导致线梯无法与三脚支架连接固定,推荐三脚架的间距为 1250 mm,即每段线梯由两个三脚支架支撑。

在安装三脚支架时,利用膨胀螺栓将支架固定在墙上,此时仍然须用大平垫圈替换拉爆膨胀螺栓所带的平垫圈,同时三脚支架的竖梁与墙之间必须安装 2 块绝缘板,螺母与竖梁之间必须安装绝缘垫,每个螺母配一个绝缘垫,不允许遗漏,三脚支架的安装方式如图 4.46 所示。

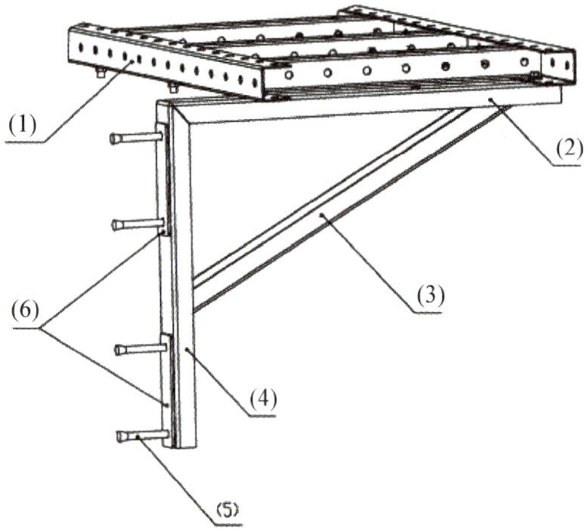

(1)线梯 (2)三角支架横梁 (3)三角支架
(4)三角支架竖梁 (5)拉爆膨胀螺栓 (6)绝缘板

图 4.46 三角支架安装方式图

6.搭接走线架

(1)水平面内的搭接

当走线架需要在同一水平面垂直拐弯时,根据走线架中是否选配线槽而有两种不同的安装方式。

①走线架中没有选配线槽

相交的走线架均仅由线梯组成,可用弯角联接件和紧固件将两个线梯搭接起来,此时必须确保两个线梯在同一水平面,下图 4.47 为该种情况的安装示意。

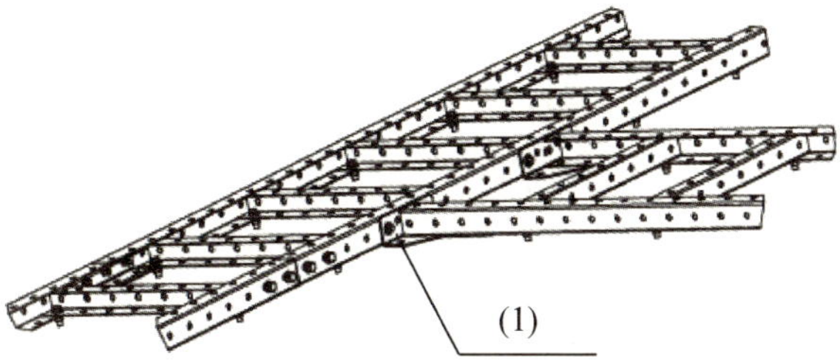

图 4.47　线梯之间水平转弯图

②走线架中选配有线槽

当两个相交走线架中任一方配有线槽(包括双方均配有线槽),此时走线架间的高度应相差一个线槽高度(即一方走线架中的线梯高度应与另一方走线架中的线槽高度平齐),目的是保证电缆在其上转弯时无障碍。安装如图 4.48 所示,此时同样也是利用弯角联接件与紧固件作为联接物,只是弯角联接件的安装方式与上图 4.47 有所不同。

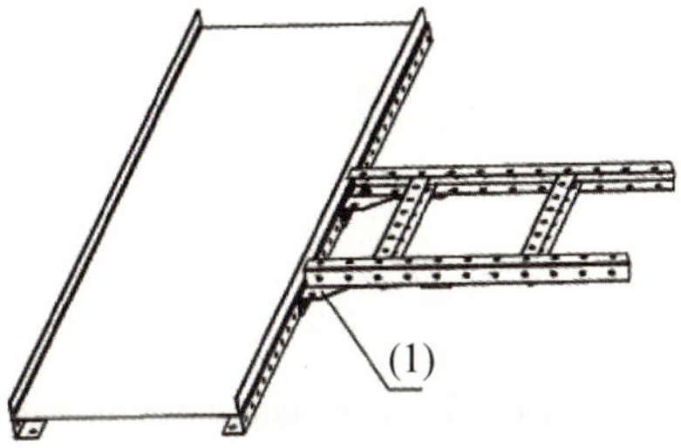

图 4.48　配有线槽的走线架在水平面上转弯图

(2)垂直平面内的搭接

当线梯需要爬高或降低时,可利用一小段线梯做成如下形式的爬梯,爬梯与线梯之间仍然用弯角联接件和紧固件连接。图 4.49 中所示为线梯的垂直搭接,其中左图为从正面搭接示意图,右图为从侧面搭接示意图,注意图中弯角联接件的安装方式。

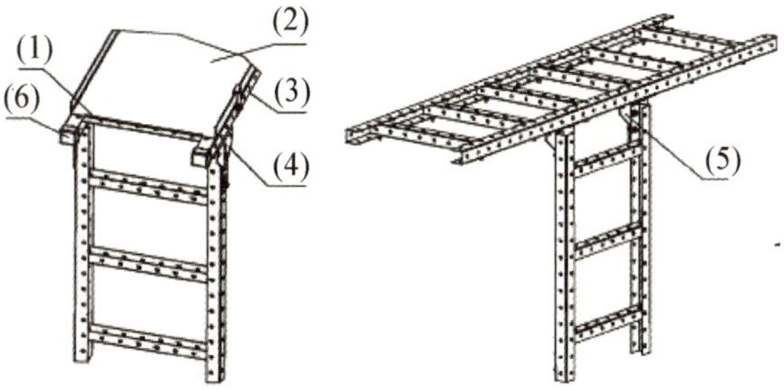

(1)护线套　(2)线槽　(3)线梯　(4)弯角联接件　(5)弯角联接件　(6)端盖

图 4.49　线梯垂直搭接图

(3)与墙的搭接

当走线架必须与墙相连时,可按图 4.50 所示安装。联接零件由弯角联接件、绝缘板、绝缘垫、紧固件和膨胀螺栓组成。增加绝缘板与绝缘垫的目的是使走线架与墙绝缘。

同时须用大平垫圈替换拉爆膨胀螺栓所带垫圈,增加垫圈与绝缘垫的接触面积。

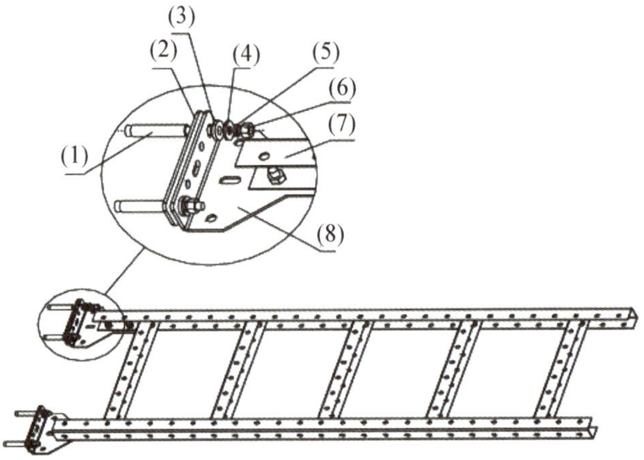

(1)拉爆膨胀螺栓 (2)绝缘板 (3)绝缘垫 (4)大平垫圈
(5)弹垫 (6)螺母 (7)槽型钢 (8)弯角联接件

图 4.50 走线架与墙联接图

7.连接与安装线槽

线槽间的连接只需将线槽的小端插入另一件线槽的大端即可完成，插入深度为 250 mm。

当工程中选择配有 200 mm 或 400 mm 宽的线槽时，直接将线槽置于线梯上，然后用线槽固定卡将线槽固定在线梯上。每段线槽采用 4 个线槽固定卡，两边对称布置。

图 4.51 为 200 mm 或 400 mm 宽线槽间的连接与安装示意图。

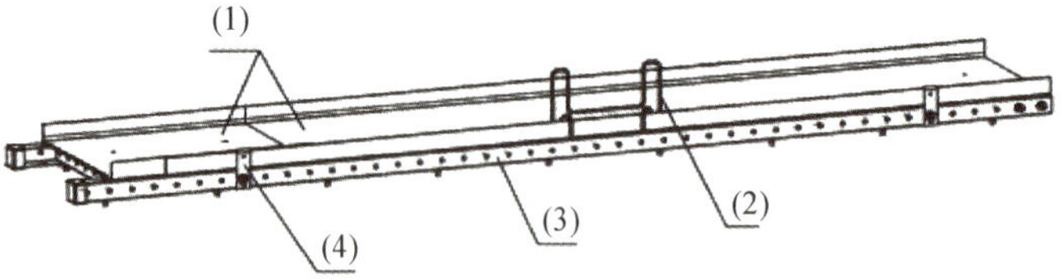

(1)槽 (2)挡线环 (3)线梯 (4)线槽固定卡

图 4.51 线槽间的连接与安装图

当工程中需要在 600 mm 宽线梯上选配线槽时，线槽可由 200 mm+400 mm 宽线槽组合而成，由线槽连接卡将这两种不同规格的线槽连接在一起，每段线槽采用 3 个线槽连接卡，同时也要用线槽固定卡将线槽固定在线梯上。当线槽需要接长时，其连接方式同前，此时应遵循“先接长，后固定”的原则。具体的连接如图 4.52 所示。

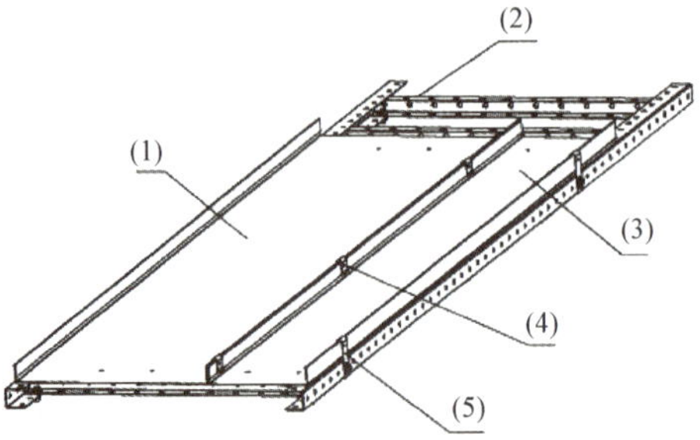

(1)线槽(400 mm) (2)线梯(600 mm 宽) (3)线槽(200 mm) (4)线槽连接卡 (5)线槽固定卡

图 4.52 600 mm 宽线槽组成图

任务8　安装天线

(一)天线的组装

1. 全向天线的组装

(1)装配全向天线的两个固定夹。

(2)紧固与天线配合的部分,如图4.53。

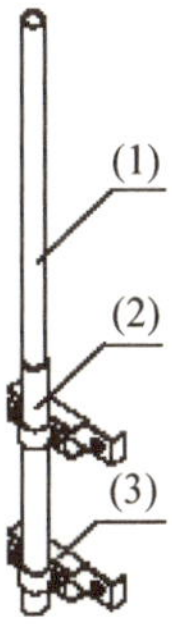

图4.53　全向天线组装示意图

(3)将跳线接头与天线接头连接好并拧紧。

(4)对天线与跳线连接处的接头进行防水密封处理。

2. 定向天线的组装

定向天线的附件有:天线固定夹(图4.54)、俯仰角调节装置(图4.55)和跳线。

图4.54　天线固定夹

图4.55　俯仰角调节装置

组装过程如下:

(1)根据天线背面的标识确定天线的顶、底两个固定调节点(顶部为倾角调整装置的调节点,底部用于固定天线与支架);

(2)严格参照供应商提供的附件装配图纸,将各附件安装到相应位置;

(3)将跳线接头与天线接头连接好并拧紧;

(4)对天线与跳线连接处进行防水密封处理,见图4.56。

图 4.56 定向天线与跳线连接及跳线接头处理示意图

（二）天线的安装

天线的安装需要注意天线不要碰到铁塔或是抱杆，吊装时需要人员互相配合。图 4.57 为铁塔安装天线示意图。

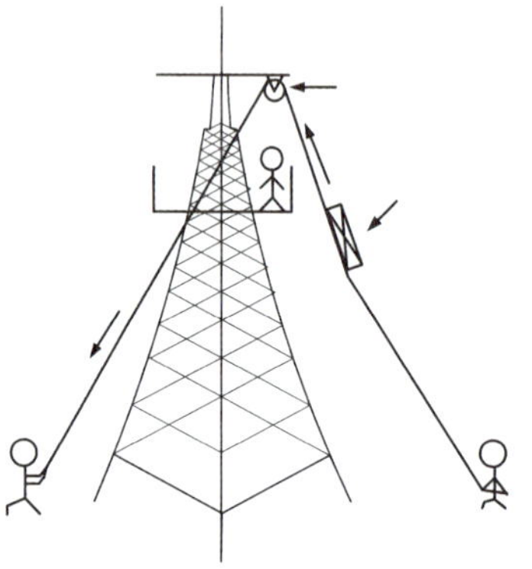

图 4.57 铁塔安装天线示意图

如果是在抱杆或是增高架上安装也需要注意天线的安全。

1.注意事项

吊装后悬空的物品可能会有坠落危险，正下方禁止站人。工程人员在平台外作业时必须系上安全带；扳手、天线固定件等金属小物件须装入帆布工具袋密封后再进行吊装；至塔顶平台后，应做好安全措施，将其放置在不易滑落处。

2.吊装过程

（1）在塔顶安装一个定滑轮。

（2）将一根吊绳穿过定滑轮。

（3）再用绳子在天线两端打结。

（4）塔上及塔下人员一起配合把天线吊到固定天线的（支架）位置。

（5）天线的方位角、倾角需按照施工设计要求设置。

（6）天线必须固定紧。

任务 9　布放馈线

一条馈线的整体结构与安装流程如图 4.58 和图 4.59 所示。

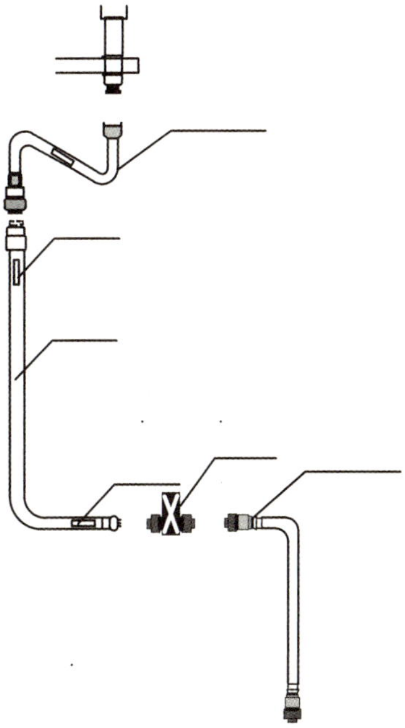

图 4.58　馈线结构

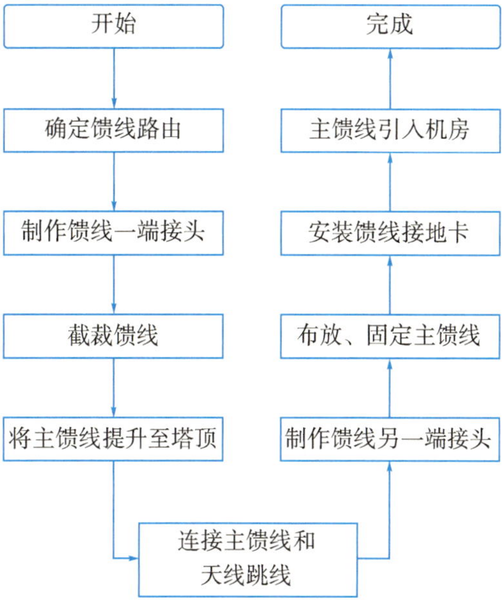

图 4.59　主馈线安装流程图

(一)馈线路由的确定

馈线的路由应根据工程设计图纸中的馈线走线图来确定，若馈线的路由因为实际情况需要变更，则应尽快和用户代表协商解决，但要注意主馈线的长度应该尽可能短。

(二)主馈线接头的制作

馈线接头的制作是天馈安装工程中的重要环节，制作质量好坏，直接影响设备运行和网络质量。安装刀具比较锋利，需正确使用，避免伤及人体。

1. 常用馈头制作刀具如图 4.60 所示。

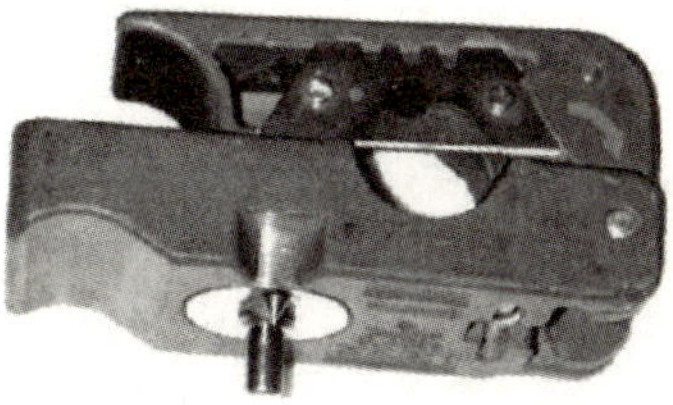

图 4.60　7/8″馈线刀

2. 将安装接头一端的馈线约 150 mm 取直，用安全刀具把距端口 50 mm 处馈缆外皮切割并剥掉。

3. 把馈缆放入切割工具(EASIAX)的槽口里，在主刀片后部保留 4 个波纹长度，合上刀具护盖把柄，因为刀具的位置由馈线外部铜导皮波纹所确定，主刀片应正好对准馈线一个波纹的中间波峰处。

4.按刀具上标出的旋转方向旋转刀具，直到刀具的护盖把柄全部合拢，使得馈线内外铜导体全部割断；同时后面辅助小刀片会将馈线外部塑料保护套割断。如图 4.61 所示。

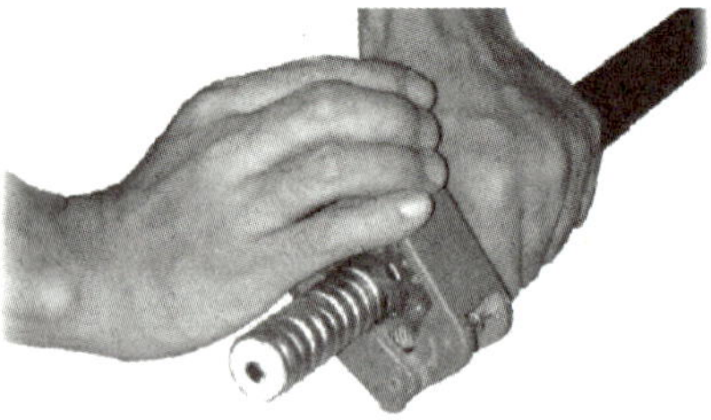

图 4.61 用刀具切割馈线

5.检查尺寸是否合适。如图 4.62 所示。

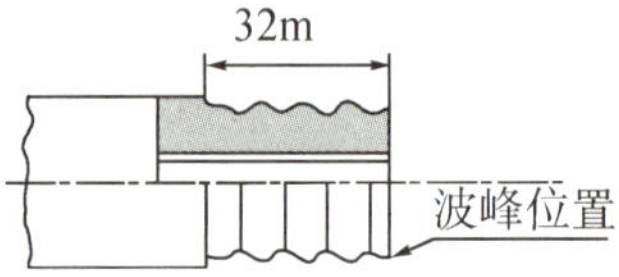

图 4.62 馈线切割尺寸检查

6.将馈头前面和后面部分分开，并将馈线插入后部，直到后部和馈线第一个波纹接触。

7.用刀具自带的扩管器插入馈线，顶牢，左右旋转，使得馈线外部铜导体张开。顶住馈头后部。如图 4.63 所示。

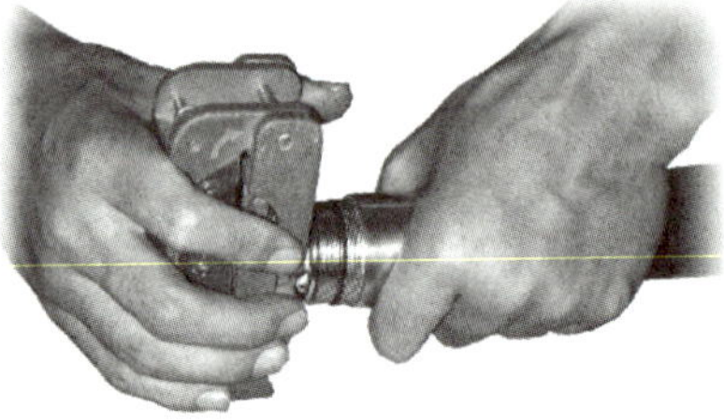

图 4.63 用扩管器张开馈线外导体

8.检查有没有多余的铜屑残留。检查外铜皮应均匀扩张，无毛刺。用手向外拉动馈头后部，馈头后部不得从馈线上滑脱。如不符合要求，应重新制作。

9.将馈头前部和后部相连接，如图 4.64 所示。

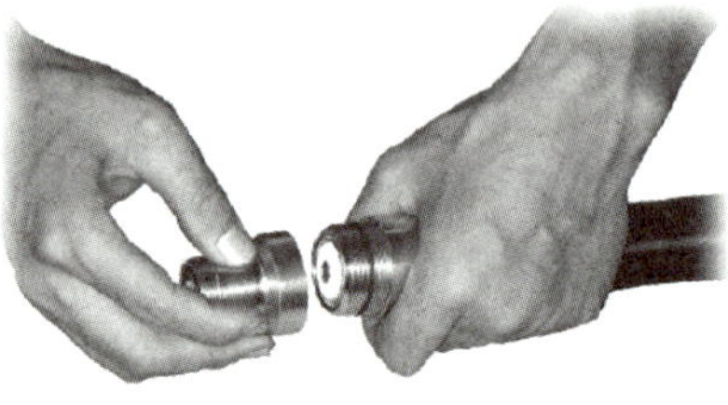

图 4.64 馈头前部和后部连接

10. 馈头前部拧到位后，用合适的扳手握牢、固定前部馈头，并保持前部馈头不与馈线有相对转动，用扳手拧动馈头后部分，直至牢固。如图 4.65 所示。

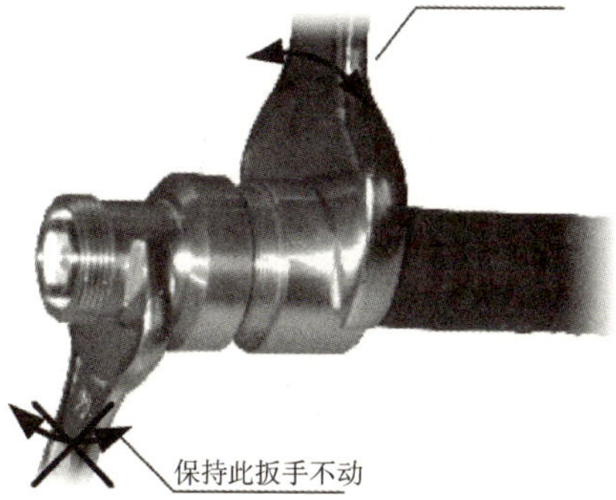

图 4.65　馈头前部和后部固定

(三)馈线的裁截

在现场应该根据和用户商定的最终路由准确测量主馈线长度，并根据每根馈线所需长度对馈线进行裁截。

根据实际的路由重新用皮尺确定各个扇区的主馈线长度。

1. 在测量的实际长度上再增加 1～2 m 的余量，用锯子进行切割。

2. 每切割完一根主馈线，在主馈线两端必须贴上相应的临时标签。

3. 将裁截好的馈线运到楼顶或铁塔平台。搬运过程中，要保证馈线不受损伤、挤压。

(四)馈线布放

1. 布放

馈线布放时应注意保护已经制作好的馈线头，如图 4.66 所示。

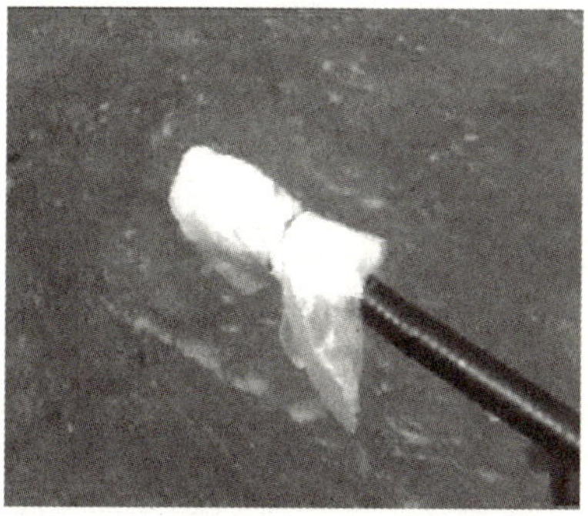

图 4.66　馈线头的保护

图 4.66　馈线安装效果

馈线的布放应先做好临时标签，布放时应做到笔直，在紧固馈线卡的同时，需要用力使馈线笔直。安装效果如图 4.63 所示。

需要注意的是，馈线必须用馈线卡紧固，如果馈线进过位置没有办法安装馈线卡，必须使用馈线皮进行加厚保护，以防止馈线擦伤(图 4.67)。

图 4.67　馈线加厚保护

馈线的布放需要注意以下问题：

(1)根据工程设计的扇区要求对馈线排列进行设计，确定排列与入室方案，通常一个扇区一列或一排，每列(排)的排列顺序保持一致。

(2)将馈线按设计好的顺序排列。

(3)一边理顺馈线，一边用固定夹把馈线固定到铁塔或走线架上。

(4)撕下临时标签，用黑线扣绑扎馈线标签。

2. 进馈线窗

馈线进馈窗时需要注意，馈窗前 2～3 m 内的馈线先不要卡入馈线卡，以保证馈线在穿进馈窗时有良好的弯曲半径(图 4.68)。选择馈线洞应按照自下而上的原则。并且进馈窗前一定要做防水弯(图 4.69)。馈线入馈窗后，需将馈窗洞二次密封。

图 4.68　进入馈线窗

图 4.69　防水弯

3. 接地制作

在整个基站安装过程中，有许多地方需要使用接地卡，这里对用到接地卡的地点概括如下。

(1)通常每根馈线都应至少有三处避雷接地，分别为：

①馈线离开塔上平台后 1 m 范围内；

②馈线离开塔体引至室外走线架前 1 m 范围内；

③馈线进入馈线窗前馈线窗的外侧(就近原则)。

当塔上馈线长超过 60 m 时，还应在塔身中部增加避雷接地卡，一般为每 20 m 安装一处。

(2)若馈线离开铁塔后，在楼顶布放一段距离后再入室，且这段距离超过 20 m 时，此时需在楼顶加一接地卡。

(3)馈线自楼顶沿墙壁入室，若使用室外走线架，则室外走线架也应接地。

馈线接地卡的制作过程具体为：

(1)准备好必需的工具，如裁纸刀、一字螺丝刀和尖嘴钳等。拆开避雷接地卡的包装盒及包装袋，把各部件和附件放在干净的地面或纸上，便于取用。见图 4.70。

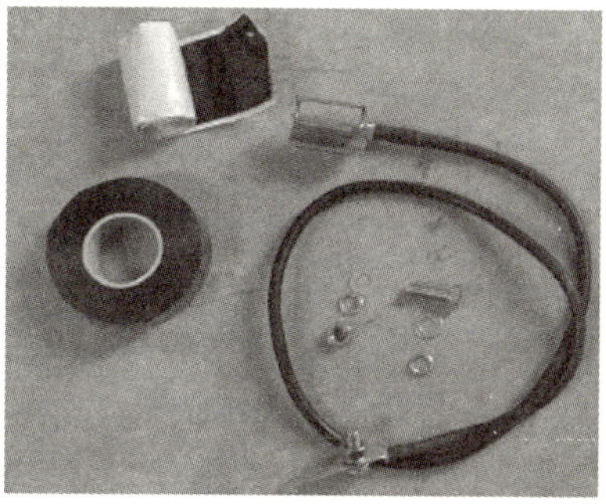

图 4.70　馈线接地卡

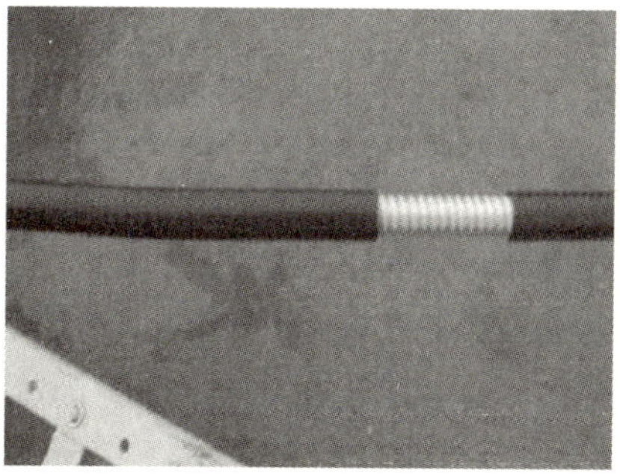

图 4.71　切开外皮

(2)如图 4.71 所示，确定避雷接地卡安装位置，按接地卡大小切开该处馈线外皮，以露出外导体为宜。

(3)把避雷接地卡扣在馈线上。避雷接地卡接地线引向应由上往下，与馈线夹角以不大于 15 度为宜(图 4.72)。

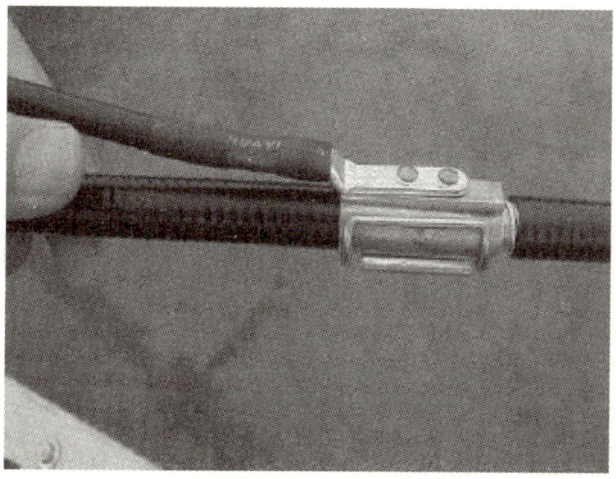

图 4.72　安装馈线接地卡

(4)在避雷接地卡上，先裹防水绝缘胶带，然后是 PVC 胶带。首先应从下往上逐层缠绕，然后从上往下逐层缠绕，最后再从下往上逐层缠绕。逐层缠绕胶带时，上一层覆盖下一层约三分之一左右。

(5)密封好的避雷接地夹接地线可接至室外接地排也可接至接地性能良好的室外走

线架上，当接在室外走线架时，走线架接地处的防锈漆应除去，接地线安装完成后，应再涂上防锈漆，其他裸露的接头部分如不能用绝缘胶带绝缘的，一律涂上防锈漆，以确保接触良好。

（五）连接主馈线和天线跳线

主馈线吊装至铁塔并固定后，连接主馈线和天线跳线接头。连接完成后，要进行接头防水处理。1/2″跳线和馈线的连接与密封步骤如下。

1. 将天线跳线与主馈线接头连接并拧紧。

2. 对接头进行防水密封处理。

（1）接头连接好后，按照接头旋紧的方向以半重叠方式在接头上缠绕一层电气绝缘胶带，缠绕长度超出接头尾部 10 mm，缠绕时应施以足够拉力。

（2）缠绕防水自粘胶带时，先从接头连接处较低的地方开始，用少量胶带填充低洼部分。

（3）缠绕过程中需将自粘胶带拉伸至两倍长度，每个接头使用 60 cm 长防水胶带，要求缠绕三层。缠绕方向需和馈头拧紧方向一致，避免缠绕过程中使得连接馈头松脱。

（4）如图 4.73 逐层缠绕，然后反方向逐层缠绕，上一层覆盖下一层约三分之一左右，这样可防止雨水渗漏，最后再反方向逐层缠绕，共缠三层，逐层缠绕防水胶带时，缠绕过程中不要截断胶带。胶带缠绕长度要超过馈头约 20 mm。

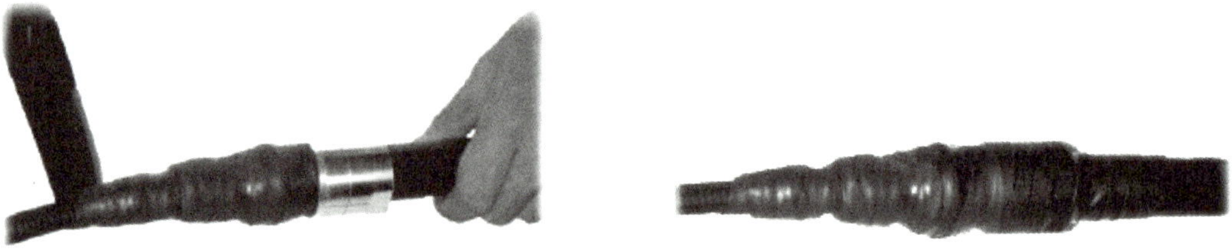

图 4.73　防水胶带缠绕图示

（5）缠绕完防水自粘胶带后，需用双手握捏，确保胶带和馈线/馈头黏合牢固，如图 4.74 所示。

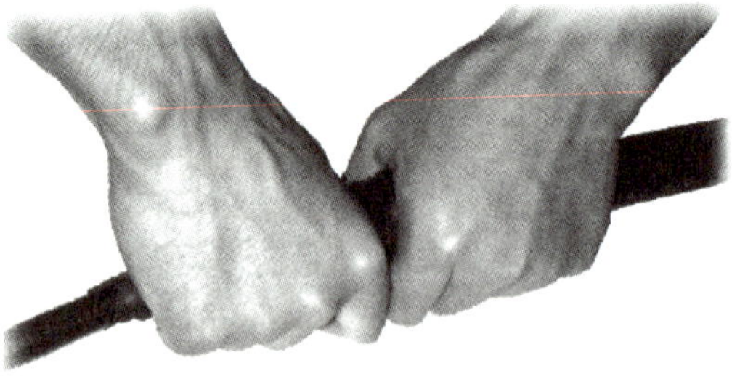

图 4.74　双手握捏接头

（6）在防水胶带外部缠绕 PVC 胶带，缠绕时上层 1/2 覆盖下层胶带，缠绕两层，胶带缠绕长度要超出防水自粘胶带 10 mm。

（7）再次将 PVC 胶带和防水胶带一起用手握捏，确保 PVC 胶带和防水胶带粘贴牢固。

（8）上述步骤完成后，用防紫外线扎带在胶带两端扎牢，以防胶带老化脱落。

4.7　项目小结

本次实训后需完成以下任务并提交成果：

1. 施工准备工作记录 1 份；
2.《××基站建设项目施工组织方案》1 份；
3. 移动通信机房内设备安装过程记录 1 份；
4. 机房外天馈系统安装过程记录 1 份。

4.8　思考练习

1. 施工准备工作的目的和分类。
2. 天线的类型和参数。
3. 画图说明天馈系统的组成。
4. 总结施工准备工作的内容。
5. 说明工程施工组织架构及各岗位职责。
6. 如何编制施工组织设计？
7. 总结天线安装的操作要领和主要事项。
8. 如何规范地布放馈线等线缆？
9. 进行馈线接地卡安装时有哪些规范要求？
10. 测得当前驻波比值大于 1.5，如何定位故障位置？

4.9　拓展提高

1. 学习天线方位角的测量方法。
2. 学习天线下倾角的测量方法。
3. 馈线接头安装或者防水操作不规范会对天馈系统性能造成什么影响。
4. 学习使用 SiteMaster。

4.10　知识链接

1. YD/T　2583.13—2013，蜂窝式移动通信设备电磁兼容性要求和测量方法　第 13 部分：LTE　基站及其辅助设备.
2. YD/T　1059—2004，移动通信系统基站天线技术条件.
3. GB/T　9410—2008，移动通信天线通用技术规范.
4. GB/T　14013—1992，移动通信设备运输包装.
5. YD/T　5132—2005，移动通信工程钢塔桅结构验收规范.
6. GB　15842—1995，移动通信设备安全要求和试验方法.
7. YD　5086—2005，数字移动通信工程施工监理规范.
8. YD　5133—2005，移动通信钢塔桅工程施工监理暂行规定.
9. 史俊清. 移动通信基站天馈线安装工程施工与维护[J]. 电信工程技术与标准化，2003.
10. LTE 移动通信技术[M]. 北京师范大学出版社，2015.
11. 中国通信建设集团设计院有限公司. LTE 组网与工程实践[M]. 人民邮电出版社，2014.
12.《移动通信基站安全防护技术暂行规定》，工业和信息化部.
13.《3GPP 长期演进(LTE)技术原理与系统设计》，沈嘉，人民邮电出版社.

项目5 LTE基站工程验收交付

5.1 项目描述

某运营商某地分公司预计于2016年10月21日验收某学院实验楼安装LTE无线基站设备及其配套设备。机房位于5楼，天线安装在楼顶。请教师指导学生，按照验收要求完成该LTE基站工程验收工作，制作工程验收文档。

5.2 项目解析

一、验收依据

在LTE基站工程竣工之后，运营商、工程服务商以及设备销售方三方将对整个工程进行验收。在我国，现有的验收标准有原邮电部颁发的《邮电基本建设工程竣工验收办法》，同时，各个运营商也有自己的验收标准，此外，每个设备生产厂商，在遵守以上两个标准的同时，也有自己独特的验收标准。

二、验收环节

一般情况下，LTE基站工程验收包含三个环节：LTE基站工程初验、LTE基站工程试运行以及LTE基站工程终验。

LTE基站工程初验指在LTE基站工程完工之后，进行设备及配套设施清点、LTE基站工程质量检查以及基站设备使用以及运营能力的验收。从工程服务的角度来看，初验是对工程服务进行初步认可。在初验之后，LTE基站将转入试运行状态，而工程服务也转向维护服务以及技术支持服务。

LTE基站工程试运行是指LTE基站工程在初步验收之后，进行一段时间的正常运行，从而观察相关设备的长期可靠性、稳定性、故障率等指标。

LTE基站工程终验是指经过试运行阶段之后，设备商、工程施工方与设备购买方共同对基站设备是否达到相应的性能指标以及满足运营要求进行最终验收。完成工程终验，标志着整个基站工程已经完成移交，整个LTE基站工程项目的合同执行情况已经完成。

三、任务界定

本次LTE基站工程验收任务需要分多个组别来进行。完整的需要验收的LTE基站工程验收结构图如图5.1所示。

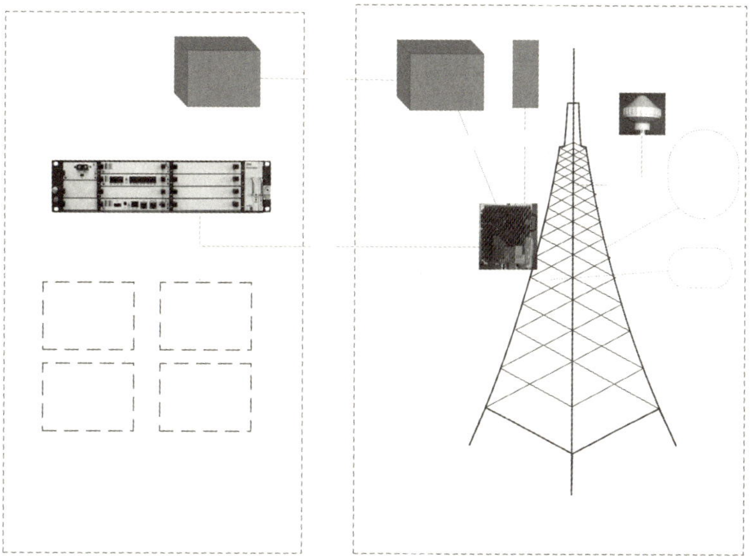

图 5.1　LTE 基站工程验收结构示意图

5.3　教学策略

1. 项目名称

LTE 基站工程验收交付；

2. 适用年级

本科四年级；

3. 教学目标

(1)具备工程初步验收的能力；

(2)具备工程终验的能力。

4. 教学时间/学时

第一学期/4 学时；

5. 教学资源

多媒体资料、教材、教学课件、视频资料、LTE 基站机房、楼顶天馈系统等；

6. 参考教学方法

讲授法、参观教学法、现场教学法、角色扮演；

7. 参考资料、学习资源

教材、教学课件、移动通信工程验收相关标准、专业网站(如 www. mscbsc. co m)、实习现场、图片资料、验收视频等媒体文件。

5.4　必备知识

一、验收相关知识

凡新建、扩建、改建等基本建设项目均应组织验收。通信工程验收可分为以下几个阶段:随工验收、初步验收、竣工验收。随工验收是指施工过程中的验收,包括分部分项工程验收和隐蔽工程验收等。初步验收也是合同工程完工验收,指承包商按合同要求,完成了全部施工内容,质量符合要求,具备移交给业主的条件而组织的初步验收。竣工验收即后期验收是指整个工程项目按设计文件要求全部建成,并具备投产或使用条件而进行的验收。

隐蔽工程是指那些施工完毕将被遮盖而无法或很难对它再进行检查的分部分项工程。一般主要是指基础开挖或地下建筑物开挖完毕的工程。因此，必须在其被遮盖前进行严格验收，以防存在质量隐患。隐蔽工程的验收比一般分部、分项工程的验收更重要。

工程验收的主要验收依据有：下达的设计任务书，初步施工图设计及其补充文件及上级颁发的有关文件和各专业的设计规范、施工合同、施工规范及验收规范。施工前检查工程对产品环境的适应要求、设备技术说明书、设备材料检验、设计变更文件和变更设计书、监理工程师指令、指示等正式监理文件、工程中有关质量保证文件和技术资料、监理签发的施工图纸和说明等。不同的工程项目有不同的技术标准，也有不同的验收依据。

二、项目竣工图

项目竣工图是真实记录项目实施详细情况的技术文件，是对项目进行交工验收、维护、扩建、改建的依据，也是使用单位长期保存的技术资料。通过审查，可以及时发现竣工图中可能存在的问题，发现问题后应及时地向施工单位提出质询，要求施工单位采取相应的措施进行修止、补充、更改，以保证竣工图纸的真实性和准确性。对于符合合同要求及有关规定的竣工资料，监理工程师应签署验收意见。

5.5 项目用具

1. 验收技术资料

订货合同副本、设计文本、设计图纸、设备说明书、安装手册等随机资料、网管软件随机资料；

2. 验收规范

(1)《邮电基本建设工程竣工验收办法》；

(2)某运营商《LTE 基站建设工程验收规范》。

5.6 项目实施

在模拟建设方代表的同学申请初验之前，主设备及配套设备应当全部安装到位且通过检验。此时，教师方可带领学生按如下任务步骤完成施工安装工艺等检验。具体操作项目如图 5.2 所示。

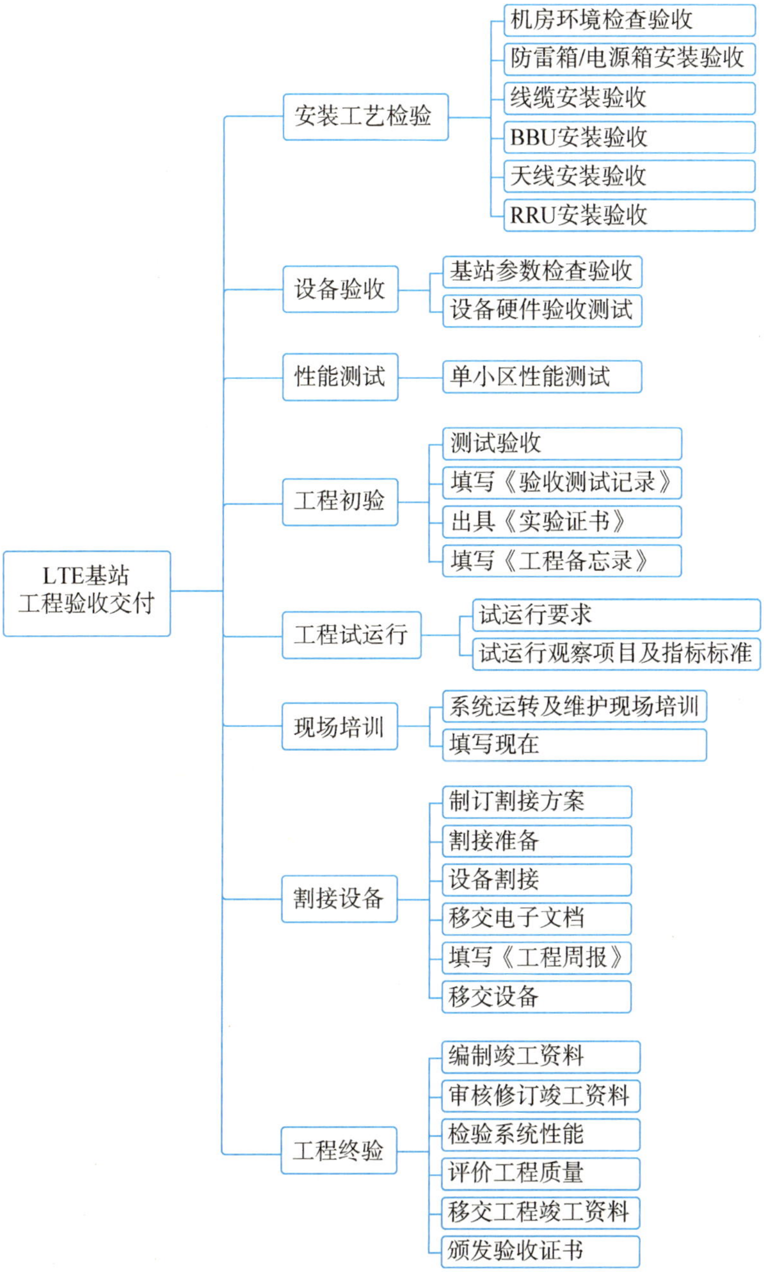

图 5.2　LTE 基站工程验收交付操作步骤及内容

任务 1　检验施工安装工艺

一、任务介绍

首先进行的是施工安装工艺检验，这部分工作内容分为机房环境检查验收、BBU 安装验收、RRU 安装验收、线缆安装验收、天线安装验收、防雷箱/电源箱(盒)安装验收六部分，请授课教师准备好相应的验收表格，严格按照验收要求，对任务 4 完成的 LTE 基站安装工程完成检验工作。

二、工作流程

（一）检查验收机房环境

教师带领学生对 LTE 无线基站设备及其配套设备所安装的 5 楼机房进行验收。

具体规则如下：

1. 机房所在的实验楼建筑物应符合任务 3 中完成的工程设计要求，并经验收合格。五楼机房内墙壁及地面已充分干燥，机房门窗闭锁应安全可靠。

2. 五楼机房内所预留的孔洞位置、尺寸，预埋件的规格、数量、位置均应符合任务 3 中完成的工程设计要求。

3. 五楼机房防雷接地系统已经竣工并验收合格，接地系统应符合工程设计要求。如图 5.3、5.4 所示。

4. 市电已引入五楼机房，机房照明系统已能正常使用。五楼机房内应安装带有接地保护的电源插座，其电源不应与照明电源同一 AC 输出端子输出。

5. 五楼机房电源系统及蓄电池已按照设计要求安装完毕，并符合电源专业的工程规范。

6. 五楼机房传输系统已按照设计要求安装完毕，并符合传输专业的工程规范。

7. 五楼机房监控系统已按照设计要求安装完毕，并符合监控专业的工程规范。

8. 五楼机房空调系统（或通风系统）和消防系统已安装完毕，并能正常使用。室内温、湿度应符合工程设计要求。

9. 机房建筑应符合现行的《邮电建筑防火设计规范》（YD　5002－94）的有关规定。机房内及其附近严禁存放易燃易爆等危险品。

10. 机房内应配置应急灯，安装位置在离地 1.4～1.8m 的墙上，应急灯前方尽量不能有设备，走线架等挡光源，应急灯有手动开关和测试按钮。当正常照明系统发生故障时，应急灯能提供应急照明。

11. 五楼机房窗户已用具备防火性能的不透明建材封闭。

请教师带领学生按照验收要点，检验五楼机房，将结果填入表 5.1、5.2 中。完成该部分验收后，教师可以带领学生进入下一环节：BBU 安装验收。

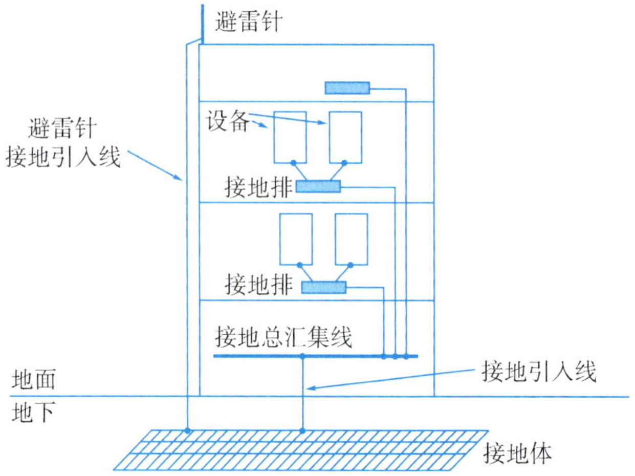

图 5.3　机房接地示意图

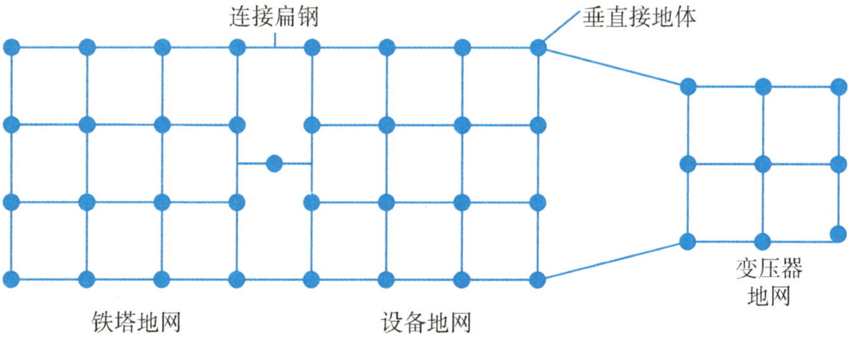

图 5.4　机房地网示意图

表 5.1 机房环境检查验收表

（　　　　）分公司　基站名（　　　　）　基站编号（　　　　）						
序号	测试项目	规范标准	测试工具及方法	验收结果		备注
				合格	不合格	
1	机房预留孔洞，预埋件	符合工程设计要求	审图、现场检查			
2	馈线窗	馈线窗安装应符合工程设计要求	审图、现场检查			
3	机房空调	(1)机房内空调配置应符合工程设计要求； (2)要求机房安装的空调具有自启动功能； (3)机房空调应安装牢固； (4)空调安装穿墙孔洞须进行密封处理； (5)农村及偏远基站机房室外机组须进行防盗处理； (6)壁挂式空调下不得安放其他设备	审图、现场检查			
4	市电照明工程用电系统	(1)机房的主要光源应采用荧光灯或节能灯，照度要求：离地 0.8 m 水平面上>50Lux； (2)照明电应与工作电(设备用电及空调用电)分开布放； (3)机房内配置应急灯，当正常照明系统发生故障时，应急灯能提供应急照明(可选)； (4)不允许有太阳光直射进机房。建议如机房有窗户，必须用遮光纸进行避光处理或者用水泥，砖将窗户封闭	现场检查			
5	其他	机房内需配置绝缘人字铝梯，以方便基站维护(可选)	现场检查			
		机房整洁干净，没有灰尘及杂物				
验收结论：						
存在问题：						
验收小组及参加测试人员(签名)				年　月　日		

表 5.2　安全检查表

(　　　　)分公司　　基站名(　　　　)　　基站编号(　　　　)						
序号	测试项目	规范标准	测试工具及方法	验收结果		备注
				合格	不合格	
1	灭火消防器材	配备有效的灭火消防器材。凡要求设置的火灾自动报警系统和固定式气体灭火系统(是被靠门处),必须保持性能良好	现场检查			
2	阻燃材料	装修材料应采用阻燃材料	现场检查			
		楼板预留孔洞应配置阻燃材料的安全盖板	现场检查			
		已经启用的电缆走线孔洞应采用阻燃材料封堵	现场检查			
3	易燃易爆等危险物品	机房内严禁存放易燃易爆等危险物品	现场检查			
4	其他	(1)机房窗户严禁安装窗帘 (2)BBU机房内应配置应急灯和安全出口指示等,数量配置充足,安装位置合理	现场检查			
验收结论:						
存在问题:						
验收小组及参加测试人员(签名)				年　月　日		

(二)验收 BBU 安装

该次验收的基站机房,BBU 是安装在 19 寸的机柜中。教师带领学生将按照任务 3 的设计依据以下规则验收。如图 5.5 所示。

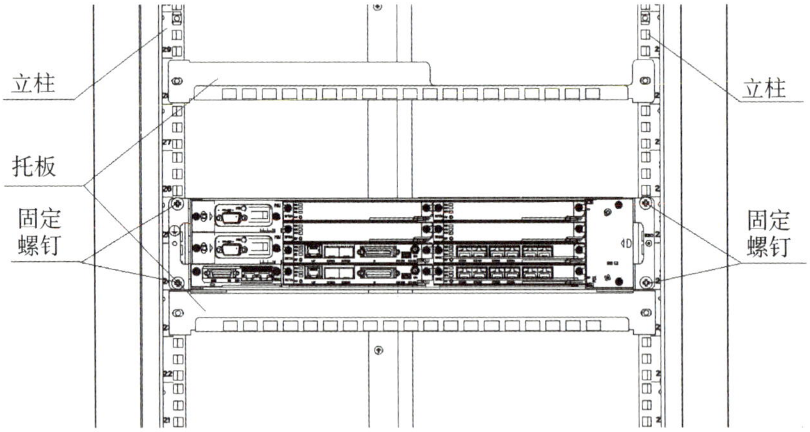

图 5.5　BBU 机架安装示意图

具体规则如下:

1. BBU 在 19 英寸标准机柜内安装时,宜采用机柜两侧安装导轨或托板方式对 BBU 进行支撑,BBU 两侧与机柜立柱应通过螺丝进行固定。设备上各种零/部件、线缆及警示的有关标志应齐全且正确、清晰、完整。

2.机柜内的线缆应沿着机柜内部线槽进行布放并绑扎结实，线缆避免交叉，电源线和信号线应分别从机柜两侧分开布放，避免相互干扰。设备的各种线缆宜通过走线架进行布放，绑扎整齐规范。

3.BBU 的接地由 19 英寸标准机柜统一提供即可。

4.基站设备与机房内其他设备及墙体之间，应留有足够的维护走道空间和设备散热空间。基站设备前面板空间应大于 600mm；基站设备侧面板及后面板空间可根据具体设备的要求靠紧安装或预留一定的空间。

5.基站设备与机房内其他设备间应预留出用于基站扩容的设备位置。

6.设备所在机柜应垂直，允许垂直偏差小于等于 1.0‰。

7.设备机柜的防震加固应符合 YD　5059－2005《电信设备安装抗震设计规范》和工程设计要求。防雷接地系统应满足 YD　5098－2005《通信局(站)防雷与接地工程设计规范》要求。

表 5.3　BBU 设备安装检查表

(　　　　)分公司　基站名(　　　　)　基站编号(　　　　)						
序号	测试项目	规范标准	测试工具及方法	验收结果		备注
				合格	不合格	
1	一般要求	设备可维护方向上不应有障碍物，确保设备门可正常打开，设备板卡安全插拔	现场检查			
		设备安装位置符合设计要求，各种选择开关置于指定位置	审图、现场检查			
		施工现场、不应遗留工具或杂物	现场检查			

续表

2	机架	安装位置正确，符合安装工程设计要求	现场检查，卷尺			
		机架安装垂直偏差，应不小于1%	现场检查			
		列主走道侧必须对齐成直线，误差不得大于5MM，整列机架正面应在同一平面上，无凸凹现象	现场检查			
		各种螺丝、螺钉安装齐全并拧紧，各类螺栓露出螺帽的长度应一致	现场检查			
		设备接口标识标志应该清楚，对电源系统设备应该设备上有英文警示标志要翻译，并贴于醒目处。各种文字和符号标记应该正确、清晰、齐全	审图、现场检查			
		设备安装必须按工程设计的抗震要求进行加固	现场检查			
		机架可靠接地，接地电阻及地线有应符号工程设计要求	审图、现场检查			
		设备在预防意外撞击部位，可接触至布线的部位和危险电压的部位，均应提供覆盖，对高压等危险部位应该有明显标志	现场检查			
		机柜未用模板插槽应该上假面板	现场检查			
3	终端桌和外围终端设备	安装应该整齐，机台边缘成一直线	现场检查			
		工作台应采用防静电计算机工作台	现场检查			
验收结论：						
存在问题：						
验收小组及参加测试人员(签名)				年　月　日		

8. 设备标签应贴在指定位置或正面醒目位置，标注清楚各设备名称、编号。线缆两端都应贴标签。室内线缆标签应采用过塑标签纸，并用扎带绑扎。室外标签宜统一采用铝质标签牌，字体宜用蚀印工艺。

9. 设备内部和设备之间的所有连线、插头的标签，应注明该连线的起始点和终止点，不能有手写标签。每对告警线所代表的告警内容，要注明在控制箱盖板背后的标签纸上。所有开关标签应注明所供电的设备、机柜。电源电缆标签应注明正负极性，交流单元应有危险指示。

完成BBU部分验收将结果填入表1.15后，教师带领学生可以进入下一环节：RRU安装验收。

(三)验收　RRU安装

该次验收的RRU安装选择独立抱杆安装。教师带领学生将按照任务3的设计依据以下规则验收。

1. RRU设备安装位置应符合工程设计要求，安装应牢固、稳定，应考虑抗风、防雨、防震及散热的要求。

2. 抱杆的直径选择范围符合土建专业相关规范和设计要求。

3. 抱杆的长度宜为4m或6m，应依据设计要求取定，并采取加固。

4. RRU设备下沿距楼面最小距离宜大于500mm，要便于施工维护并防止雪埋或雨水浸泡。若RRU与天线同抱杆安装时，中间应保持不小于300mm的间距，以便于施工和维护。

5. 对于RRU与天线之间的跳线长度一般情况下宜小于5m。

6. RRU远端直流（交流）电源线缆应带有金属屏蔽层，且金属屏蔽层宜做三点防雷接地保护。

7. RRU设备的防雷接地系统应满足YD　5098－2005《通信局（站）防雷与接地工程设计规范》要求。

8. 各种外部接线端子均应做防水密封处理。

如果在其他工程当中，RRU选择了其他的安装方式，我们可以按照如下规则验收：

9. 当RRU采用挂墙安装方式时，安装墙体应为具有足够的强度的水泥墙或砖（非空心砖）墙，且达到如下要点。

（1）RRU设备下沿距楼面最小距离宜大于500mm，条件不具备时可适度放宽，但要注意RRU进线端线缆的平直和弯曲半径的要求，同时要便于施工维护并防止雪埋或雨水浸泡。

（2）设备的水平和竖直方向偏差应小于$\pm 1°$。

10. 当RRU采用增高架安装方式时，增高架的强度要求应满足土建结构核算的荷载要求。RRU安装的位置应便于施工和维护，且RRU与智能天线间馈线距离宜小于5m，RRU下沿与楼面的最小距离应不小于500mm。

11. 当RRU采用塔上安装方式时，塔身及平台的强度要求应满足土建结构核算的荷载要求。RRU可采用直接安装于塔身或塔顶平台的护栏上，RRU设备需安装牢固可靠，且RRU与智能天线间馈线距离宜小于5m。

完成RRU部分验收后，教师带领学生可以进入下一环节：线缆安装验收。

（四）验收线缆安装

本步骤主要对线缆安装情况进行验收要求详细说明。本次线缆安装同学们应遵循如下准则验收，教师可对细则做解释说明。

1. 线缆安装总体要求

（1）线缆走线路由符合任务3中设计文件要求，分开布放，走向清晰、顺直，不交叉，捆绑牢固，松紧适度。在墙面、地板下走线时应安装线槽。

（2）线缆必须绑扎，绑扎后的线缆应互相紧密靠拢，外观平直整齐。

（3）线缆束的截面越大，所用扎带越长越宽；尽量避免扎带的串联使用，多余扎带应齐根剪平不拉尖；黑白扎带不可混用，室外采用黑色扎带。

（4）线缆应绑扎在走线架横铁上，扎带间距均匀美观，与走线架间隔一致。表面清洁无破损且连接正确。

（5）线缆进入设备时，应将防水堵头拧紧，或用防水胶带将接头连接器端部密封，不能影响设备维护窗口的开合，经过的孔洞要进行密封。

2. CPRI 光缆安装验收

(1)光缆布放时，拐弯应均匀，最小弯曲半径不小于外径的 20 倍，不应存在扭绞、打圈现象。

(2)金属铠装光缆应在接续盒内可靠接地，接续盒应当安装牢固可靠，密封良好。

(3)尾纤在机架外或槽外布放时应加套管保护，套管末端应伸入机柜内部。尾纤保护套管两端应用绝缘胶带封扎。

(4)尾纤推荐在尾纤外面缠绕尼龙粘扣带后，再用扎带固定；扎带固定不应过紧，能自由抽动。尾纤盘放弯曲直径≥80 毫米。

(5)CPRI 光纤与扇区间的对应关系正确。

3. 电源线安装验收

(1)电源线与电源柜接线端子连接时应采用铜鼻子连接且用螺丝加固，并良好接触。电源线、接地线端子型号和线缆直径相符，剪切齐整。

(2)电源线、接地线压接牢固，芯线不可摇动。压接部分应加热缩套管或缠绕至少两层绝缘胶带，不得裸露。

(3)电源线不得与其他电缆混扎，和其他非屏蔽电缆平行走线间距大于 100 mm。布线整齐美观，转弯有弧度，弯曲半径大于 50 mm。

4. 接地线缆、传输线缆安装验收

(1)蓝色为−48V 电源线采用，黑色为 GND 工作地线采用，黄绿色或黄色为 PGND 保护地线采用，绝缘胶带或热缩套管的颜色需和电源线的颜色一致。

(2)接地线应用整段线，线径与设计容量一致，布放路由与工程设计一致。

(3)端子型号和线缆直径相符，芯线剪切齐整，压接应牢固，芯线在端子中不可摇动。端子压接后应加热缩套管或缠绕至少两层绝缘胶带，不得裸露于外部。

(4)线缆的户外部分应采用室外型电缆，或采用套管等保护措施。

(5)地线长度应选择最短路由，连接牢固，没有缺少、松动和脱落现象。

(6)传输线缆的布放、端头的制作应满足线缆布放的一般规定和传输工程相关规范的要求。

5. 馈线安装验收

(1)馈线无明显的折、拧、破损现象，布放不得缠绕和扭绞，拐弯应圆滑均匀，硬质馈线最小弯曲半径应不小于馈线外径的 20 倍。软馈线最小弯曲半径不小于馈线外径的 10 倍，不得重复弯曲。

(2)馈线接头制作规范，无松动，按“1 层胶布+3 层胶泥+3 层胶布”方式进行密封，并在胶带收口部位用扎带扎紧，防止胶带翘起。馈线卡安装牢固，间距相同且不大于 0.9m。

(3)馈线接头 300mm 以内线缆不能折弯，应当保持平直。

(4)室外接天线的跳线应沿铁塔支架横杆或抱杆可靠固定，防止风吹引起跳线过度或反复弯折。

(5)驻波比要求小于 1.3。

(6)GPS 馈线接地要求。

铁塔基站：GPS 天线安装在机房建筑物屋顶上时，馈线金属屏蔽层在进机房前进行一次接地；GPS 天线安装在铁塔上时，馈线室外三点(天线处、离塔处、机房入口处)接地；GPS 馈线进机房后应连接 SPD，SPD 就近接入到接地排（或机柜内接地点）。

其他基站：GPS 天线安装位置应尽可能的短，通常馈线长度小于 20m，室外 1 点接地（机房入口处），如超 20m 应多点接地；GPS 馈线进机房后，连接馈线 SPD，SPD 就近接入到接地排（或机柜内接地点）。

（7）天线标签应注明所属扇区、天线收发情况、是第几副天线等信息。GPS 馈线应在室内室外同时标签，天线跳线标签应注明收发情况及所属端口编号。

（五）验收天线安装

本步骤主要对基站天线安装情况进行验收要求详细说明。本次天线安装同学们应遵循如下准则验收。

1. 基站天线安装验收

（1）天线实际挂高、安装位置应符合工程设计要求，应在避雷针的 45°角保护范围以内。

（2）安装时定向天线方位角误差不大于±5°，俯仰角误差不大于±1°，下倾角误差不大于±1°，且同一扇区的单极化天线的下倾角、俯仰角和方位角应保持一致。定向天线离塔体距离应不小于 1m。

（3）不同扇区的两根双极化天线之间的间距应该在 300mm 以上。

（4）全向天线应保持垂直，误差应小于±2°，离塔体距离应不小于 1.5m，收发水平间距应不小于 3.5m，全护套顶端应与支架齐平或略高出支架顶部，在屋顶上安装时尽量避免产生盲区。

（5）全向天线与避雷针不在同一抱杆上安装时，全向天线与避雷针之间的水平间距不小于 2.5m。

2. GPS 天线安装验收

（1）GPS 天线应通过螺纹紧固安装在配套支杆（GPS 天线厂家提供）上；支杆可通过紧固件固定在走线架或者附墙安装，如无安装条件则须另立小抱杆供支杆紧固。

（2）GPS 天线必须垂直安装，垂直度各向偏差不得超过 1°。

（3）GPS 天线必须安装在较空旷位置，上方 90°范围内（至少南向 45°）应无建筑物遮挡；安装位置应高于其附近金属物，与附近金属物水平距离大于等于 1.5m。

（4）GPS 天线安装在避雷针 45°保护角内，安装支架及抱杆须良好接地。

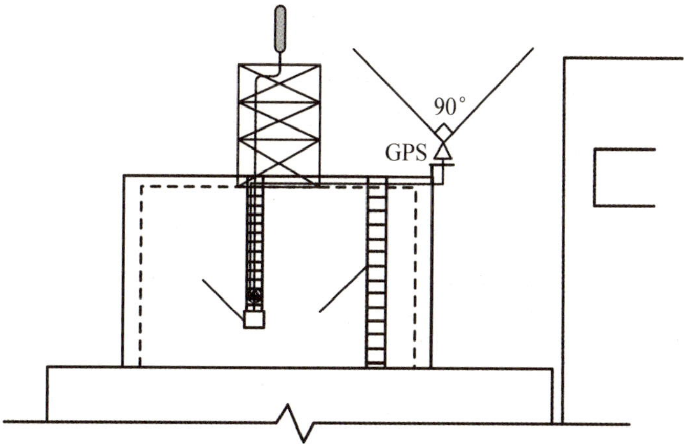

图 5.6　GPS 安装要求

表 5.4　天馈系统检查验收表

（　　　　）分公司　基站名（　　　　）　基站编号（　　　　）						
序号	测试项目	规范标准	测试工具及方法	验收结果		备注
				合格	不合格	
1	安装及加固	天线、天线共用器、馈线的安装及加固符合工程设计要求；天线安装挂高与工程设计一致	审图、现场检查			
2	走线架	应热镀锌或定期刷防锈漆。有走线架应连在一起且有效接地，室外走线架始末两端均应作接地连接，在机房馈线口处的接地应单独引接地线至地网，不能与馈线接地排相连，也不能与馈线接地排合用接地线	现场检查			
3	天线方位角与俯仰角	方位角偏差不得大于±5°，俯仰角不得大于±1°，基站的同小区天线方位角，俯仰角应相同（天线机械角度）	现场检查、角度仪			
4	防水弯	弯曲半径大于等于馈线外径的 20 倍（软馈线的弯曲半径大于等于 10 倍馈线外径），防水弯最低要求低于馈线窗下沿 100 mm～200 mm	现场检查、卷尺			
5	防雷接地保护系统	天线防雷接地保护系统良好，接地电阻值符合设计要求	审图、现场检查			
6	避雷针	电气性能良好，接地良好	现场检查、角度仪、卷尺			
		所有室外设施都应在避雷针的±45°保护角之内				
		避雷针或与避雷针有电气连接的金属抱杆，应采用直径不小于 95 mm，多股铜导线或 40x4 mm 的镀锌扁钢可靠接地。镀锌扁钢接地时，推荐焊接长度不小于 100 mm，以确保搭接电阻小于 0.1Ω				
		建筑物有避雷带时，直接将避雷针引下线焊接在避雷带上；无避雷带时，将引下线连接到新做的地网上				
7	防雷与接地	馈线与天线连接处、与软跳线连接处应有防雷器（可选）	现场检查			
8	馈线卡子	水平间距 D，垂直间距 H，对 1/2″馈线：D=1.0 mm，H=0.8 mm	现场检查、卷尺			
9	标签	馈线在室内和室外都要有标签	现场检查			
10	室外线缆	要求与同轴馈线相同	现场检查			
11	天线离塔体间距	全向天线离塔体间距不得小于 2 m；定向天线离塔体间距不小于 0.5 m	现场检查、卷尺			
12	空间隔离间距	安装天线与其他通信系统的空间隔离距离应符合工程设计要求	审图、现场检查、卷尺			

续表

13	天馈线系统性能	馈线衰耗应符合工程设计要求	审图、现场检查			
		天馈线系统的电压驻波比小于等于1.3	驻波测量仪			
14	机房各进线洞	安装完成后用防火材料封堵	现场检查			
15	远端可控电调天线、塔放、多分集天线接收发射	新技术应符合工程设计要求	审图、现场检查			
16	天线的美化	符合工程设计要求	审图、现场检查			
17	馈线长度	馈线(含GPS馈线)应长度裁剪合适，不允许有大段盘绕现象	现场检查			
18	间距	馈线、信号线与交流电源线间距宜在20cm以上	现场检查			
19	GPS系统检查	天线安装角误差不超过±2°	现场检查、角度仪			
		天线水平45度以上空间无遮挡				
		GPS天线与其他发射天线在水平及垂直方向上至少保持3 m的距离	现场检查、卷尺			
		GPS天线在处于北半球的基站应与铁塔朝南的一角距离至少1 m	现场检查、卷尺			
		GPS天线安装在楼顶时，应在抱杆上安装避雷针，抱杆与接地线焊接使整个抱杆处于接地状态	现场检查			
		GPS天线不得处于区域内最高点	现场检查			
		GPS至少与4颗卫星保持直线无遮拦连接	现场检查			
验收结论：						
存在问题：						
验收小组及参加测试人员(签名)				年　月　日		

(六)验收防雷箱/电源箱(盒)安装

本步骤主要对防雷箱、电源箱安装情况进行验收要求详细说明，同学们应遵循如下准则验收。

1. 室内防雷箱(盒)安装验收

(1)直流室内防雷箱(盒)应采用挂墙安装，安装高度宜为1.4～1.8m，应尽量靠近馈线窗，但不能在馈线窗正下方，接地线至室外接地排的连接长度应尽量短。

(2)室外电源线接入直流防雷箱(盒)时，应去除部分绝缘护套，使屏蔽层与防雷箱紧密连接来保证良好接地。

(3)直流电源防雷箱可提供多路独立的−48 V直流电源防雷，每路电源线均应有明确的、注明对应的扇区的颜色标签。

(4)直流室内防雷箱(盒)接地线不小于16 mm^2，并应引接至室外接地排。

2. 室外防雷箱(盒)安装验收

(1)室外防雷箱(盒)安装位置应尽量靠近RRU，且做好防雷接地，并与室外防雷接地系统良好相连。

(2)直流电源线应经过室外防雷箱(盒)后接至 RRU。

(3)如 RRU 采用交流电源直接供电,应配置交流电源分配箱(盒)挂墙安装或抱杆安装,做好防雷接地,并与室外防雷接地系统良好相连。

任务 2　验收设备

一、验收基站参数检查

在基站设备硬件验收测试前,需要对基站配置及软件数据参数进行检查验收,配置检查主要包括以下内容。

1. 告警信息检查和处理:驻波比告警、功率告警、GPS 告警以及其他影响业务的告警。

2. 基站天馈工程参数检查:天线型号、天线厂家、天线高度、天线方位角、电子下倾角、机械下倾角、馈线长度、与其他制式天线隔离度、天线是否接错、GPS 天线有无遮挡。

3. 无线参数检查:智能天线权值、载频配置、时隙配置、PCI 配置、邻区关系等。

4. TD-LTE 基站系统时间同步要求:空中接口同步指标为±1.5μs,即小区之间空中接口的收发定时偏差要满足不大于±1.5μs。时间同步以 GPS 为主用、1588 v2 备用。

二、验收测试设备硬件

在基站设备验收时,需要对基站硬件进行测试,测试主要进行电源测试、硬件功能测试、传输中断测试,具体验收标准如下。

1. 电源测试过程中严格注意安全,严禁造成接线端子之间或接线端子与机壳之间短路。测试时电源工作正常且 BBU 已上电,用数字万用表测量的测量值在以下范围内:直流供电:−57 V~−40 V 之间,交流供电:140 VAC~300 VAC,45 Hz~65 Hz,风机正常运转时,可判断为合格。

2. 硬件功能测试一般选择在刚开通时测试或者选择闲时测试,测试过程中插拔单板时戴防静电手环。

(1)当 BBU 机架的单板配置齐备,符合要求,单板槽位正确且固定到位,上电启动完成后,各单板的指示灯状态正常,BBU 硬件测试通过。

(2)当 BBU-RRU 接口光纤通信正常,RRU 配置齐备、符合要求,RRU 与射频拉远接口板光口的连接关系与实际扇区相符且收发连接正确,上电启动正常后,RRU 处于工作态,RRU 硬件测试通过。

3. 传输中断测试一般在基站各单板指示灯状态正常、GE 光口传输正常、业务正常下进行,达到如下要求时即可判断合格。

首先断开所有 GE 光口传输,传输接口板 ALM 灯 5 Hz 闪烁;接着恢复传输,等待 2 分钟后,观察传输接口板指示灯正常;发起业务测试后,可以成功进行业务。

任务 3　性能测试验收

一、测试概念、约定及准则

1. 测试区域选择

单小区性能测试针对单个小区,在小区覆盖范围内进行。要求主测小区位于区域中心,周围邻小区较多,主测小区周边应没有明显阻挡,且路况较好。

2. 测试网络基本配置及设备要求

在测试期间,除特殊要求的测试项外,网络典型配置如下。

表 5.5 网络典型配置表

参数	配置方式
频率	室外频率:2570~2620 MHz;室内频率:2350~2370 MHz
系统带宽	20 MHz,如有需要可配置为 10 MHz 或其他带宽
帧结构	上/下行配置 1(DSUUDDSUUD)或上/下行配置 2(DSUDDDSUDD);常规长度 CP、特殊子帧配置 7(DwPTS∶GP∶UpPTS=10∶2∶2),DwPTS 传输数据
CFI	3
传输模式	DL:Mode2、Mode3、Mode4、Mode7 和 Mode8 自适应;UL:SIMO
上行功率控制	启用
HARQ	启用
AMC	启用
基站额定发射功率	8×5W,2×20 W

表 5.6 测试设备需求表

名称	数量	型号与版本(测试时填写)
频谱分析仪(或扫频仪)	1 台	
Du meter、Iperf 或其他业务模拟软件	按需要配置	
测试用 PC	按需要配置	
TD-LTE 路测终端及软件	≥3 套	
测试车	按需要配置	
GPS 和电子地图	≥3 套	

要求参与测试的终端,实际测试速率可达到下行 56Mbps/上行 17Mbps(针对 category3 类型终端的 L1 速率)(在子帧配置为 DSUUDDSUUD/DSUDDDSUDD,特殊子帧采用 10∶2∶2 配置条件下)。

3. 小区边界的判定原则

话音和实时视频:掉话。

数据:单终端在单小区网络内进行遍历性测试,直到断链,并且可以反复多次。单小区覆盖时,以 PUSCH/PDSCH 断链点或 BLER 在一段时间内达到一定门限值作为小区边界;当网络形成连续覆盖时,以各小区之间的切换带作为小区边界。

4. 终端移动速度

慢速:0~15 km/h;中速:15~60 km/h;快速:60 km/h 以上。

5. 测试其他约定

单项指标的记录,测试时间应不小于 30s,记录 30s 中的均值。

若无特殊说明,测试中 HARQ、AMC、UE 上行功控功能均应打开,上行配置为 SIMO 天线模式,下行为 MIMO 单双流自适应模式。

Ping 的具体设置按 Windows 默认值进行,ping 的时间间隔为 1s。

测试时的 TCP/IP 配置如下表所示。

表 5.7　测试配置表

推荐配置	服务器	测试用笔记本电脑
操作系统		Windows XP
TCP 接受窗口尺寸(RWin)		1034816
默认发送窗口		同 RWin
MTU 尺寸	1446	1446
选择确认		Yes
最大重复发送次数		2

二、单小区性能测试项目

单小区性能测试项目如下。

表 5.8　单小区测试项目表

测试项目	测试内容	测试说明
单用户多点吞吐量和小区平均吞吐量	单用户多点吞吐量	测试单用户多点吞吐量
	小区平均吞吐量	测试小区平均吞吐量
单用户峰值吞吐量	单用户峰值吞吐量	测试单用户峰值吞吐量
单用户 Ping 包时延	单用户 Ping 包时延	测试单用户在好/中/差点的 Ping 包时延
	单用户 Ping 包成功率	测试用户在好/中/差点的 Ping 包成功率
控制面时延	接入时延	测试用户在好/中/差点的控制面接入时延
	寻呼时延	测试用户在好/中/差点的控制面寻呼时延

1. 用户多点吞吐量和小区平均吞吐量测试

表 5.9　测试项目表

测试项目	单用户多点吞吐量和小区平均吞吐量
测试目的	考察单用户多点吞吐量和小区平均吞吐量。在小区不同地理位置/SINR 下(10 个室外点)进行测试
预置条件	帧结构:上行/下行配置 1(子帧配置:DSUUDDSUUD)、常规长度 CP、特殊子帧配置 7(DwPTS∶GP∶UpPTS=10∶2∶2),DwPTS 传输数据 天线配置:上行 SIMO 模式;下行自适应 MIMO 模式 测试区域:选择一个主测小区,在该小区内进行测试 主测小区内 10 个室外测试点:1 个“极好”点、2 个“好”点、4 个“中”点、3 个“差”点
测试步骤	步骤 1:邻小区开启 步骤 2:依次在选定的各个测试点进行测试,将测试终端放置在预定的测试点 步骤 3:测试终端进行满 buffer 下行 TCP 业务,稳定后保持 30s 以上;记录应用层吞吐量;记录 RSRP、CQI、SINR、MCS、MIMO 方式等信息 步骤 4:测试终端进行满 buffer 上行 TCP 业务,重复步骤 3 步骤 5:在不同测试点重复步骤 3~4 记录测试中调度的 RB 数量、PUCCH/PDCCH 开销、UE 类型

续表

输出结果	统计和计算单用户多点吞吐量、小区吞吐量
验收标准	单用户多点吞吐量： 下行 TCP：极好点 L1 速率>60Mbit/s、好点 L1 速率>40Mbit/s、中点 L1 速率>20Mbit/s、差点 L1 速率>4Mbit/s 上行 TCP：极好点 L1 速率>15Mbit/s、好点 L1 速率>10Mbit/s、中点 L1 速率>6Mbit/s、差点 L1 速率>3Mbit/s 小区平均吞吐量：下行>40Mbit/s、上行>15Mbit/s
备注	无

2. 单用户峰值吞吐量测试

表 5.10　测试项目表

测试项目	单用户峰值吞吐量
测试目的	考察单用户峰值吞吐量。
预置条件	帧结构：上行/下行配置 1(子帧配置：DSUUDDSUUD)和上行/下行配置 2(子帧配置：DSUDDDSUDD)、常规长度 CP、特殊子帧配置 7(DwPTS：GP：UpPTS=10：2：2)，DwPTS 传输数据 天线配置：上行 SIMO 模式；下行传输模式为 mode4 和 mode7 测试区域：选择一个主测小区，在该小区内进行测试
测试步骤	以上行/下行配置 1 为例给出测试步骤： 步骤 1：邻小区开启，主测小区天线模式为 mode4：闭环 MIMO 步骤 2：将测试终端放置在信道条件最好的位置 步骤 3：测试终端进行满 buffer 下行 TCP 业务(如 FTP 下载)，稳定后保持 30s 以上；记录应用层平均吞吐量；记录 RSRP、RSRQ、CQI、SINR、MCS 等信息；终端停止下行业务 步骤 4：测试终端进行满 buffer 上行 TCP 业务(如 FTP 上传)，重复步骤 3 步骤 5：天线模式改为 mode7(Port5 的单流 Bea m for ming 模式)，重复步骤 3～步骤 5 网络配置调整为：上行/下行配置 2、常规长度 CP、特殊子帧配置 7，重复进行上述步骤 1～步骤 6 测试
输出结果	单用户峰值吞吐量
验收标准	mode4：单上行 TCP L1 单用户峰值吞吐量大于 15Mbit/s 单下行 TCP　L1 单用户峰值吞吐量大于 60Mbit/s mode7：单上行 TCP　L1 单用户峰值吞吐量大于 15Mbit/s 单下行 TCP　L1 单用户峰值吞吐量大于 30Mbit/s
备注	

3. 单用户 Ping 包时延测试

表 5.11 测试项目表

测试项目	单用户 Ping 包时延测试
测试目的	考察单用户在好/中/差点的 Ping 包时延(包括小包/大包)
预置条件	帧结构:上行/下行配置 1(子帧配置:DSUUDDSUUD)、常规长度 CP、特殊子帧配置 7(DwPTS∶GP∶UpPTS=10∶2∶2) 天线配置:上行 SIMO 模式;下行自适应 MIMO 模式 调度:动态调度 测试区域:选择一个主测小区,在该小区内进行测试
测试步骤	步骤 1:邻小区开启 步骤 2:测试终端处于主测小区内覆盖“好”点 步骤 3:测试终端接入系统,分别发起 32Bytes、1500Bytes ping 包,连续 ping100 次 步骤 4:测试终端处于覆盖“中”点、“差”点重复步骤 3
输出结果	单用户在好/中/差点的 Ping 包时延、成功率
验收标准	32byte 小包:时延小于 30 ms,成功率大于 95% 1500byte 小包:时延小于 40 ms,成功率大于 95%
备注	无

4. 控制面时延测试

表 5.12 测试项目表

测试项目	控制面时延测试
测试目的	考察用户在好/中/差点的控制面接入时延和寻呼时延。
预置条件	帧结构:上行/下行配置 1(子帧配置:DSUUDDSUUD)、常规长度 CP、特殊子帧配置 7(DwPTS∶GP∶UpPTS=10∶2∶2) 天线配置:上行 SIMO 模式;下行自适应 MIMO 模式 调度:动态调度 测试区域:选择一个主测小区,在该小区内进行测试 终端放置在主测小区内预置的测试地点:1 个 UE 放置在“极好”点,2 个 UE 放置在“好”点,4 个 UE 放置在“中”点,3 个 UE 放置在“差”点
测试步骤	步骤 1:各 UE 开机接入系统,进入 IDLE 状态 步骤 2:各 UE 从 IDLE 状态接入系统,记录进入 Active 状态时延,使终端重新进入 IDLE 状态 步骤 3:记录从 eNodeB 发出 paging 消息至收到 RRC 的时延,使终端重新进入 IDLE 状态 步骤 4:每个 UE 重复步骤 1~2 各 9 次(共记录 10 次数据) 记录每个 UE 的最大、最小及平均接入时延和寻呼时延,统计全部 UE 的最大、最小及平均接入时延和寻呼时延
输出结果	用户在好/中/差点的控制面接入时延和寻呼时延
验收标准	用户最大接入时延应小于 80 ms,最大寻呼时延应小于 50 ms
备注	接入时延:终端发出第一条随机接入 prea mble 至终端发出 RRC connection Reconfiguration co mplete 完成 寻呼时延:eNodeB 发出 paging 消息至终端发出 RRC connection Reconfiguration co mplete 完成

任务4　完成工程初验工作

小组内部验收通过之后，由模拟开通工程师的同学向模拟用户的教师提交《开通测试记录》《初验申请报告》和《安装验收报告》。教师同意初验后，召开初验协调会，确定初验日期、初验内容及验收人员。

一、注意事项

1. 工程初验应执行邮部[1996]54号《邮电通信建设工程竣工验收办法》的规定。初验前设备应已安装完毕，经过检查测试全部合格，具备初验条件。

2. 初验测试的内容应依据运营商规范的要求制定。初验测试的操作方法和手段可参照运营商规范进行。

3. 若用户要求割接后进行初验，则由开通工程师向项目经理、工程经理、工程技术经理汇报，由项目经理进行协调，并按照协调结果进行。

4. 初验的目的是进行设备验收测试，检验设备是否符合试运行要求。相关责任人有开通工程师、工程专家、工程技术经理、调测工程师。最终会产生《验收测试记录》《初验证书》《工程备忘录》。

二、工作步骤

1. 开通工程师与用户验收人员根据《验收测试记录》内容及用户有关要求逐一对系统进行测试验收，并填写《验收测试记录》。

2. 用户签字确认并出具《初验证书》。对于遗留问题填写《工程备忘录》。《验收测试记录》中的验收项目若不能满足用户要求，可根据用户要求，参照《测试指导手册》增加验收项目。

3. 若初验测试的主要指标和性能达不到要求，由调测工程师负责进行设备调试及测试。

4. 开通工程师填写《工程周报》，提交用户主管部门及工程实施团队直接上级，并按照工程施工团队要求的统一格式上报验收进度。

5. 在初验测试时，如果发现主要指标和性能达不到要求时，应由责任方负责及时处理，问题解决后再重新进行测试。

任务5　工程试运行

试运行应从初验测试通过后开始，时间不应少于三个月。试运行测试的主要性能和指标应达到用户方所列要求，才能进行工程终验。如果主要指标不符合要求，应从次月开始重新进行。在试运行期间，如果障碍率总指标合格，但某月的指标不合格时，应追加一个月，直到合格为止。特别注意试运行期间系统应负载联网运行。

试运行观察项目及指标的主要来源应包括话务统计、告警分析、路测分析结果及用户投诉分析情况。单小区指标要求如表5.13所列。

由于该部分内容较为复杂，且涉及整网指标，故该任务建议教师仅为学生做简单讲解，不做具体操作。

表 5.13 单小区性能指标要求表

指标名称		指标取值
单小区性能	单用户多点吞吐量和小区平均吞吐量	单用户多点吞吐量： 下行 TCP：极好点 L1 速率>60Mbit/s，好点 L1 速率>40Mbit/s，中点 L1 速率>20Mbit/s，差点 L1 速率>4Mbit/s 上行 TCP：极好点 L1 速率>15Mbit/s，好点 L1 速率>10Mbit/s，中点 L1 速率>6Mbit/s，差点 L1 速率>3Mbit/s 小区平均吞吐量：下行>40Mbit/s、上行>15Mbit/s
	单用户峰值吞吐量	mode 4：单上行 TCPL1 单用户峰值吞吐量大于 15Mbit/s 单下行 TCP　L1 单用户峰值吞吐量大于 60Mbit/s mode7：单上行 TCP　L1 单用户峰值吞吐量大于 15Mbit/s 单下行 TCP　L1 单用户峰值吞吐量大于 30Mbit/s
	单用户 Ping 包时延	32byte 小包：时延小于 30 ms，成功率大于 95% 1500byte 小包：时延小于 40 ms，成功率大于 95%
	控制面时延	接入时延<80 ms，寻呼时延<50 ms

任务 6　完成用户现场培训

用户现场培训的目的是加快用户维护人员掌握设备原理和设备的操作维护方法，一般由开通工程师来进行该项工作。

培训时间在设备割接前，由开通工程师根据《现场培训指导手册》内容对用户技术人员进行系统运转及维护现场培训，使用户维护人员了解设备硬件机构、操作方法和操作注意事项，能处理设备一般问题培训完成后要填写《现场培训记录单》。

该任务可作为教学技能的模拟训练任务使用，由一个同学模拟用户工程师，对其余同学进行现场培训工作。

任务 7　割接、移交设备

一、任务介绍

设备割接的目的是确保 LTE 基站设备顺利交付使用。可以按照如下流程完成该步骤。

二、工作流程

1. 初验通过后，制订割接方案。割接方案应明确双方的责任人及分工，确保设备顺利割接。

2. 设备割接前进行割接准备工作。

3. 完成割接工作后由技术经理进行工作总结，输出割接工作总结。

4. 技术经理与售后服务处设备档案管理员进行相关资料及电子文档移交。

5. 开通工程师填写《工程周报》，提交用户主管部门及工程实施团队直接上级，并按照工程施工团队要求的统一格式上报施工进度。

6. 割接完成后，开通工程师同用户进行设备移交。

任务8　完成工程终验工作

在工程试运行结束后，建设单位（或主管部门）应组织工程终验，工程终验应主要检验系统的稳定、可靠和安全性能。

一、工程竣工验收技术文件

竣工文件应按照某运营商集团公司工程建设管理要求执行，分为三大部分：竣工技术文件、竣工测试记录、竣工图纸。其中竣工技术文件应符合下列要求：

一式三份；内容齐全（符合部颁施工验收办法和要求，文件资料齐全）；测试数据详实准确，能真实反映设备性能、系统性能以及施工工艺对电气性能的影响；竣工图必须真实、准确，与工程实际相符合；资料书写应字迹清楚、版面整洁、规格一致，装订符合归档要求。

工程竣工验收技术文件编制可按如下流程进行。

1. 开通工程师根据各产品《工程竣工技术文档》，对工程督导及调测工程师制作的工程竣工技术资料进行审核修订，完成《工程竣工技术文档》，交售后服务处归档。

2. 开通工程师根据用户对竣工资料的要求，在《工程竣工技术文档》《工程技术文件》和工程中形成的管理文档的基础上，编制适合不同的运营商的《竣工资料》，绘制竣工图纸，作为验收资料。

3. 开通完成后，由工程经理向客户支持经理移交相关工作，《工程竣工技术文档》和遗留问题。

4. 开通工程师将设备及《竣工资料及图纸》移交给用户。

二、终验要求及内容

终验主要检查如下内容：工程初步验收提出的遗留问题处理情况、工程试运行情况报告、验收小组确定的系统指标抽测项目、工程技术档案的整理情况。

1、工程终验应对工程质量和工程技术档案进行评价。对工程设计、施工、监理和相关管理部门的工作进行总结。

2、对通过竣工验收的工程，验收小组应对工程质量给予评定，并向参与工程建设的各方颁发验收证书。

5.7　项目小结

本任务的成果如下：（具体竣工资料模板，请参考相关知识中的附件）

1. 基站设备工程竣工资料1份；

2. 基站铁塔工程竣工资料1份；

3. 基站机房工程竣工资料1份；

4. 基站塔基工程竣工资料1份；

5. 投产的LTE基站机房1个；

6. 投产的天馈系统1套。

5.8 思考练习

1. 基站工程验收按照什么流程来做？
2. 基站工程竣工资料包含哪些部分？
3. 工程初验的步骤及工作内容包括哪些？
4. 割接、移交设备的工作内容包括哪些？
5. 路测的工作流程有哪些步骤？

5.9 拓展提高

1. 工程终验主要对哪些方面进行评价？
2. 工程终验会对哪些干系人的工作进行总结？
3. 验收后是否需要向工程建设的参与各方颁发证书？
4. 配置检查需要检查哪些内容？

5.10 知识链接

1. 中国移动 TD－LTE 无线子系统工程验收规范，中国移动通信企业标准。

2. QC－A－002.1－2011，TD－LTE 无线主设备测试规范－性能分册，中国移动通信集团公司。

3. 邮部[1996]54 号，邮电通信建设工程竣工验收办法，中华人民共和国邮电部。

学习单元二　FTTX工程综合实训

学习单元及知识地图

单元概述

本单元内容主要聚焦FTTX工程的建设内容，主要从FTTX工程招标、投标、FTTX工程勘察设计、施工及验收交付等方面设置典型项目，侧重于勘察设计、施工及验收交付等方面，通过操作与实践，掌握FTTX工程的建设方法、施工操作及验收要点等。

知识地图

本学习单元的知识地图如图2所示。

1. FTTX工程招标

招标基础知识：招标的概念、招标的特点、项目招标的分类、招标的组织形式等。

招标体制：招投标的法律法规、招投标文件、招标业主及特点、招投标流程、评标方法、评标体制等。

2. FTTX工程招投标

投标基础知识：投标的概念、投标的特点、投标的工作流程。

投标体制：招投标的法律法规、投标文件、投标流程、评标方法、评标体制等。

投标方法与应标策略：招标书的主要内容、招标书的阅读、招标书的处理、投标书编写总体要求、投标技术方案编、技术应答、标书审查制度。

3. FTTX工程勘察设计

专业技能包括：室外勘察技能、建筑物内勘察技能、施工图绘制技能、工程设计文件制作技能、概预算编制技能等。

基础技能包括：勘察工具及仪器的使用技能、Office软件使用技能、Autocad软件使用技能、Visio软件使用技能等。

4. FTTX工程施工

专业技能包括：FTTX工程所需物资验收技能、施工组织设计编制技能、机柜走线架安装及线缆敷设技能、安全生产技能等。

基础技能包括：识读施工图纸技能、Office软件使用技能等。

5. FTTX工程验收

专业技能包括：施工安装工艺检验技能、验收测试技能、适当的培训技能等。

基础技能包括：无线工程测试技能、客户交流与沟通技能等。

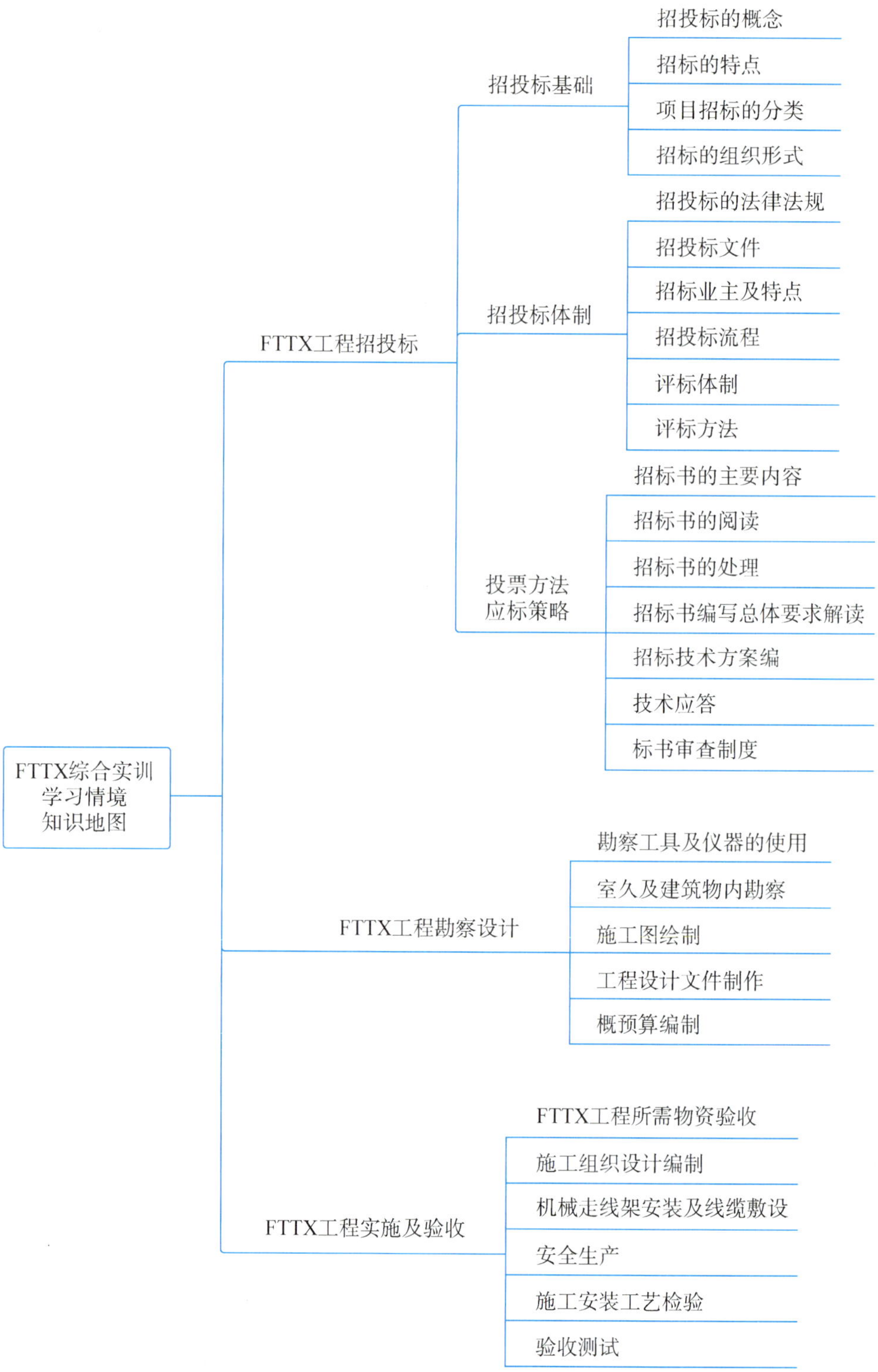

图 2　FTTX 工程综合实训知识结构图

学习任务分析

表 2　主要学习任务列表

序号	任务名称	主要学习内容	建议学时	学习成果
1	FTTX 工程招标	按照《招标投标法》第十九条规定，招标人根据招标项目的特点编制招标文件，主要涉及 FTTX 工程招标的流程、特点、招标文件的格式、内容、技术标准和招标的法律法规等。	6 课时	熟悉招标的原则、流程，掌握工程量清单、投标人须知和合同条款编制的方法和技巧。
2	FTTX 工程投标	根据投标程序完成投标文件技术标书的制作，主要涉及投标的流程、招标书阅读、招标书处理、工程量的复勘、施工计划制定、投标技术方案编制、技术应答、标书审查等。	4 课时	熟悉投标流程、投标文件编制方法，掌握招标书处理、施工项目复勘、工程量统计、投标技术方案编制的方法和技巧。
3	FTTX 工程勘察设计	根据通信行业相关设计标准及规定，学习某 FTTX 工程项目的施工图设计工作。项目主要模拟设计方所做的工作流程，完成设计工作，编写设计方案、设计说明，绘制成套的施工图纸。	8 课时	熟悉设计工作流程，学会设计技能，掌握相关厂家的设备知识以及工程的建设流程。熟练使用 Office、Auto　CAD、VISIO、Mapinfo 及预算软件等。
4	FTTX 工程施工	根据通信行业相关施工建设标准及规定，严格遵循施工准备工作程序和内容要求，完成某 FTTX 工程的前期准备工作，编制施工组织设计方案。依照施工标准规范和规划设计内容完成设备、线路安装施工。	8 课时	熟悉 FTTX 工程的施工流程，熟悉施工建设标准及规定，特别是强制性标准及规定，学会编制施工组织设计，掌握设备、线路安装等相关操作技能。
5	FTTX 工程验收交付	根据通信行业相关验收标准及测试规程规定，按照验收要求完成某 FTTX 工程验收工作，制作工程验收文档。	4 课时	熟悉 FTTX 工程的验收标准（国家、行业、企业标准）内容，能够按标准规范完成验收工作，完成竣工资料的编制及归档等相关操作。

项目 6　FTTX 工程招标

6.1　项目描述

随着全光网络建设的全面铺开，各地市州的政企用户和商业用户对网络带宽提出了新的需求，为了满足客户的需求，响应“光进铜退”的改革步伐。各大运营商的网络发展部，结合用户的需求和区域特点拟定了该地区的网络建设规划，根据网络规划，委托代理单位通过公开招标或定向招标的方式进行施工项目招投标工作，请作为招标工作人员的你，结合以下招标公告(表 6.1)，完成管线施工部分招标文件编制工作。

表 6.1　招标公告

<table>
<tr><td rowspan="10">项目概况</td><td>招标单位</td><td colspan="3">×××投资开发有限公司</td></tr>
<tr><td>招标代理单位</td><td colspan="3">×××工程管理咨询有限公司</td></tr>
<tr><td>项目名称</td><td colspan="3">×××有线通信网络用户工程—FTTH 光纤网络建设工程</td></tr>
<tr><td>项目地址</td><td>×××生态城</td><td>资金来源</td><td>企业自筹</td></tr>
<tr><td rowspan="2">项目规模</td><td>标段</td><td>建筑面积</td><td>栋号</td></tr>
<tr><td>1</td><td>7168 户</td><td></td></tr>
<tr><td>项目类型</td><td colspan="3">□住宅　□公建　□厂房　□市政　□场站　√管线　□道桥　□绿化　□其他</td></tr>
<tr><td>招标类型</td><td colspan="3">□勘察　□设计　√施工　□监理　□设备　□项目管理</td></tr>
<tr><td>招标范围</td><td colspan="3">本次招标中×××生态城有线通信网络用户工程—FTTH 光纤网络建设工程，包括 15 号地块公屋 1A、公屋 1B、×××住宅一期、×××住宅一期、05−04−06 地块 12A 住宅一期、05−02−03−01 地块住宅、05−02−03−01 地块住宅、05−08−04 地块住宅一期、05−06−04 地块住宅一期、05−06−04 地块住宅二期、×××住宅一期、×××一期、二期，共 13 个小区 7168 户光缆施工及配套设施建设。</td></tr>
<tr><td>绿色建设等级</td><td>合格</td><td>承包方式</td><td>包工包料</td></tr>
<tr><td rowspan="4">投标须知</td><td>投标单位
资质要求</td><td colspan="3">具有独立法人资格，具备建筑智能化工程施工二级及以上资质的企业，同时具备通信信息网络系统集成乙级及以上资质企业。本项目不接受联合体投标</td></tr>
<tr><td>工程质量</td><td>合格</td><td>资格审查方式</td><td>√资格预审　□资格后审</td></tr>
<tr><td colspan="2">是否允许联合体投标</td><td colspan="2">□是　√否</td></tr>
<tr><td colspan="2">计划工期</td><td colspan="2">2011 年 6 月 25 日～2012 年 12 月 31 日</td></tr>
<tr><td rowspan="2">报名</td><td colspan="2">报名时间</td><td colspan="2">2011 年 6 月 14 日至 2011 年 6 月 20 日
(9:30～15:30 法定公休日除外)</td></tr>
<tr><td colspan="2">报名地点</td><td colspan="2">×××经济技术开发区第六大街 67 号三楼招标部</td></tr>
</table>

续表

<table>
<tr><td rowspan="4">报名条件</td><td colspan="2">(1)企业资质、资信</td><td colspan="2">1. 具有独立法人资格，具备建筑智能化工程施工二级及以上资质的企业，同时具备通信信息网络系统集成乙级及以上资质企业。
2. 具有安全生产许可证且证书在有效期内。
3. 企业通过 ISO9001 质量管理体系认证，并且证书在有效期内。
4. 企业在天津市设有常驻机构。
5. 企业近 3 年内具有类似通信工程施工业绩。
6. 本项目不接受联合体投标。</td></tr>
<tr><td colspan="2">(2)项目负责人资质资格</td><td colspan="2">国家通讯与广电专业贰级(或机电工程专业贰级)及其以上注册建造师，提供证书原件及复印件加盖公章</td></tr>
<tr><td colspan="2">(3)质量、业绩信誉</td><td colspan="2">具有类似项目施工经验。提供施工合同原件、复印件加盖公章。(提供合同复印件)</td></tr>
<tr><td colspan="2">(4)其他证书、证明文件</td><td colspan="2">营业执照、资质副本、安全生产许可证原件及复印件加盖公章、授权委托书原件、身份证原件、外地企业需提供进津备案通知书、生态城入区备案书</td></tr>
<tr><td rowspan="2">备注</td><td colspan="2">预审文件售价</td><td colspan="2">200 元</td></tr>
<tr><td>联系人</td><td>×××</td><td>联系电话</td><td>000－123456789</td></tr>
<tr><td rowspan="5">投诉接待</td><td colspan="4">未参加报名及购买文件的单位不具有参加本工程投标的资格。</td></tr>
<tr><td colspan="2">投诉接待单位</td><td colspan="2">×××建设管理中心</td></tr>
<tr><td colspan="2">投诉接待地址</td><td colspan="2">×××城市管理中心</td></tr>
<tr><td colspan="2">投诉接待负责</td><td colspan="2">×××</td></tr>
<tr><td colspan="2">投诉接待电话</td><td colspan="2">000－123456789</td></tr>
</table>

6.2　项目解析

1. 任务目标

该任务的核心目标是按照《招标投标法》第十九条规定，招标人根据招标项目的特点编制招标文件，充分体现出招标人(项目业主)的意图和招标条件。

2. 完成任务的流程步骤

招标文件在整个招投标活动中处于统领性的地位，是招标活动的纲领性文件，它不仅是投标人准备投标文件和参加投标的依据，也是评标的主要依据。此外，招标文件也是签订合同的基础，它的大部分内容都要列入正式的合同文件之中。它往往直接影响到招标采购的成败以及招标采购的进度和质量。所以在编制招标文件时，应本着公平互利的原则，务必使招标文件严密、周到、细致、内容正确并充分体现招标人的意图和保护招标人的合法权益。编制招标文件的步骤如下所示。

步骤一：编制投标人须知；

步骤二：确定合同条件及工程发包合同(协议书)格式；

步骤三：编写技术标准和要求；

步骤四：确定评标办法；

步骤五：制作工程量表及报价表；

步骤六：绘制图纸等设计资料；

步骤七：编制辅助资料。

3. 任务重点

任务的重点是工程量表清单、合同主要条款、技术标准和要求内容的编制。

6.3 教学策略

1. 项目名称

FTTX 工程招标；

2. 适用年级

本科四年级；

3. 教学目标

(1)具备 OFFICE 系列软件的使用能力；

(2)具备招标文件的编制能力；

(3)具备投标邀请书的编制能力；

(4)具备组织评标会的能力；

(5)具备投标文件的制作能力。

4. 教学时间/学时

第一学期/6 学时；

5. 教学资源

多媒体资料、教材、教学课件、视频资料、FTTX 实训基地等；

6. 参考教学方法

讲授法、参观教学法、互动式教学法、现场教学法、演示法、角色扮演、分组讨论。

7. 参考资料、学习资源

教材、教学课件、相关标准、专业网站、实习现场、图片资料、视频、电视电影等媒体文件。

6.4 必备知识

一、工程招标相关概念

1. 工程招标

工程招标是指招标人就拟建的工程发布公告，以法定方式吸引承包单位自愿参加竞争，从中择优选定工程承包方的法律行为。

2. 招标文件

招标文件是招标人向潜在投标人发出的要约邀请文件。其目的是告知该招标项目的内容、范围、数量与招标要求、投标资格要求、招标投标程序规则、投标文件编制与递交要求、评标标准与方法、合同条款与技术等投标人必须掌握的信息和遵守的依据。

3. 招标文件的组成

(1)招标公告(或投标邀请书，视情况由招标人自主确定一种)；

(2)投标人须知(包括投标人须知前附表、总则、招标文件、投标文件、投标、开标、评标、合同授予、重新招标和不再招标、纪律和监督、需要补充的其他内容等)；

(3)评标办法(经评审的最低投标价法、综合评估法等)；

(4)合同条款及格式(通用合同条款、专用合同条款、合同附件格式等)；

(5)工程量清单(采用工程量清单计价模式的应提供)；

(6)设计图纸；

(7)技术标准和要求(或称技术规范);
(8)投标文件格式;
(9)其他材料。
4.公开招标流程图,如图 6.1 所示:

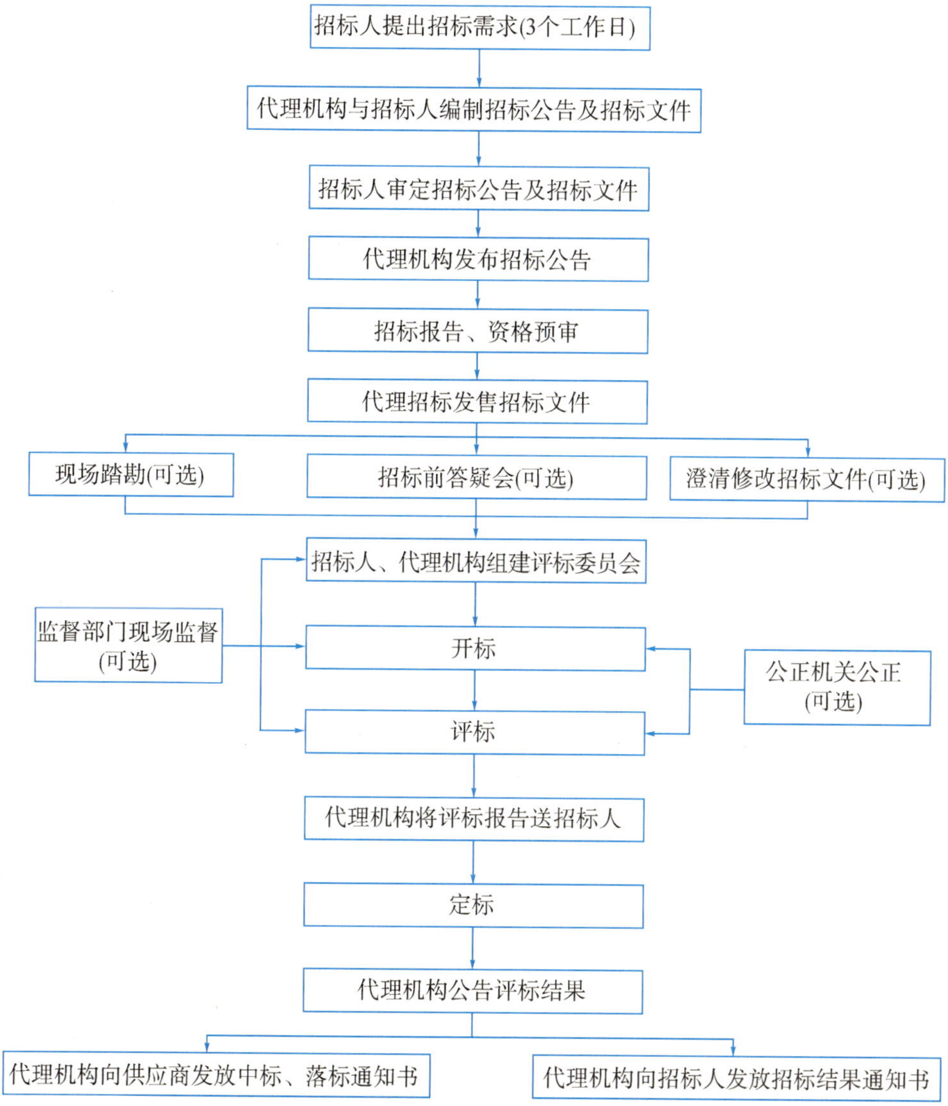

图 6.1 公开招标流程图

5. 邀请招标流程图，如图 6.2 所示：

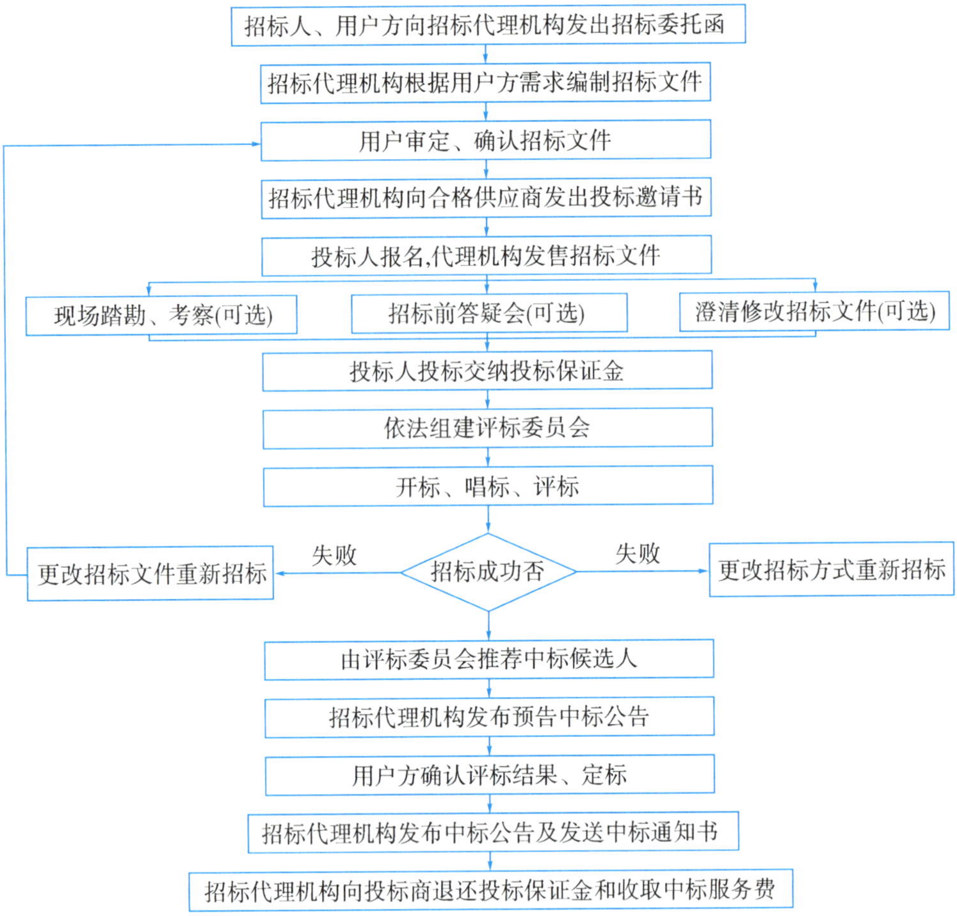

图 6.2　邀请招标流程图

6.5　项目用具

1. 笔记本电脑、OFFICE 等办公软件
2. FTTX 实训场地
3. 多媒体教室
4. 投影仪
5. 打印机

6.6　项目实施

本任务按以下步骤实施，先编制工程量清单，再编制招标文件的其他部分。

任务 1　拟定招标方式、评标方法并编制工程量清单

要求工程量清单格式和内容应符合国家现行有关标准规范的规定。工程量清单如下表 6.2 所示。

表 6.2　工程量清单

序号	项目名称	单位	数量	备注
1	技工工日	个	3714.38	
2	普工工日	个	1795.5	
3	施工测量	100 m	20.503	
4	敷设各型市话光缆	千米条	22.145	
5	市话光缆成端接头	芯	2428	
6	市话光缆接续	头	116	
7	用户光缆测试 12 芯以下	段	7	
8	用户光缆测试 24 芯以下	段	7	
9	用户光缆测试 48 芯以下	段	16	
10	用户光缆测试 72 芯以下	段	2	
11	用户光缆测试 96 芯以下	段	1	
12	安装无跳接光交接箱	台	5	
13	安装楼道光分路箱	台	277	
14	安装分光器	台	300	

任务 2　编制招标文件的其他部分

其他部分包括投标人须知、技术标准和要求，合同条款等全部招标文件。要求文档格式采用 Word 或 WPS 等文件处理软件编制，格式符合通行的文件格式要求，并保留和提交全部电子文档成果。投标人须知如表 6.3 所示。

表 6.3　投标人须知

项号	条款号	内容	说明与要求
1	1.3	工程名称	×××工程
2	1.3	建设地点	×××小区
3	1.3	建设规模	本工程预算×××万元
4	1.3	承包方式	包工包料
5	1.3	质量要求	符合国家施工验收规范规定的合格标准
6	2.1	招标范围	本工程施工图范围内的所有工程(具体内容详见工程预算书)
7	2.2	工期要求	×××天
8	3.1	资金来源	×××投资
9	4.1	投标人资质等级	企业资质： 项目负责人资质： 技术负责人：
10	4.3	资格审查方法	执行[2009]3 号文件，采用资格预审法。
11	13.1	报价方式	固定投标报价
12	15.1	投标有效期	为：________日历天(从投标截止之日算起)
13	17.1	投标保证金	××　万元(不计息)，在投标截止时间前的 1～3 个工作日内入账到桐庐县招投标服务中心指定账户。
14	6.1	踏勘现场	不集中组织现场踏勘活动，由投标人自行踏勘项目现场。
15	18.1	投标人递交投标疑问的方式和时间	不集中举行招标答疑。投标人于××年××月××日××时前将投标疑问以无记名方式发电子邮件、传真或书面至桐庐县招投标服务中心。 电子邮箱：××××@163.co m　传真：000－00000000
16	19.1	投标文件份数	一份正本、五份副本。

续表

17	21.1	投标文件递交地点及截止时间	收件单位： 地址： 时间：××年××月××日××时
18	24.1	开标会	地点： 时间：××年××月××日××时
19	31.4	评标标准及方法	根据[2009]4 号文件，采用总价下浮中标法
20	36.1	履约保证金	中标人在签订合同时，向建设单位交纳中标造价××%的履约保证金(不计息)，待竣工验收达到中标时承诺的质量要求后一周内退回。
21	1.5.1	招标文件、图纸等资料购取	时间：发布招标公告之日起至××年××月××日××时 网址： 原件到招投标服务中心服务窗口购取。

6.7 项目小结

本次实训后需完成以下任务并提交成果：

1. 完成工程量清单编制；
2. 完成投标人须知的编制；
3. 完成招标合同条款的拟定；
4. 熟悉招标的原则、资格审查的流程等。

6.8 思考练习

1. 什么是招标？招标的类型及内容包含哪些？其特点是？
2. 招标活动的基本原则有哪些？
3. 工程建设项目招标范围包括哪些？
4. 招标文件的性质与作用？
5. 投标文件的种类有哪些？
6. 招标文件的内容组成？
7. 招标人招标应具备哪些条件？
8. 简述施工招标中资格预审的程序？
9. 建设工程合同的特征包含哪些？
10. 工程招标投标具有何种特征？

6.9 拓展提高

想一想：

1. 如果已经有了招标文件，你作为委托公司代表如何撰写招标文件研读报告？
2. 如何组织并实施投标预审会？
3. 如何进行现场招标答疑？
4. 投标单位的资质如何审查？

6.10 知识链接

相关标准及规范：

1.《通信工程建设项目招标投标管理办法(2014)》

2.《通信建设项目招标投标管理实施细则》

参考文献：

1. 李宏杨. 建筑工程预算识图[M].《工程量计算与定额应用》，北京：中国建材工业出版社，1997.

2. 陈絮. 浅析实行工程量清单计价招投标的合理性[J]. 山西建筑，2010，(07)235—236.

3. 刘尔烈，朱建元. 工程建设项目的招标与投标[M]. 北京：人民法院出版社，2000.

项目7 FTTX工程投标

7.1 项目描述

本任务要求以工程施工单位身份，参与××运营商网络发展部委托的代理公司举办的FTTH新建工程及配套设备施工、传输线路、管道建设和附属建设进行的工程施工单位招标会。获取招标公告(如表6.1)和招标文件，参与招标答疑。

请作为投标方工作人员的你，整理获取的工程项目信息，结合公司的实际情况，完成投标工作。

7.2 项目解析

1.任务目标

该任务的核心目标是按照科学的投标程序，做好投标准备和现场考察调研工作、编制施工规划、正确计算投标报价、科学地编制投标文件，并(技术部分)最终与招标方达成合作。

2.完成任务的流程步骤

投标既是一项严肃认真的工作，又是一项决策工作，必须按照当地规定的程序和做法，满足招标文件的各项要求，遵守有关法律法规的规定，在规定的招标时间内针对工程的特点有针对性地进行招标文件编制。

步骤一：投标前期准备

(1)获取并查证招标信息；

(2)调查业主；

(3)成立投标工作机构；

(4)需求合作伙伴；

(5)办理注册手续。

步骤二：资格预审

步骤三：调查研究与现场勘察

(1)投标前的调查研究

(2)现场勘察

步骤四：计算和复核工程量

步骤五：制定施工规划

步骤六：投标报价

步骤七：投标文件的编制与报送

(1)投标报价单的编制

(2)投标报价的计算方法

步骤八：投标书的制作

步骤九：投标书的递送

3.任务的重点

该任务的重点在于如何科学地实施投标并最终签订合同协议，完成投标文件技术部分的编制等能力训练。

7.3 教学策略

1.项目名称

FTTX工程投标；

2. 适用年级

本科四年级；

3. 教学目标

(1)具备 OFFICE 系列软件的使用能力；

(2)具备投标文件的编制能力；

(3)具备 CAD、VISIO 图纸的编制能力；

(4)具备组织评标会的能力；

4. 教学时间/学时

第一学期/4 学时；

5. 教学资源

多媒体资料、教材、教学课件、视频资料、FTTX 实训基地等；

6. 参考教学方法

讲授法、参观教学法、互动式教学法、现场教学法、演示法、角色扮演、分组讨论；

7. 参考资料、学习资源

教材、教学课件、相关标准、专业网站、实习现场、图片资料、视频、电视电影等媒体文件。

7.4 必备知识

一、什么是 FTTX

FTTX，X 指的是字母 H、P、C、N。

H：ho me，P：pre mises，C：curb，N：node。

FTTH 为光纤到户，FTTP 为光纤到驻地，FTTC 为光纤到路边或小区，FTTN 为光纤到结点。

FTTX 技术主要用于接入网络光纤化，范围从区域电信机房的局端设备到用户终端设备，局端设备为光线路终端(Optical Line Ter minal：OLT)、用户端设备为光网络单元(Optical Network Unit：ONU)或光网络终端(Optical Network Ter minal：ONT)。

FTTH 光纤到户是多年来通信企业非常渴望的技术发展方向，以前由于成本、技术、需求等多方面的限制，没有得到大规模推广与发展。在最近几年，FTTH 成为运营商投资热点，步入快速发展期，ADSL 等接入方式被取而代之。目前所兴起的各种相关宽带应用，如 VoIP、在线游戏、在线学习、MOD 业务(Multi media on De mand)及智能家庭等所带来生活的舒适与便利，高清电视也使得具有高带宽、大容量、低损耗等优良特性的光纤成为将数据传送的最佳选择。

1. FTTX 范围

FTTX 技术主要用于接入网络光纤化，范围从区域电信机房的局端设备到用户终端设备，局端设备为光线路终端(Optical Line Ter minal：OLT)、用户端设备为光网络单元(Optical Network Unit：ONU)或光网络终端(Optical Network Ter minal：ONT)。根据光纤到用户的距离来分类，可分成光纤到交换箱(Fiber To The Cabinet：FTTCab)、光纤到路边(Fiber To The Curb：FTTC)、光纤到大楼(Fiber To The Building：FTTB)及光纤到户(Fiber To The Ho me：FTTH)等 4 种服务形态。

目前，在光纤接入网建设中，FTTX 模式是以光纤延伸至接入网络的具体位置来命名的，常用的 FTTX 模式包括 FTTN、FTTB、FTTH 三种。

(1)FTTC 为目前最主要的服务形式，主要是为住宅区的用户作服务，将 ONU 设备放置于路边机箱，光纤传输到路边，利用 ONU 出来的双绞线传送电话及上网服务或者使用同轴电缆传送 CATV 信号。

(2)FTTB 按照服务对象来分有两种：一种是电梯公寓的用户服务，另一种是写字楼的公司服务。这两种都是把 ONU 放在大楼的地下室配线箱处，只是电梯公寓的 ONU 是 FTTC 的延伸，而写字楼是为了中大型企业单位，必须提供较高的传输速率，以提供高速的数据、电子商务、视频会议等宽带服务。

(3)FTTH 是把光纤安装到用户的家中，用户在家中可以享受不同种类业务的宽带服务，如数据传输、电视点播、在家购物、在家上课等，提供更多的商机。ITU 认为从光纤端头的光电转换器(也叫媒体转换器 MC)到用户桌面不超过 100m 的情况才是 FTTH。

(4)FTTZ (Fiber To The Zone)指的是光纤到小区。

2. FTTX 技术分类

光纤连接 ONU 主要有两种方式：一种是点对点形式拓扑(Point to Point：P2P)，从中心局到每个用户都用一根光纤；另外一种是使用点对多点形式拓扑方式(Point to Multi-Point：P2MP)的无源光网络(Passive Optical Network：PON)。

对于具有 N 个终端用户的距离为 M km 的无保护 FTTX 系统，如果采用点到点的方案，需要 2N 个光收发器和 N * M km 的光纤。如果采用点到多点的方案，则需要 N+1 个光收发器、一个或多个光分路器和大约 M km 的光纤。两种方案比较下来看，采用点到多点的方案，可以大大地降低了光收发器的数量和光纤用量，并降低了中心机房所需的机架空间，有着明显的成本优势。

(1)点到点的 FTTX 解决方案

点对点光纤直接连接解决方案具有管理容易、上行同步技术简单和自动识别终端等优点。另外，上行的带宽可被一个终端完全占用，这一点对于扩展带宽非常有利。但是点对点的解决方案在器件和光纤成本等方面存在劣势。

以太网+光电转换器就是一种的点对点 FTTH 过渡性方案，该方案使用光电转换器方式将电信号转换成光信号进行长距离的传输。其中光电转换器是一个单纯的光电/电光转换器，它并不对信号包做加工，因此成本低廉。这种方案的好处是对于已有的电的以太网设备只需要加上光电转换器即可。

(2)点到多点的 FTTX 解决方案

在光纤接入网中，若光纤配线网(ODN)都由光无源器件组成，网络中不包括任何光有源节点，那么我们把这种光纤接入网称之为 PON 网。PON 网是把从 OLT(光纤线路终端设备)下行的光信号，通过一根光纤经过无源器件 Splitter(光分路器)，然后把光信号分路广播给各用户终端设备 ONU/ONT，该技术可以大量降低光网络机房及设备维护的成本，也可以节约大量光缆资源等物资成本。PON 技术从 1987 年在英国电信公司开始得到应用，目前市场上的 PON 产品按照其采用的技术，主要分为 APON(ATM PON)、BPON(宽带 PON)、EPON(以太网 PON)和 GPON(吉位 PON)，其中，GPON 是最新标准化和产品化的技术。

①APON 提出于 1995 年，该技术提出之后主要为用户端提供 ATM 服务。

②BPON 于 2001 年底提出，是由 FSAN 更新网页，把 APON 改名为 BPON，从而使

APON 标准变为能够提供其他宽带服务（如 Ethernet 接入、视频广播和高速专线等）的 BPON 标准。APON（ATM　PON）/BPON（Broa dBand　PON）是最早标准化并获得商用的无源光网络技术，BPON 最初称为 APON，以 ATM 作为承载协议，将各种业务封装至 ATM 信元中进行复用和交换，如话音，数据和视频等，上行速率为 155Mbit/s，下行速率可以是 155Mbit/s 和 622Mbit/s，并且提供动态的带宽分配能力，从而更适合宽带数据业务的需要。然而 APON/BPON 系统存在两大缺点：一是数据传送效率低，二是在 ATM 层上适配和提供业务比较复杂。因而，在 EPON 和 GPON 技术商用化之后，FTTX 网络基本不再采用 APON/BPON 技术。

③EPON 提出于 2000 年 11 月，是由 IEEE　802.3 工作组下成立的 EFM（Ethernet　in　the　First　Mile）研究小组提出的。EPON 是几个最佳的技术和网络结构的结合，它以以太网为载体，使用了点到多点结构、无源光纤传输方式。EPON 下行速率目前可达到 10 Gbit/s，上行以突发的以太网包方式发送数据流。另外，EPON 也提供一定的运行维护和管理（OAM）功能。EPON 与现有的光网络设备有较好的兼容性，EPON 还可以轻松实现带宽到 10 Gbit/s 的平滑升级，这样改进的 QoS 技术就使以太网对语音、数据和图像业务的支持成为可能。如全双工支持、优先级（p802.1p）和虚拟局域网（VLAN）。但目前以太网支持多业务的标准还没有形成，它对非数据业务，尤其是 TDM 业务还不能很好地支持。另外，和 GPON 相比 EPON 的传输效率较低。

④GPON（Gigabit－Capable　PON）于 2001 年由 FSAN 组制定规范，GPON 网络工作速率高于 1Gbit/s。GPON 除了支持更高的速率之外，还要以很高的效率支持多种业务，提供丰富的 OAM&P 功能和良好的扩展性。GPON 是目前已标准化的 3 种 FTTX 技术中速率最高的，上行速率支持 155Mbit/s、622Mbit/s、1.25Gbit/s、2.5Gbit/s，下行速率支持 1.25Gbit/s 和 2.5Gbit/s，提供强大的多业务支持能力，使其能够高速率、高效地传送各种各样的数据类型及各种长度的数据包。

目前主流应用的 FTTX PON 技术是 EPON 和 GPON，EPON 的显著优势在于产品商用较早，设备成本较低，缺点是标准定义简单。而 GPON 的显著优势在其性能方面，如更高的速率和传输效率，更高的标准化程度等。在实际应用中，具体选择哪类技术或产品要根据多方面的因素综合考虑。

（3）PON 接入网技术

PON 接入网技术定位于最后一公里，是一种在服务提供商、电信局端和商业/个人之间的解决方案。随着宽带上视频和端到端应用的兴起，人们对高带宽的需求越来越强烈。在这种高带宽的要求下，单个用户的带宽至少需要达到 20～50Mb/s，有些地区甚至已经达到 100Mb/s 以上。在这样的背景下，传统的光纤接入技术将无法胜任，而 PON 技术可以为用户解决这一问题。

PON 网络主要由 OLT、ONU 及 ODN 等设备组成。

1. 光线路终端（OLT）

OLT：即 Optical　Line　Ter minal，称之为光线路终端。OLT 位于局端，是整个 PON 系统的核心设备。OLT 向上提供接入网与核心网/城域网的高速接口，向下提供面向无源光纤网络的一点对多点的 PON 接口，以广播方式向各 ONU 发送数据。

OLT 通常放置于运营商的局端机房，传输距离通常要求达到 20KM。OLT 使用 1490 nm 波段在同一光纤上提供话音和数据的下行传输，而 ONU 使用 1310 nm 波段提供上行传输，从而实现单纤双向传输，即在同一根光纤上无干扰双向传输。如果需要支持单独的视频传输(CATV),OLT 可以连接到 WDM 耦合器上,将通常视频使用的 1550 nm 波长复用到同一光纤,提供视频、音频和数据“三网合一”服务。

OLT 一方面将承载各种业务的信号在局端进行汇聚,按照一定的信号格式送入接入网络以便向终端用户传输,另一方面将来自终端用户的信号按照业务类型分别送入各种业务网中。OLT 的作用是为 FTTX 提供网络侧与本地交换机及本地内容服务器(如 PSTN 程控交换机、因特网路由器、视频播放服务器等)之间的接口,并经 ODN 与用户侧的 ONU 通信。

2. 光配线网(ODN)

ODN:即 Optical Distribution Network,称之为光纤分布网。ODN 是由 POS (Passive Optical Splitter,无源光纤分路器)组成的光纤分布网络,可以使一个 PON 接口的光纤传输带宽可以由多个 ONU 共享。

ODN 是 OLT 和 ONU 之间的光传输物理通道,通常由光纤、光缆、光连接器、光分路器(通常光分路比为 1∶8,1∶16 和 1∶32)以及安装连接这些器件的配套设备(如 ODF 架、光缆接头盒、光缆交接箱、光缆分纤箱等)组成。ODN 作为 FTTX PON 技术中的重要组成部分,直接影响整个网络的综合成本、系统性能和升级潜力等指标。

3. 光网络单元(ONU)

ONU:即 Optical Network Unit,称之为光网络单元。ONU 位于用户端,可以实现数据和语音业务的接入。

ONU 放置于用户侧,如果是 FTTH/O 方式,则 ONU 直接放置于用户家中或公司办公室内,直接与电话、电脑等终端连接。由于目前大部分用户的引入线仍然是双绞线和五类线,因此,ONU 大多都被放置于路边,或是楼道内经双绞线和五类线网络与用户调至解调器、电脑等设备连接。

ONU 在用户侧提供与用户设备端口的连接,其作用是对用户的不同业务进行复用和解复用,以便在上行方向将各种不同的家庭终端的不同业务信号复用起来在同一传输媒质中传输。在下行方向将不同的业务解复用,通过不同的接口送到相应的用户终端(如电话、电视机和电脑等)。

3. 光纤回路分类

FTTX 在传输层的设计中划分为三种,它们分别是 Duplex 双纤双向回路,Si mplex 单纤双向回路和 Triplex 单纤三向回路。

双纤回路是在 OLT 端和 ONU 端之间使用两路光纤连接,一路为下行流,信号由 OLT 端发送到 ONU 端;另一路为上行流,信号由 ONU 端发送到 OLT 端。

Si mplex 单纤回路又称为 Bidirectional,简称 BIDI。Si mplex 单纤回路方案使用一条光纤连接 OLT 端和 ONU 端,并利用 WDM 方式,以不同波长的光信号分别传送上行和下行的信号。

Si mplex 单纤回路和 Duplex 双纤回路相比可减少一半的光纤使用量,可以降低 ONU 端的成本。但是 Si mplex 单纤回路在光收发模块上要引入分光合光单元,架构比使用双纤方式的光收发模块复杂一点。

BIDI 上行信号使用 1260～1360 nm 波段的激光传输,下行则使用 1480～1580 nm 的波段。双纤回路中上下行信号传输都使用 1310 nm 波段传送。

二、工程招投标的概念

1. 工程招标

工程招标是指招标人就拟建的工程发布公告，以法定方式吸引承包单位自愿参加竞争，从中择优选定工程承包方的法律行为。

2. 工程投标

工程投标是指响应招标、参与投标竞争的法人或者其他组织，按照招标公告或邀请函的要求制作并投送标书，履行相关手续，争取中标的过程。

3. 工程招投标基本流程

工程招投标基本流程如图 7.1 所示。

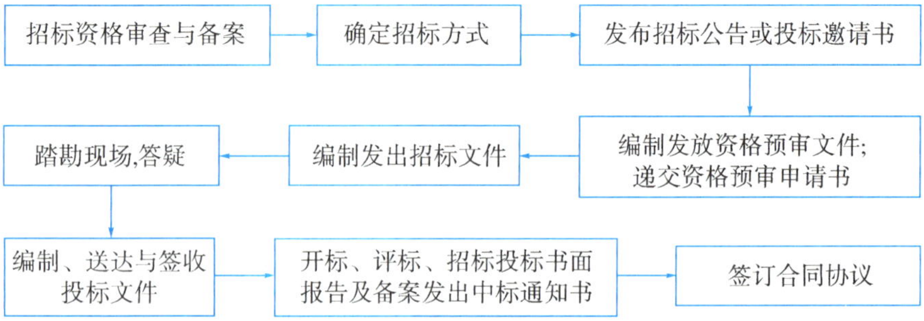

图 7.1　工程招投标基本流程图

(1)招标资格审查与备案

招标人自行办理招标事宜，按规定向建设行政主管部门备案，委托代理招标事宜的应签订委托代理合同。

(2)确定招标方式

按照法律法规和规章确定公开招标或邀请招标。

(3)发布招标公告或投标邀请书

实行公开招标的，应在国家或地方指定的报刊、信息网或其他媒介，并同时在中国工程建设和建筑业住处网上发布招标公告；

实行邀请招标的应向三个以上符合资质条件的投标人发送投标邀请。

(4)编制、发放资格预审文件和递交资格预审申请书

采用资格预审的，编制资格预审文件，向参加投标的申请人发放资格预审文件。

填写资格预审申请书。投标人按资格预审文件要求填写资格预审申请书(如是联合体投标应分别填报每个成员的资格预审申请书)。

(5)资格预审，确定合格的投标申请人

审查、分析投标申请人报送的资格预审申请书的内容，招标人如需要对投标人的投标资格合法性和履约能力进行全面的考察，可通过资格预审的方式来进行审核。招标人可按有关规定编制资格预审文件并在发出三日前报招标投标监督机构审查，资格预审应当按有关规定进行评审，资格预审结束后将评审结果向招标投标监督机构备案。备案三日内招标投标监督机构没有提出异议，招标人可发出“资格预审合格通知书”，并通知所有不合格的投标人。

(6)编制、发出招标文件

根据有关规定、原则和工程实际情况、要求编制招标文件，并报送招标投标监督机构进行备案审核。审定的招标文件一经发出，招标单位不得擅自变更其内容，确需变更时，

须经招标投标管理机构批准，并在投标截止日期前通知所有的投标单位。招标人按招标文件规定的时间召开发标会议，向投标人发放招标文件、施工图纸及有关技术资料。

(7)踏勘现场

招标人按招标文件要求组织投标人进行现场踏勘，解答投标单位提出的问题，并形成书面材料，报招标投标监督机构备案。

(8)编制、递交投标文件

投标人按照招标文件要求编制投标书，并按规定进行密封，在规定时间送达招标文件指定地点。

(9)组建评标委员会

(10)开标

招标人依据招标文件规定的时间和地点，开启所有投标人按规定提交的投标文件，公开宣布投标人的名称、投标价格及招标文件中要求的其他主要内容。开标由招标人主持，邀请所有投标人代表和相关人员在招标投标监督机构监督下公开按程序进行。

从发布招标文件之日起至开标，时间不得少于 20 天。

(11)评标

评标是对投标文件的评审和比较，可以采用综合评估法或经评审的最低价中标法。

评标委员会根据招标文件规定的评标方法，借助计算机辅助评标系统对投标人的投标文件按程序要求进行全面、认真、系统地评审和比较后，确定出不超过 3 名合格中标候选人，并标明排列顺序。

评标委员会推荐中标候选人或直接确定中标人应当符合：①能够最大限度满足招标文件中规定的各项综合评价标准；②能够满足招标文件的实质性要求，并且经评审的投标价格最低，但低于企业成本的除外。

(12)定标

招标人根据招标文件要求和评标委员会推荐的合格中标候选人，确定中标人，也可授权评标委员会直接确定中标人。

使用国有资金投资的项目，招标人应当确定排名第一的中标候选人为中标人。排名第一的中标候选人放弃中标，因不可抗力提出不能履行合同，或者招标文件中规定内容未满足的，招标人可以确定排名第二的中标候选人为中标人，以此类推。所有推荐的中标候选人未被选中的，应重新组织招标。不得在未推荐的中标候选人中确定中标人。

招标人授权评标委员会直接确定中标人的应按排序确定排名第一的为中标人。

(13)中标结果公示

招标人在确定中标人后，对中标结果进行公示，时间不少于 3 天。

(14)中标通知书备案

公示无异议后，招标人将工程招标、开标、评标、定评情况形成书面报告送招标投标监督机构备案。发出经招标投标监督机构备案的中标通知书。

(15)合同签署、备案

中标人在 30 个工作日内与招标人按照招标文件和投标文件订立书面合同，签订合同 5 日内报招标投标监督机构备案。

4.招标流程

招标可粗略的划分为招标准备阶段、招标投标阶段和决标成交阶段。

5.投标流程，具体流程如图 7.2 所示。

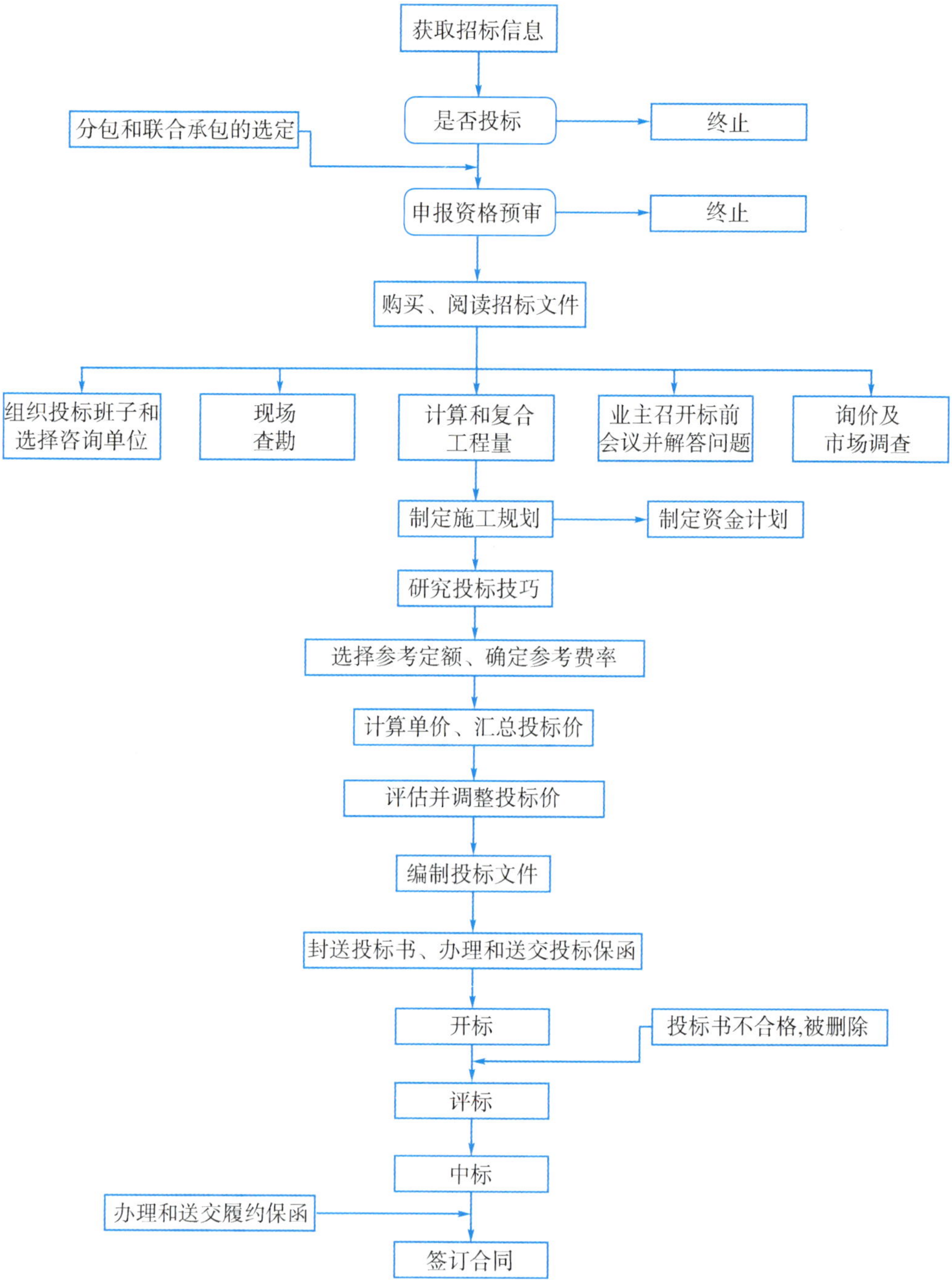

图 7.2　投标流程图

7.5　项目用具

1. 笔记本电脑、OFFICE 等办公软件
2. FTTX 网络实训场地
3. 多媒体教室

4. 投影仪

5. 打印机

7.6　项目实施

任务 1　分析网络需求

1. 总体要求

本工程为××年×××地区第二批 FTTH 更新改造工程，属宽带接入光缆投资项目，设计实施内容及范围包括本次工程光缆的敷设，接续、测试及相关光交接设备、光分路器的安装和测试。

2. 网络结构及信息点需求描述

本工程为 FTTH 改造加新建小区项目，本工程总覆盖户数为 7168 户，从原端局所属物理网光交分别布放 12 芯市话光缆至小区内新设 288 芯无跳接光交接箱，在无跳接光交接箱内，新建小区按先期配置一台 1∶64 分光器，改造小区安装 1∶16 或 1∶8 分光器作为一级分光点，再从无跳接光交接箱布放非金属市话光缆或通用单模光缆接入小区各单元，在小区各单元内按照用户分布安装光分纤箱或光分路箱，每个光分路箱体内按先期安装 1 台 1∶4 或 1∶16 插片式分光器作为二级分光点。具体的网络拓扑结构如图 7.3 所示。

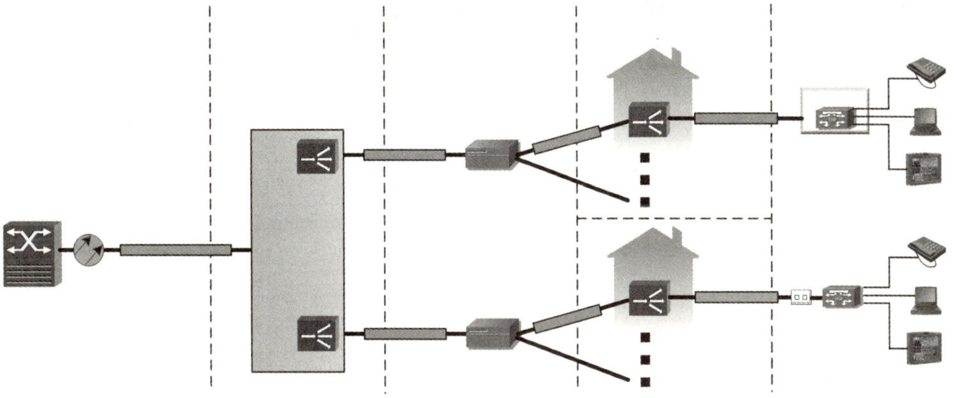

图 7.3　网络拓扑结构图

光分路器设置在用户光缆网中的位置有如下四种情况。

(1)当采用一级分光方式，光分路器设在驻地网时，光分路器可安装在室内或室外，室内安装位置包括电信交接间、小区中心机房、楼内弱电井、楼层壁嵌箱等位置。光分路器上连光缆可分别来自一级光交接箱、二级光交接箱或光分配箱三种形式。此种方式主要适用于已建成的用户光缆网，小区规模较大且用户密度较高而集中，如高层住宅或商务楼等；也适用于用户驻地有条件设置光分路器并有足够的管道资源的小区，例如高档别墅区等。

(2)当采用一级分光方式，光分路器可设在主干层或配线层，光分路器原则上安装在小区光交接箱或光分配箱内。这种方式适合于用户非常分散的情况及新建的用户光缆网。

(3)当采用二级分光方式，一、二级光分路器均设在驻地网时，第一级光分路器可安装在小区中心机房、电信交接间或小区光交接箱，第二级光分路器可安装在楼内弱电井、楼层壁嵌箱等位置，光分路器上连光缆可分别来自一级光交接箱、二级光交接箱或光分配箱三种形式，此种方式比较适合于改造多层或高层住宅楼等。

（4）当采用二级分光方式时，第一级光分路器也可安装在小区光交接箱或分配箱内，第二级光分路器设在驻地网。此种方式主要适用于接入分散的、组合成小群的用户。

3. 建设目标

本工程将完成 FTTH 光分配网（ODN）设计与实施，上端与 OLT 的 PON 口连接，下端与用户入户线楼道光分纤箱的熔接点和楼道分光路箱的二级分光器的连接，以及设备引出跳纤的活动连接器与楼道箱之间的光缆线路由设计与实现。

任务 2　分析网络性能要求

1. 光缆光纤光缆的选择要求

（1）光纤类型

市话光缆中光纤宜采用 G. 652D 单模光纤。当需要使用弯曲不敏感光纤时，宜选用模场直径与 G. 652D 光纤相匹配的 G. 657 单模光纤。

（2）光缆结构

本工程新设光缆使用位置为本地用户接入段及入户段。配线光缆和接入光缆采用基于 G. 652D 纤芯生产的光缆，适用于架空及管道布放；入户光缆拟采用基于 G. 657A2 纤芯生产的入户型光缆，适用于室内布放。其主要技术指标要满足“G. 652D、G. 657A 单模光纤主要技术要求表”和“接入网用光缆的主要技术要求”的相关要求，如表 7. 1、表 7. 2 所示。

表 7. 1　G. 652D、G. 657A 单模光纤主要技术要求

光纤			
参数	表述	参数值	
		G. 652D	G. 657A2
模场直径	波长	1310 nm	1310 nm
	标称值范围	8. 6～9. 5μ m	8. 6～9. 5μ m
	容差	±0. 6μ m	±0. 4μ m
包层直径	标称值	125μ m	125μ m
	容差	±1μ m	±0. 7μ m
同心度误差	最大	0. 6μ m	0. 5μ m
包层不圆度	最大	1. 00%	0. 80%
截止波长	最大	1260μ m	1260μ m
宏弯损耗	半径	30 mm	15 mm
	圈数	100	10
	在 1550 nm 最大值	0. 5 dB	0. 03 dB
承受应力	最大	0. 69GPa	0. 69GPa
色度色散系数	λ0 min	1300 nm	1300 nm
	λ0 max	1324 nm	1324 nm
	S0 max	0. 092 ps/nm2 km	0. 092 ps/nm2 km

表 7.2 接入网用光缆的主要技术要求

光纤			
参数	表述	参数值	
		G.652D	G.657A2
衰减系数	1310 nm～1625 nm 最大值	0.36 dB/km	0.36 dB/km
	在 1383±3 nm 最大值	不大于 1310 nm 的值	不大于 1310 nm 的值
	在 1550 nm 最大值	0.22 dB/km	0.22 dB/km
PMDQ	M	20 段光缆	20 段光缆
	Q	0.01%	0.01%
	最大 PMDQ	0.2ps/√ km	0.2ps/√ km

单盘架空、管道光缆主要技术性能

项目		单位	技术指标			备注
			GYRA GYXTW GYFTY	GJXFH	GJYXFCH	
抗张强度	长期	N	≥600	≥60	≥300	
	短期	N	≥1500	≥100	≥600	
抗压强度	长期	N/100 mm	≥300	≥300	≥300	
	短期	N/100 mm	≥1000	≥1000	≥1000	
允许弯曲半径	长期	D	10D	15 mm	120 mm	D 为光缆外径
	短期	D	20D	30 mm		
光缆外护层厚度		mm	2.0/1.9/1.8			标称值/平均值/最小值
外护层绝缘电阻		MΩ·km	≥2000			浸水 24 小时测试 500V DC
外护层介电强度		Kv	≥15			浸水 24 小时，2 分钟 DC
标准盘和		m	2000			可根据配盘需要确定

2. 光分路器

本次工程选用的光分路器为平面波导型(PLC)1×4、1×8、1×16、1×32、1×64 插片式光分路器，其技术指标应符合《中国电信无源光分路器技术要求》中的相关规定，其主要光学性能符合下表 7.3 要求。

表 7.3 平面波导型(PLC)光分路器光学特性

序号	参数		分光器规格					
			1×2	1×4	1×8	1×16	1×32	1×64
1	工作波长(nm)		1260—1650					
2	插入损耗(dB)	最大值	4.1	7.4	10.5	13.8	17.1	20.4
3	分光均匀性(dB)	最大值	0.8	0.8	0.8	1.0	1.5	2.0
4	回波损耗(dB)	最小值	50	50	50	50	50	50
5	偏振相关损耗(dB)	最大值	0.2	0.2	0.2	0.3	0.3	0.5
6	方向性(dB)	最小值	55	55	55	55	55	55
7	温度稳定性(−40to85℃)(dB)	最大值	0.6	0.6	0.6	0.8	1	1

3. 光缆接头盒主要技术性能

本工程所选用的光缆接头盒应符合 YD/T 814.1—2004《光缆接头盒. 第一部分. 室外光缆接头盒》的有关规定。

4. 光网络箱、光分纤箱和光纤信息插座

本工程所选用的一级光网络箱、光分纤箱、二级光网络箱、应符合《成都电信 FTTH 箱体技术规范(暂行)》的有关规定,光纤信息插座应符合《中国电信光纤面板技术要求》的有关规定。

任务 3 完成工程施工部署及进度计划编制

1. 施工部署

本部分应对项目总体施工做出宏观部署,可包含以下内容:

(1)确定项目施工总体目标,包括进度、质量、安全、环境和成本等;

(2)根据项目施工总体目标的要求,确定项目分阶段(期)交付的计划;

(3)确定项目分阶段(期)施工的合理顺序及空间组织;

(4)对于项目施工的重点和难点可进行简要分析;

(5)对于项目施工中开发和使用的新技术、新工艺应做出部署;

(6)对拟分包的主要项目施工单位的资质和能力应提出明确要求。

2. 组织方案

组织方案可包含下列内容:

(1)施工项目经理部组织机构图;

(2)施工项目经理部主要管理人员表,项目经理部的人员安排主要由项目规模和管理任务决定;

(3)施工项目管理工作总流程;

(4)施工项目经理部工作分解和责任矩阵。

3. 进度计划

充分考虑项目施工环境和特点,在总体施工部署和施工方案基本合理的前提下,进行施工项目的工作分解。逐级划分详细的分部分项工程项目,绘制项目工作分解结构图

(WBS).拟定在既定条件下较为合理的完成施工进度计划。进度计划应合理分级,既注意使每部分分计划的范围大小适中,不要使其范围过大或过小,也不要只用一份计划包含所有的内容。进度计划的编制应注意以下几个方面:

(1)应按照招标文件的要求编制;

(2)应分级编制;

(3)进度计划的编制;

(4)进度计划内容编制:包括进度计划说明和进度计划图和表。

任务4 制作投标文件

1.投标申请书

2.投标书内容及编制要求

(1)投标函

(2)开标一览表(用于唱标)

(3)投标保证金保函(仅需一份原件)

(4)投标工程的技术方案

(5)投标设备、材料的数量、规格型号、性能说明彩页、产地、价格表

(6)技术支持服务的范围、内容和措施

(7)系统和设备的测试,试运行和验收的内容及方法

(8)实施计划

(9)人员培训计划

(10)合同参考文本(由投标方提供参考文本)

(11)履约保函的银行保函格式

(12)资信证明文件

1)营业执照(含注册资金)复印件

2)法人代表授权书(原件)

3)联合投标协议书(原件)(如果有)

4)制造商授权证明

5)集成商(作为代理商)的资格证明

6)资信等级证书(ISO9000 质量保证书等)

7)投标方获取的技术资格证明

8)结构化布线施工资格证明

9)企业在系统集成方面的业绩(网络系统和校园网项目、近三年来年营业额等)和用户评价(包括项目名称和用户单位名称、联系人姓名和电话)

10)企业简介及财务报表

11)参与项目人员一览表

12)分项报价及总价

7.7 项目小结

本次实训后需完成以下任务并提交成果:

1.完成施工项目的现场复勘,并编制复勘报告;

2.完成工程量的统计;

3. 完成投标文件(技术部分)的编制;

4. 熟悉投标的流程。

7.8 思考练习

1. 投标人投标流程是什么?

2. 递送投标文件时应注意哪些细节?

3. 投标书包括哪些具体内容?

4. 编制投标书时应注意哪些问题?

5. 怎样复核工程量?

6. 评标程序包括哪些?

7. 开标会议程序是?

8. 讲标技巧包括哪些?

9. 推行招标投标具有什么意义和作用?

7.9 拓展提高

想一想:

1. 一个施工项目的施工组织方案应该包含哪些内容?

2. 施工工程量统计出来后,如何进行概预算的编制?

3. 在中标后,与招标单位签订的劳动合同应该由谁编制,编制的原则是什么?

4. 投标决策的影响因素及投标技巧应该包含哪些?

7.10 知识链接

相关标准及规范:

1.《中华人民共和国招投标法》[Z],全国人大常委会,1999-8。

2.《中华人民共和国招投标法》,1999 中华人民共和国招投标法,2007-05-26。

参考文献:

1. 金国辉.《工程招投标与合同管理》. 北京:北京交通大学出版社,2012-12-01.

2. 李宏杨. 建筑工程预算识图[M]《工程量计算与定额应用》. 北京:中国建材工业出版社,1997.

项目 8　FTTX 工程勘察设计

8.1　项目描述

FTTX 工程勘察设计是 FTTX 工程建设中非常重要的一个环节，工程设计的质量将直接影响工程建设的全过程，包括网络资源的利用率、网络运行效率和质量等。勘察设计主要包括勘察和设计两个重要阶段，其中勘察是指根据建设工程的要求，查明、分析、评价建设场地的环境特征和工程施工条件，编制建设工程勘察文件的过程。而设计是指根据建设工程的要求，对建设工程所需的技术、经济、资源、环境等条件进行综合分析、论证，编制建设工程设计文件的过程。

本学习任务通过一个高层住宅小区的 FTTH 工程设计项目的实训，帮助学习者掌握 FTTX 工程设计规范、工程勘察的方法技巧、工程制图的规范、概预算编制要求以及其他设计相关技术文件的编写方法。

8.2　项目解析

1. 任务目标

(1)通过完成一个高层住宅小区 FTTH 工程勘察的案例，掌握 FTTX 勘察的方法，完成勘察文件的编制(勘察报告)；

(2)通过完成一个高层住宅小区 FTTH 工程设计的案例，掌握 FTTX 工程设计规范和 FTTX 工程制图规范，完成设计技术文件的编制(设计图纸、设计说明、概预算表)。

2. 完成任务的流程步骤

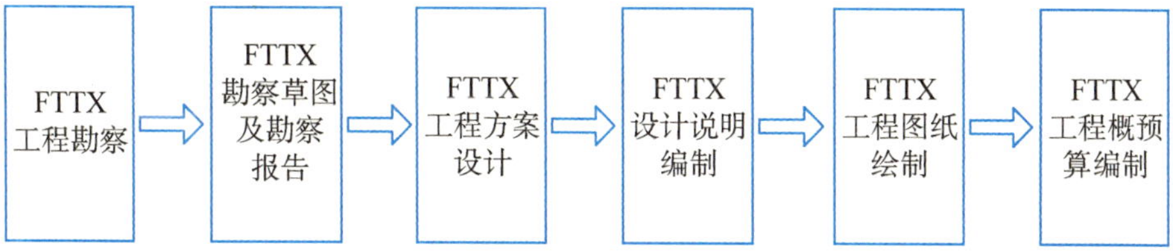

图 8.1　任务流程及步骤

3. 任务的重点

(1)FTTX 工程设计规范

(2)FTTX 工程勘察方法

(3)FTTX 工程制图规范

(4)FTTX 工程概预算

(5)设计技术文件编制规范

8.3　教学策略

1. 项目名称

FTTX 工程勘察设计；

2. 适用年级

本科四年级；

3. 教学目标

(1)具备勘察设计常用仪器设备的使用能力；

(2)具备 FTTX 工程室外勘察的能力；

(3)具备 FTTX 工程勘察的能力；

(4)具备 CAD 制图的能力；

(5)具备工程设计的制作能力。

4. 教学时间/学时

第一学期/10 学时；

5. 教学资源

多媒体资料、教材、教学课件、视频资料、FTTX 实训基地等；

6. 参考教学方法

讲授法、参观教学法、互动式教学法、现场教学法、演示法、角色扮演、分组讨论；

7. 参考资料、学习资源

教材、教学课件、相关标准、专业网站、实习现场、图片资料、视频、电视电影等媒体文件。

8.4 必备知识

一、FTTX 工程设计规范

1. 箱体规格容量、覆盖范围及具体使用建议

(1)无跳接光交接箱(一级光网络箱，标准命名 GW001)

无跳接光交接箱原则上必须设置在小区内，尽量不要设置在道路上，以免造成道路上各类电信箱体过多。无跳接光交接箱共分为 6 种规格型号，设计时应根据安装环境选用匹配的箱体，并在设计图纸上注明。

(2)楼道分光分纤箱(二级光网络箱，标准命名 GW00101)

分光分纤箱分为室内型和室外型，其功能、规格、型号、使用方式完全一致，视具体安装环境选择使用，选用室外型箱体时应在设计图纸上注明(如 GW00101　32W)，未注明则默认为室内型。

2. 各级光缆的使用及配置建议

(1)配线光缆(物理网光交接箱－园区无跳接光交接箱)

配线光缆原则上使用目前使用的常规光缆，如：GYXTW，GYTA。

配线光缆在物理网光交接箱侧应按照相关规范的规定，按照 12 芯的整倍数布放。

1)新建场景

新建场景下，由于无跳接光交接箱满配需接入光缆芯数不超过 12 芯，因此建议一次布放到位(如果一个项目需安装多台 144 芯或 288 芯无跳接光交接箱，在 1∶64 一级分光模式下建议每个箱体接入 6 芯，经过一次接头汇成 12 或 24 芯光缆接入物理网光交接箱，使用 576 芯无跳接光交接箱时应对两面/两区分别配置配线光缆)。

2)改造场景

改造场景下，由于无跳接光交接箱满配需接入光缆芯数均可能超过 12 芯，因此建议分两次布放到位，第一次布放满配需求量的 50%，待后期再扩容 50%(即 144 芯无跳接光交接箱采用 12+12 方式，288 芯无跳接光交接箱采用 24+24 方式)。

(2)接入光缆(园区无跳接光交接箱－楼道箱)

1)接入光缆的材料

接入光缆使用目前使用的常规光缆，如：GYXTW，GYTA、GYFTY；

所有室外安装的箱体均应做接地保护。

2)接入光缆的芯数和配置建议

按照无跳接光交接箱的使用特点，交接箱成端及光分纤箱侧宜选用芯数为 12 芯的整倍数的光缆，光分路箱侧均使用 4 芯光缆。

在无跳接光交接箱成端容量满足的前提下，原则上每个光分路箱成端 4 芯光缆，分配 4 芯芯序；在无跳接光交接箱成端容量较紧张的情况下，每个光分路箱接入 4 芯光缆，芯序按照满配需求+1 芯维护备用的方式分配；在无跳接光交接箱成端容量非常紧张的情况下，可适当调大部分初配二级分光器的分光比，每个光分路箱接入 4 芯光缆，芯序按照满配需求+1 芯维护备用的方式分配。

(3)入户光缆

入户光缆选用基于 G.657A2 纤芯的非金属加强件的单芯入户光缆，如：

1)GJXFH－1B6A2(普通入户光缆，楼内布放使用)

2)GYJXFCH－1B6A2(自承式入户光缆，空中布放使用)

3)GYJXFHA－1B6A2(管道用入户光缆，管道布放使用)

3. 设计方案必须包括垂直通道

新建场景下必须在设计图中说明垂直通道情况：

(1)竖井、桥架；

(2)暗管。

改造场景下必须在设计图中说明垂直通道情况，并在预算中计列相关工时及材料用量：

(1)竖井、桥架；

(2)暗管(箱体位置靠近原有分线盒)；

(3)楼内新建明管暗线(须标明垂直管安装位置，箱体安装首选住户层一二楼，次选休息平台二三楼)，垂直管径，D32PVC 平管，24 户以上选用 D50PVC 平管；

(4)楼外垂直布线(使用自承式皮线光缆)，楼内水平布线，箱体可采用室外型，安装在楼宇外墙方便汇聚皮线光缆位置；

(5)楼内全程钉固，箱体位置首选住户层一二楼，次选休息平台二三楼。

4. 新建工程接入段和入户段分别做预算

自行投资敷设且有设计立项的入户皮线光缆工程，可将全部工作量绘制在同一张施工图中，但需将接入光缆和入户皮线光缆分两部分单独编列预算，其分工界面为楼道光分纤箱，箱内成端工时计入接入光缆投资部分。

5. 新建项目查勘时需确定 ONU 安装位置

在 FTTH 新建项目查勘时，应同时对用户家庭信息箱的安装位置、箱体大小进行确认，进而确定 ONU 安装方式。

二、FTTX 工程制图规范

1. 基本要求

制图软件统一要求使用 AutoACD　R14 或以上的版本，推荐使用以 AutoCAD 为应用平台的通信工程制图辅助系统软件。如“成捷迅－线路绘图及设计软件”“天津网天信息技术有限公司－通信工程制图及辅助设计系统”。

图纸幅面的规格及图签格式，必须符合国家相关标准的规定，应优先采用幅面代号为 A0、A1、A2、A3、A4 的基本幅面，见表 16.1。必要时，允许加长幅面。

表 8.1　图纸的基本幅面尺寸(单位：mm)

幅面代号	A0	A1	A2	A3	A4
L×B	841×1198	594×841	420×594	297×420	210×297
c	10			5	
a			25		

图框由内外两框组成，外框用细实线绘制，大小为幅面尺寸，内框用粗实线绘制，内外框周边的间距尺寸与图框格式有关。图框格式为留有装订边(a)，格式图框周边尺寸a、c 如图 8.1、8.2 所示。但应注意，同一工程中的图纸尽量采用一种格式。

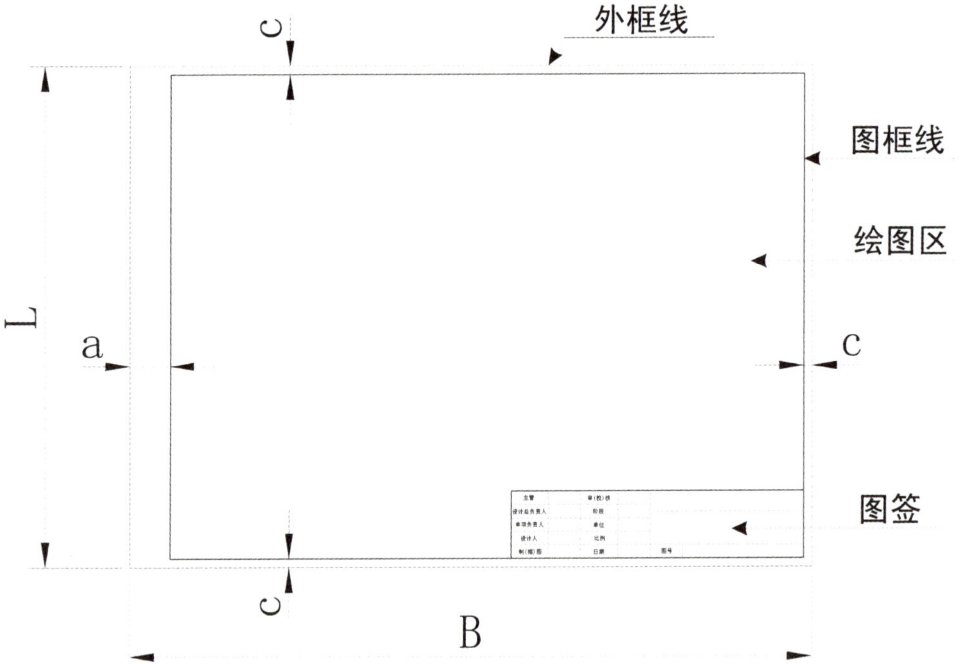

图 8.1　图纸格式

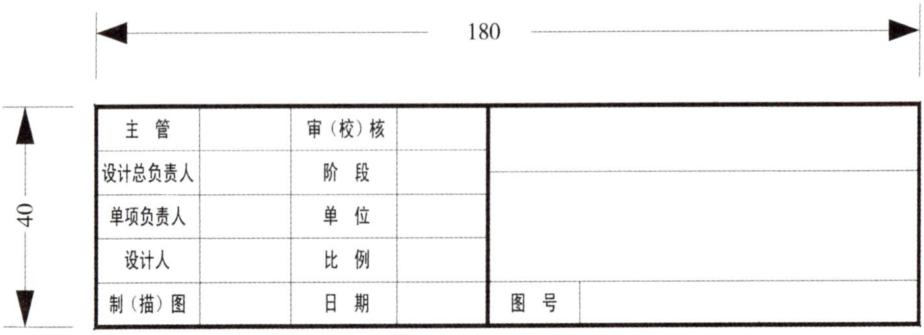

图 8.2　图签格式

图线，参照国家对技术制图的相关标准(见表 8.2)，将工程制图中的图线做相应的统一。

表 8.2　图线的一般要求(单位：mm)

名称	形式宽度	主要用途
粗实线	0.6	一般在管线工程中表示新建设施
细实线	0.2	在管线工程中表示原有设施，及标注尺寸线、引出线、辅助线等
虚线	管线工程中表示待建或规划工程设施，以及线缆钉固和管道敷设时表示的人(手)孔等。新建与原有参照以上两条标准。	
点划线	轴线、对称中心线、分界线等	

接图时必须严格按绘制内容方向坐标进行衔接，不得随意更改方向。

表 8.3　接图线常用符号

序号	图形符号	说明
1		本张图纸内接图线
2		相邻图纸接图线。其中×××为工程编号或图纸名称，3/5 表示 5 张总图的第 3 张图纸。

绘制图纸时，对相关的通信设施的标注或说明，必须直观、清晰、准确。标注的文字不得重叠，在过密时，可采用引出标注的方式。当在一张图中有过多的信息时，可分图层标注，如：一张图纸中标撑点、分线盒；一张图纸中标电缆段等。

图纸中大量重复的信息(如电缆类型、电杆材料等)，可作统一的说明，不必一一标注。

图纸中标注文字或数字的排列方向要统一和谐。

为使图纸有良好的阅读性，必须有指北标志(指北针)。

图 8.3　指北标志

在每个单项工程中，从设计到竣工的图纸绘制时，都应有本图主要工作量的统计。如工程中有拆除部分，也应同时列出拆除的材料(或设备)的统计表。

主要工作量统计表，如表 8.4。

表 8.4　本图主要工作量统计表

序号	项目名称	数量	单位
1			
2			
3			
4			

拆旧统计表，如表 8.5。

表 8.5　拆旧材料(或设备)数量统计表

序号	材料(或设备)规格名称	数量	单位
1			
2			
3			
4			

在迁改、割接、抢险等工程中，属地局应提供相关管线资源的资料。在无资料或资料不完整时，设计单位在不违反设计原则的情况下，对原有设施的信息可采用自编码的方式，但要做相应的说明。待竣工后，由施工单位在竣工资料中提供完整准确的数据信息。

图纸中的所有图形符号按现行颁布的国家标准或相关主管部门的要求绘制。标注单位、尺寸时，应严格遵照国家标准对有关单位、尺寸注法的规定标注，做到正确、齐全、清晰、合理。

图纸中所涉及对象的名称和编码必须统一命名，是唯一标识。图纸内容表述的信息必须规范、准确、清晰，便于存档。

二、电缆线路图

电缆线路工程图纸可分为：主干线序图、配线线序图、电缆设施平面图等。

电缆线路图中标注的地形、街道、建筑物(名称、栋数、单元、楼层或房间号等)、设备及其属性等信息，必须与杆路图中描述的信息相对应。

电缆网资源的主要内容：配线架(MDF)、交接箱(J)、电缆(包括走向)、接续点、分线盒连续线序，电缆网资源的附属设施：人(手)井、管道、电杆、吊线、撑点。

本地网资源管理系统中，对图纸中描述电缆类通信设施的信息要求如下。

(一)配线架(MDF)

图形符号：

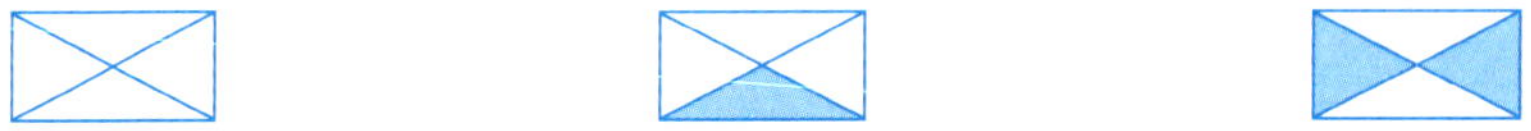

架空式　　落地式　　壁嵌式

局站名称及机房编码		
电缆配线架编码		
直列号	电缆编号	电缆线序

局站名称及机房编码：按《命名及编码规范》要求的格式填写

电缆配线架编码：按《命名及编码规范》要求的格式填写

直列号：本次占用端子所在的直列编号

电缆编号：在原有电缆已占用的编号后，按顺序依次编排

电缆线序：电缆起始和终止的物理线序，即电缆实际线对数

（二）交接箱（J）

图形符号：

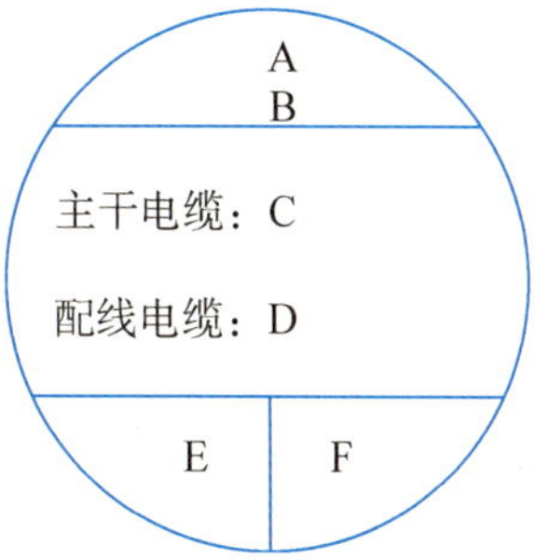

（三）交接箱资料标注

A：交接箱编号；B：交接箱容量；C：主干电缆编号及线序；D：配线电缆编号及线序；E：交接箱地址；F：交接箱名称。

在工程中电缆敷设与交接箱有关联的，无论新建或原有，都要绘制出交接箱成端占用图。交接箱成端占用图（原有交接箱，新放 400 对配线），如图 8.4 所示。

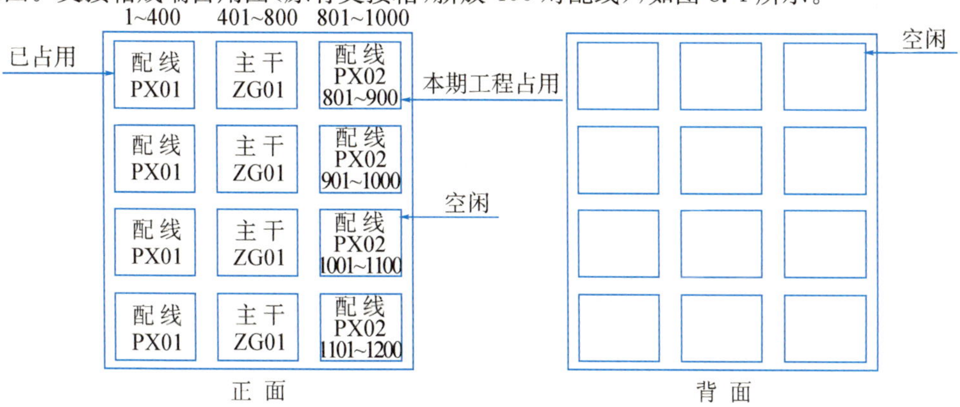

图 8.4　电缆交接箱成端占用图（400 对）

交接箱成端占用图（原有交接箱，新放 200 对配线），如图 8.5 所示。

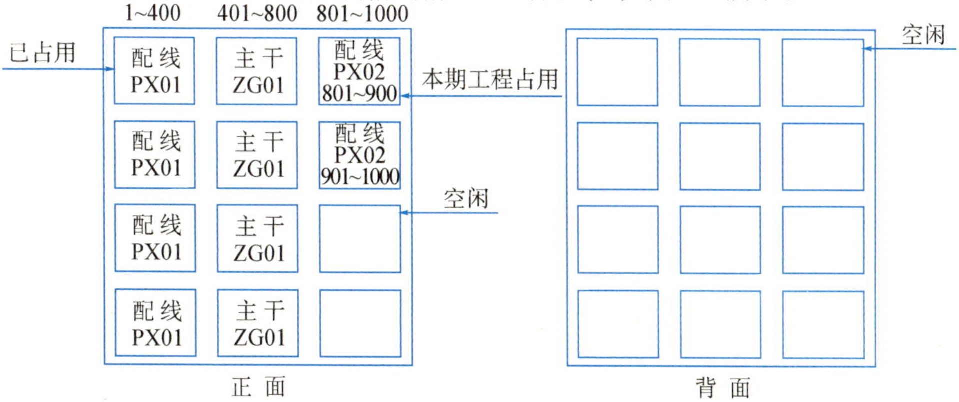

图 8.5　电缆交接箱成端占用图（200 对）

（四）电缆交接箱 A、B 面（即正、背面）的定义

电缆交接箱应根据设备所处的位置，以及周围环境的情况来确定朝向面的名称，同时要注意考虑操作的安全性、方便性。一般以面向建筑物的一面为正面（A），另一面为

背面(B);在路边设置交接箱时,以交接箱面向人行道的一面为正面(A),另一面为背面(B);特殊情况请与属地局商量后确定。如是原有交接箱,按成端配线线序1—800的一面为正面,特殊情况应作说明。

(五)分线盒(箱)(DP)

图形符号:

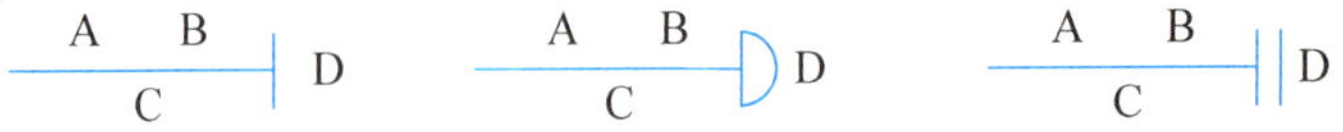

室内分线盒　　室外分线盒　　分线箱

A:分线盒的编号;B:分线盒容量;C:线序;D:安装位置的名称。

(六)电缆

根据用途可分为中继电缆(ZJ)、主干电缆(ZG)、配线电缆(PX)、联络电缆(LL)。

电缆的绘制要求,主干电缆从配线架(MDF)一直到交接箱(J)的主干侧,配线电缆从交接箱(J)一直到分线盒(DP)处。并且标示出起始线序与终止线序、接头类型及编码、预留标志,标称线对,线径、电缆段长度;

在现行工程中,电缆的接续不在预留点或分线设备处进行接续时,电缆以及电缆相应的附属设施的名称和编码,按照此电缆所属范围内,已占用的编码后面的序号开始命名及编码。

电缆的敷设经过管道与人(手)井时,须标明管道与人(手)井位置名称、长度,并绘制出电缆占孔图(如图8.6),标明穿入的管孔(子管)占用编号;如电缆的敷设经过引上点,须标明引上点位置名称,绘制电缆占孔图,标明穿入的引上管孔(子管)占用编号。

解放路#004~解放路#005　　解放路#005~解放路#005-引001

敷设管道电缆占孔图　　敷设引上电缆占孔

图8.6　管道占孔图

工程中须安装有气塞接头(气闭头)(QS)、气压传感器门(SR)、气门(QM)时,要在图纸中标明名称及编码,其他相关的信息根据需要可统一说明。

三、光缆线路图

光缆工程图纸可分为:光缆纤芯分布图、管道及杆路平面图等。

光缆网资源内容包括:光缆配线架(ODF)、光交接箱(GJ)、光分纤箱(GF)、综合配线箱(ZHX)、光终端盒(GB)、光缆(包括走向)、接续点以及附属设施。

在图纸中标注的地形、街道、建筑物(名称、栋数、单元、楼层或房间号等)、设备及附属设施的信息,必须与杆路图中描述的信息相对应。

本地网资源管理系统中,对图纸描述光缆类通信设施的信息要求如下。

1. 光缆配线架(ODF)

局站名称及机房编码			
电缆配线架编码			
光缆配线架容量			
框号	端号	光缆编号	光缆纤序

局站名称及机房编码：按《命名及编码规范》要求的格式填写
光缆配线架编码：按《命名及编码规范》要求的格式填写
框号：本次占用端口所在的框号
端号：在所占用机框中的端口号
光缆编号：在原有光缆已占用的编号后，按顺序依次编排
光缆线序：光缆起始和终止的物理纤序，即光缆缆实际纤芯数

说明：在环状光缆中的端别，可在 ODF 图形符号框中的光缆编号后加(A)或(B)，如：ZGG05(A)。公用纤芯也应在 ODF 架的图形符号框中标注。

在光缆网为树状拓扑结构时，ODF 图形符号框中内容填写格式，如图 8.7。

在光缆网为环型拓扑结构时，ODF 图形符号框中内容填写格式，如图 8.8。

局站十陵局二楼 T01			
DJJ. SLJ/□DF01－01			
432 芯□DF 架			
框号	端号	光缆编号	光缆纤序
1	1—72	ZGG01	1—72
2	1—72	ZGG01	73—144
3	1—72	ZGG01	145—126
4	1—72	ZGG01	217—288

图 8.7

局站十陵局二楼 T01			
DJJ. SLJ/□DF01－01			
432 芯□DF 架			
框号	端号	光缆编号	光缆纤序
1	1—12	公用纤芯 ZGG05(A)	1—12
	13—72	ZGG05(A)	13—72
2	1—72	ZGG05(A)	73—144
3	1—12	公用纤芯 ZGG05(A)	1—12
	13—72	ZGG05(B)	13—72
4	1—72	ZGG05(B)	73—144

图 8.8

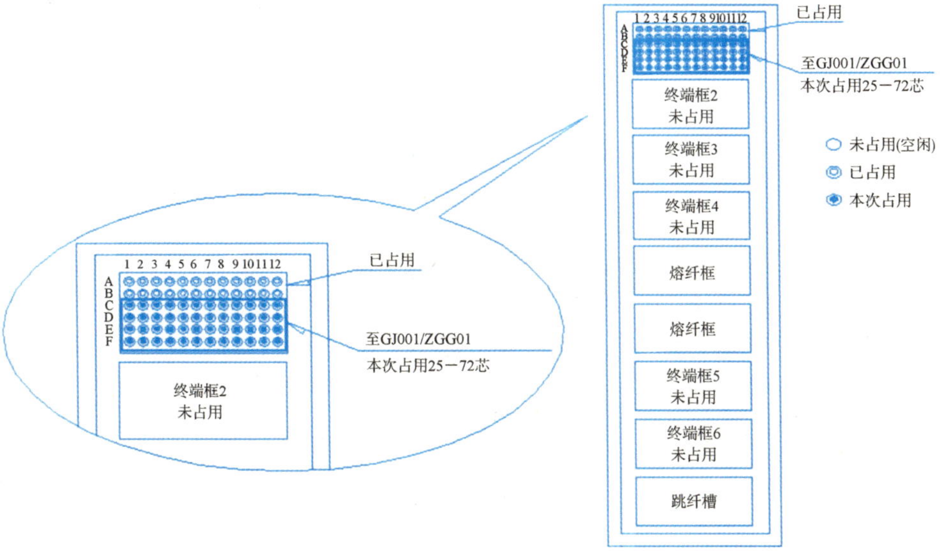

图 8.9 成端占用放大示意图

2. 光交接箱(GJ)

图形符号：

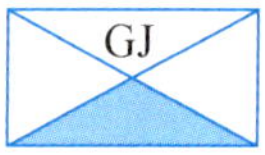

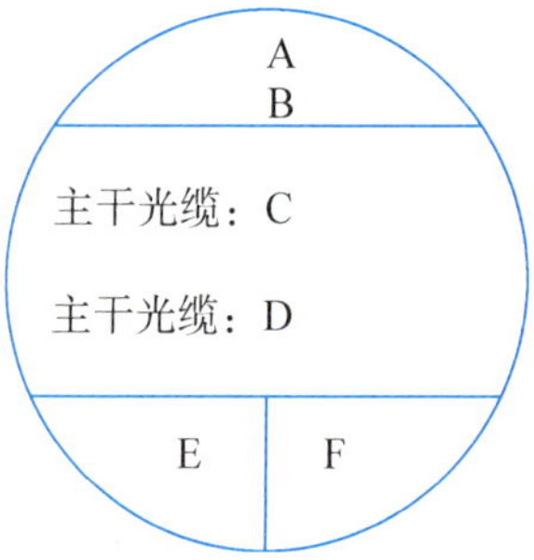

光交接箱资料标注

A：光交接箱编号；B：光交接箱容量；C：主干光缆编号及纤序；D：配线光缆编号及纤序；E：光交接箱地址；F：光交接箱名称。

说明：在环状光缆中的端别，可在光交接箱图形符号框中的光缆编号后加(A)或(B)，如：ZGG05(A)。公用纤芯也应在光交接箱的图形符号框中标注。

在光缆网为树状拓扑结构时，光交接箱图形符号框中内容填写格式，如图 8.10。

在光缆网为环型拓扑结构时，光交接箱图形符号框中内容填写格式，如图 8.11。

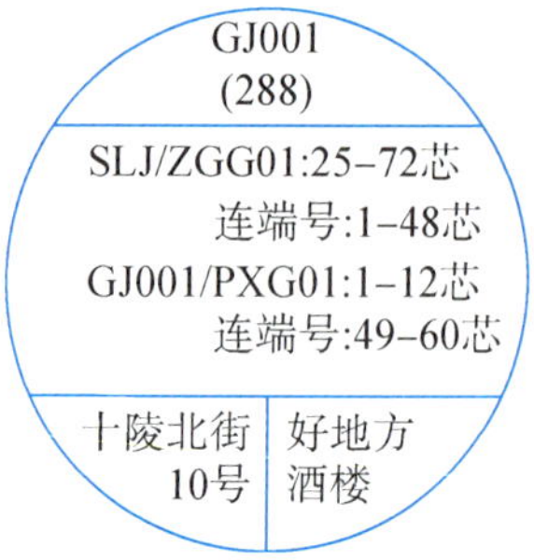

图 8.10　光交箱图 1

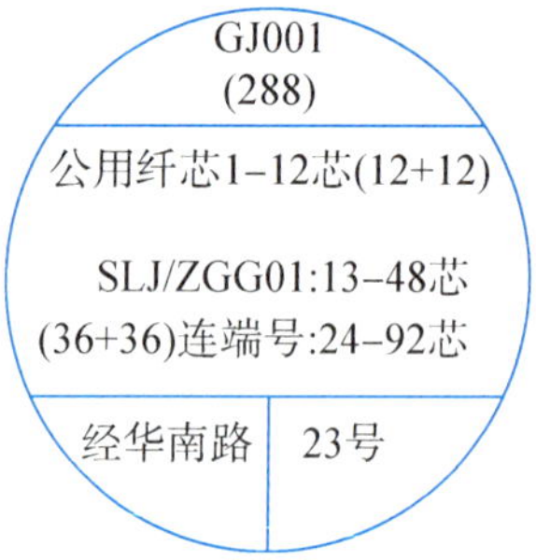

图 8.11　光交箱图 2

光交接箱 A、B 面(即正、背面)的定义：

光交接箱也应根据设备所处的位置及周围环境情况来确定朝向面的名称，同时要注意考虑操作的安全性、方便性。一般以面向建筑物的一面为正面(A)，另一面为背面(B)；在路边设置交接箱时，以交接箱面向人行道的一面为正面(A)，另一面为背面(B)；特殊情况请与属地局商量后确定。如是原有交接箱，按成端纤序 1—12 芯的一面为正面，特殊情况应作说明。

光交接箱成端占用图，如图 8.12 所示。

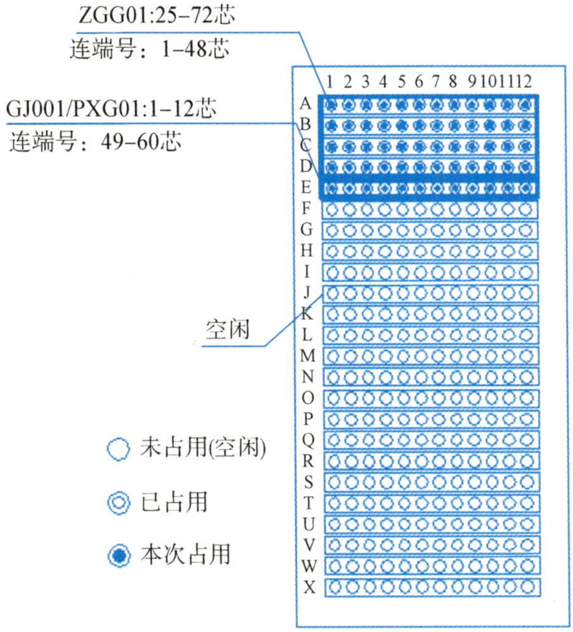

图 8.12　光交箱成端占用图

说明：其中 ZGG01：25－72 芯，表示连接本交接箱的 1 号主干光缆逻辑纤序为 25－72 芯。1－48 芯为物理纤序，即 1 号主干光缆的实际纤芯数。GJ001/PXG01：1－12 芯，表示 1 号光交接箱下的 1 号配线光缆的物理纤序，即实际纤芯数。49－60 为逻辑纤序，即本交接箱的 1 号配线光缆占用的端口号。

3. 光分纤箱(GF)

图形符号：

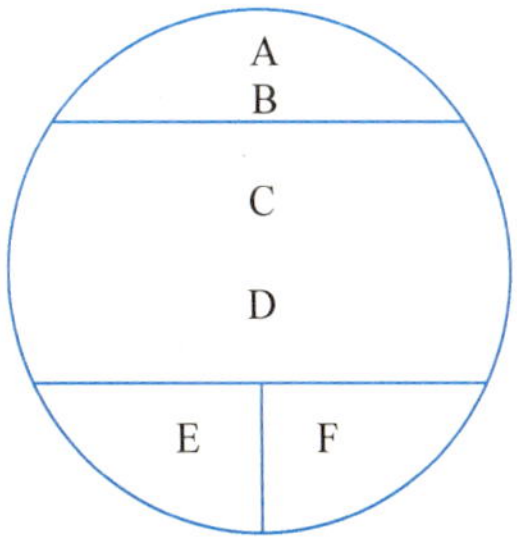

光分纤箱资料标注：A：光分纤箱编号；B：光分纤箱容量；C：(进)配线光缆编号及纤序；D：(出)配线光缆编号及纤序；E：光分纤箱地址；F：光分纤箱名称。

光分纤箱成端占用图，如图 8.13。

说明：其中 GJ001/PXG01：25－72 芯，表示连接本分纤箱的 1 号配线光缆逻辑纤序为 49－60 芯。1－12 芯为物理纤序，即 1 号主干光缆的实际纤芯数。1－4 芯，表示用户光缆的物理纤序，即实际纤芯数。13－16 为逻辑纤序，即本分纤箱的用户光缆占用的端口号。

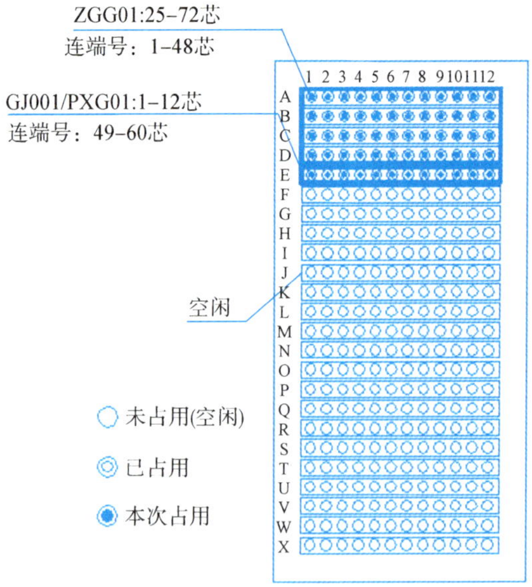

图 8.13　光分纤箱成端占用图

4. 综合配线箱(ZHX)

图形符号：

5. 光终端盒(GB)

图形符号：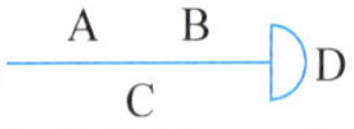

A：光终端盒的编号；B：光终端盒容量；C：线序；D：为上层交接箱配线光缆的纤序。

6. 光缆

根据光缆用途可分为：中继光缆(ZJG)、主干光缆(ZGG)、配线光缆(PXG)、联络光缆(LLG)。

标明光缆的名称，光纤类型、光纤模式、光纤结构、起始线序组、终止线序组，预留标志，标称容量，光缆段长度。

光缆在盘留时，在图纸上必须表明盘留的位置和盘留长度。

光缆的敷设如经过管道与人(手)井时，须标明管道与人(手)井位置名称、长度，绘制光缆占孔图(见图 8.14、图 8.15)，标明穿入的管孔(子管)占用编号；如光缆的敷设经过引上点，须标明引上点位置名称，绘制光缆占孔图，标明穿入的引上管孔(子管)占用编号。

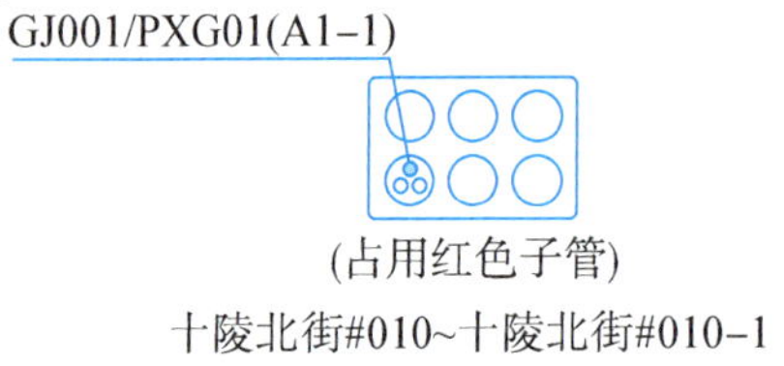

图 8.14　敷设管道光缆占孔图

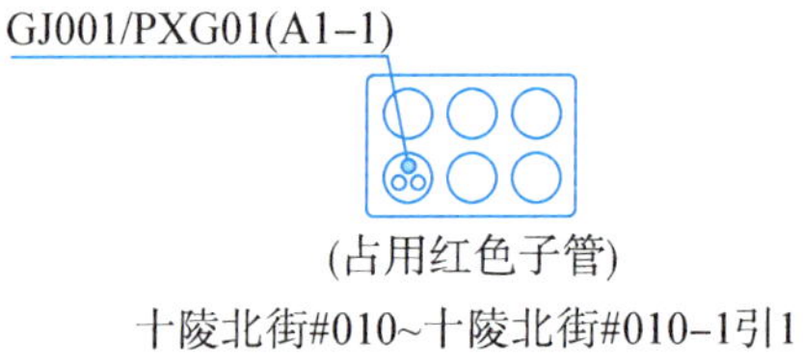

图 8.15　敷设引上光缆占孔图

7. 管道及杆路平面图

根据现场实际情况，提供比较准确的平面图，包括地形、街道、建筑物（名称、栋数、单元、楼层或房间号等）、设备及附属设施的信息。

线缆敷设经过的管道与人（手）井，须标明管道与人（手）井位置名称、段长度；线缆敷设经过引上点时，须标明引上点位置名称、引上管材质、规格、数量、长度；敷设方式为直埋时，要标明埋式管的材质、规格、数量、长度。

标明交接箱附近参照物的具体名称。

本地网资源管理系统中，对图纸中描述电缆类通信设施的信息要求如下：

8. 电杆（P）

图形符号：

电杆的命名说明：电杆名称标识可采用道路、地理位置的名称及子区域和局站名称来命名。

9. 吊线（DX）

吊线的命名说明：吊线名称标识可采用道路、地理位置的名称及子区域和局站名称来命名。在同一路由中，若吊线的程式、承载的线缆以及延伸的方向不发生变化，可将此吊线部分视为一个吊线段。吊线图例见图 8.16。

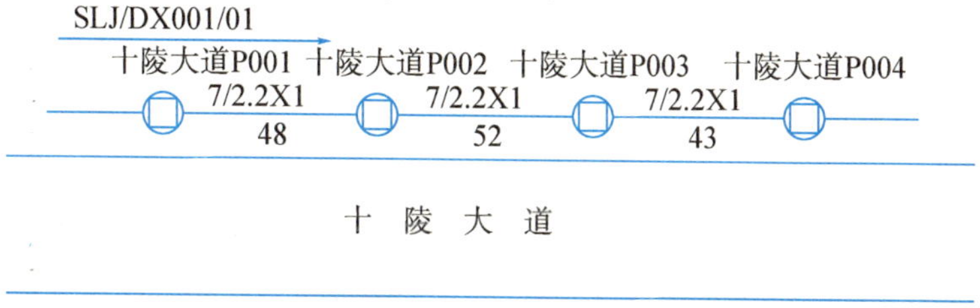

图 8.16 吊线图例

10. 撑点（C）

在施工图设计中，撑点的编码可采用自编号的形式。待工程竣工后，由录入人员完成撑点信息的编码工作。

图纸中撑点信息的描述，图例见图 8.17。

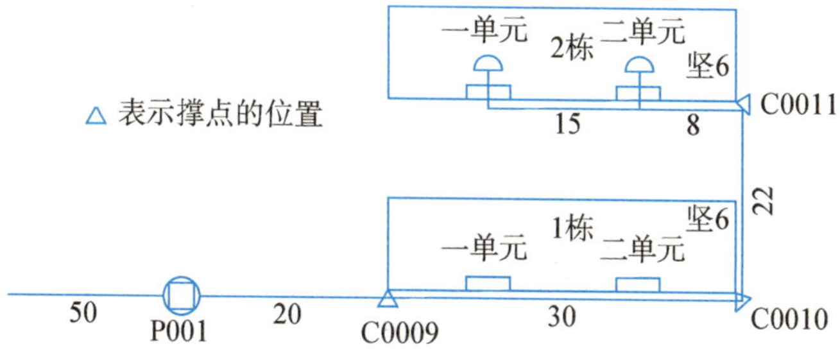

图 8.17 撑点图例

11. 管道图

管道线路工程图纸可分为：管道平面图、管道纵断面图等。

管道网资源的主要内容：管道闸、人（手）井、管孔、管道。

在图纸中标注的地形、街道、建筑物名称、设备及其属性等信息。

12. 人(手)井(#)

图形符号:

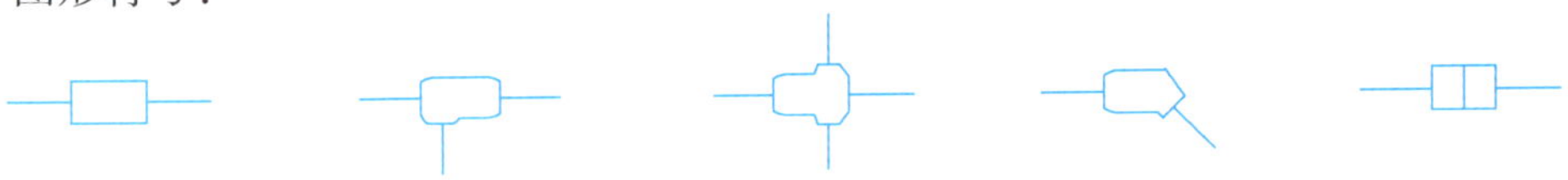

在电缆网或光缆网工程中,为使图纸有较为直观的阅读性,人(手)井的图形符号可采用简画法。

简化图形符号:人孔手孔

13. 管孔

管孔是用来敷设光、电缆等的设施。各种管在人井的内壁上表现为一个或多个的管孔。一个管孔中可以穿放多个子管。独立的异型多孔管材在人井的内壁上视为1个管孔,其自身具备的若干孔视为子孔。

8.5 项目用具

1. 实训环境准备:×××小区。

2. 工器具准备:计算机、AutoCAD制图软件、成捷讯通信线路绘图软件、白纸、画笔、打印机、数码相机、望远镜、测距仪、地阻测试仪、指南针、皮尺、标杆、绘图板、工具袋以及查勘时所需要的表格、纸张、文具等。

3. 资料准备:纸质城区地图和地区地图各一份、《设计勘察报告》模板、设计委托书。

8.6 项目实施

请结合图8.18完成×××小区的勘察设计:该小区总有13栋住宅楼,总计16个住宅单元,每单元22层,每层6户,其中4栋、9栋、10栋有两个单元,其他楼栋只有一个单元,红色方框处为主干光交所在点。

图8.18 小区卫星图

任务1　勘察FTTX工程

1. 查勘前的准备

(1)人员组织

查勘小组原则上应由设计、建设维护、施工等单位组成,人员多少视工程规模大小而定。

(2)熟悉研究相关文件

了解工程概况和要求,明确工程任务和范围。如工程性质、规模大小、建设原因和近期,远期规划等等。

(3)收集资料

一项工程的资料收集将贯穿整个线路查勘设计的全过程;主要资料应该在查勘前和查看中收集齐全。为避免和其他部门发生冲突或造成不必要的损失,应提前向相关单位和部门调查和了解并收集相关其他建设方面的资料。并最大限度争取他们的支持和配合。涉及的相关部门有计委、建委、电信、铁路、交通、电力、水利、农田、气象、燃化、冶金。地质、广播电台、军事等部门。

(4)制定查勘计划

根据计划任务书或设计委托书和手机的资料。

(5)查勘准备

可根据不同查勘任务准备不同的查勘工具,一般通用的工具有:望远镜、测距仪、地阻测试仪、指南针、皮尺、标杆、绘图板、工具袋等。以及查勘时所需要的表格、纸张、文具等。

2. 现场查勘

光进铜退(FTTX)的技术特点:明确覆盖范围,五类线的覆盖范围为100m;双绞线的覆盖范围为城区300~500m,农村1000m。光进铜退(FTTX)现场勘察基本分为新建小区、改造小区、汇聚层机房三种情况。

采用FTTX技术,通信设备下沉到贴近最终用户500m(或100m)的范围以内。因此,一般是在小区的楼道中安装设备。对于FTTX工程的现场查勘主要有以下要点:

(1)找物业开发商索取小区平面图(电子版)。

(2)确定建设方案和箱体、设备的安装位置。

1)查勘现场的管道情况和住户分布情况,主要包括:管道的路由、直径等;园区平面、楼栋分布、楼栋数、每栋楼的单元数、每单元的楼层数、每层楼的住户数、住户的性质(住家或商户)。

2)查勘物业原有的弱电系统的建设情况,包括综合布线类型(双绞线或五类线)、综合布线路由以及收敛点等。如果综合布线类型为双绞线,就选用DSLAM型ONU设备;如果综合布线类型为五类线,就选用LAN型ONU设备;对于FTTH改造工程,无须关注弱电系统。

3)对于FTTB:结合该小区选择ONU主设备的下行端口数量情况,确定多媒体箱的安装位置和覆盖范围;对于高层电梯住宅,一般设置在弱电井;对于多层住宅,一般设置在2楼楼梯间。对于FTTH:结合该小区选择合适的园区光交箱和楼道箱,确定楼道箱的安装位置和覆盖范围;对于高层电梯住宅,一般设置在弱电井;对于多层住宅,一般设置在2楼楼梯间。

4)对于FTTB:对小区的弱电系统建设提出需求和建设方案推荐,要求物业开发商实施。对于上行光缆提出要求,根据园区多媒体箱的总数确定分光器的分光比。分光器的分光端口做适当冗余,以备测试或后期扩容。对于FTTH:根据小区用户的覆盖数,确定上行光缆的要求,根据小区楼道箱的容量、总数确定一二级分光器的分光比。分光器的分光端口做适当冗余，以备测试或后期扩容。

根据光纤物理网的布局，和光纤中继距离，确定上行光缆汇聚点。

3. 绘制勘察草图

在勘察过程中，我们需要对现场的平面图、楼栋分布、光缆线路及管道资源的情况、每栋楼单元数、每个单元的楼层数、每层楼的用户数以及用户的性质等进行记录，并完成勘察草图的绘制，将以上信息展示在草图上如图 8.19 所示。

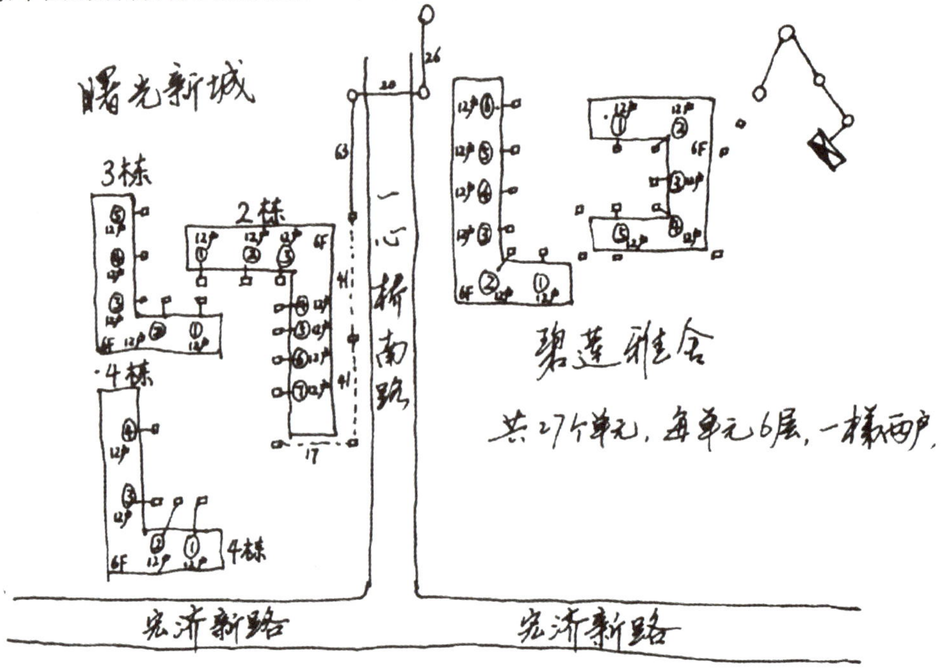

图 8.19　小区勘察记录草图

4. 设计方案的初步确定

根据勘察草图上的具体信息，我们可以初步确定工程的设计方案：

(1)确定从主干光交到小区园区光交的光缆路由、敷设方式、光缆芯数、型号、长度。

(2)确定小区建设模式：一级或二级分光、分光比。

(3)确定小区内部各单元楼道的光分路箱规格、数量、位置。

(4)确定小区园区光交、楼道箱中分光器的规格、数量。

(5)确定小区内部园区光交到各单元楼道箱的光缆路由、敷设方式、光缆芯数、型号、长度。

5. 编写设计勘察报告

根据勘察结果和初步设计方案，完成设计勘察报告的编写。主要包括：工程概况、建设单位要求、勘察存在的问题、勘察事后记录、工程备注等方面的内容。详情见参见《设计勘察报告》模板。

任务 2　完成 FTTX 工程制图

1. 熟悉 AutoCAD 与成捷讯软件的使用

(1)为计算机安装 AutoCAD 工程制图软件。

(2)对软件进行注册激活。

(3)为计算机安装成捷讯通信线路绘图软件。

(4)熟悉 AutoCAD 和成捷讯的操作界面,掌握常见线路、箱体、设备等设计图纸元件的绘制方法。

2. FTTX 工程图纸的识别

(1)了解 FTTX 工程图例的工程概况、设计勘察报告和设计说明。

(2)判断该图例建设项目的用户覆盖数、一二级分光比、主干和配线光缆型号、芯数等信息。

(3)熟悉图例中的光缆、光网络箱体、光器件的绘制方法。

(4)通过图纸了解该 FTTH 建设项目的概况、设计施工方案等。

3. FTTX 工程图纸的模拟绘制

(1)在成捷讯线路绘图软件中选择与模拟绘制图纸大小相同的图框。

(2)参照图例,模拟绘制光缆路由图。

(3)参照图例,模拟绘制小区光缆施工图。

(4)绘制过程中,请注意掌握各网络箱体、不同敷设方式的光缆以及光器件的绘制方法。

4. 现网 FTTH 工程图纸的绘制

(1)根据模拟勘察设计小区的项目概况,选择合适大小的绘图图框。

(2)根据设计勘察草图来绘制光缆路由图。

(3)根据设计勘察草图来绘制小区的光缆施工图。

(4)严格按照 FTTX 工程制图的规范来进行绘图操作。

任务 3　编制 FTTX 工程概预算

1. 熟悉有关费用的取定标准及计算方法

(1)FTTH 设计预算相关定额套用说明

本 FTTH 工程设计中相关定额的取定按照工信部 2008 年 5 月颁发的《通信建设工程预算定额:第四册. 通信线路工程》。

本 FTTH 工程设计的皮线光缆按照链路测试计算工作量;光分纤箱至局端的光缆均要按照段落做中继段测试,不做偏振模色散测试。

(2)各种材料业务加成费

根据中国电信成都分公司网络发展部的有关规定,本工程所用主要材料及电缆、光缆(属设备)只计取 0.50%采购及保管费;并将光缆、电缆的费用纳入工程材料费用中,作为计取辅助材料费的依据。

(3)有关费率、费用的取定标准

本工程根据中国电信成都分公司的设计要求,按施工地点距施工企业所在地不足 35 公里计取相关费率。

(4)建设用地及综合赔补费

本工程根据建设方设计要求暂不计列,如有发生需按实决算。

(5)建设单位管理费

本工程根据中国电信成都分公司的设计要求,建设单位管理费费率按照定额标准的 50%计列。

2. 计算勘察设计费

本设计为一阶段施工图设计,根据国家计委、建设部文件[计价格(2002)10 号]文《工程勘察设计收费管理规定》的有关规定,勘察、设计阶段系数按 0.8 计取,设计难度系数为0.85,施工图预算编制费系数按 0.1 计取,勘察设计费采用内插值法进行计算,其计算结果见表8.6 所示。

表 8.6 勘察设计工程量表

序号	专业	名称	项目	计算依据、公式及结果
1	市话线路	勘察费	勘察长度(km)	7.971
			收费基价勘察长度(km)	1
			收费基价(元)	2000
			内插收费单价(元)	1530
			计算公式	[2000+(7.971−1)×1530]×0.8
			小计(元)	10132.5
		设计费	计费额(元)	741662
			收费基价计费额(元)	0.00
			收费基价(元)	0.00
			内插收费率(%)	4.50
			计算公式	[0+(741662)×0.045]×0.80×0.85×(1+0.1)
			小计(元)	24964.34
2	勘察设计费总计(元)			35096.84

3. 计算需要安装的设备费，如表 8.7 所示。

表 8.7 安装设备费预算表

序号	名称	规格程式	单位	数量	单价(元)	合计(元)	备注
Ⅰ	Ⅱ	Ⅲ	Ⅳ	Ⅴ	Ⅵ	Ⅶ	Ⅷ
1	楼道光分路箱	16 户	台	104	280	29120	
2	无跳接光交接箱	144 芯落地式	台	1	7000	7000	
3	无跳接光交接箱	288 芯落地式	台	2	11700	23400	
4	插片式分光器	1:04	套	104	520	54080	
5	插片式分光器	1:08	套	14	620	8680	
6	镀锌铁线	φ1.5	公斤	13	9	117	
7	镀锌铁线	φ4.0	公斤	83	9	747	
8	保护地气棒		根	3	6.3	18.9	
9	地线夹板		副	3	3.3	9.9	
10	适配器	SC/UPC	只	728	11	8008	
11	适配器	FC/UPC	只	36	11	396	
12	光网络箱、分纤箱铭牌		个	104	5.45	566.8	
13	光缆网络铭牌		个	172	4.8	825.6	

续表

14	硬质 PVC 管	φ32	米	2080	2.39	4971.2	
15	硬质 PVC 管卡	φ32	个	6220	0.35	2177	
16	光缆接头盒	GP03J(4－48 芯)单芯	套	31	185	5735	
17	光纤保护管	单芯	只	780	1.2	936	
18	尾纤	FC/UPC－FC/UPC5M	条	18	42	756	
19	单模通信光缆	GYXTW－12D	米	1200	2.37	2844	
20	单模通信光缆	GYFTY－4D	米	5300	1.98	10494	
21	单模通信光缆	GYFTY－6D	米	300	2.14	642	
22	单模通信光缆	GYFTY－6D	米	100	2.3	230	
23	单模通信光缆	GYFTY－12D	米	700	2.74	1918	
24	单模通信光缆	GYFTY－24D	米	650	3.96	2574	
25	单模通信光缆	GYFTY－36D	米	450	5.47	2461.5	

4. 计算建筑安装工程费及工程其他费用，如表 8.8 和表 8.9 所示。

表 8.8　建筑安装工程费预算表

序号	费用名称	依据和计算方法	合计(元)	序号	费用名称	依据和计算方法	合计(元)
Ⅰ	Ⅱ	Ⅲ	Ⅳ	Ⅰ	Ⅱ	Ⅲ	Ⅳ
	建筑安装工程费	一＋二＋三＋四	427010.18	8	夜间施工增加费	人工费×费率：3%	2257.12
一	直接费	(一)＋(二)	343711	9	冬雨季施工增加费	人工费×费率：2%	1504.75
(一)	直接工程费	1＋2＋3＋4	315497.02	10	生产工具用具使用费	人工费×费率：3%	2257.12
1	人工费	(1)＋(2)	75237.28	11	施工用水电蒸气费		
(1)	技工费	技工工日×48 元/工日	62922.24	12	特殊地区施工增加费	总工日×3.20 元/工日	
(2)	普工费	普工工日×19 元/工日	12315.04	13	已完工程及设备保护费		
2	材料费	(1)＋(2)	167329.19	14	运土费		
(1)	主要材料费		166828.7	15	施工队伍调遣费	单位调遣费定额×调遣人数×2	
(2)	辅助材料费	主要材料费×费率：0.3%	500.49	16	大型施工机械调遣费	单程运价×调遣运距×总吨位×2	
3	机械使用费	机械台班单价×机械台班量	17808.96	17			

续表

4	仪表使用费	仪表台班单价×仪表台班量	55121.59	二	间接费	(一)+(二)	46647.11
(二)	措施费	1至16项之和	28213.98	(一)	规费	1+2+3+4	24075.93
1	环境保护费	人工费×费率:1.5%	1128.56	1	工程排污费		
2	文明施工费	人工费×费率:1.0%	752.37	2	社会保障费	人工费×费率:26.81%	20171.11
3	工地器材搬运费	人工费×费率:5%	3761.86	3	住房公积金	人工费×费率:4.19%	3152.44
4	工程干扰费	人工费×费率:6%	4514.24	4	危险作业意外伤害保险费	人工费×费率:1%	752.37
5	工程点交、场地清理费	人工费×费率:5%	3761.86	(二)	企业管理费	人工费×费率:30%	22571.18
6	临时设施费	人工费×费率:5%	3761.86	三	利润	人工费×费率:30%	22571.18
7	工程车辆使用费	人工费×费率:6%	4514.24	四	税金	(一+二+三)×税率:3.41%	14080.89

表 8.9　工程其他费用预算表

序号	费用名称	计算依据及方法	金额(元)	备注
Ⅰ	Ⅱ	Ⅲ	Ⅳ	Ⅴ
1	建设用地及综合赔补费			
2	建设单位管理费		3395.66	
3	可行性研究费			
4	研究试验费			
5	勘察设计费	设计:20373.94 * 1 * 0.85 * 1 * 0.8 * (1+0) * (1+0.1)	23901.82	勘察:10827.64 * 1 * 0.8 * (1+0)
6	环境影响评价费			
7	劳动安全卫生评价费			
8	建设工程监理费	14940.89 * 1 * 1 * 1	14940.89	
9	安全生产费	建筑安装工程费×费率:1.0%		
10	工程质量监督费			
11	工程定额测定费			
12	引进技术及引进设备其他费	引进工程其他费用		表五(乙)合计
13	工程保险费			
14	工程招标代理费			

续表

15	专利及专利技术使用费			
16	协调费	改造300户以下1000元/小区,改造501－1000户3000元/小区	5000	
17				
18	总计		47238.37	
19	生产准备及开办费(运营费)	设计定员×生产准备费指标(元/人)		

5.计算工程监理费

参照国家发改委、建设部[2007]670号文,关于《建设工程监理与相关服务收费管理规定》的通知进行计算。

按国家发展改革委、建设部《建设工程监理与相关服务收费管理规定》[2007]670号文件计列,其施工监理服务收费基价按表8.10计取。

表8.10　施工监理服务收费基价

序号	计费额(万元)	收费基价(万元)
1	500	16.5
2	1000	30.1
3	3000	78.1

本工程计费额为:741662元,复杂程度系数为:1.0,专业系数为:1.0。

本工程监理费采用内插值法进行计算,斜率为16.5÷500=0.033,故本工程监理费为:741662×0.033×1.0×1.0=24474.84元。

6.编写预算概述与投资分析

本预算为《10年×××地区第二批FTTH新建工程(常规)(股份)(FTTB+LAN改造)线路》一阶段施工图预算,项目预算总投资为:828563元,其投资分项比例见表8.11。

表8.11　投资分项比例表

序号	项目	金额	占工程总投资的百分比
一	工程预算总投资	828563	100.00%
二	需要安装的设备费	64950	7.84%
三	建筑安装工程费	676712	81.67%
四	工程其他费用	86901	10.49%
1	勘察设计费	35096.84	4.24%
2	工程监理费	24474.84	2.9%

本工程共覆盖3474户,平均每户投资为239元/户。

8.7　项目小结

本次实训后需完成以下任务并提交成果:

1.完成勘察草图的绘制,要求草图上有必要的光缆路由信息、勘察现场的平面分布图、楼栋分布情况、用户数等。

2. 按照规范要求完成设计勘察报告的编写，务必做到现场资源信息的勘察完备、精确无误，并初步确定设计方案。

3. 符合 FTTH 工程设计规范和 FTTH 工程制图规范的设计图纸。

4. FTTH 工程设计说明。

5. FTTH 工程预算表。

8.8 思考练习

1. FTTX 工程现场勘察的要点有哪些?

2. 请简述 ODN 的设计原则?

3. FTTX 工程概预算涉及的费用主要包括哪些方面?

8.9 拓展提高

想一想：

1. 为了达到 FTTH 网络的合理，一级分光模式与二级分光模式的区别?

2. 工程量统计出来后，如何进行概预算的编制?

3. 设计文档说明书的编制应该包含哪些内容?

8.10 知识链接

相关标准及规范：

1. YD/T 926—2009，大楼通信综合布线系统标准

2. YD/T 5102—2010，通信线路工程设计规范

3. YD/T 1475－2006，接入网技术要求——基于以太网方式的无源光网络(EPON)规范

4. FTTX 工程设计规范

5. FTTX 工程制图规范

6. FTTX 工程概预算编制规范

参考文献：

1. 孙维平. FTTX 与 PON 系统工程设计与实例[M]. 北京：人民邮电出版社，2013.

2. 张鹏，阎阔. FTTX PON 技术与应用[M]. 北京：人民邮电出版社，2010.

3. 中国电信集团公司. EPON/GPON 技术问答[M]. 北京：人民邮电出版社，2010.

项目 9　FTTX 工程施工

9.1　项目描述

FTTX 工程施工是指根据设计文件，完成 FTTX 网络中 OLT 设备、ONU 设备、ODF 架、光交接箱、光分路箱、光缆线路等 FTTX 网元设施的安装的过程。FTTX 工程施工是 FTTX 网络建设中非常重要的一个环节，工程施工质量将直接影响 FTTX 网络的运行与维护。

本学习任务聚焦 FTTX 工程施工的关键点，通过一个实际的施工项目，从施工流程、施工规范、工程测试三个方面诠释 FTTX 工程施工的具体内容。通过开展设备、箱体、管线三个方面的施工操作来掌握 FTTX 工程施工规范的具体要求及操作要领。

9.2　项目解析

1. 任务目标

(1)了解 FTTX 工程施工的流程；

(2)掌握 FTTX 工程设备、箱体的施工规范；

(3)掌握 FTTX 工程线路的施工规范；

(4)掌握 FTTX 工程测试的方法和规范要求。

2. 完成任务的流程步骤

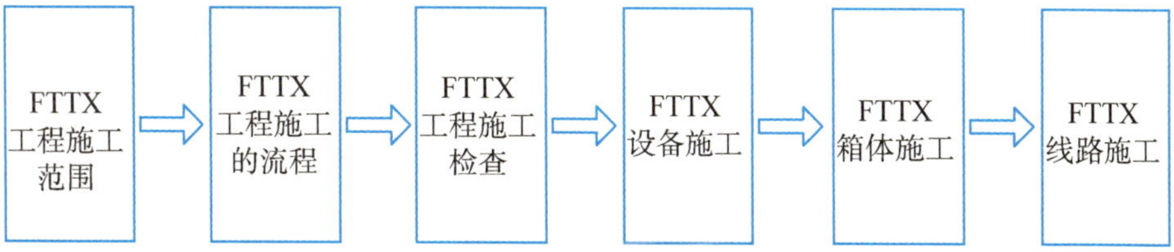

图 9.1　任务流程及步骤

3. 任务的重点

(1)FTTX 工程施工流程；

(2)FTTX 工程设备、箱体、线路施工规范；

(3)FTTX 工程测试规范。

9.3　教学策略

1. 项目名称

FTTX 工程施工；

2. 适用年级

本科四年级；

3. 教学目标

(1)具备工程施工常用仪器、工具的使用能力；

(2)具备设备安装的能力；

(3)具备机房器材的安装能力；

(4)具备施工组织设计的编制能力；

(5)具备工程的管理能力。

4. 教学时间/学时

第一学期/10 学时；

5. 教学资源

多媒体资料、教材、教学课件、视频资料、FTTX 实训基地等；

6. 参考教学方法

讲授法、参观教学法、互动式教学法、现场教学法、演示法、角色扮演、分组讨论;

7. 参考资料、学习资源

教材、教学课件、相关标准、专业网站、实习现场、图片资料、视频、电视电影等媒体文件。

9.4 必备知识

1. PON 技术原理(FTTX 网络结构、PON 关键技术、EPON 网络指标)
2. FTTX 网络设备(OLT 设备、ONU 设备、ODN 网络箱体及光器件、光缆线路)

9.5 项目用具

1. 实训环境准备:建议采用 FTTX 实训场地。
2. 工器具准备:笔记本电脑、PON 光功率计、万用表、传真机、E8−C 终端、IPTV 机顶盒、光纤熔接机、酒精、无水乙醇、OTDR 测试仪、尾纤、剖线钳、纤刀、斜口钳、螺丝刀。
3. 耗材准备:光纤快速连接器(3M)、光纤冷接子、G. 657A2 蝶形皮线光缆,尾纤(3m)。

9.6 项目实施

任务 1 确定 FTTX 工程施工范围

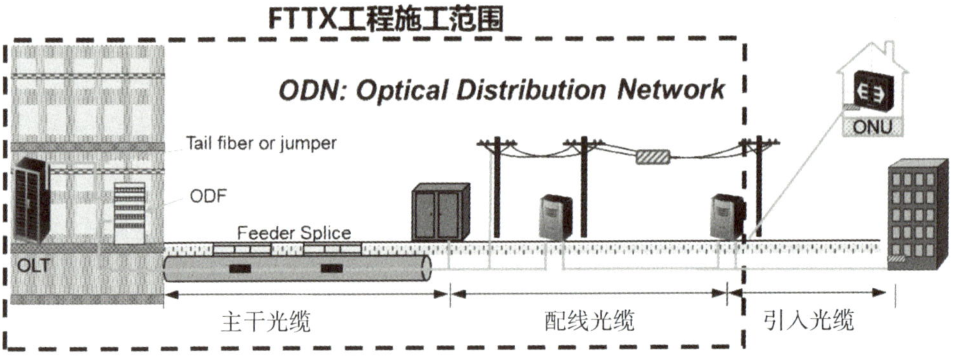

图 9.2 FTTX 工程施工范围图

FTTX 网络由 OLT、ODN 和 ONU 三大模块组成,在不同的网络建设模式下,工程阶段的施工范围略有差异,具体情况如下。

1. FTTH 全覆盖网络建设模式:从 OLT 开始,到 ODN 中的用户室内多媒体箱截止。
2. FTTH 薄覆盖网络建设模式:从 OLT 开始,到 ODN 中的楼道光分路箱截止。
3. FTTB 网络建设模式:从 OLT 开始,到用户侧楼道的多用户综合接入单元 MDU 截止。

任务 2 学习 FTTX 工程施工流程

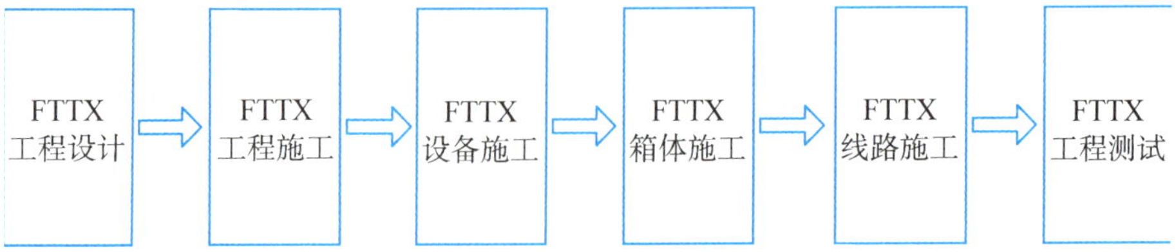

图 9.3 FTTX 工程施工流程图

任务3　完成施工环境检查

该任务要求教师带领学生完成对施工场地的环境检查工作，应根据设计对机房的环境条件进行全面检查，具体如下。

一、检查机房环境

1. 机房应远离易燃、易爆、强电磁干扰(大型雷达站、发射电台、变电站)等场所。

2. 机房不应与水泵房及水池相毗邻，机房的正上方不应有卫生间、厨房等易积水建筑。

3. 机房土建工程已全部竣工，机房的净高、承重、门窗、墙面、地面、顶棚面、照明。

4. 电源插座设置等应符合工艺设计要求，门锁和钥匙配套齐全。

5. 房屋预埋线槽、暗管、孔洞和竖井的位置、数量、尺寸均应符合设计要求。

6. 机房和设备间的环境温度和相对湿度应符合设计要求。

7. 新建机房不得安装吊顶和活动地板。

8. 机房应提供可靠的接地装置，接地电阻值及接地装置的设置应符合设计要求。

9. 机房应提供符合设备工作所需要的直流电源或交流电源，其直流电源电压、波动范围及交流电源电压、频率、波形畸变率均应符合设计要求。

10. 机房有可靠的安全防护措施，具备门禁告警等系统。

11. 机房内不得有水管、煤气管、暖气设备、消防喷淋设施等。确有其设施且无法避免的，必须做隔离和防渗处理。

12. 机房室内布放设备用线缆宜采用上走线方式。

13. 进入机房的管孔应有一定的坡度，机房内的管孔应比室外高，坡度应大于2.5‰。机房有关设施的安装和抗震加固方式应符合设计文件的要求。

二、检查一体化底座安装方式时的环境

1. 应选择地势较高，不受洪水影响，地型平坦、土质稳定适于建筑，以及便于工程组网应用的地点。

2. 宜选在太阳不能直接照射的背阴处。

3. 应选择便于地线安装，大地电阻率较低的地方。

4. 宜选择在人行道边、绿化带内、院落的围墙角等不易受外界损伤、比较安全隐蔽和不影响环境美观、不影响居民正常生活的地方。

5. 选择安装地点不宜选择灰尘较大的地区及腐蚀区域和强雷击区。

6. 室外落地安装时机柜应采用混凝土基座。(在地下车库等安装时，也可以采用角钢底座)

7. 基座承载负荷的要求一般不小于6 kN/m^2。

8. 基座尺寸可参照机柜外形规格尺寸来确定，长、宽宜超出机柜外形尺寸50 mm，机柜底面不得超出基座范围。基座的平面应高于历史最高水位不少于100 mm，基座平面水平度要求不大于3 mm。

9. 根据工程实际情况，基座可以现场浇注，也可以采用预制件。

10. 浇注基座应预置固定机柜螺栓，预留电源线、接地线、光电缆引入管孔(洞)。

11. 浇注基座时应将地线系统的水平接地体延伸至基础面，露出端应焊接铜鼻子。基座预制件安装与地线的安装同步实施，地线系统的水平接地体延伸至基座内线槽，露出端焊接铜鼻子。

12. 基座建造应与地线的安装同步实施，建筑基座时预埋管孔及地线引入。

三、检查楼宇挂墙方式时的环境

1. 安装位置尽量选择物业设备间、车库、楼道、走廊等合适地点安装。

2. 墙体承重要求为 60kg/ m^2 以上。

3. 以下位置不宜挂墙安装:不稳固的,年久失修的墙壁。装饰外墙、女儿墙等非承重墙。临时设施的外墙。影响市容市貌、影响行人交通以及其他不宜挂墙的位置。空间狭窄不利于维护操作的弱电竖井。

4. 户内安装:机柜底距地面高度宜 1.2 m~2.5 m,具体结合现场情况。

5. 户外安装:机柜底距地面高度宜 2.2 m~2.5 m,具体结合现场情况。

6. 竖井中安装:机柜底距地面高度宜为 1.0 m~1.5 m,具体结合现场情况。

任务 4　施工安全检查

该任务要求教师带领学生完成施工场地的安全检查工作,具体要求如下。

1. 机房内必须配备有效的灭火消防器材。凡要求设置的火灾自动报警系统和固定式气体灭火系统,必须保持性能良好。

2. 机房和设备间室内新装修材料应采用不燃烧材料。不得使用木地板、木护墙及可燃窗帘。

3. 机房和设备间楼板预留孔洞应配置不燃烧材料的安全盖板,已用的电缆走线孔洞应采用不燃烧材料封堵。

4. 机房和设备间内严禁存放易燃、易爆等危险物品。

5. 光(电)缆从楼外进入室内侧应做堵塞,应无渗漏。

任务 5　完成设备器材检查

主设备和配套设备运抵施工现场后,供货方与施工方完成设备的交接,施工单位、设备厂家、监理单位进行设备点验,检查设备、材料的数量、型号是否与送货单、采购合同、设计方案相符,并对设备的入网证、合格证的进行检查。对施工单位使用的仪器仪表和工器具进行检验。

本任务进行时,教师可以按如下检查要点带领学生完成任务。

1. FTTX 工程各种材料检验要点如表 9.1。

表 9.1　FTTX 工程各种材料检测要点

序号	材料名称	检验要点
1	配套箱体	箱体喷漆完整,无脱落; 箱体门牢靠; 箱体门锁功能正常; 箱体防水胶条无松动、脱落; 箱体空调正常运转,正常运转无噪声过大的情况; 箱体内开关工作正常; 箱体内设备导轨槽稳固; 有无配套光缆加强芯固定与接地装置; 附件、备品、工具等配备齐全;
2	配套综合网络柜	外形良好,无变形、刮花现象; 机架规格、型号、颜色与设计文件及现场相符; 内部层板与设计文件要求相符; 配件齐全,具备出厂合格证;
2	主设备	设备外包装应完整,无破损,无受潮、火烤等迹象;无明显凹陷; 设备外形良好,无变形、刮花现象; 机架规格、型号与设计文件及现场相符; 接口型号与配置的尾纤(FC 或 SC 等)、同轴电缆及同轴头(-1 或者-2)相符; 配件齐全,具备出厂合格证;

续表

3	配套电源设备机架	设备外形良好，无变形、刮花现象； 机架规格、型号与设计文件及现场相符；电源熔丝或者空开型号、数量与设计文件相符； 整理模块型号、数量与设计文件相符； 配件齐全，具备出厂合格证；
5	ONU	外包装良好，打开后外形良好，无变形、扭曲现象； 机架规格、型号、数量与设计文件及装箱单相符； 具备出厂合格证；
6	线缆(电源、信号)	外观良好，无刮花、扭曲现象； 规格、型号(阻燃、线径、多股铜芯)与设计文件相符，长度满足设计文件要求； 具备出厂合格证；
7	尾纤	外观良好，无折损、扭曲现象； 规格(含长度、接头型号、色系)、数量与设计文件相符； 具备出厂合格证；
8	光缆	外观良好，无折损、扭曲现象； 规格(芯数)、长度与设计文件相符； 具备出厂合格证；
9	走线槽、零星材料	外形良好，无变形、刮花现象； 规格、型号、颜色与设计文件及现场相符； 配件齐全，具备出厂合格证。

2. 主要工器具检验要点如表 9.2。

表 9.2　FTTX 工程主要工器具检测要点

序号	工器具名称	检验方法
1	万用表	具备出厂合格证、校验报告(在使用期内)；外观良好，无破损；电压各档位显示正常；电阻档位正常；
2	钳流表	具备出厂合格证、校验报告(在使用期内)；外观良好，无破损；电流档、电阻档、电压档显示正常；
3	地阻测试仪	具备出厂合格证、校验报告(在使用期内)；外观良好，无破损；
4	熔接机	具备出厂合格证、校验报告(在使用期内)；外观良好，无破损；
5	光功率计	具备出厂合格证、校验报告(在使用期内)；外观良好，无破损；测试光功率结果正常；接口类型满足工程需求；
6	光源	具备出厂合格证、校验报告(在使用期内)；外观良好，无破损；发光光源正常；
7	斜口钳	具备出厂合格证，外观良好，剪口处锋利，绝缘外皮无破损；
8	液压钳	具备出厂合格证，外观良好，压力良好，绝缘外皮无破损；
9	扳手、螺丝刀	具备出厂合格证，相关部位使用绝缘胶布包裹良好，整体形态良好。

任务 6　完成 FTTX 设备施工

本任务需要学生按照设计图纸的要求，在教师的指导下，对到货的 OLT、MDU 设备及配套机架、机柜等进行安装施工。

一、OLT 施工

OLT 机架安装的位置、方向应严格设计要求，并且结合实际情况，安装于合适的位置和方向。安装时应端正牢固，列内机面平齐，机架间隙不得大于 3 mm，垂直偏差不应大于机架高度的 1‰。机架必须采用膨胀螺栓对地加固，机架底部要有防雷垫片，用“L”字铁做好上固定（与走线梯结合处也需要使用防雷垫片）。

图 9.4　OLT 机架安装图

如果抗震烈度在 7 度以上的地区，机架安装必须进行抗震加固，其加固方式应符合 YD　5059－2005《电信设备安装抗震设计规范》中的相关要求。对于子架在机架中安装位置需根据设计，子架与机架的加固符合设备装配要求。另外，子架安装应牢固、排列整齐，依照设计要求排列机盘型号及设备面板，插接件接触良好。对于壁挂式设备，安装后设备应牢固、横平竖直，底部距地面高度也必须符合设计要求。机架标识做到统一、清楚、明确，位置适当。OLT 设备对于电源线，尾纤和网线需安装规范布放，电源线在设备端要求使用热缩管保护，尾纤在机架内必须用缠绕管缠绕，盘留曲率半径应大于 30 mm，网线做好水晶头必须后用五类线对线器测试。最后，安装完毕要保持机架内外整洁。

图 9.5　OLT 设备安装图

OLT 安装施工必须严格按照设计要求，同时也需要结合实际情况，合理地做出调整。

二、ONU 施工

ONU 设备安装于室外机柜内时，设备安装位置、设备连接线缆终端位置应符合设计要求。如图 9.6 所示。

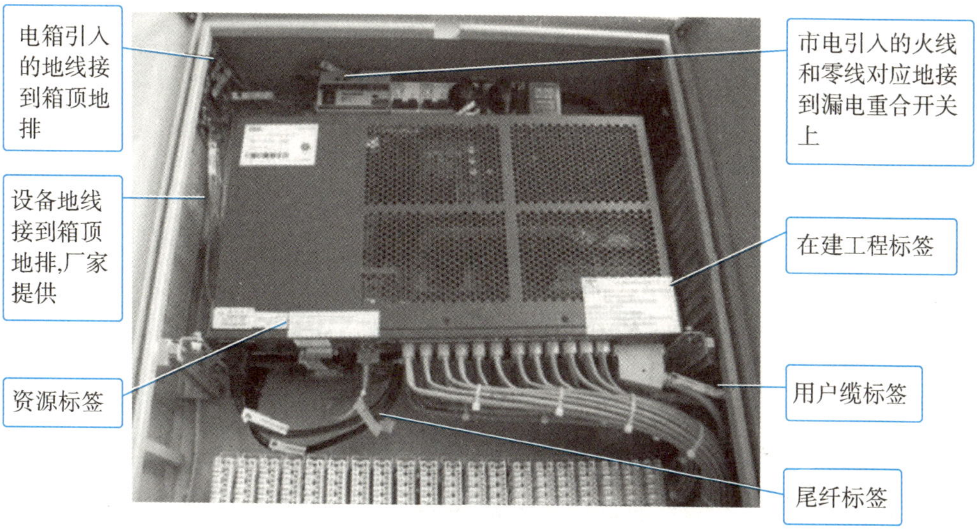

图 9.6　ONU 示意图

1. ONU 设备安装于宽带接入用综合配线箱内时，设备安装位置应符合以下要求。

(1)满足设备通风散热要求，机箱风扇在电源供电正常情况下要求 24 小时运转。

(2)方便设备连接线缆的布放和终接。

(3)方便操作维护及扩容。

2. 设备安装应端正牢固，无明显歪斜。各种螺栓必须拧紧，同类螺丝露出螺母的长度应一致。

3. 接地电缆应与机柜(箱)接地体可靠连接，规格应符合设计要求。

4. 线缆布放应顺直、整齐、不凌乱，无明显扭绞和交叉，绑扎牢固整齐，松紧适度，绑扎间距均匀。信号线不应与电源线在同一线束内布放。若电源线与信号线在柜(箱)体同一侧布放时，电源线应加软套管与信号电缆隔开。

5. 电缆外保护层剖头处需加热缩套管时，热缩套管长度宜统一适中，位置统一，热缩均匀。

6. 对绞电缆的终接应符合 GB　50312－2007《综合布线工程验收规范》的要求。

7. CATV 电缆与设备的连接应接触良好、牢固。

8. 跳纤及尾纤布放应符合 YD/T　5140－2005《有线接入网设备安装工程验收规范》的要求，与设备的连接应接触良好、连接紧密、接线无误。

9. 设备、线缆及端子板应做好标识，书写应清晰、端正和正确，标识内容及制作应符合电信业务经营者或设计要求。

任务 7　完成 FTTX 箱体施工

该任务要求学生按照设计图纸完成 FTTX 工程 ODN 部分各类箱体的施工，主要包括 ODF 架施工、光交接箱施工、光分路箱施工。

一、ODF 架施工

ODF 架的安装施工过程中需要做到以下几点的要求。

1. 根据设计要求 ODF 架确定安装位置和朝向，安装时垂直偏差应不大于机架高度的 1‰。

2. 相邻机架应紧密靠拢，机架间隙应小于 3 mm；列内机面平齐，无明显凹凸。

ODF 架的光纤连接线敷设需遵循以下要求。

1. 根据设计文件选择光纤连接线的型号规格，余长不宜超过 1 m。

2. 光纤连接线在布放的时候应整齐，架内与架间应分别走线。

3. 光纤连接线的静态曲率半径应不小于 30 mm。

ODF 架防雷接地应符合以下要求。

图 9.7　ODF 架防雷接地

ODF 架外壳设备保护地应采用 16 mm^2 以上的多股铜电线接到机房设备专用地排；光缆的加强芯与金属屏蔽层的接地线先汇接到 ODF 架内专用防雷地排后，再采用 16 mm^2 以上的多股铜电线接到机房 ODF 专用地排；机房 ODF 专用地排与机房设备专用地排必须分开，最后才汇接到机房总地排。如图 9.7 所示。

二、光交接箱施工

如图 9.8 所示。

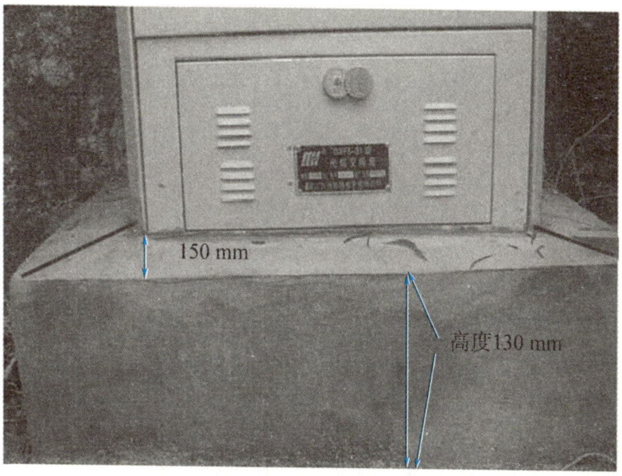

图 9.8　光交接箱施工示意图

光交箱地基基础应夯实，墙体砌筑符合建筑规范要求，回填土应夯实无塌陷。墙体及底座砌筑高度应符合设计要求，抹灰表面光滑，无破损、开裂情况。其抹灰强度符合标准。光交箱地角螺丝稳固，底座和光交箱有机结合平整，并作防水、防腐处理。箱体安装后的垂直度偏差不大于 3 mm，底座外沿距光交箱箱体大于 150 mm，底座高度距离地面 300 mm。如图 9.9 所示。

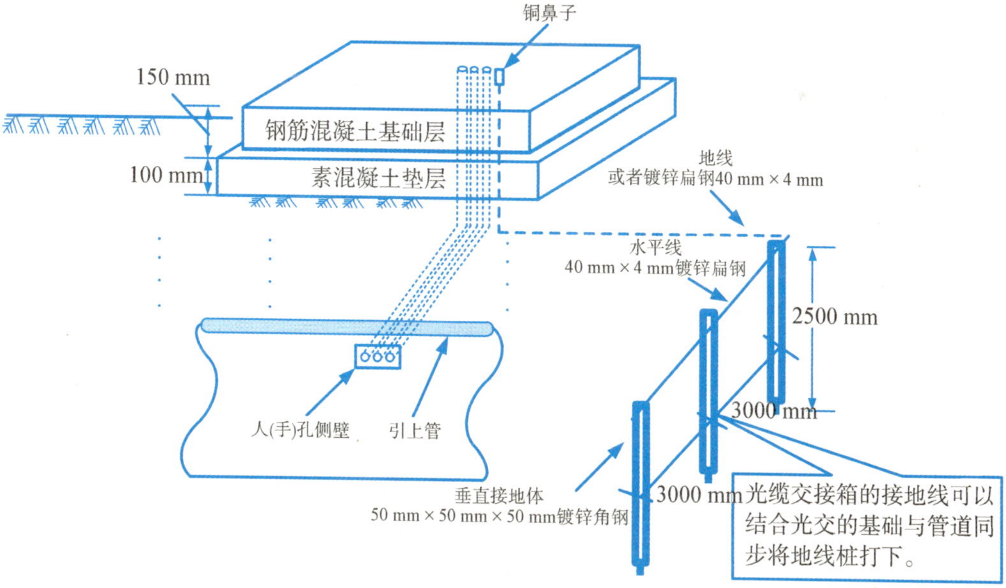

图 9.9　光交接箱地基施工示意图

按设计安装接地体，接地体用 2 根 Φ60 长 1700 cm 镀锌钢管，并用 40×4 接地扁钢与接地体焊接打入地下，扁钢长度以满足接地阻值和地理实际确定。用大于 10 平方多股软铜线分别与扁钢和箱体按地点联接，其接地阻值不大于 5Ω。

安装完毕后保证光交箱门锁正常开启，门不可变形，施工完毕后及时上交光交箱全部钥匙，如图 9.10 所示。

图 9.10 光交接箱门锁安装示意图

光缆布放时接地必须可靠，安装牢固。纤芯必须增加保护管，光缆标签准确，标牌内容为两行：第一行起始方向，第二行为光缆芯数，多条光缆时标牌应错开，绑扎整齐。标签如：邮政楼至边杖子 144 芯。标签大小适宜，粘贴牢固。如图 9.11 所示。

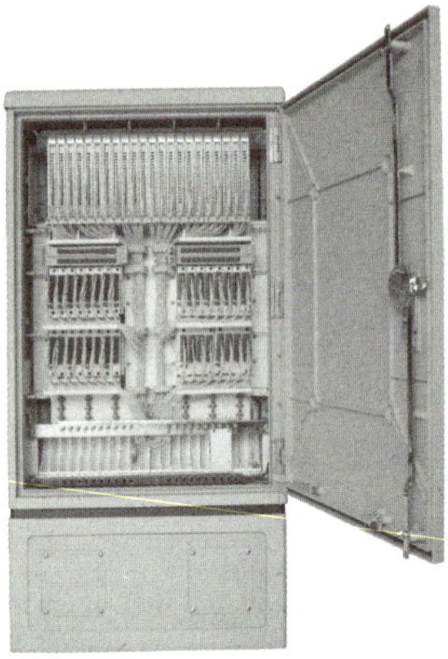

图 9.11 光交接箱线缆布放示意图

光交箱采用 2 米长尾纤，排列整齐，多余部分盘放在盘纤盘内，不可交叉，层次分明。最后，安装完毕后的光交箱整洁无破损、脱皮、生锈、凹陷等外观问题。

三、楼道光分路箱施工

如图 9.12 所示。

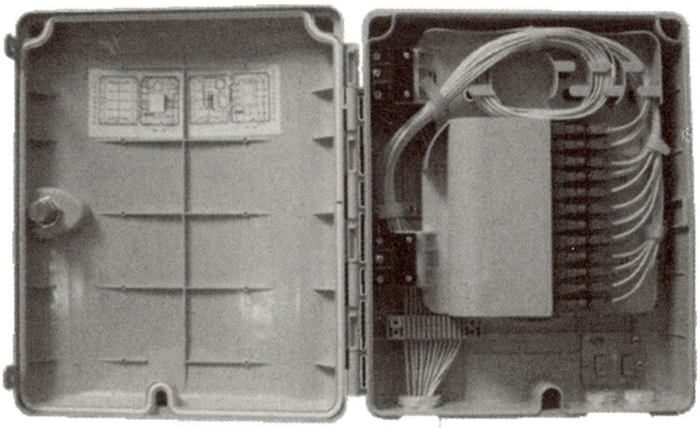

图 9.12　楼道光分路箱示意图

箱体安装位置需要符合设计要求，并且结合实际情况进行安装；箱体安装需用水平尺定位，利用箱体配件固定箱体，安装完毕之后，箱体必须达到稳固和水平的要求。

光分纤箱安装高度要高于 1.5m，尽量安装在不妨碍人员上下楼梯安全的位置，以防夜间无照明时碰伤行人。

确定光缆进入箱体的位置：

1. 室内安装的时候，光缆可以选择从箱体的上方进入，并在箱体的上方盘留 3～5m，固定后套波纹管保护。

2. 室外安装的时候，光缆必须从箱体的下方进入，并且盘留在箱体的左上方或者右上方盘留 3～5m，固定后套波纹管保护，光缆在箱体的下方形成一个较大弧度的滴水弯，以便防止雨水顺着光缆进入箱体。

3. 最后在光缆进入箱体后在光缆固定位缠绕多圈胶布并箍紧，在光缆的入孔处封堵防火泥。

任务 8　完成 FTTX 线路施工

按照设计图纸将光缆布放到已安装好的主设备和配套机柜、机架、箱体上，进行光缆的敷设、成端以及光路测试，并及时做好光缆挂牌、资源标签、端面图等。

一、管道光缆施工

管道光缆施工在城市中较为常见，在施工前，需带齐设计图纸及根据规范做好安全防护措施，严格按照图纸施工，如需在管道中布放蝶形光缆，宜采用有防潮层的管道型蝶形引入光缆，并加强保护。

在施工中还需遵循要求如下：

1. 在孔径 90 mm 及以上的水泥管道、钢管或塑料管道内，在条件允许的情况下，应根据设计规定在两人(手)孔间一次性敷设三根或三根以上的子管。

2. 子管不得跨人(手)孔敷设，子管在管道内不得有接头。

3. 子管在人(手)孔内伸出长度一般为 200～400 mm；本期工程不用的管孔及子管管孔应及时按照设计要求安装塞子封堵，如图 9.13 所示。

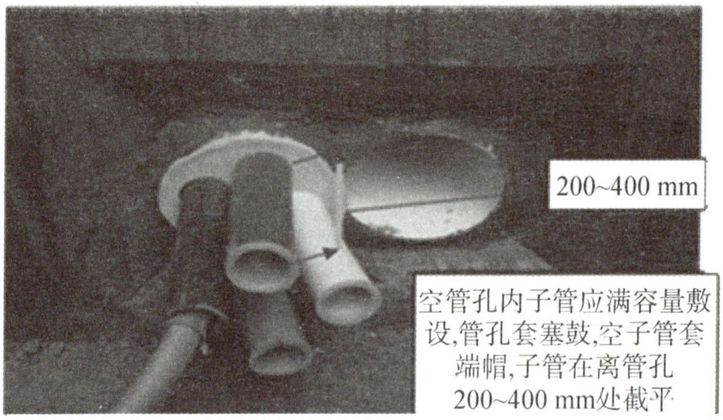

图 9.13　子管施工图

4.光缆在各类管材中穿放时,管材的内径应不小于光缆外径的 1.5 倍。人工敷设光缆不得超过 1000 m。光缆气流敷设单向一般不超过 2000 m。敷设后的光缆应平直、无扭转、无交叉,无明显刮痕和损伤。敷设后应按设计要求做好固定,如图 9.14 所示。

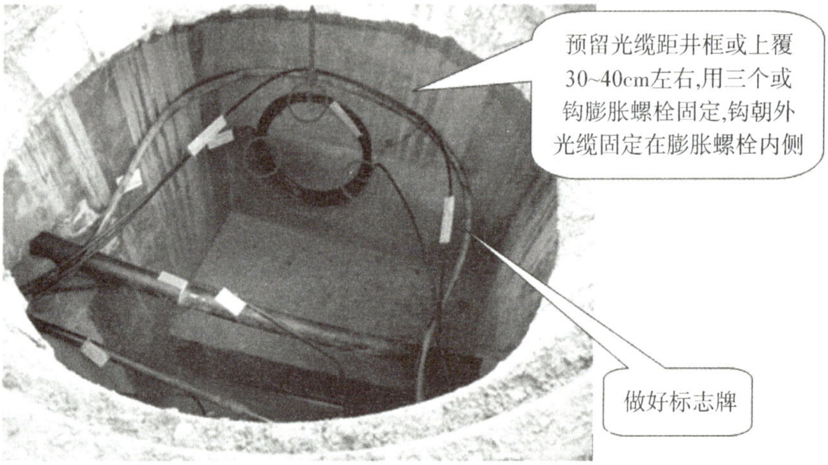

图 9.14　人井内光缆敷设

5.光缆出管孔 150 mm 以内不得做弯曲处理。光缆占用的子管或硅芯管应用专用堵头封堵管口。

6.光缆接头处两侧光缆布放预留的重叠长度应符合设计要求。接续完成后,光缆余长应在人孔内按设计要求盘放并固定整齐。

7.管道光缆根据接入需要按设计要求进行中间人孔预留。

8.光缆在人孔内需增加悬挂光缆标示牌,标明光缆的规格程式、用途等具体要求。

二、架空光缆施工

架空光缆多用于农村、田地、空旷地区等,施工难度较大,特别要注意施工作业安全。登高作业人员必须经过相关部门组织的登高培训学习,并通过考核取得特种作业操作证,才可以进行登高作业。高空作业按要求佩戴安全帽、安全带、竹梯要有防滑勾、穿防滑鞋、工具要放在密封好的工具袋里。采用竹梯作业时,下面要有人扶梯,防止竹梯左右滑动,同时设置作业区域,用围带或施工警示牌围蔽,如图 9.15 所示。

图 9.15　架空光缆敷设图

架空光缆敷设后应自然平直，并保持不受拉力、应力，无扭转，无机械损伤。架空光缆最低点距地面，以及与其他建筑物的最小的空距与隔距应符合表 9.3、表 9.4 的要求。

表 9.3　架空光缆与其他建筑物的最小垂直净距

名称	与线路平行时		与线路交越时	
	垂直净距	备注	垂直净距	备注
市区街道	4.5 m	最低线缆到地面	5.5 m	最低线缆到地面
胡同(里弄)	4.0 m	最低线缆到地面	5.0 m	最低线缆到地面
铁路	3.0 m	最低线缆到地面	7.5 m	最低线缆到地面
公路	3.0 m	最低线缆到地面	5.5 m	最低线缆到地面
土路	3.0 m	最低线缆到地面	5.0 m	最低线缆到地面
房屋建筑			距脊 0.6 m 距顶 1.5 m	最低线缆距屋脊或平顶
河流			通航河流 2.0 m 不通航河流 1.0 m	最低线缆距最高水位时最高桅杆顶
市区树木			1.0 m	最低线缆到树枝顶
郊区树木			1.0 m	最低线缆到树枝顶
通信线路			0.6 m	一方最低线缆与另一方最高线缆

表 9.4　架空光缆与其他设施的空距与隔距

名称	最小水平净距	备注
消火栓	1.0 m	指消火栓与电杆的距离
地下管线	0.5～1.0 m	包括通信管、线与电杆间的距离
火车铁轨	地面杆高的 4/3 倍	至房屋建筑的水平距离
人行道边石	0.5 m	
市区树木	1.25 m	
房屋建筑	2.0 m	
郊区树木	2.0 m	

架空光缆施工时，应根据设计要求选用光缆的挂钩程式。光缆挂钩的间距应为 500 mm，允许偏差±30 mm。挂钩在吊线上的搭扣方向应一致，挂钩托板应安装齐全、整齐。在电杆两侧的第一只挂钩应各距电杆 500 mm，允许偏差±20 mm，如图 9.16 所示。

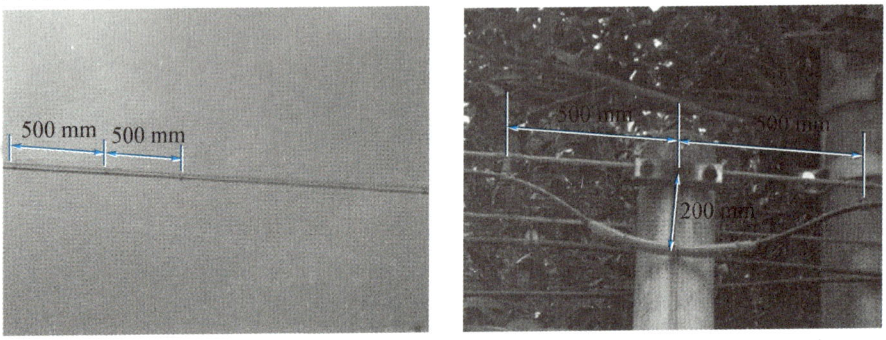

图 9.16　架空光缆挂钩程式

布放吊挂式架空光缆应在每 1～3 根杆上作一处伸缩预留。伸缩预留在电杆两侧的扎带间下垂 200 mm，并套保护管。伸缩预留安装方式应符合下图 9.17 的要求。光缆经十字吊线或丁字吊线处亦应安装保护管，如图 9.18 所示。

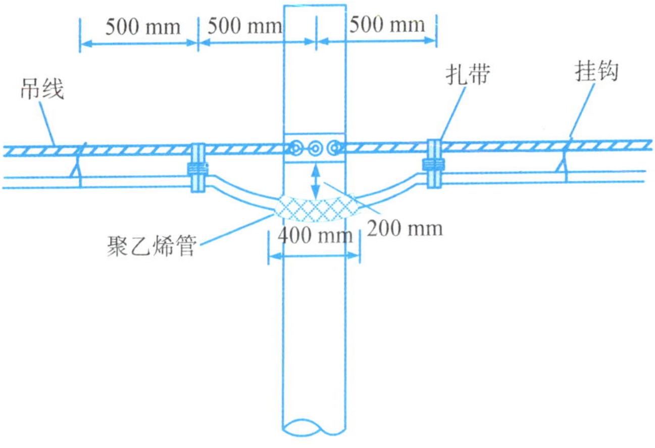

图 9.17　光缆在杆上伸缩预留示意图

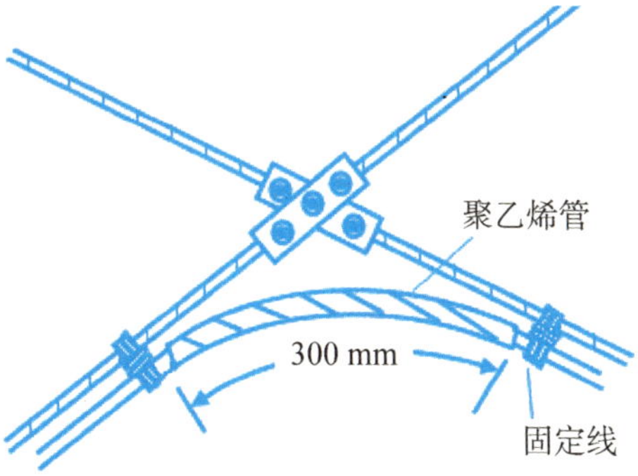

图 9.18　光缆在十字吊线出保护示意图

架空光缆在吊线接头处的吊扎方式应符合下图 9.19 的要求。

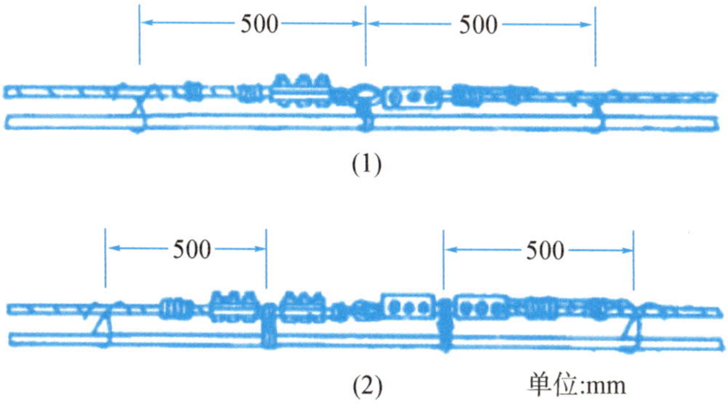

图 9.19　架空光缆在吊线接头处的吊扎方式

架空光缆每隔 500m 需要预留，预留规范见图 9.20。

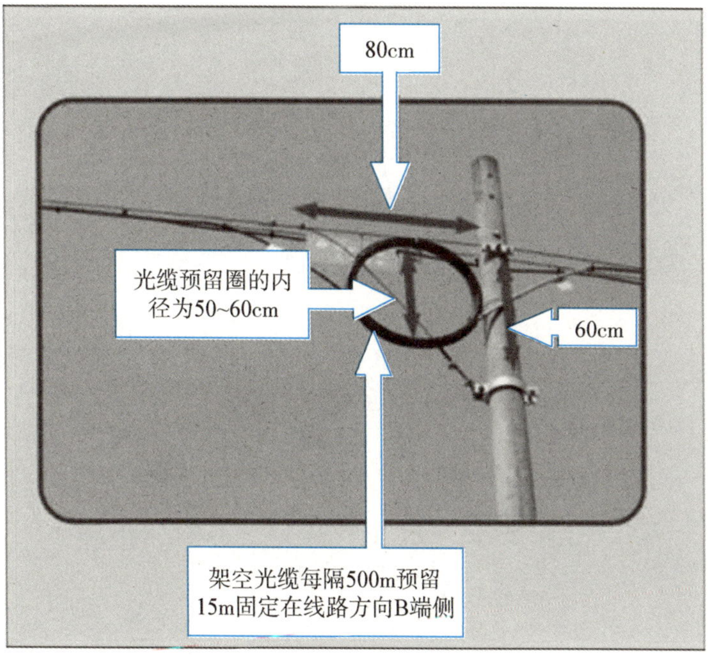

图 9.20　架空光缆预留

三、墙壁光缆施工

墙壁光缆敷设多用于城镇区域光缆建设，由于位于居民区和工厂区内，对居民影响较大，所以经常会发生受阻或协调的情况，对施工质量要求较高，施工单位在施工时应符合下列规定。

1. 不宜在墙壁上敷设铠装或油麻光缆。

2. 墙壁光缆离地面高度应≥3 m，跨越街坊、院内通路等应采用钢绞线吊挂。

3. 墙壁光缆与其他管线的最小间距应符合表 9.5 的规定。

表 9.5　墙壁光缆与其他管线的最小间距

管线种类	平行净距(m)	垂直交叉净距(m)
电力线	0.20	0.10
避雷引下线	1.00	0.30
保护地线	0.20	0.10
热力管(不包封)	0.50	0.50
热力管(包封)	0.30	0.30
给水管	0.15	0.10
煤气管	0.30	0.10
电缆线路	0.15	0.10

如果是需要敷设吊线式墙壁光缆，吊线式墙壁光缆使用的吊线程式应符合设计要求。墙上支撑的间距应为 8～10 m，终端固定物与第一只中间支撑的距离不应大于 5 m。吊线在墙壁上的水平敷设，其终端固定、吊线中间支撑应符合图 9.21 和图 9.22 的要求。

图 9.21　吊线式墙壁光缆终端固定

图 9.22　吊线式墙壁光缆吊线中间支撑

吊线在墙壁上的垂直敷设，其终端应符合图 9.23 的要求。

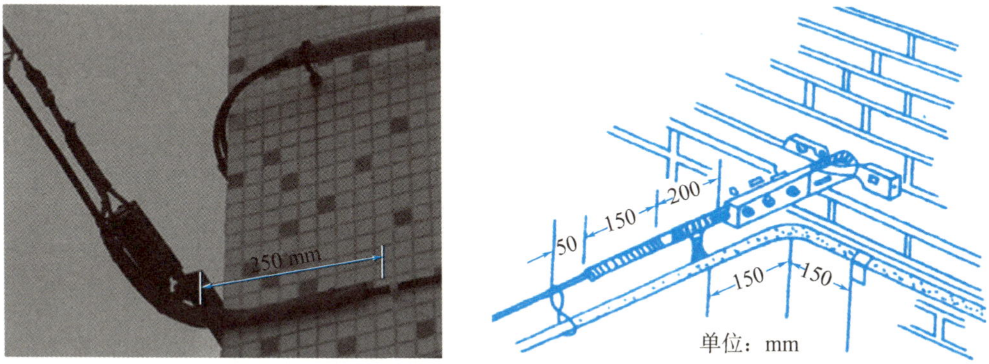

图 9.23　吊线墙壁垂直敷设的终端要求

敷设卡钩式墙壁光缆应符合下列要求。

1. 光缆以卡钩式沿墙敷设应在光缆上外套塑料保护管予以保护。

2. 应根据设计要求选用卡钩。卡钩必须与光缆、同轴电缆、保护管外径相配套。

3. 光缆卡钩间距为 500 mm，允许偏差±50 mm。转弯两侧的卡钩距离为 150～250 mm，两侧距离须相等。

四、埋式光缆

直埋光缆埋深应满足通信光缆线路工程设计要求的有关规定，具体埋设深度应符合相关规定的要求；光缆在沟底应自然平铺状态，不得有绷紧腾空现象；人工挖掘的沟底宽度宜为 400 mm。同时，埋地光缆敷设还应符合以下要求。

1. 直埋光缆的曲率半径应大于光缆外径的 20 倍。

2. 光缆可同其他通信光缆或电缆同沟敷设，同沟敷设时应平行排列，不得重叠或交叉，缆间的平行净距应≥100 mm。

3. 直埋光缆与其他设施平行或交越时，其间距不得小于表 9.6 的规定。

4. 光缆在地形起伏较大的地段(如山地、梯田、干沟等处)敷设时，应满足规定的埋深和曲率半径的要求。

5. 在坡度大于 20°，坡长大于 30 m 的斜坡地段宜采用“S”形敷设。坡面上的光缆沟有受到水流冲刷的可能时，应采取堵塞加固或分流等措施。在坡度大于 30°的较长斜坡地段敷设时，宜采用特殊结构光缆(一般为钢丝铠装光缆)。

6. 直埋光缆穿越保护管的管口处应封堵严密。

7. 直埋光缆进入人(手)孔处应设置保护管。光缆铠装保护层应延伸至人孔内距第一个支撑点约 100 mm 处。

8. 应按设计要求装置直埋光缆的各种标志。

9. 直埋光缆穿越障碍物时的保护措施应符合设计要求。

表 9.6　直埋通信线路与其他建筑物间最小净距表单位：m

设施名称	种类	最小间隔距离	
		平行时	交越时
给水管	直径 300 mm 及以下	0.5	0.5
	直径 300～500 mm	1.0	0.5
	直径 500 mm 以上	1.5	0.5

续表

排水管		1.0	0.5
热力管		1.0	0.5
煤气管	压力小于或等于 300 kPa	1.0	0.5
	压力大于 300 kPa	2.0	0.5
通信管道		0.75	0.25
建筑红线		1.0	—
排水沟		0.3	0.5
市外大树		2.0	—
市内大树		0.75	—
电力电缆	35 kV 以下	0.5	0.5
电力电缆	35 kV 及以上	2.0	0.5

在光缆放入沟底，回填土时，应先填细土，后填普通土，小心操作，不得损伤沟内光缆及其他管线。市区或市郊埋设的光缆在回填 300 mm 细土后，盖红砖保护。每回填土约 300 mm 处应夯实一次，并及时做好余土清理工作。回土夯实后的光缆沟，在车行路面或地砖人行道上应与路面平齐，回土在路面修复前不得有凹陷现象；土路可高出路面 50 ~100 mm，郊区大地可高出 150 mm 左右，如图 9.24、9.25 所示。

图 9.24　先填细土，后填普通土，且不得损伤沟内光缆及其他管线

图 9.25　回土夯实后的光缆沟，在车行路面或地砖人行道上应与路面平齐

需要用到路面微槽光缆时，光缆沟槽应切割平直，开槽宽度应根据敷设光缆的外径确定，一般应小于 20 mm；槽道内最上层光缆顶部距路面高度宜大于 80 mm，槽道总深度宜小于路面厚度的 2/3；光缆沟槽的沟底应平整、无硬坎（台阶），不应有碎石等杂物；沟槽的转角角度应满足光缆敷设后的曲率半径要求。同时，还需要遵循下列要求。

1. 在敷设光缆前，宜在沟槽底部铺 10 mm 厚细砂或铺放一根直径与沟槽宽度相近的泡沫条作缓冲。

2. 光缆放入沟槽后，应根据路面恢复材料特性的不同在光缆的上方放置缓冲保护材料。

3. 路面的恢复应符合道路主管部门的要求，修复后的路面结构应满足相应路段服务功能的要求。

五、楼道光缆

如设计要求在楼道中预埋线槽或暗管，应符合下列规定。

1. 敷设线槽和暗管的两端宜用标志表示出编号等内容。

2. 如果是电信自建线槽，需要在线槽表面喷上电信标识。

3. 预埋线槽宜采用金属线槽，预埋或密封线槽的截面利用率应为 30%～50%。

4. 敷设暗管宜采用钢管或阻燃聚氯乙烯硬质管。布放 4 芯以上光缆时，直线管道的管径利用率应为 50%～60%，弯管道应为 40%～50%。暗管布放 4 芯及以下光缆时，管道的截面利用率应为 25%～30%。

5. 在线槽中布放光缆时，应自然平直，不得产生扭绞、打圈、接头等现象，光缆敷设不允许超过最大的光缆拉伸力和压扁力，在布放过程中，光缆外护层不应有明显损伤。2 芯或 4 芯水平光缆的弯曲半径应大于 25 mm；其他芯数的水平光缆、主干光缆和室外光缆的弯曲半径应至少为光缆外径的 10 倍。

6. 楼道光缆不宜与电力电缆交越，若无法满足时，必须采取相应的保护措施如套保护管等。不得布放在电梯或供水、供气、供暖管道竖井特别是强电竖井中。

楼道光缆与其他机房、管线间的最小净距应符合下表要求。

1. 楼道缆线与配电箱、变电室、电梯机房、空调机房之间最小净距符合表 9.7 的规定。

2. 楼道内缆线暗管敷设与其他管线最小净距见表 9.8 的规定。

表 9.7　楼道缆线与其他机房最小净距

名称	最小净距(m)	名称	小净距(m)
配电箱	1	电梯机房	2
变电室	2	空调机房	2

表 9.8　楼道缆线及管线与其他管线的间距

管线种类	平行净距(mm)	垂直交叉净距(mm)
避雷引下线	1000	300
保护地线	50	20
热力管(不包封)	500	500
热力管(包封)	300	300

续表

给水管	150	20
煤气管	300	20
压缩空气管	150	20

同时要特别注意的是,光缆在进出竖井的出入口和穿越墙体、楼板及防火分区的孔洞处应采用防火封堵材料封堵。

六、光缆的接续与成端

光缆接续的内容应包括:光纤接续;金属护层、加强芯的连接和接头衰减的测量。光缆接头安装位置应符合设计要求,余缆盘留长度应符合设计规定。人手井内余缆应盘成"O"型圈,并用扎线固定。光缆固定后的曲率半径应不小于光缆直径的10倍。

光缆接续成端的流程如图9.26所示。

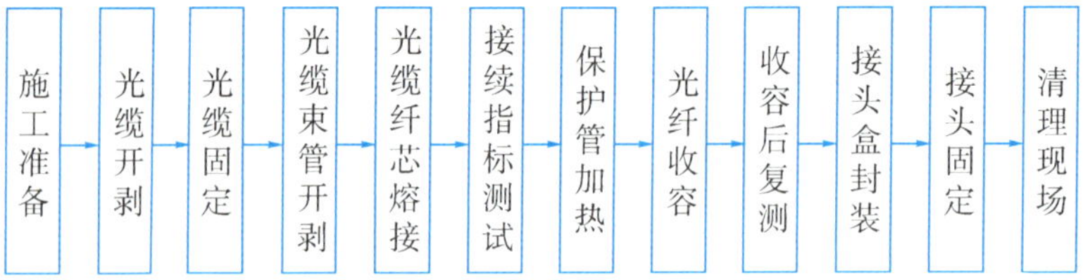

图9.26　光缆接续成端流程图

1. 施工准备

(1)接续环境做好防尘、防水、防震,最好选择在接续车内,无条件时应使用接续帐篷,并设置工作台、工作椅。

(2)安排接续点和测试点人员到位。

2. 光缆开剥

(1)剥前检查所接光缆是否有损伤或挤压变形情况。

(2)理顺光缆,按规定做好预留。

(4)将光缆的端头3000 mm用棉纱擦洗干净,把光缆的端头200~300 mm剪掉。

(5)套上适合光缆外径的热可缩套管。

(6)确认光缆的A、B端。

(7)做屏蔽线。

(8)清理油膏。

(9)用绝缘摇表测试光缆金属构件的对地绝缘。

(10)注意进刀深度。

3. 光缆在接头中固定

(1)保证光缆不会产生松动,紧固螺丝应使加强芯有弯曲现象为止。

(2)加强件的固定要注意其长度,应使固定光缆的夹板与固定加强件螺丝之间的距离与所留长度相当。

4. 光缆束管开剥

(1)确定束管开剥位置,注意理顺。

(2)切割束管,注意用刀。

(3)去掉束管,注意匀速。

(4)擦净油膏,注意干净。

(5)把束管放入收容盘内,两端用尼龙扎带固定,注意扎带不要拉的过紧。

(6)预盘光纤,使接续后的接头点能放在光纤保护管的固定槽内,剪去多余光纤。

5. 光缆纤芯熔接,如图 9.27 所示。

(1)保持接续的整个过程工作台和熔接机的清洁。

(2)光纤接续要按顺序一一对应接续,不得交叉错接。

光纤清洁　　光纤切割　　光纤熔接

图 9.27　光缆纤芯熔接

6. 接续指标测试

(1)测完 2 芯后,通知测试点测试,注意测试两个方向、二个窗口。

(2)测试指标合格后通知接续点将 2 芯光纤逐一进行热熔保护。

7. 光纤保护管加热:将保护管移至光纤接头的中间部位;待保护管冷却后取出保护管并确认管内无气泡。按照上述方法逐一进行后续光纤的熔接和热熔。

8. 光纤收容

(1)分步收容,注意每接一管即刻收容。

(2)光纤保护管的固定,注意安全牢固。

(3)收容后检查,注意弯曲半径、挤压、受力。

(4)盖上盘盖后,通知测试点复测。

9. 光缆接头盒的封装,如图 9.28 所示。

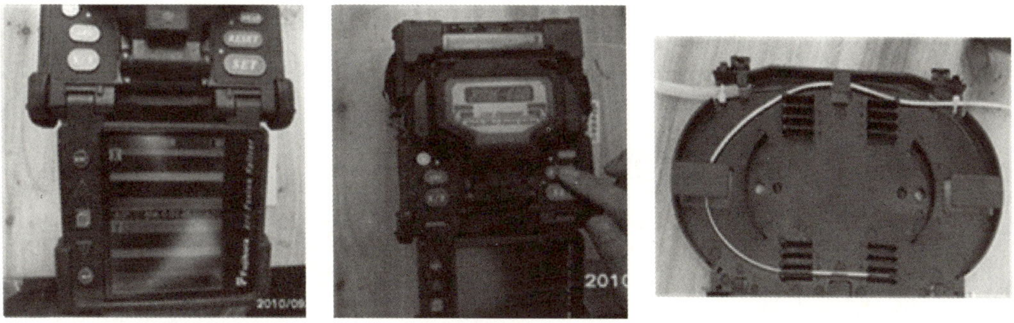

接续指标测试　　保护管加热　　光纤收容

图 9.28　光缆接头盒的封装

七、光缆测试

对光缆线路的测试分两个部分:分段衰耗测试和全程衰耗测试。

(1)采用 OTDR 对每段光链路进行测试。测试时将光分路器从光线路中断开,分段对光纤段长逐根进行测试,测试内容包括在在 1310 nm、1550 nm 波长的光衰减和每段光链路的长度,并将测得数据记录在案,作为工程验收的依据。

(2)全程衰减测试采用光源、光功率计,对光链路对 1310 nm、1490 nm 和 1550 nm 波长进行测试,包括活动光连接器、光分路器、接头的插入衰减。同时将测得数据记录在案,作为工程验收的依据。测试时应注意方向性,既上行方向采用 1310 nm 测试,下行方向采用 1490 nm 和 1550 nm 进行测试。

9.7 项目小结

1. FTTX 工程施工成果,包括 OLT 的安装、ODF 架安装、光交接箱安装、光分路箱安装、光缆的敷设与安装。

2. FTTX 竣工技术文件:工程竣工图纸、建筑安装工程量总表、工程说明、开工报告、停(复)工报告(根据实际情况编制)、交(完)工报告、已安装设备明细表、工程变更单、随工质量检查记录或隐蔽工程检查记录、重大工程质量事故报告表(根据实际情况编制)、交接书、验收证书(空白)、测试记录、FTTH 放号资料及资源管理部门要求的资料、资源录入随工代表或监理签证表、洽商记录、备考表。

9.8 思考练习

1. 请简述 FTTX 工程施工的流程。
2. 请简述 FTTX 工程测试的具体内容。
3. 施工安全检查有哪些内容?
4. FTTX 设备施工有哪些要求?
5. 整个工程实施过程中,有哪些安全事项需要注意?

9.9 拓展提高

想一想:

1. 在 FTTH 工程施工中,隐蔽工程的施工的注意事项有哪些?
2. 为了保障施工的顺利进行,工程中所使用到的工具及仪器仪表应做哪些常规的保养?
3. FTTH 工程施工必备的技能应该有哪些?

9.10 知识链接

相关标准及规范:

1. FTTX 网络箱体、光器件施工规范。
2. FTTH 入户段皮线光缆施工规范。

参考文献:

1. 李巍,刘册. 光纤到户(FTTH)安装调试[M]. 北京:中国劳动社会保障出版社,2009.

项目 10 FTTX 工程验收

10.1 项目描述

工程验收指建设工程项目从开工到竣工期间，由开发建设单位会同设计、施工、设备供应单位及工程质量监督部门，对该项目是否符合规划设计要求以及建筑施工和设备安装质量进行全面检验，取得竣工合格资料、数据和凭证。

本任务聚焦 FTTX 工程验收的关键点，通过开展对一个 FTTX 工程施工项目的验收工作，从随工验收、初验、试运行和终验四个环节重点把控验收工作中的要点，帮助学习者全面、系统地掌握 FTTX 工程验收的知识和技能。

10.2 项目解析

1. 任务目标

(1)熟悉 FTTX 工程验收的流程；

(2)掌握 FTTX 工程验收各阶段的具体检验内容；

(3)掌握 FTTX 工程中各施工项目的验收质量标准。

2. 完成任务的流程步骤

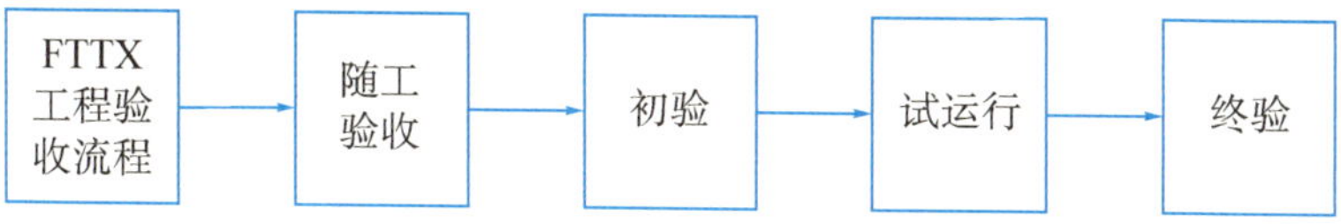

图 10.1 任务流程及步骤

3. 任务的重点

(1)FTTX 工程验收流程、检验内容；

(2)FTTX 工程验收质量标准。

10.3 教学策略

1. 项目名称

FTTX 工程验收；

2. 适用年级

本科四年级；

3. 教学目标

(1)具备工程初步验收的能力；

(2)具备工程终验的能力。

4. 教学时间/学时

第一学期/4 学时；

5. 教学资源

多媒体资料、教材、教学课件、视频资料、已完工的 FTTX 机房、FTTX 设备等；

6. 参考教学方法

讲授法、参观教学法、现场教学法、演示法、角色扮演；

7. 参考资料、学习资源

教材、教学课件、相关标准、专业网站、FTTX 实训基地、FTTX 工程相关图片资料、视频等媒体文件。

10.4 必备知识

一、FTTX 网络结构、设备、箱体、光器件、光缆

FTTX 是新一代的光纤用户接入网，用于连接电信运营商和终端用户。FTTX 的网络可以是有源光纤网络，也可以是无源光纤网络，由于有源光纤网络的成本相对高昂得多，实际上在用户接入网中应用很少，所以目前通常所指的 FTTX 网络都是指的无源光纤接入网。FTTX 的网络结构可以是点对点(P2P)也可以是点对多点(P2MP)。P2P 的成本较高，通常只用于 VIP 用户或有特殊需求的用户，大多数的 FTTX 网络采用的是 P2MP 的结构。

FTTX 宽带光接入网采用光纤媒质代替部分或者全程的传统的金属线媒质，将光纤从局端位置向用户端延伸。其中，根据光网络单元(ONU，Optical Network Unit)在用户端的位置不同，“X”有多种变体，可以是光纤到大楼(FTTB)、光纤到交接箱(FTTCab)、光纤到路边(FTTC)、光纤到户(FTTH)、光纤到办公室(FTTO)等。FTTX 将用户从“电”的时代转入了一个全新的“光”的时代。四种常用的 FTTX 接入网主要特征比较见表 10.1。

表 10.1 几种主要的 FTTX 结构的主要特征

主要特征	FTTCab	FTTB	FTTH	FTTO
接入介质类型	光纤作为主干+金属线/无线作为末端	光纤作为主干+金属线/无线作为末端	全程光纤	全程光纤
光纤到达的位置	交接箱	楼宇/分线盒	居民家中	公司/办公室
光节点距离用户设备的参考布线距离	1000～2000 m	200～1000 m	几米至几十米	几米至几十米
光纤段典型的物理拓扑结构	P2P、树型、总线型、环型	树型、总线型、环型	树型	P2P、树型
金属线/无线段采用的主要技术	XDSL、WiFi、WiMAX	XDSL、以太网、WiFi、WiMAX	无	无
现有技术条件下典型的用户接入速率最大能力	下行最大 25 Mbit/s，上行最大 1.8Mbit/s	下行最大 100Mbit/s(以太网)	上下行最大可超过 100Mbit/s	上下行最大可超过 100Mbit/s

光纤到交接箱(FTTCab，Fiber To The Cabinet)，以光纤替代传统馈线电缆，ONU 放置在交接箱处，ONU 以下采用铜线或其他介质接入到用户。

光纤到大楼/路边(FTTB/C，Fiber To The Building/Curb)，将 ONU 放置到路边或楼道内，ONU 之后再通过铜线为用户提供语音和互联网接入等服务。FTTB/C 与 FTTCab 的不同之处在于其 ONU 的位置更接近用户，光纤化程度更进一步，适合高带宽用户密集区域使用。

光纤到企业(FTTO，Fiber To The Office)，ONU 设备部署在企业内，仅接入单个企业用户，从 ONU 直接与企业设备连接。

光纤到户(FTTH，Fiber To The Ho me)，是完全利用光纤传输媒质连接运营

商设备和用户终端设备的接入方式，引入光纤由用户独享，ONU 直接放置到用户家中，从 ONU 直接连接用户网络设备。

(一)FTTX　PON 网络拓扑

FTTX　PON 技术是一种点到多点的光纤接入系统技术，在光分支点不需要节点设备，只要安装一个简单的无源光分路器，具有节省光缆资源、带宽资源共享、节省机房投资、设备安全性高、建网速度快、综合建网成本低等优点。一个典型的无源光网络系统由光线路终端(OLT)、光网络单元(ONU)/光网络终端(ONT)和光分配网络(ODN)组成。OLT 放置在中心机房，ONT/ONU 放在用户端，光分配网络包括光分路器和光纤，光分路器是无源光纤分支器，是一个连接光线路终端和光网络单元的无源设备，它的功能是分发下行数据并集中上行数据。PON 网络结构如图 10.2 所示。

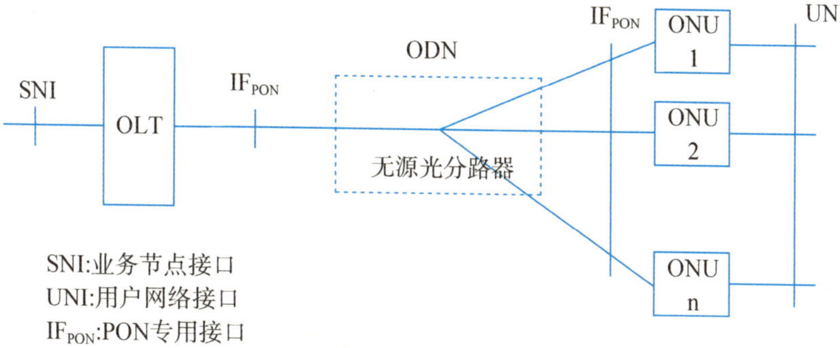

图 10.2　PON 组成结构

1. 树型网络结构

树型网络结构又称为星型网络结构，是 FTTX　PON 的一种典型结构，如图 10.3 所示。

2. 总线型网络结构

总线型网络结构不属于 PON 国际标准中定义的网络拓扑类型，是根据实际网络需求而衍生出的网络结构，其结构示意图如图 10.4 所示。

3. 环形网络结构

FTTX　PON 除了星型和总线型网络拓扑外，还可以构成环型拓扑，环型拓扑又可以分为单纤 PON 和双纤 PON 环，如图 10.5 所示。

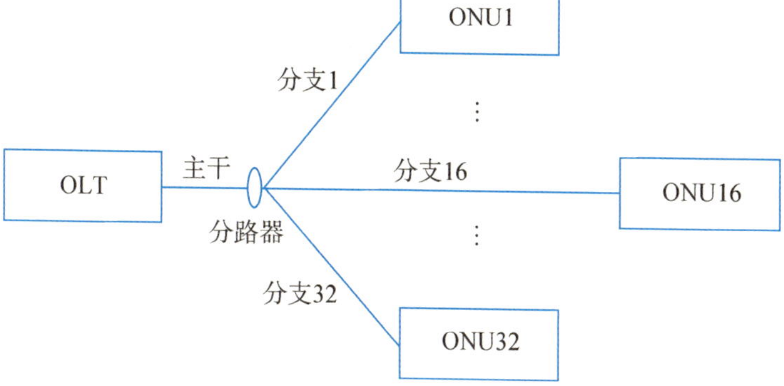

图 10.3　树形结构

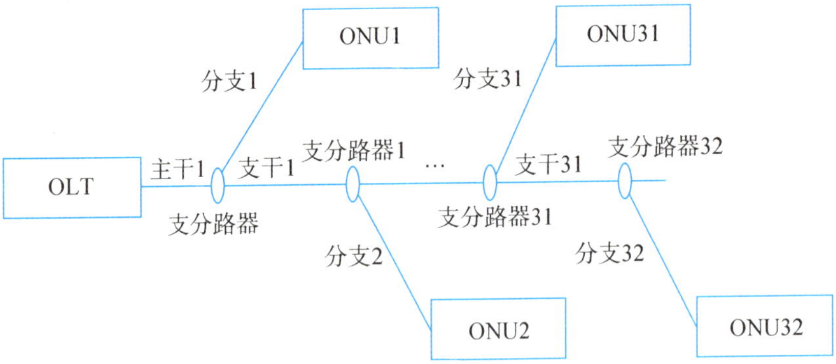

图 10.4　总线型结构

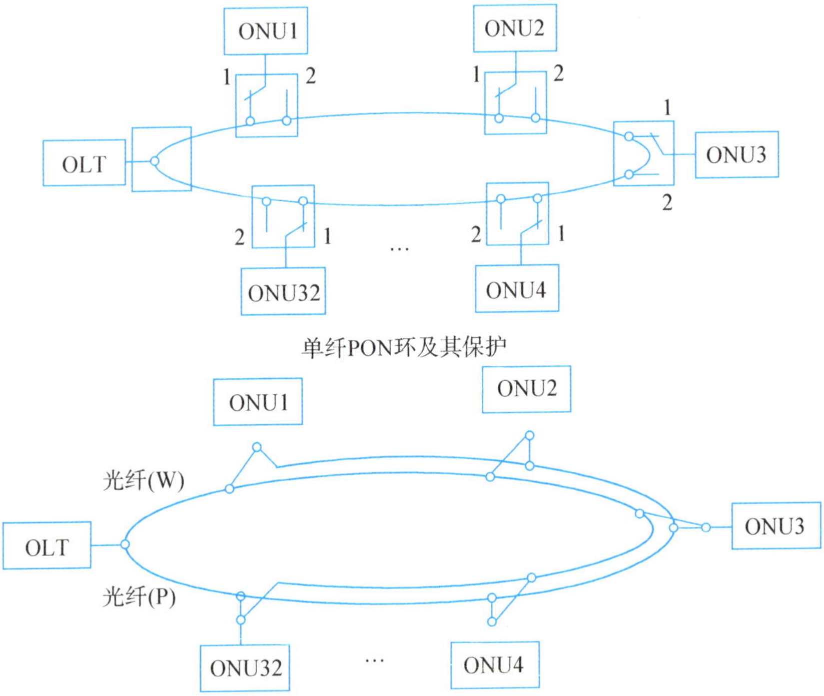

双纤PON环及其保护

图 10.5　环形结构

这两种 PON 环除了光纤数目不同之外，连接结构上也有区别。在图 10.5 单纤 PON 环中，光纤的首端和末端均与 OLT 相连接，而双纤 PON 环则不是这样。从逻辑上和拓扑结构上分析，上图的单纤 PON 环实质上是总线型结构的变形，一个总线型 PON 被环回反向折叠组合构成，起点和终点都为 OLT。上图的双纤 PON 环实质上是两条总线型 PON 反向折叠组合构成，起点都为 OLT，终点为 ONU，从严格意义上来说，双纤 PON 环并不是真正的闭环结构。

FTTX 采用光纤接入的方式为接入网“最后一公里”提供解决方案，无源光网络(PON)技术的出现使得 FTTX 的光纤接入成为可能。

PON 是指光分配网(ODN)不含有任何电子器件及电子电源的网络，其 ODN 全部由光分路器和光缆等无源器件组成，不需要成本相对较高的有源电子设备，其典型结构如图 10.6 所示。

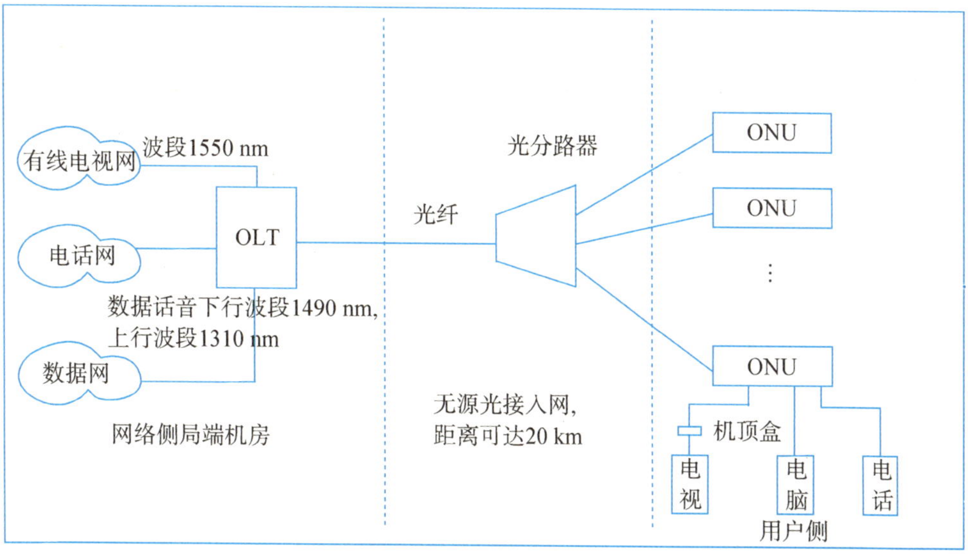

图 10.6　PON 典型结构

PON 由光线路终端(OLT)、光合/分路器(Spliter)和光网络单元(ONU)组成,采用树形拓扑结构。OLT 放置在中心局端,分配和控制信道的连接,并有实时监控、管理及维护功能。ONU 放置在用户侧,OLT 与 ONU 之间通过无源光合/分路器连接。

(二)FTTX　PON 设备特性

1. OLT 设备特性

图 10.7　OLT 设备

OLT 位于局端,是 EPON 网络的核心,主要用于向 ONU 广播以太网数据、发起并控制与各 ONU 之间的测距过程并记录测距信息、发起功率控制命令、为 ONU 分配带宽等。目前,国内的 OLT 设备商有华为、中兴、烽火、格林威尔、瑞斯康达、长光、华三、贝尔、UT、讯风、新邮通信、摩托罗拉、龙泰、盛立亚等,其 OLT 既有共性也有很多各自的特点。

(1)类型

分为盒式和机架式,各厂商基本上都具有这两种类型的设备。可提供的上行带宽都为 1Gbps,下行带宽一般为 2.5Gbps,有少数厂家可提供 10Gbps。

(2)PON 芯片

PMC、TK 和 Cortina 是主要的 PON 芯片提供商,但各自所占的市场份额有差异。

(3)板卡和接口

板卡主要包括上联板、用户板(EPON 板、GPON 板、VDSL2 板等)和主控板，且不同类型的用户板可以任意混插。接口类型有 GE 口(光/电)、FE 口(光/电)、PON 口、TDM 接口等。现阶段单 PON 板至少 1 个 PON 口，最多 4 个。

(4)业务能力

主要有 IP 业务、语音业务、视频业务(CATV、IPTV)和 TDM 业务。对于 IP 业务各厂商 OLT 都能较好地支持，语音业务和视频业务随着用户需求的增加正逐渐兴起，而 TDM 业务由于实现较难且运用场合特殊支持的厂商较少。

(5)支持的最多 PON 口数和 ONU 数

盒式 OLT　PON 口数一般为 4 个或 8 个，一般可接入 256 或 512(1∶64 分光比)个 ONU，而机架式 OLT 通常有多个槽位，支持的 PON 口数至少 20 个，接入的 ONU 数量较多，每款设备根据所提供端口不同而各有差异。

(6)基本功能和性能

功能包括以太网基本功能、VLAN 功能、组播功能等，性能包括以太网吞吐量、丢包率、传输时延等。EPON 技术经过几年的发展，现阶段各厂商对功能和性能的各项指标基本都能实现。

2. ONU 设备特性

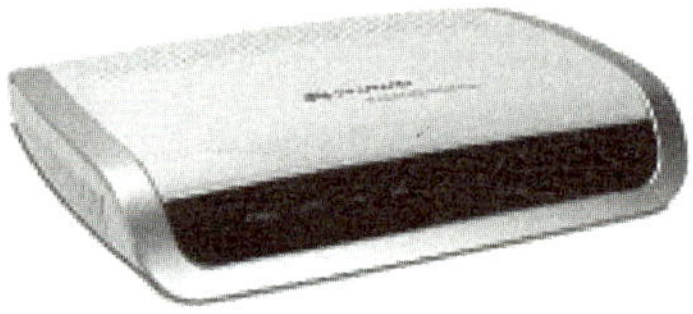

图 10.8　ONU 设备

ONT 和 ONU 的区别在于 ONT 是光网终端，直接位于用户端，而 ONU 是光网单元，与用户间还可能有其他的网络，比如以太网。而在 FTTX 中，ONT 一般来说就是 ONU，ONU 位于用户端，实现用户与通信网络的连接，ONU 有选择地接收 OLT 广播的数据、响应 OLT 发出的测距和功率控制命令、对用户的以太网数据进行缓存并在 OLT 分配的发送窗口中向上行发送等功能。目前，国内的 ONU 设备商有华为、中兴、烽火、格林威尔、瑞斯康达、长光、华三、贝尔、UT、摩托罗拉、龙泰、盛立亚、荣创信达、富通等，各厂商 ONU 有各自特点。

(1)类型

参照设备提供端口的数量不同，主要分为三种类型的 ONU。

类型 1:ONU 提供 1 个、2 个或 4 个以太网接口，可选 POTS 端口、WLAN 和 E1 端口，主要用于家庭用户；

类型 2:ONU 提供 8 个、16 个或 24 个及以上的以太网接口，可选 POTS 端口和 E1 端口，主要用于企业用户或办公室；

类型 3:ONU 提供 8 个、16 个或 32 个及以上的 ADSL2+接口或 VDSL/VDSL2 接口，主要用于大楼。

类型 1 和类型 2ONU 比较普遍，而生产类型 3ONU 的厂商较少。ONU 也可以分为盒式和插卡式，插卡式可以混插不同类型的用户板。

(2)PON 芯片

主要是 PMC、TK 和 Cortina 三家,使用情况和 OLT 设备相当,大多数厂商 ONU 采用同种芯片,只有少数厂商不同类型 ONU 采用不同的芯片,如某厂商类型 1ONU 采用 PMC 芯片,而类型 2ONU 采用 TK 芯片。

(3)接口

类型 1 和类型 2ONU 的接口主要有 FE、GE、POTS、E1。单端口 ONU 一般只提供一个 GE 口;POTS 口的实现比较少;E1 口的实现有一定难度,而且需要特定的应用场合,所以用户需求不多。类型 3ONU 的接口还包括 ADSL2 或 VDSL 口。

(4)多业务能力

主要有 IP 业务、语音业务、视频业务和 TDM 业务,支持业务流分类、优先级标记和调度功能。对于 IP 业务各厂商 ONU 都能较好地支持,对于语音业务和视频业务支持的厂商较少,而 TDM 业务的支持厂商更是寥寥无几。

(5)功能和性能

功能包括以太网基本功能、VLAN 功能等,性能包括以太网吞吐量、组播容量等。各厂商对功能和性能的各项指标基本都能实现。

(三)光配线单元

1. 分光器

分光器是一种可以将一路光信号分成多路光信号以及完成相反过程的无源器件,简称 OBD。一般分为 4 种。

(1)托盘式光分路器(见图 10.9):用类似配纤盘的托盘封装并可直接安装于光缆配线架或光缆交接箱里的光分路器套件,有出纤式和成端式两种,一般采用成端型。

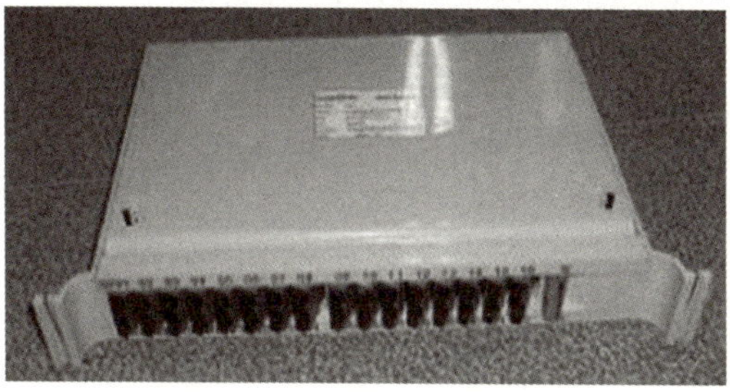

a.托盘成端式光分路器

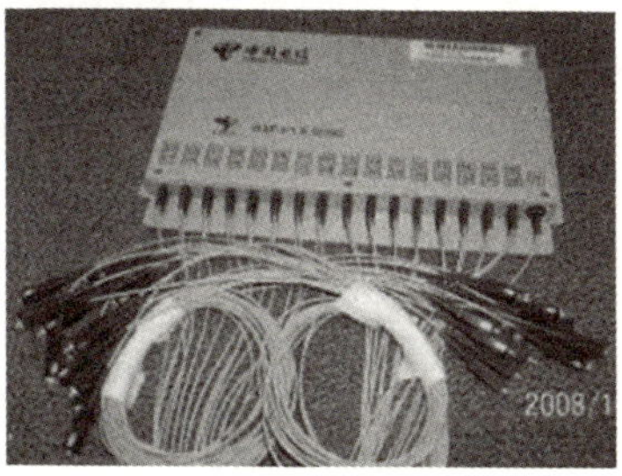

b.托盘出纤式光分路器

图 10.9 托盘式分光器

(2)机框式光分路器(见图 10.10):简式光分路器或盒式光分路器采用盒体封装,可安装于 19″标准机柜内的光分路器套件,一般为成端型。

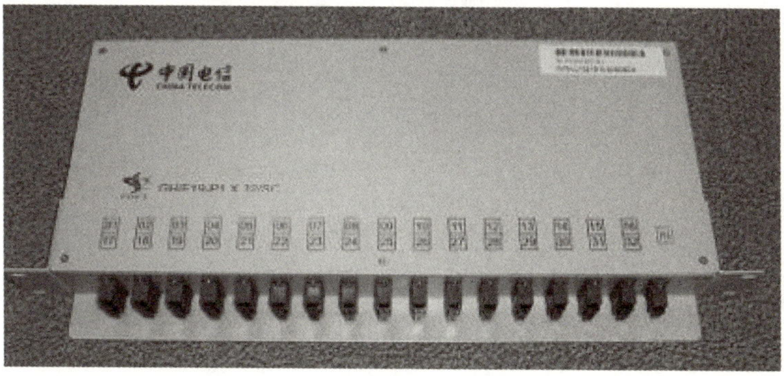

图 10.10 机架式分光器

(3)盒式光分路器(见图 10.11):简式光分路器采用小盒子封装,端口采用尾纤引出的小型光分路器组件,一般为出尾纤型。

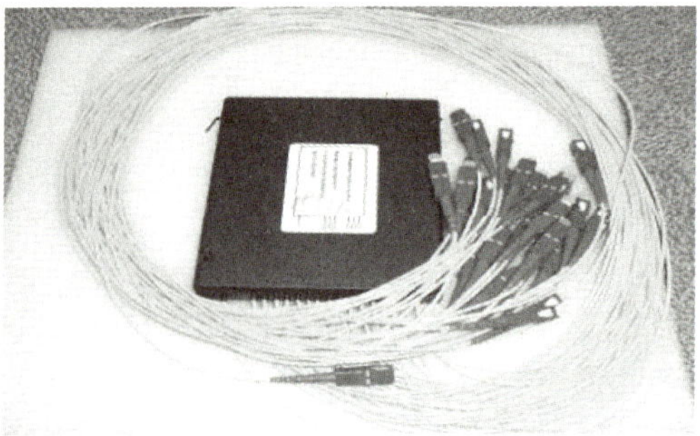

图 10.11 盒式分光器

(4)简式光分路器(见图 10.12):指端口用 0.9 mm 尾纤引出的小型光分路器组件,主要适用于空间比较紧张的场合,如光缆接头盒、光分纤盒,也可以安装在托盘式、机框式光分路器组件盒体中,组成托盘式、机框式光分路器组件。

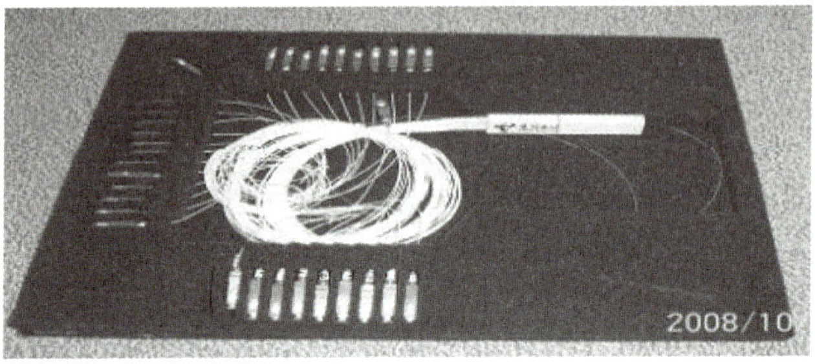

图 10.12 简式分光器

2. 光分配箱

完成配线光缆与入户线光缆在室外或室内的连接作用,提供光缆固定、光纤连接和分纤功能,光纤连接一般采用活动连接方式,并可根据 FTTX 工程需要安装盒式光分路器。箱式可分成室内外挂墙安装式,杆上安装式。光分配箱如图 10.13 所示。

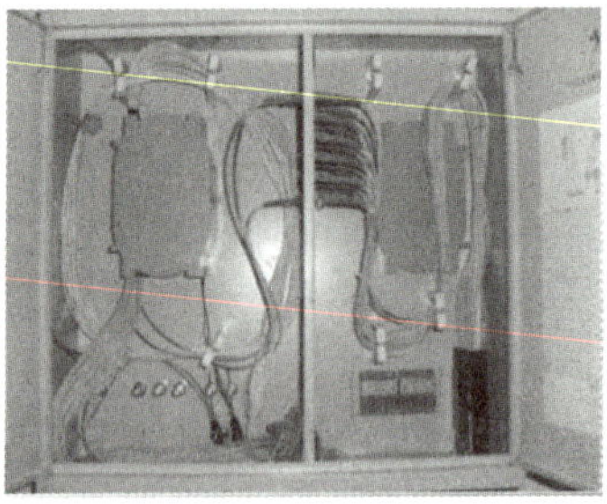

图 10.13 光分配箱

3. 光分纤盒

完成配线光缆与入户线光缆在室内的连接作用,提供光缆固定、光纤连接和分纤功能,光纤连接一般采用固定连接方式,并可根据 FTTX 工程需要安装简式光分路器;盒体设置由皮线光缆及加强芯的专用固定装置。光分纤盒如图 10.14 所示。

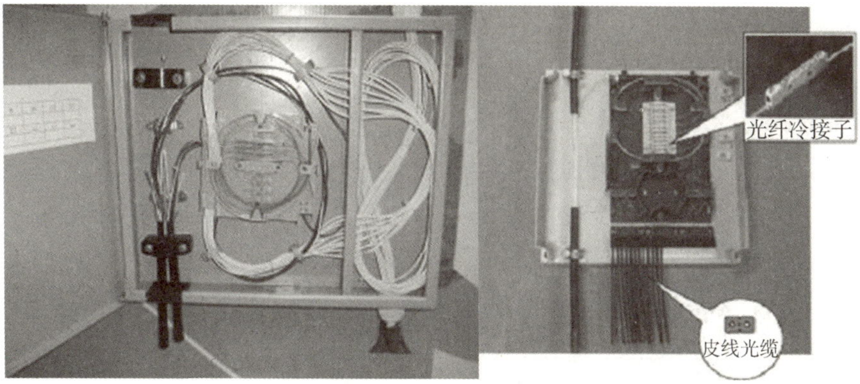

图 10.14　光分纤盒

（四）用户端设备

1. 用户综合箱

主要用在 FTTB 工程的楼道中，里面放置 ONU 设备、110 模块、电源插板、空气开关等器件。用户终端箱如图 10.15 所示。

图 10.15　用户终端箱

2. 家庭综合信息箱

完成入户皮线光缆在室内的端接，提供 ONT、ONT 电源的安装保护，及光/电缆储存和保护功能。也可以应用户要求加装有线电视、数据、话音等模块。家庭信息箱如图 10.16 所示。

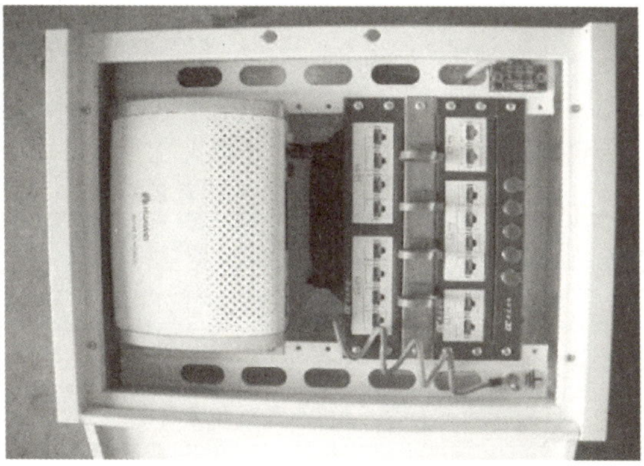

图 10.16　家庭信息箱

3. 光纤插座

主要用来固定和保护光纤现场连接器，可以根据工程需要采用明装和暗装方式。一般采用 86 型面板，且外观应与强电面板、弱电面板的外观相同或基本一致。光纤插座如图10.17 所示。

图 10.17　光纤插座

(五)光缆及配件

1. 室内“8”字皮线光缆(见图 10.18)

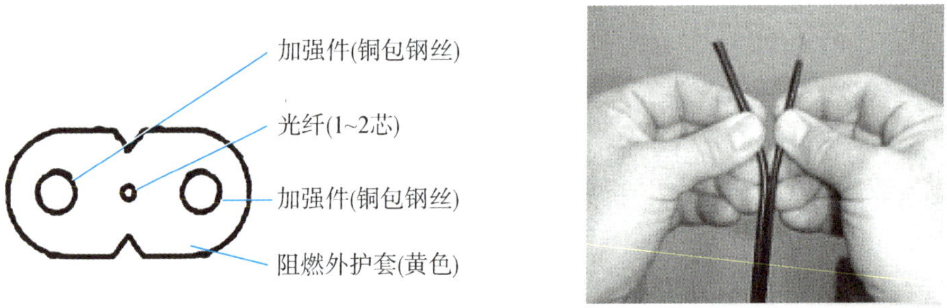

图 10.18　室内“8”字皮线光缆

室内“8”字皮线光缆性能参数，见表 10.2 所示。

表 10.2　室内“8”字皮线光缆性能参数

光纤芯数	光缆尺寸(mm)	重量 (kg/ km)	允许拉力 (N)	允许压力 (N)	最小弯曲半径	
					光缆	光纤
1～2	2.0X3.0	8	200	2200	15	15
储存温度	−30℃～70℃					
工作温度	−30℃～70℃					

2. 管道型“8”字布线光缆

管道型“8”字布线光缆(如图10.19所示)，是一种专门针对FTTX设计的一种光缆类型，其光缆特性兼顾了室外光缆与室内光缆的特点。它采用全干式结构，可从室外管道直接引入建筑物内终结，特别适合于与快速连接器、冷接组件配合使用；也可将其中的“8”字光缆中的纤芯分离出来直熔连接。

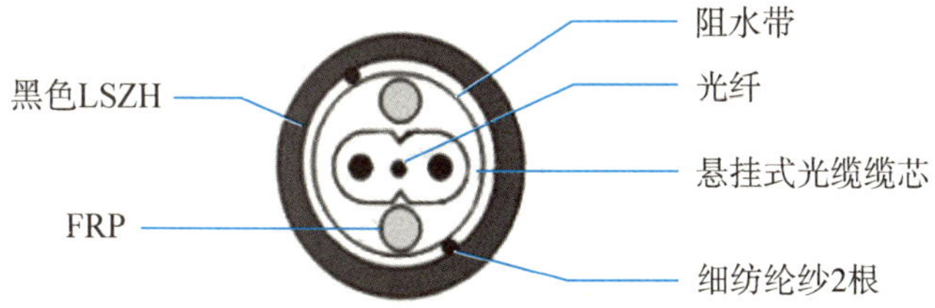

图10.19　管道“8”字皮线光缆

(1)管道“8”字皮线光缆的特点

光缆为全干式结构，便于清洁施工。采用低烟无卤护套料，适合室内外两种环境。“8”字布线光缆缆芯与通信附件配合良好，便于冷接或熔接，与ONT形成一一对应关系。细纺纶纱不仅可增加光缆强度，还可作为撕裂绳使用。具有优越的弯曲、抗压、抗拉性能。施工开剥非常方便。

(2)管道“8”字皮线光缆性能参数(见表10.3)

表10.3　管道“8”字皮线光缆性能参数

光纤芯数	光缆直径(mm)	重量(kg/km)	允许拉力(N)		许压力(N)	最小弯曲半径	
			长期	短期		光缆	光纤
1~2	6.8	48	200	600	2000	20	15
储存温度	−40℃~70℃						
工作温度	−40℃~70℃						

3. 自承式“8”字布线光缆(如图10.20)

自承式“8”字布线光缆特点有：适合独立住宅架空引入，性能稳定可靠，可进行较远跨距的光缆敷设；采用小弯曲半径光纤生产，具有优良的抗弯性能；施工安全可靠，可像铜缆一样对待，不易出现施工故障；无需工具即可开剥光缆，光缆易于固定，安装成本低；室外室内两用，光缆可现场成端。

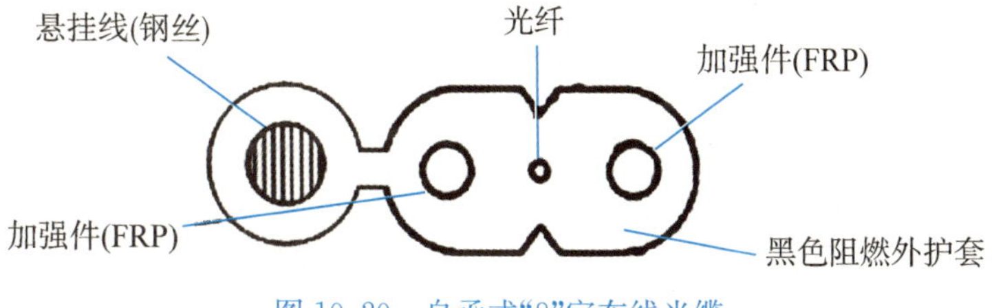

图10.20　自承式“8”字布线光缆

自承式“8”字布线光缆性能参数见表10.4。

表 10.4 自承式"8"字布线光缆性能参数

光纤芯数	光缆直径(mm)	重量(kg/ km)	允许拉力(N)		许压力(N)	最小弯曲半径	
			长期	短期		光缆	光纤
1~2	2.0×5.4	20	200	600	2200	15	15
储存温度	−30℃~70℃						
工作温度	−30℃~70℃						

4.光分路接头盒

用于两根或多根光缆之间的保护性连接、光纤分配,是用户接入点常用设备之一,主要完成配线光缆与入户线光缆在室外的连接作用,并可根据 FTTX 接入需要安装盒式或简式光分路器。光分路接头盒如图 10.21 所示。

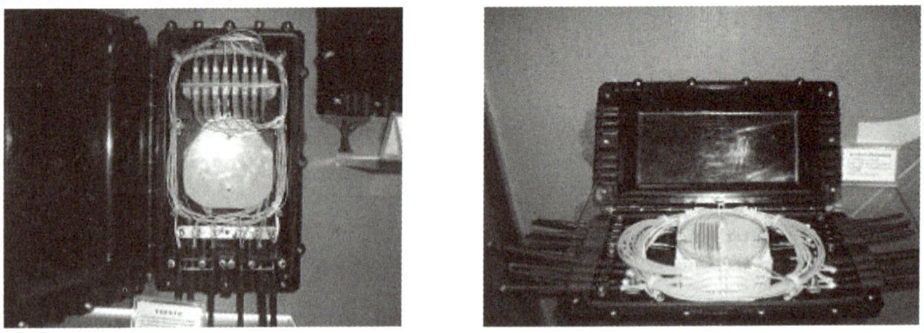

图 10.21 光分路接头盒

5.其他配件

适配器:建议采用 SC/SC 适配器。

光纤快速连接器("8"字光缆夹持型,如图 10.22):用于现场安装的高可靠性连接器,适合"8"字光缆现场成端;无需研磨无需繁重工具快速和易于操作适合"8"字布线光缆直接成端与标准 SC 光纤连接器/适配器完全兼容。

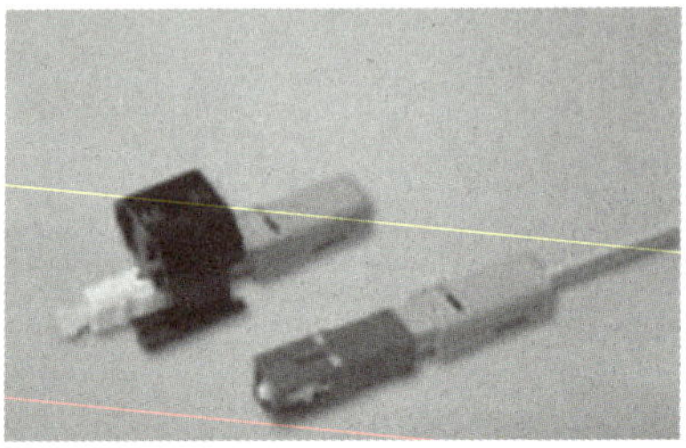

图 10.22 光纤快速连接器

冷接子如图 10.23,是一种通过机械方式快速实现裸光纤对接的光纤接续器件。

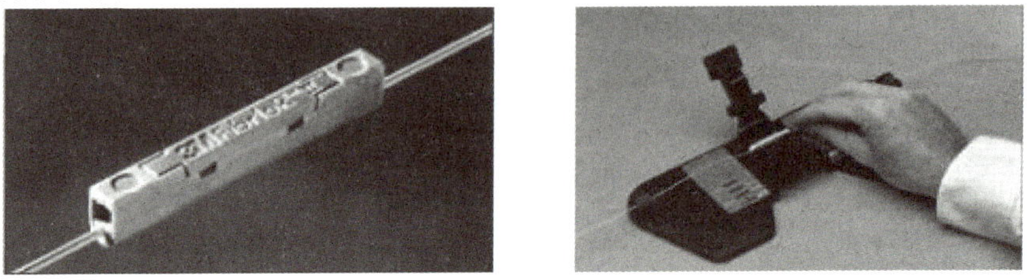

图 10.23 冷接子

L 型机械快接式光纤插座如图 10.24，具有快速光纤机械接续功能，适应安装在 A86 接线盒内的光纤插座。

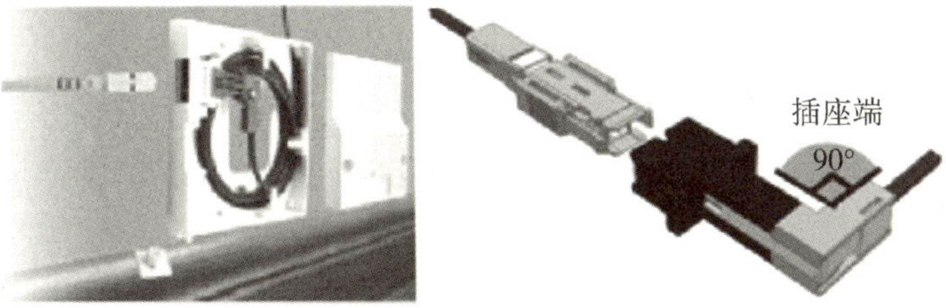

图 10.24　L 型机械快接式光纤插座

二、FTTX 工程施工及验收规范

（一）OLT 安装施工

OLT(Optical　Line　Ter minal)：光线路终端。在 PON 技术应用中，OLT 设备是重要的局端设备，目前常用的 OLT 设备分别有华为 MA5680T 设备、中兴 ZTE　C220 设备，烽火 AN5516 设备等。在 OLT 安装施工中需要施工人员对工程设计文件的相关内容熟悉和了解，以便指导施工。

（二）ODF 安装施工

ODF 架即为光纤配线架（Optical　Distribution　Fra me），用于光纤通信系统中局端主干光缆的成端和分配，可方便地实现光纤线路的连接、分配和调度。

ODF 架的安装施工过程中需要做到根据设计要求确定 ODF 架安装位置和朝向，垂直偏差小于等于机架高度的 1‰。

（三）光交箱安装施工

光交箱安装施工验收标准详见项目 9 对应内容。

（四）光分纤箱施工

光分纤箱的安装时，需要确保箱体的稳固性，箱内应留有足够的接续区，并能满足接续时光缆的存储、分配，不同类的线缆应留有相对独立的进线孔，孔洞容量应满足满配时的需求，光纤在机箱内应用适当的预留，预留长度以方便二次接续的操作为宜，线缆引入孔处应使用防火泥进行密封。

（五）光分路器箱施工

需要使用到的工具有：熔纤机、酒精、功率计、无水乙醇、OTDR 测试仪、尾纤、剖线钳、光纤切割刀、斜口钳、水平尺、冲击钻、螺丝刀、波纹管、黄色胶布、黑色胶布、软塑带、戒子刀、防火泥、铁皮钳、光功率计、笔式红光源等。

1. 安装环境的检查

箱体安装之前需要对安装环境进行检查，并且挂墙安装时，选择的环境和安装位置有一定要求，总结如下。

（1）光缆分纤箱，光分路箱的安装地点需根据设计文件施工。一般在楼宇内尽量选择物业设备间、车库、楼道、竖井、走廊等合适地点安装。

（2）在安装光缆分纤箱、光分路箱时，需考虑好接下来光缆敷设的便利。特别是“薄覆盖”项目，需考虑二次施工时蝶形光缆如何布放入户。

(3)以下位置不宜挂墙安装,不稳固的、年久失修的墙壁;装饰外墙、女儿墙等非承重墙;临时设施的外墙;影响市容市貌、影响行人交通以及其他不宜挂墙的位置;空间狭窄不利于打开箱门、维护操作的弱电竖井。

(4)在实际安装位置周围还要注意设计文件要求安装箱体位置的上方是否有水管等存在漏水的隐患,是否有高压线经过,是否容易阻碍行人通过等。

(5)户内安装光缆分纤箱/盒、光分路箱/框时要求箱/框底部距地面高度宜为 1.2 m~2.5 m,具体结合现场情况。

(6)户外安装光缆分纤箱/盒、光分路箱/框时要求箱/框底部距地面高度宜为 2.8 m~3.2 m,具体结合现场情况。

(7)竖井中安装光缆分纤箱/盒、光分路箱/框时要求箱/框底部距地面高度宜为 1.0 m~1.5 m,具体结合现场情况。

(8)如果发现设计文件中安装位置存在问题,要及时通知监理单位或建设主管,不要盲目施工。

2. 光缆和尾纤的熔接与盘留

光纤在箱内布放时,不论在何处转弯,其曲率半径应不小于 30 mm,因此可以根据具体厂家箱体的实际情况来选择较大弧度的转弯。

下面以此厂家的箱体为例说明光缆和尾纤熔接与盘留的走线方式。

光缆进入箱体之后,开缆套纤芯保护管,选择较大弧度的走线方式进入熔纤盘,在与尾纤熔接之前需要确定好尾纤的走线方式和长度,确定时需要注意:

第一,尾纤熔接后出熔纤盘的位置需要与进熔纤盘的光缆在同一侧,尽量不选择对角处,以方便于光纤在熔纤盘内熔接和盘留有较大弧度,避免损伤光纤。

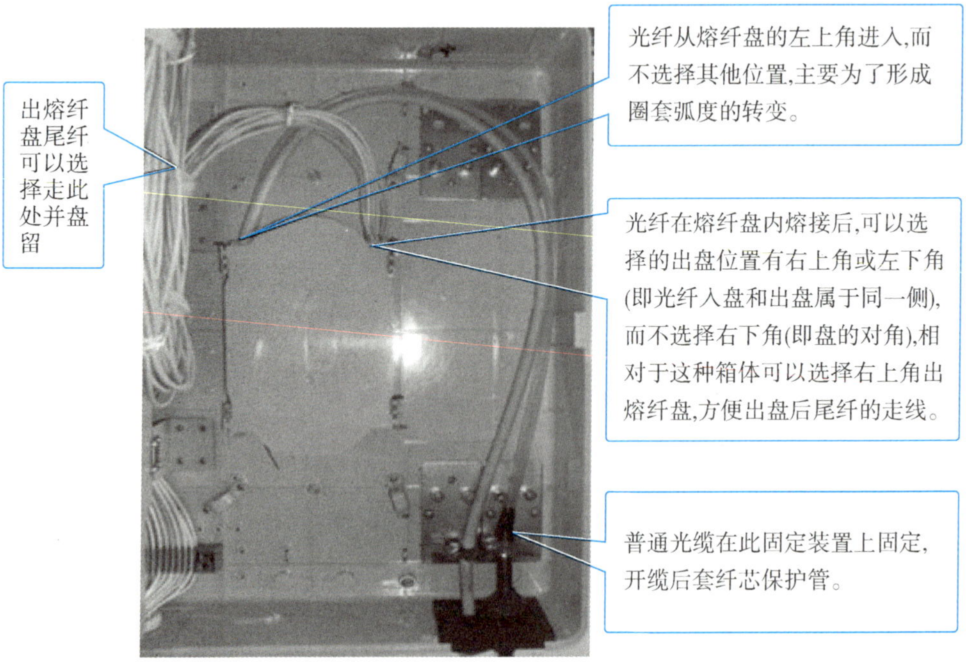

图 10.25　光缆和尾纤熔接与盘留的走线方式(一)

第二，尾纤熔接完毕出熔纤盘后，都需要选择较大弧度的走线方式，使尾纤插入光分路器和停车位。

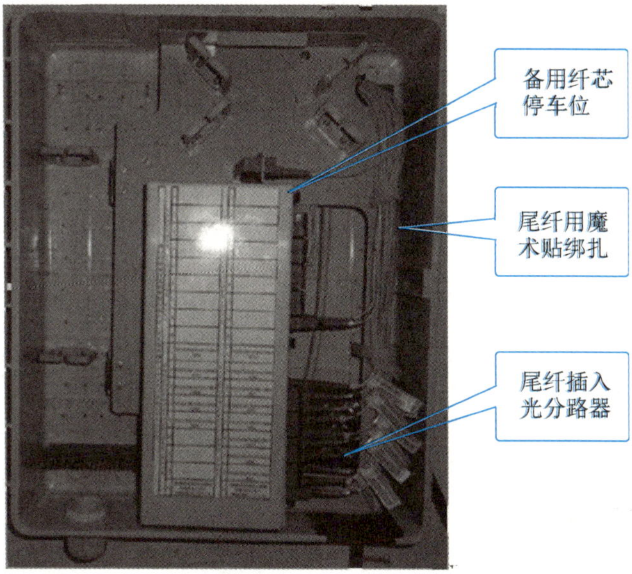

图 10.26　光缆和尾纤熔接与盘留的走线方式(二)

第三，走线方式确定后，需要注意的是光分路器框的打开和关闭时是否对尾纤产生挤压，如果出现挤压的情况，可以修改走线方式，最大限度地减少对光纤的损害。

因此，确定完尾纤的走线方式和长度之后，在熔纤盘内盘留后与尾纤熔接。另外需要注意的是尾纤的绑扎必须用软塑带不能用扎带，以免损伤光纤。

3. 掏接光缆的施工方式

掏接光缆从箱体下方进入，盘留一圈后从箱体的上方出，分别在掏接光缆上下固定位做好标记，在上下固定位往内 3 厘米处横切两个小口，在上固定位开口处往内纵切 8 厘米，找到需要成端的纤芯，剪断，从下固定位开孔处把外皮往上提开，小心抽出纤芯，整理好纤芯套纤芯保护管，缠绕胶布，在上固定位开口处缠绕好胶布封住开口，束状光缆在上下固定位缠绕多圈胶布箍紧。

具体施工步骤如下图：

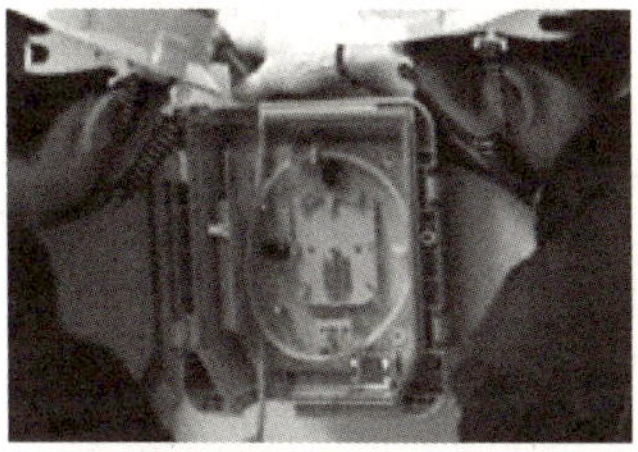

1. 束状光线从箱体左下方进，盘留一圈后从左上方出。

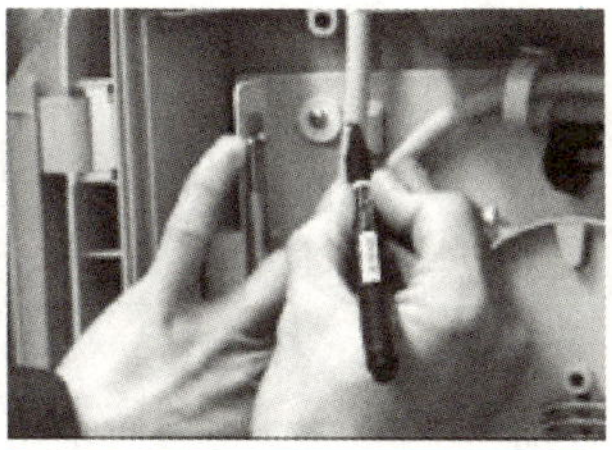

2. 在束状光缆的上固定位用油性笔做好标记。

3. 在束状光缆的下固定位用油性笔做好标记。

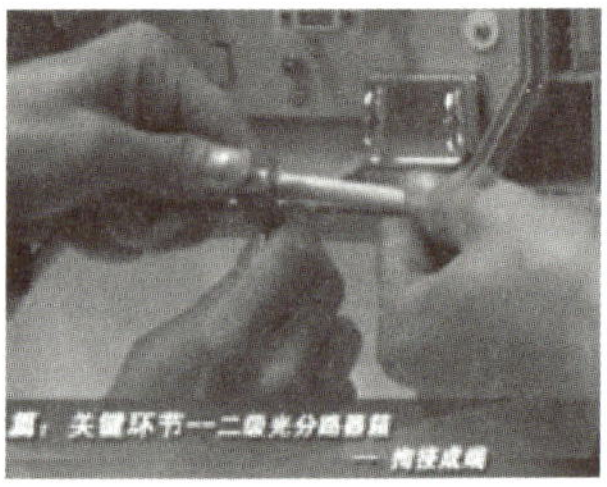
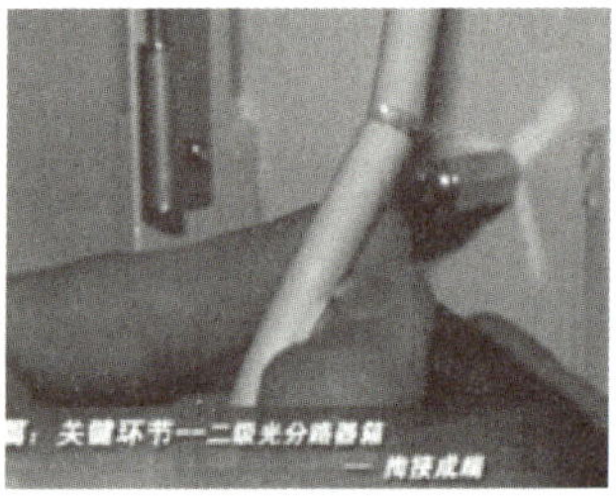
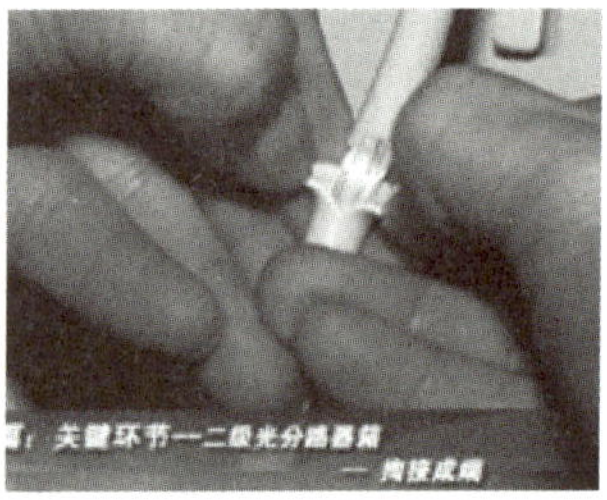

4. 在下上标记位往内3厘米处小心横切一个开口。

5. 在上横切口处往内纵切8厘米，纵切前应调小刀口以免损伤光缆。

6. 纵切光缆后小心刨开光缆外皮。

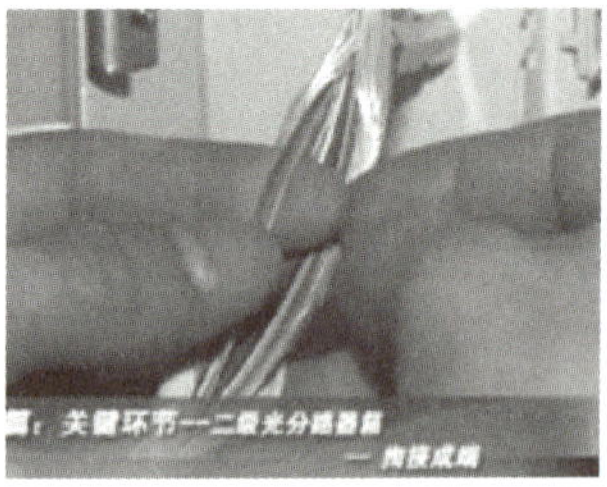
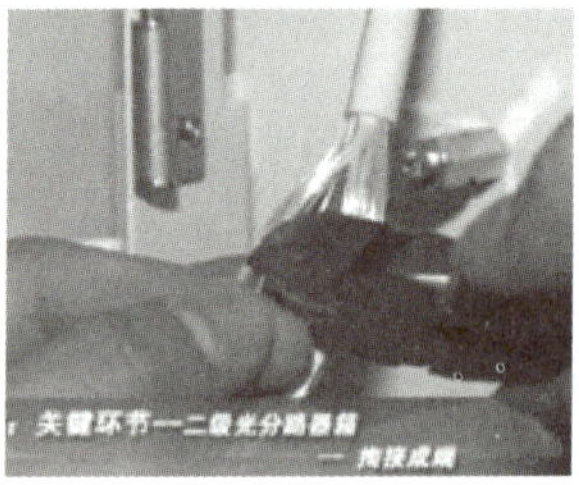
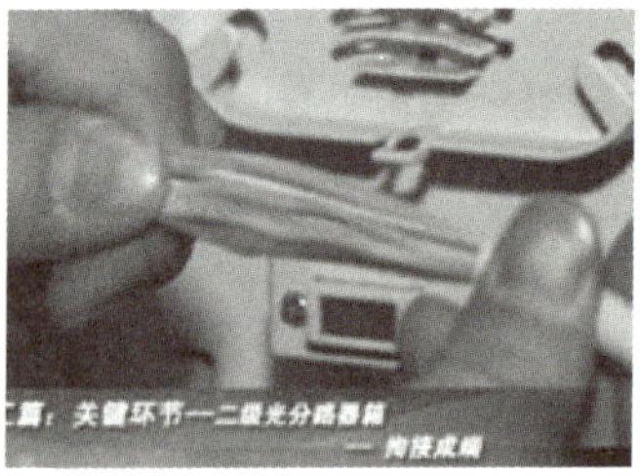

7.刨开束状光缆皮后小心找需要熔接的纤芯。

8.将找到的纤芯剪断。

9.在下横切口处往上小心提开束状光缆外皮。

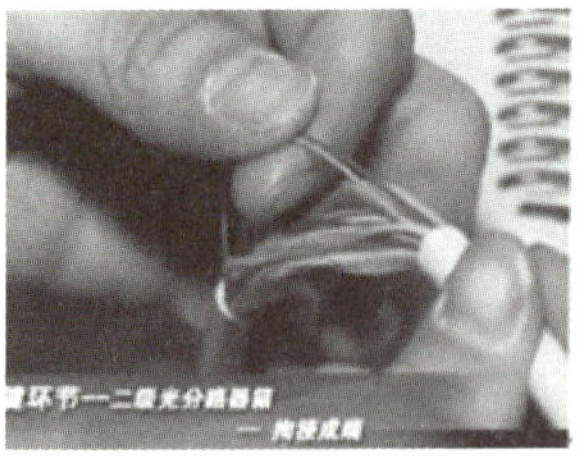
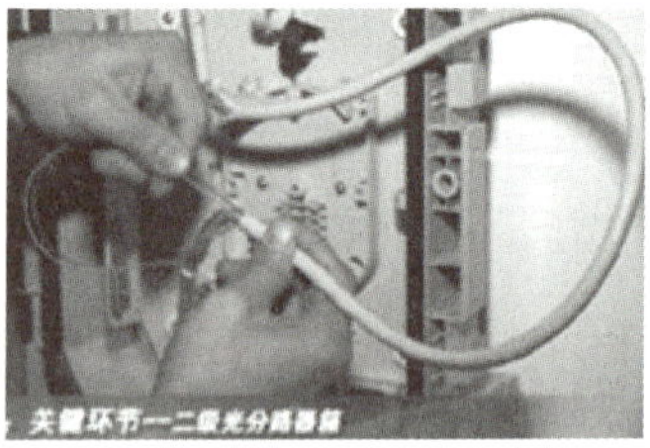
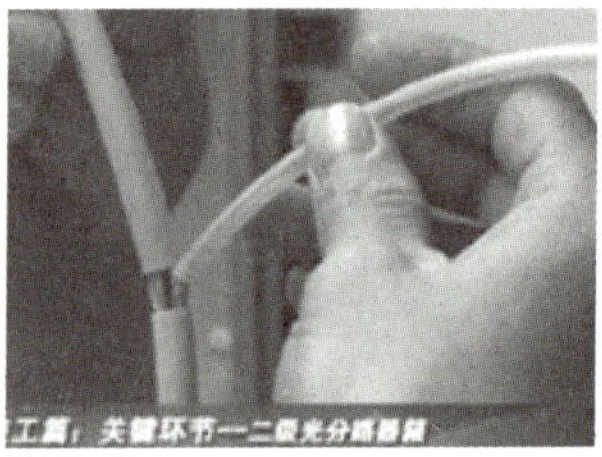

10.提开外皮后找到已剪断的纤芯,小心抽出。

11.完全抽出纤芯,注意纤芯的弯曲度以防损伤光纤。

12.将抽出来的纤芯套上纤芯保护管。

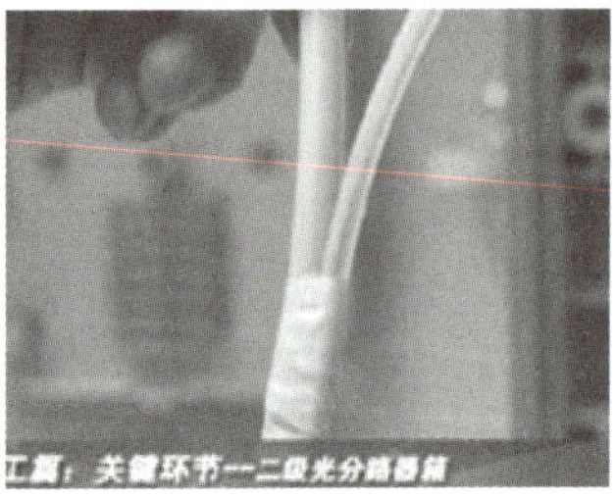
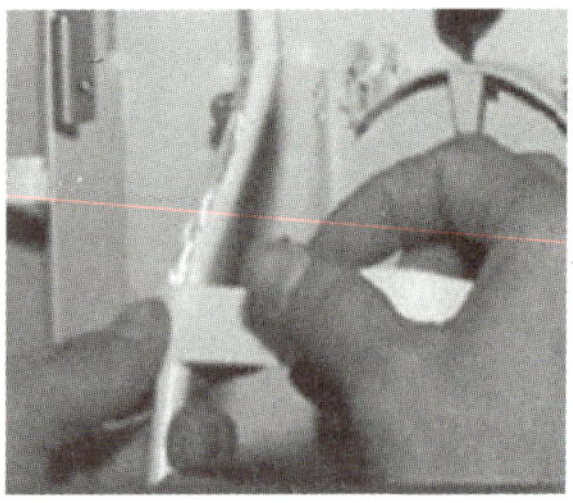
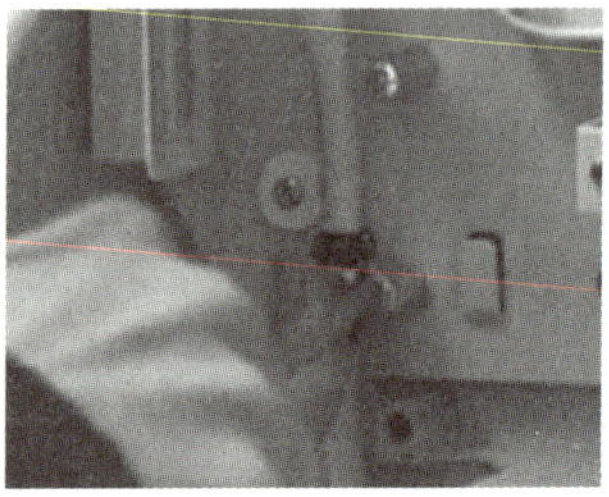

13.在套纤芯保护管处缠绕黄色胶布保护。

14.在上纵切口处重新包好光缆外皮并缠绕黄色胶布保护。

15.在上下固定标记处缠绕多圈黑色胶布,套上铁箍箍紧。

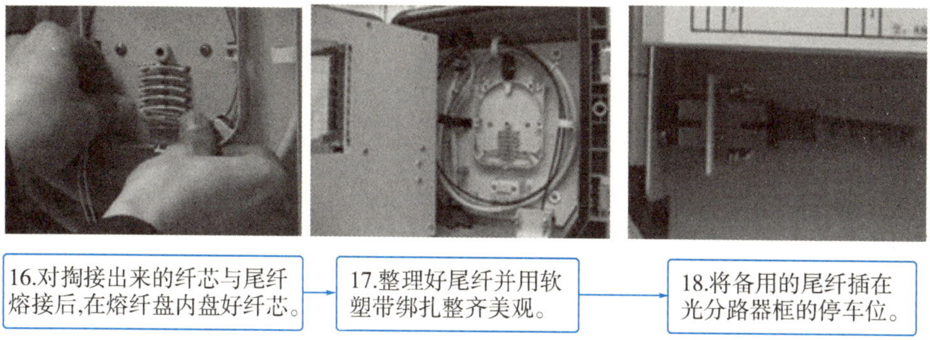

图 10.28 掏接光缆的施工方式

对掏接出来的纤芯进行熔接,同样选择较大弧度的走线方式进入熔纤盘,在与尾纤熔接前也需要确定尾纤的走线方式和长度。另外注意掏接光缆在箱体之外需要全程套管保护。

4. 皮线光缆的施工方式

对于全覆盖,皮线光缆布放入户后需要用红光笔确定用户房间号,一般皮线光缆从箱体的下方出,并且在出口处有皮线光缆的固定位,箱体内有盘留位设计的,皮线光缆可以在盘留位盘留一圈后做好冷接头插入分光器。并且在皮线光缆出箱体之后进入线槽之前需要套波纹管保护,并且封堵防火泥。

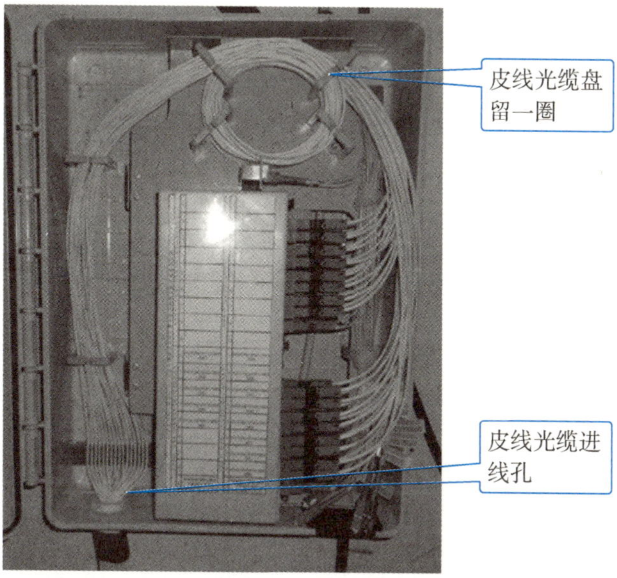

图 10.29 皮线光缆的施工方式

如果是薄覆盖项目,引入蝶形光缆暂不布放,在有具体业务需求时,根据需求布放,在二级光分路器上抽取一个端口进行全程光衰减测试,确保性能指标符合要求,覆盖完成蝶形光缆布放后用红光笔连通性和对应性测试。并且填写相应的测试表格。

(六)ONU 施工

如果在用户装有综合信息箱的,ONU 设备可以安装在综合信息箱内,另外可以根据实际情况把 ONU 安装在用户门口天花板上，对于明钉线槽的，需要做好线槽的走线美观以及不损害到其他设施。

综上所述，ONU 的安装需要根据实际用户，想方设法在满足用户的要求下，做到安全、美观，不影响到其他设施设备。

（七）箱体内资源标签

对于设备标签，在箱体需要粘贴面板成端图，需要显示出分光器的数量和分光器的端口对应关系，以及排列方式，薄覆盖需要写明覆盖范围，全覆盖的需要写明用户所对应的端口。而在尾纤上同样需要粘贴尾纤标签，一级分光的需要显示出光路编码，上联的 OLT 端口，局端机房 ODF 位置，本端一级光分路器编码；一级至二级的尾纤标签上则需要显示光路编码以及一级至二级的光路名称；对于备用标签的需要注明两端的光分路器箱编码，并且写上（备用）两字。

全覆盖建设时，皮线光缆布放入户，需要在户内挂好指示牌；在开通用户时，需要在皮线光缆的两端，即光分路器端和 ONU 端都要黏贴皮线光缆标签。

在使用掏接光缆时，考虑到有纤芯不需要使用，为了以后抢修维护方便，需要在箱门内黏贴一张纤芯主备用说明。

三、线缆施工规范

在 FTTH 工程建设中，光缆布放质量直接影响到项目交付的质量。下面部分除传统光缆施工规范（如管道、直埋、架空光缆）外，最重要的是介绍了楼道光缆布放规范内容。

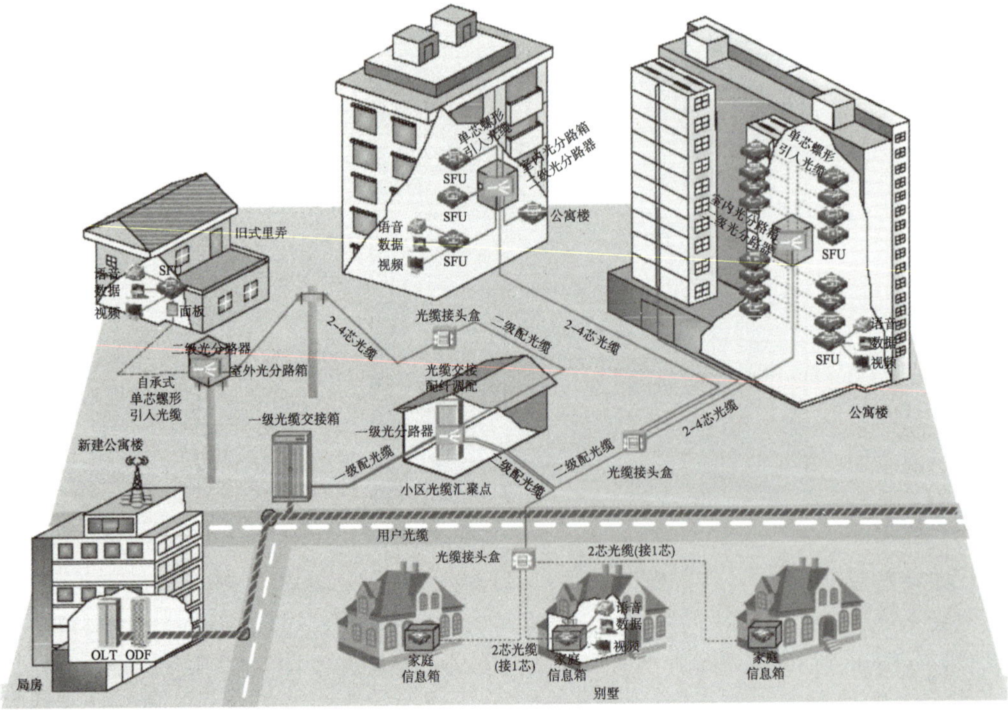

图 10.30　FTTH 网络示意图

（一）管道光缆的敷设

管道光缆施工在城市中较为常见，在施工前，需带齐设计图纸及根据规范做好安全防护措施，严格按照图纸施工，如需在管道中布放蝶形光缆，宜采用有防潮层的管道型蝶形引入光缆，并加强保护。

在施工中的具体要求还需遵循项目 9 任务 8 对应内容。

（二）埋式光缆的敷设

直埋光缆埋深应满足通信光缆线路工程设计要求的有关规定，具体埋设深度应符合表 10.5 的要求；光缆在沟底应自然平铺状态，不得有绷紧腾空现象；人工挖掘的沟底宽度宜为 400 mm。

表 10.5　直埋光缆埋深标准

敷设地段或土质		埋深(m)	备注
普通土		≥1.2	
半石质、砂砾土、风化石		≥1.0	从沟底加垫 100 mm 细土或沙土，此时光缆的埋深可相应减少
全石质		≥0.8	
流沙		≥0.8	
市郊、村镇		≥1.2	
市区人行道		≥1.0	
公路边沟	石质(坚石、软石)	边沟设计深度以下 0.4	边沟设计深度为公路或城建管理部门要求的深度
	其他土质	边沟设计深度以下 0.8	
公路路肩		≥0.8	
穿越铁路、公路		≥1.2	距路基面或距路面基底
沟、渠、水塘		≥1.2	
农田排水沟(沟深 1 m 以内)		≥0.8	
河流			应满足水底光(电)缆要求

同时，埋地光缆敷设还应符合以下要求：

直埋光缆的曲率半径应大于光缆外径的 20 倍。光缆可同其他通信光缆或电缆同沟敷设，同沟敷设时应平行排列，不得重叠或交叉，缆间的平行净距应≥100 mm。

（三）架空光缆的敷设

架空光缆多用于农村、田地、空旷地区等，具体要求详见项目 9 任务 8 对应内容。

（四）墙壁光缆的敷设

墙壁光缆敷设具体要求详见项目 9 任务 8 对应内容。

（五）楼道光缆的敷设

FTTH 项目跟其他传统光缆项目相比，在居民小区内布放光缆场景较多，特别是楼道内皮线光缆的施工难度较大。具体要求详见项目 9 任务 8 对应内容。

（六）光缆接续与成端

光缆接续的内容应包括：光纤接续、金属护层、加强芯的连接和接头衰减的测量。具体要求详见项目 9 任务 8 对应内容。

当项目中采用掏接(分歧式光缆接续)时，应符合下列具体要求：

宜采用室内束状光缆或分支型光缆进行掏接。掏接时，光缆统一按照 TIA/EIA－598－B 标准色谱顺序或数字顺序依次掏接。

表 10.6　TIA/EIA－598－B 标准色谱

序号	1	2	3	4	5	6	7	8	9	10	11	12
颜色	蓝	桔	绿	棕	灰	白	红	黑	黄	紫	粉红	青绿

采用掏接时，该位置需接续的纤芯剪断后，要加强保护。不得对直通光纤造成损伤；直通光纤在光缆接续处需预留时，宜与分歧接续的光纤分开盘留。

四、测试验收规范

(一)测试规范

具体要求详见项目 9 任务 8 对应内容。

(二)测试仪表介绍

由于 FTTH 工程属于光缆工程中涉及设备调测的工程，所以测试所需的仪表除了平时光缆用到的测试仪表外，还包括测试设备性能的仪器，详细如图 10.31 所示。

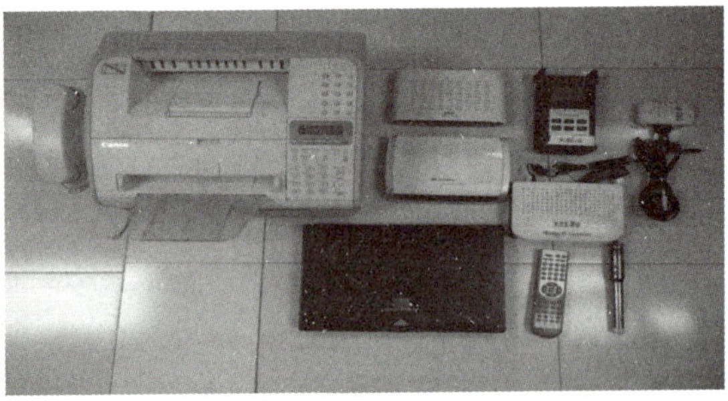

图 10.31　FTTH 测试仪表

测试用到的仪表工具有(从左到右)：传真机、光猫、PON 光功率计、IPTV 机顶盒、红光笔、笔记本电脑、OTDR 测试仪，如图 10.32 所示。

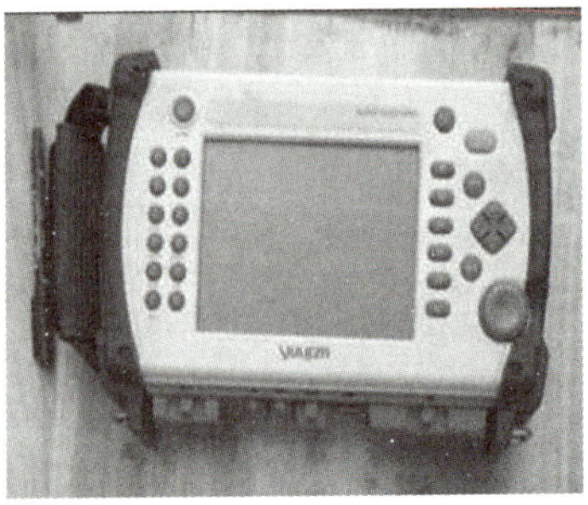

图 10.32　OTDR 测试仪

(三)测试验收步骤

1. 测试前的准备

项目完工后将竣工图纸发给集成单位，由集成单位出版对应的集成资料。并竣工图纸发给资源中心录入光路调度系统，然后由系统调度员配置相应的光路，并下发给施工单位，以作跳纤使用。施工单位根据集成资料，光路调单等信息，就可以将整份的放号资料做好并提交到资源中心进行录入、审核，审核通过后便可以要求电信部门出具相应的测试工单进行测试了。

带齐光路调单，准备相关的测试工具(如图 10.31、图 10.32 所示)，测试工单，就可以到现场进行相关的业务、指标的测试了。

2. 测试过程

首先，先到需要测试节点的上联 OLT 机房，布放好尾纤，张贴标签等工作，以上两项工作准备好后，用 PON 功率计先进行一次 OLT　PON 口的光功率测试，波长选择下行 1490 nm，在 ODF 架侧的测试结果的范围大约在+2～+7 dB m(如图 10.33 所示)。

图 10.33　OLT　PON 口光功率测试

在 ODF 架侧测试 PON 的发光功率在合理范围后，再到对应的节点进行相关的光功率、业务的测试，由于 FTTH 组网方式的不同，现就目前使用较多的两种方式，即分开一级分光和二级分光两种情况进行讲解具体的测试步骤。

(1)一级分光组网的业务和全程光衰耗测试

一级分光的组网方式一般是使用 1∶64 的分光器，即一个 PON 口对应一个分光器。1∶64 分光器的插入损耗值大约在 21 dB 左右，在该种模式下，在分光器端口测试的光功率(全程光衰耗测试)范围应该在－16～－21 dB m(算上中间跳接的损耗)，但根据相关的要求和设备的性能指标，光功率在－8～－24 dB m，光猫都可以稳定工作，这点需要大家注意的。在测试分光器时，我们抽取 10%的端口进行抽测，即 1∶64 的分光器我们抽取 7 个端口测试，以此类推，通过抽样测试来判断分光器端口的性能，下面以华为光猫(型号 HG850E)为例，详细讲解业务测试的过程(传真和 IPTV 为选测项目)。

①在测试合格的分光器端口下，将光猫接上，在笔记本电脑设置本机的 IP 地址为 192.168.1.X(X 不能为 1)，然后点确定。

②然后打开电脑浏览器，在地址栏输入 192.168.1.1，会弹出一个对话框，如图 10.34 所示。

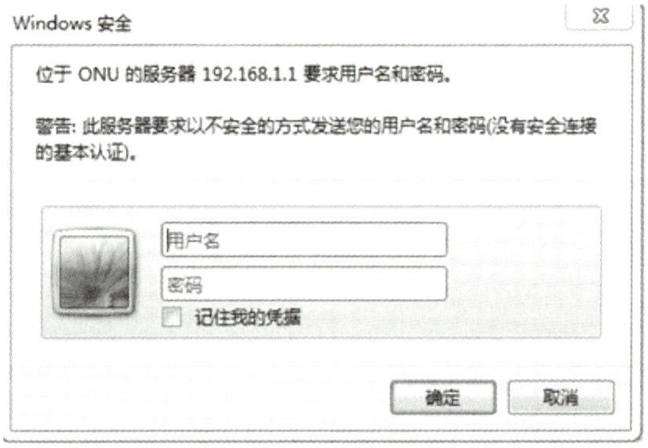

图 10.34　一级分光组网的测试例图(一)

③然后在用户名和密码的空格处输入 ad min(用户名密码一样),进入到 ONU 的界面。输入用户名密码后,点击确认,进入如图 10.35 界面。

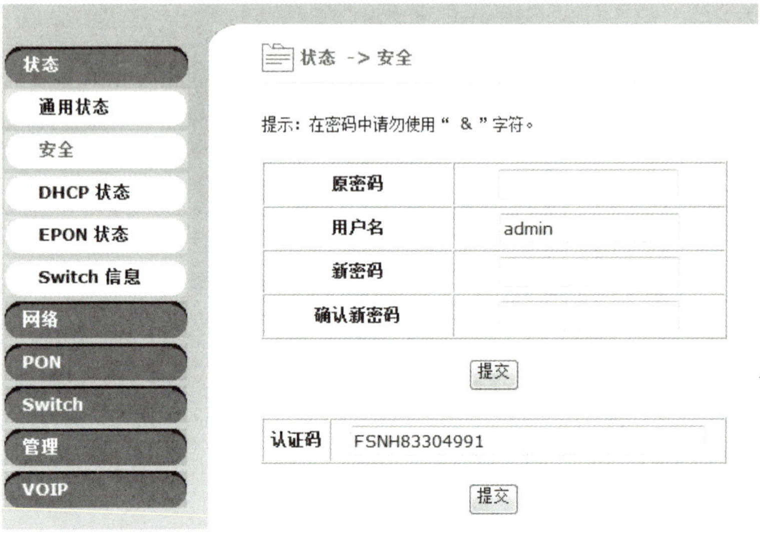

图 10.35　一级分光组网的测试例图(二)

④然后点击状态栏下的安全选项,在认证码处输入测试工单的认证码(也称为 SN 码),点击提交,过几分钟待光猫认证后,就可以进行相关的测试了(具体可以测试的业务见工单的说明)。若数据配置没有问题,宽带测试的结果如图 10.36 所示。

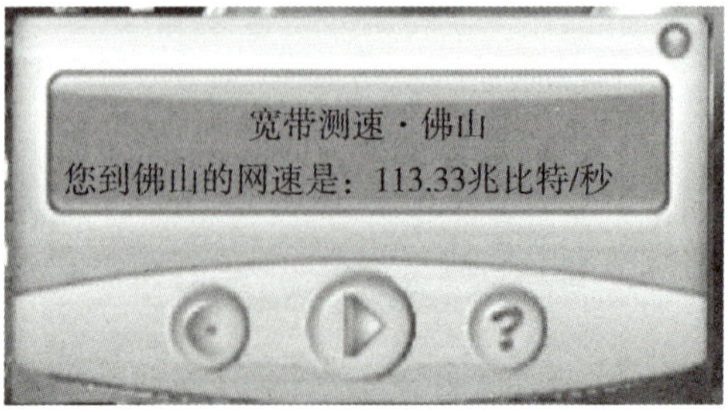

图 10.36　一级分光组网的测试例图(三)

若有其他业务的测试需求，可根据实际情况进行选择，这里的传真和 IPTV 功能测试就不再展开详细的测试过程。

(2)二级分光组网的业务和全程光衰耗测试

二级分光的组网方式一般是使用 1∶8+1∶8，单个 1∶8 分光器的插入损耗值大约在 10 dB 左右。在二级分光的模式下，在二级分光器端口测试的光功率范围(全程光衰耗测试)应该在−18～−22 dB m(算上中间跳接的损耗)，但根据相关的要求和设备的性能指标，光功率在−12～−22 dB m，都可以稳定工作，这点需要大家注意。在测试分光器时，我们抽取 10%的端口进行抽测，即 1∶8 的分光器我们抽取 1 个端口测试，以此类推，通过抽样测试来判断分光器端口的性能，下面就以中兴光猫(型号 F420)为例，详细讲解业务测试的过程(传真和 IPTV 为选测项目)。

①在测试合格的分光器端口下，将光猫接上，在笔记本电脑设置本机的 IP 地址为 192.168.1.X(X 不能为 1)，然后点确定。

②然后打开电脑浏览器，在地址栏输入 192.168.1.1，会弹出一个对话框，如图 10.37 所示。

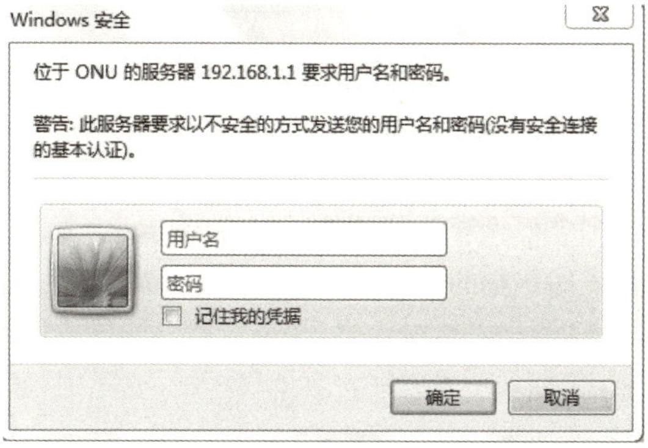

图 10.37　二级分光组网的测试例图(一)

③然后在用户名和密码的空格处输入 ad min(用户名密码一样)，进入到 ONU 的界面。输入用户名密码后，点击确认，进入如图 10.38 界面。

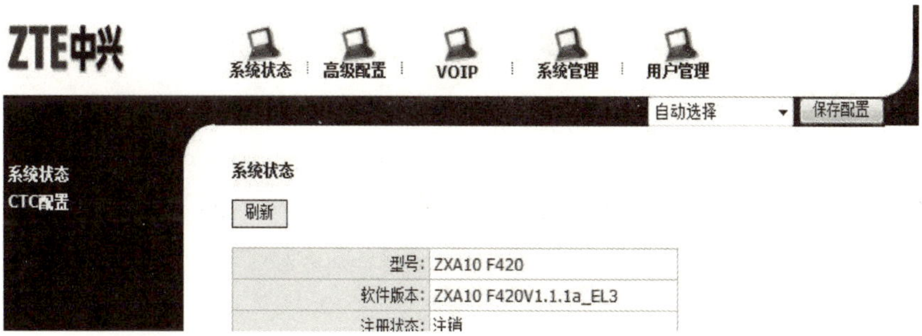

图 10.38　二级分光组网的测试例图(二)

④然后点击高级配置，再点击 ONU 设置，在 SN(红色处)处输入测试工单的 SN 号，点击应用，过几分钟待光猫认证后，就可以进行相关的测试了(具体可以测试的业务见工

单的说明)。若数据配置没有问题,宽带测试的结果跟上面华为的一样,必须要达到 100M。

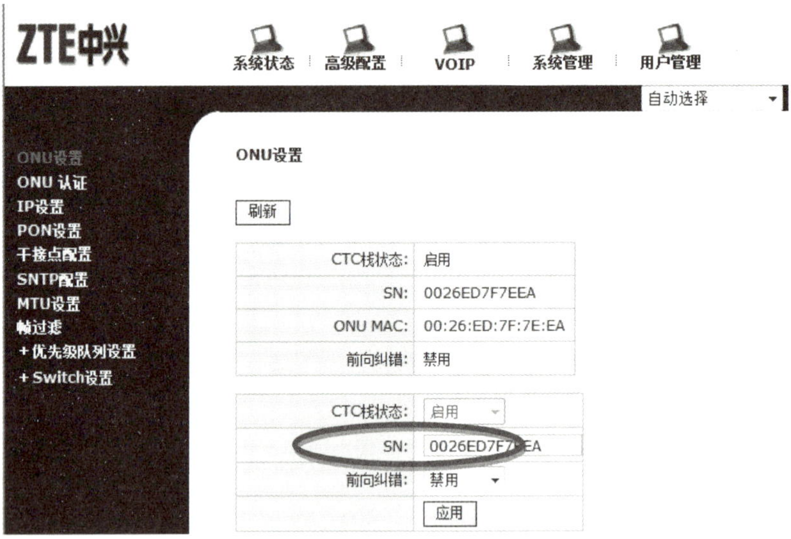

图 10.39　二级分光组网的测试例图(三)

以上的业务测试,不论是一级分光还是二级分光,每个 OLT 的 PON 口我们只需要进行一次业务测试,请注意。

除以上的业务测试和全程光衰耗测试外,若对于全覆盖的节点(工程阶段布放皮线光缆),对其从分光器引入用户端的皮线光缆,我们还需要进行红光笔的通光测试,以此来证明皮线光缆的完好性,测试方法很简单,在分光器一侧将成端好的皮线光缆,插到红光笔上,再到相应的用户处观察是否有红光出现,若有红光出现,则证明该皮线光缆的质量没有问题,若没有观察到红光,则需要排查是标签错误,还是皮线光缆布放后出现折断而无法观察到红光,这点测试对于全覆盖的节点是必需的,请切记。如图 10.40 所示。

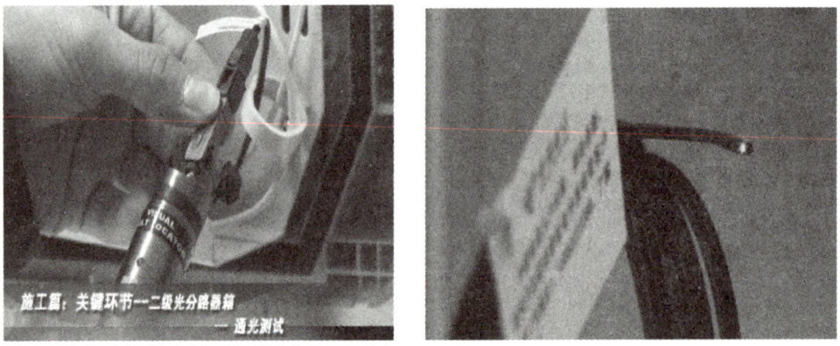

图 10.40　皮线光缆的红光笔通光测试

3. 测试表格

测试表格的作用主要是记录测试过程中各个测试阶段的指标值,例如 OLT 的发光功率,一级分光器的功率,二级分光器的功率,光猫接收的光功率等,都需要详细地记录下来,作为工程竣工测试完成的依据,图 10.41 为某地市的测试报告的样板。

工程名称：		测试日期：	
施工单位：		监理单位：	
节点名称：		有否放皮缆		是否成端

序号	光分路器地址编码	端口号	用户地址	接收光功率大小(dm)	上联 OLT 及对应 PON 口号	PON 口发光功率(dBm)	下行全和光衰减	红光笔测试
1								
2								
3								
4								
5								
6								
7								
8								
9								
10								
11								
12								
13								
14								
15								
16								
17								
18								
19								
20								
21								
22								
23								
24								
25								
26								

续表

27								
28								
29								
30								
31								
32								
对应 PON 口：				上网速度：				
测试方法： 1. 全覆盖时，蝶形光缆布放入户，需 100%进行红光笔测试。 2. 全覆盖和薄覆盖情况下，你需要在二级光分路器上抽取 10%的端口进行全程光衰耗测试(如 1∶8 光分路器，则任意抽取一个端口)。 3. 对应每个 OLT　PON 口(即对应每一个级光分路器)，抽取下带的任意一个二级光分路器端口进行业务测试。 测试指标： 1. 蝶形光缆红光笔测试对应性和连通性正常。 2. 蝶形光缆如在用户端成端时，接收光功率应>−24 dBm，如在光分路器端口测时，接收光功率应>−22.5 dBm 3. 业务测试中，上网速率应能达到 100 Mb/s。								
测试结论：								

监理单位负责人签名：　　　　　　　　施工单位责任人签名：

图 10.41　FTTH 测试样板报告

（四）验收规范

1. 单点验收要求

单点验收时，建设单位会对设备安装工艺和 ODN 安装工艺进行抽查，对系统主要指标进行复测。对工程的竣工图纸、资源录入、现场标签的准确性和完整性进行检查。单点验收通过后，网络发展部、网络运营部、区分公司、监理单位、设计单位、施工单位应在单点验收文档上签字确认，该批节点交付建设单位相关部门使用。

2. 验收流程步骤、抽验比例

新建项目中单个楼盘、甚至单幢楼完成施工；改造项目中单个薄覆盖小区完成施工，经工程、监理单位预检合格后，向建设单位提交单点验收申请和单点验收文件，建设单位组织单点验收工作。施工单位应根据建设单位要求提交单点验收文件工程。建设单位会抽取该单点信息的 60%来跟相关的系统的信息进行核对。

3. 竣工所需步骤，资料、抽验比例

工程项目基本通过单点验收后，根据建设单位的要求，提交竣工文件，申请竣工验收。建设单位组织设计、监理和施工单位对工程进行竣工验收。

施工单位提交的竣工技术文件应包含：工程说明、开工报告、安装工程量总表、已安装的设备明细表、工程设计变更单、重大工程质量事故报告、停(复)工报告。

竣工验收时，建设单位将对工程质量、档案及投资决算进行综合评定，评出质量等级，并对工程设计、施工、监理和相关管理部门的工作进行总结，并给出书面评价。衡量施工质量等级的标准如下。

(1)优良

主要工程项目全部达到施工质量标准，其余项目较施工质量标准稍有偏差，但不会影响设备和器材的使用寿命。

(2)合格

主要工程项目基本达到施工质量标准，但不会影响设备和器材的使用寿命。施工单位应根据建设单位要求提交单点验收文件，包括：放号资料、测试报告、资源截图。

四、FTTH 工程的测试

FTTX 工程主要分为 4 大专业，FTTB、FTTO、FTTH 薄覆盖及 FTTH 全覆盖专业，根据工程测试原则，则可以分为 3 大类。

第一类，OLT 测试：测试 OLT 告警功能及电源、测试 OLT 的基本功能、测试 OLT 的收发光光功率。

第二类，ONU 测试：ONU 设备 PON 接口的收发光光功率值及 ONU 业务测试。

第三类，ODN 测试：全程光衰减测试、故障测试。

(一)OLT 测试

1. OLT 告警功能及电源检查

设备加电之前，应测试电源线单线对地及线间绝缘性；检查各种开关设置正确、熔丝配置符合设计要求并且接触良好。列柜或电源柜的空气开关、熔丝容量应符合设计规定。测试设备的供电电源电压应在正常工作范围内。设备在环境温度、相对湿度范围内应能正常工作。在设计规定允许的电磁场干扰条件下，设备应不出现故障和性能下降。设备接地应符合设计要求。

检查下列告警功能应符合设备技术规定的要求：

电源故障；机盘失效；机盘缺失；ONU 断纤(LoS)；ONU 掉电(可选)。

2. OLT 设备基本功能检查

设备启动及上电加载完成后，系统状态应正常。设备掉电重启后，业务应能快速恢复。OLT 的电源机盘、交换控制机盘、时钟机盘等主用和备用之间应能实现人工/自动倒换功能，且各板卡工作状态正常，业务没有损伤。设备应支持机盘热插拔功能。设备运行情况下，机盘复位后应能恢复正常，且不影响其他机盘的正常运行。业务机盘的热插拔应不影响其他机盘上的业务。设备对配置数据、程序软件的备份功能应符合设计要求。OLT 应能自动发现新加入的 ONU，有提示用户新发现 ONU 的告警信息，对 ONU 进行配置后，ONU 能正确注册并上线，同时删除自动发现的临时表项。

OLT 光功率测试如图 10.42 所示

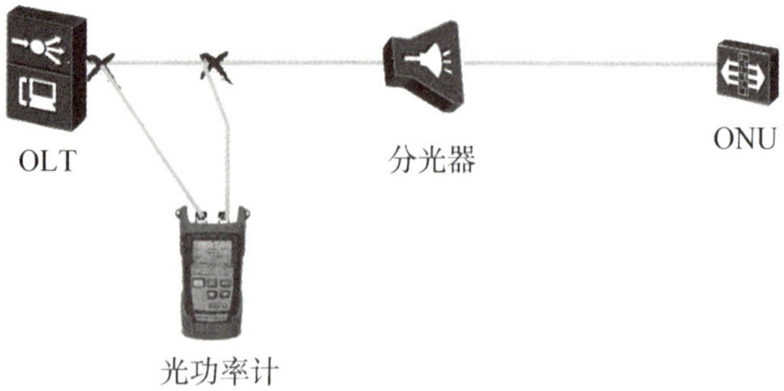

图 10.42　OLT 光功率测试图

3. 测试步骤

对 OLT 设备上电，待 PON 口工作正常后进行测试；

如图 10.42 连接 OLT 设备、光功率计、ONU 侧光缆；

待光功率计读数稳定后，分别读取 1310 nm、1490 nm 波长对应的光功率值。

4. 预期结果

OLT 的发光功率值读数在+2 dB m—+7 dB m 范围内(EPON　PX20+光模块)；

OLT 的收光功率值读数在－8 dB m—－28 dB m 范围内(EPON　PX20+光模块)。

(二)ONU 测试

1. ONU 光功率测试，如图 10.43 所示。

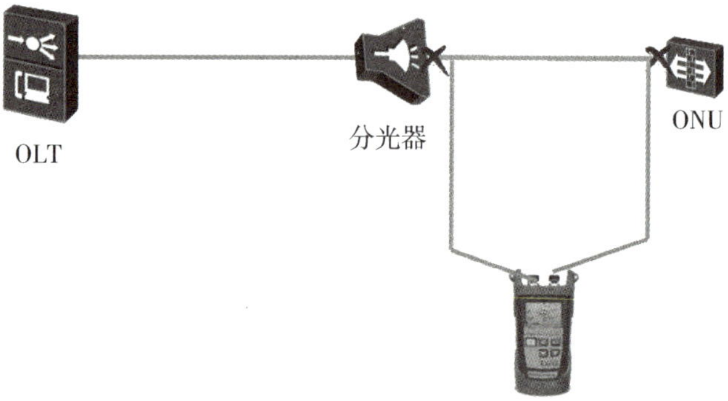

图 10.43　ONU 光功率测试图

2. 测试步骤

对 ONU 设备上电，待 PON 口工作正常后进行测试；

如图连接 ONU 设备、光功率计、OLT 侧光缆；

待光功率计读数稳定后，分别读取 1310 nm、1490 nm 波长对应的光功率值。

3. 预期结果

ONU 的发光功率值读数在－1 dB m—+4 dB m 范围内(EPON　PX20+光模块)；

ONU 的发光功率值读数在－8 dB m—－27 dB m 范围内(EPON　PX20+光模块)。

4. ONU 业务测试

分别测试 ONU 所承载的语音、宽带、iTV 业务的运行情况。

（三）ODN 测试，

ODN 测试如图 10.44 所示。

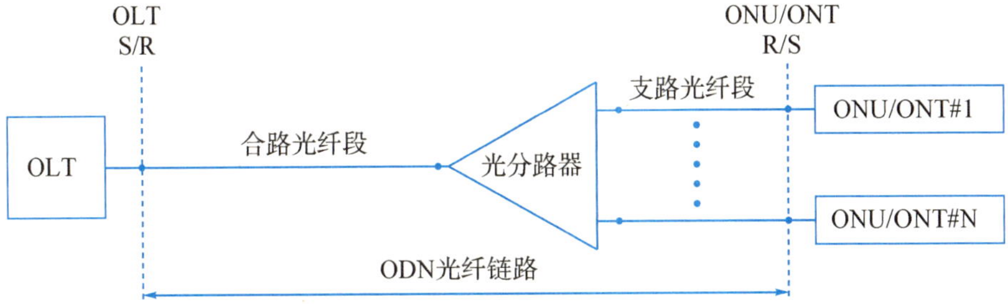

图 10.44　ODN 测试图

按照工信部《宽带光纤接入工程验收规范》要求，ODN 应测试合路光纤段和支路光纤段的光纤衰减和 ODN 光纤链路全程衰减。但在电信工程实际测试时，考虑到工程费用及实施难度，一般只进行 ODN 光纤链路全程衰减测试。如全程衰减不合格，再分别通过测试合路光纤段和支路光纤段来进行检查。

1. 全程光衰测试

测试方法：下行全程光衰减＝OLT 发光功率－ONU 收光功率；上行全程光衰减＝ONU 发光功率－OLT 收光功率。

预期结果：下行全程光衰减≤27.5 dB，上行全程光衰减≤28.5 dB.

2. 故障测试

当全程光衰测试不合格时，需要对 ODN 进行分段测试，以定位导致光衰减过高的故障点，从而排除故障，ODN 各衰减事件的测试参考标准如表 10.7。

表 10.7　ODN 各衰减事件的测试参考标准

名称	类型	平均损耗(dB)
连接点	冷接	≤0.15
	熔接	≤0.1
	活动连接	≤0.5
光分路器	1∶64(PLC)	≤21.5
	1∶32(PLC)	≤16.5
	1∶16(PLC)	≤13.5
	1∶8(PLC)	≤10.5
	1∶4(PLC)	≤7.2
	1∶2(FBT)	≤3.6
光纤(G.652D)	1310 nm(1 km)	≤0.35
	1490(1 km)	≤0.21
光纤(G.657A)	1310 nm(1 km)	≤0.35
	1490(1 km)	≤0.21

10.5 项目用具

1. 实训环境准备： FTTX 实训场地。

2. 工器具准备：EPON 光功率计、OTDR、实验室 ODN 网络布线图。

3. 耗材及资料准备：SC—SC 尾纤(3m)、SC—FC 尾纤(3m)、订货合同副本、设计文本、设计图纸、设备说明书、安装手册等随机资料。

10.6 项目实施

任务 1 确定 FTTX 工程验收流程

工程验收一般分四个阶段即随工检验、初验、试运行和终验，根据工程需要可采用一次性验收，如光缆工程无试运行，采用一次性验收。

随工检验：对设备安装、布线、铁件、机架安装、光跳线和光缆布放、子管布放等隐蔽部分进行施工现场的检查。

初验：一是，对于已通过单点验收的节点，等同于正式验收。二是，项目初验需按照建设单位的要求进行资源数据的验收。

试运行：工程初验后可投入试运行，试运行期一般为 3 个月。

终验：试运行完毕后进行终验。

任务 2 完成随工验收

1. 随工检验应由建设单位委托的监理或随工代表采取巡视、旁站等方式进行。对隐蔽工程项目，应由监理或随工代表签署“隐蔽工程检验签证”。

2. 监理或随工代表应对检验项目签收，对出现的问题做好记录，重大问题应及时上报，由主管部门处理。

3. 工程随工检验项目、内容详见附录 3。

任务 3 完成初验工作

1. 设备安装调测完毕后应进行相关测试，测试项目、测试过程及参考指标见任务 3，初验检查项目、内容见附录 3。

2. 验收资料文件(结合已正式下文的单点验收方案统一要求)。

(1)工程验收前施工单位应根据建设单位要求提交竣工技术文件。

(2)提交的竣工技术文件应包括下列规定资料：

单项工程概预算批复文件、设计会审纪要；工程竣工图纸：利用原施工图纸改绘，个别变动甚大或原设计施工图已无法改绘时，应与设计单位联系重新绘制；建筑安装工程量总表；工程说明；开工报告；停(复)工通知(根据实际情况编制)；交工通知；已安装设备明细表；工程设计变更单；随工质量检查记录(参考附录 B)；重大工程质量事故报告表(根据实际情况编制)；验收证书(应列明本单项工程具体建设规模，包括宽带线数、窄带线数、一体化机柜数量，对 FTTH/FTTO 覆盖工程，特别应注明不同分光比的分光器个数、入户皮线光缆条数、FTTH 工程覆盖区域内的总房间套数等)；测试记录；OLT 上联及下行完整的光电通路表及光路衰耗值，表格形式应符合设计文件要求；工程中所有设备编号、IP 地址及服务对象，编号应符合资源管理要求，表格形式应符合设计文件或资源管理的要求；洽商记录。

(3)竣工技术文件应符合下列要求：

1)内容齐全：应符合相关施工验收办法和要求，文件资料齐全。

2)准确：竣工图纸，测试记录应与实际相符、数据正确。

3)清楚：资料的誊写应清楚。

4)工程中所有设备编号、IP地址及服务对象，其相关编号、表格形式应以修正设计文件为基础进行修改，资料应符合资源管理要求。

3. 抽测比例不少于工程建设范围内的5%。

4. 在初验测试阶段，应按备件清单对各项备件数量进行清点，并对各种备件板进行联机测试，确认性能良好。

5. 工程初验时对于设备安装工艺质量、系统设备的功能验证及指标复测等。

6. 工程初验中发现不符合本规范和工程设计要求的项目，应查明原因，分清责任，由责任方限期妥善处理。

任务4　完成设备试运行工作

1. 初验通过后，由建设单位委托维护方或其他相关部门负责进行试运行。

2. 试运行期内应开通部分业务，检验其传送功能。

3. 对初验中遗留问题进行整改。

4. 试运行期间如果出现重大故障，试运行期要从处理完故障之日起重新计算。

任务5　完成终验工作

1. 在工程试运行结束后，工程遗留问题已解决，可进行工程终验。工程终验由建设单位或主管部门组织。

2. 验收要求和内容

(1)工程终验的内容应包括：

1)确认各阶段测试检查结果；

2)验收组认为必要项目的复检；

3)设备的清点核实；

4)对工程进行评定和签收。

(2)在工程终验过程中，应对以下项目进行检查及评价：

1)初验和试运行中的遗留问题应全部妥善解决。

2)技术文件应符合档案管理要求。

3)对工程的施工质量给出书面评价。

(3)对验收中发现的质量不合格项目，应由验收组查明原因，分清责任，提出处理意见。

(4)工程竣工后，对施工单位的质量应进行等级评定，签发验收证书。衡量施工质量标准的等级如下。

优良：主要工程项目全部达到施工质量标准，其余项目较施工质量标准稍有偏差，但不会影响设备的使用和寿命。

合格：主要工程项目基本达到施工质量标准，但不会影响设备的使用和寿命。

10.7 项目小结

1. 随工检验记录表。
2. 初验检查记录表。
3. 测试记录表。

10.8 思考练习

1. 请简述 FTTX 工程验收的流程。
2. 请简述初验、随工验收和终验的具体检查内容。
3. 隐蔽工程验收需要注意哪些事项？
4. 竣工技术文件应符合哪些要求？
5. 在 FTTX 工程终验过程中，应对哪些项目进行检查及评价？

10.9 拓展提高

想一想：

1. 在 FTTH 工程竣工报告如和撰写？
2. FTTH 工程的竣工决算如何编制？
3. FTTH 工程的送审程序是什么？

10.10 知识链接

相关标准及规范：

1. FTTX 工程施工及验收规范。

参考文献：

1. 中国电信集团公司. EPON/GPON 技术问答[M]. 北京：人民邮电出版社，2010.

2. 李巍，刘册. 光纤到户（FTTH）安装调试[M]. 北京：中国劳动社会保障出版社，2009.

第二部分　通信类教学实践综合实训

学习单元三　通信类课程教学实训

学习单元及知识地图

单元概述

本单元内容主要聚焦通信类课程教学实施内容，主要从教学实施准备、课堂教学实施、实验课教学实施三大方面设置典型项目，侧重于课程教学准备工作、课堂组织与管理、项目教学法实施、任务驱动教学法实施等方面，通过操作与实践，掌握通信类课程教学实施的方法、组织与管理要点等。

知识地图

本学习单元的知识地图如图3所示。

1. 教学实施准备

专业技能包括：课程任务工单的制作技能、课件制作的技能等。

基础技能包括：Office软件使用技能等。

2. 课堂教学实施

专业技能包括：课堂组织的技能、课堂管理及控制的技能、教学媒体的运用技能等。

基础技能包括：授课技能等。

3. 实验课教学实施

专业技能包括：项目教学法的实施技能、任务驱动教学法的实施技能等。

基础技能包括：授课技能等。

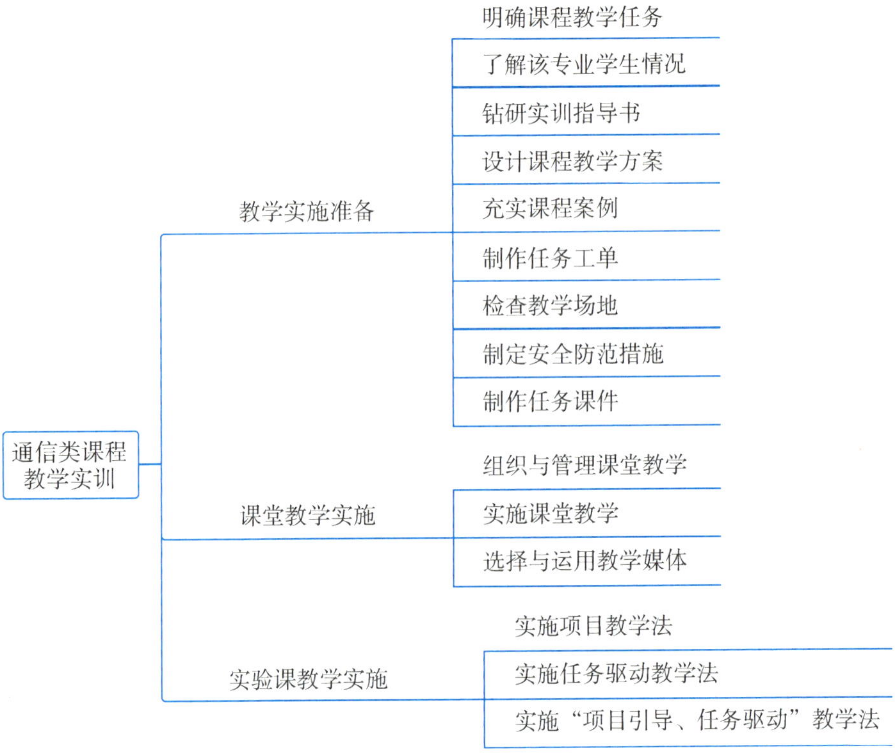

图 3　通信类课程教学实训知识结构图

学习任务分析

表 3　主要学习任务列表

序号	任务名称	主要学习内容	建议学时	学习成果
1	教学实施准备	根据项目设定的引导问题，完成某课程教学实施前的准备工作，包括明确任务、设计教学方案、搜集课程案例、制作任务工单、检查场地、制定安全防范措施及制作课件等工作。	4 课时	熟悉课程教学实施前的准备工作流程、工作内容，能够完成某课程的教学准备工作并分析课堂上可能遇到的突发情况，制定对应的措施。
2	课堂教学实施	根据实训内容，完成一门课程的教学实施工作。分组选取代表完成 15 分钟的试讲，从而完成课堂组织、管理、提问学生、教学媒体运用等工作。	4 课时	熟悉授课流程、课堂组织要点、课堂控制措施、教学媒体运用技能，能够完成授课工作。
3	实验课教学实施	利用项目教学法及任务驱动教学法，完成对一门实验课的教学工作，分组选取代表完成 15 分钟的试讲，从而完成实验课课堂组织、管理、示范、引导等工作。	4 课时	熟悉实验课授课流程、项目教学法、任务驱动教学法的实施要点、控制措施，能够完成授课工作。

项目 11　教学实施准备

11.1　项目描述

小明是某职业院校的实习教师，按照教务处课表规定，下周他将为移动通信专业大三的学生进行《基站维护实训》的授课。由于是第一次授课，小明还有很多东西未准备到位。目前需要作为指导教师的你，帮助他完成课前教学准备工作。请你按照应用型技能课程教学的要点，指导小明完成课前准备工作，为其顺利开展课堂教学打好基础。

11.2　项目解析

一、课前准备的作用

教师充分的课前准备，能够起到有效组织教学活动，预防教学环节出错，防止安全事故，控制教学节奏的作用，最终能够实现学生的知识、能力目标。

二、任务界定

1. 界定

应用型技能教学从根本上需要转变教师的观念和提高应用型教学技能水平，以学生为主体，激发学生的学习积极性和主动性。实际教学当中，会有很多的问题，如果不进行周密的教学准备工作，不设计合理的实施方案，应用型技能教学无法达到预期的效果。

故该任务主要从教学准备工作、教学实施方案的设计来出发，解决实际教学遇到的问题。

2. 教学建议

本次任务建议任务 7 将学生分为 6～8 人一组，其余步骤可单人操作，教学建议在设置有六边形敏捷岛式课桌的教室进行。教师可以带领学生按照流程完成上课之前的教学准备工作。

11.3　教学策略

1. 项目名称

教学实施准备；

2. 适用年级

本科四年级；

3. 教学目标

(1)具备与学生的沟通能力；

(2)具备按结构分解教材的能力；

(3)具备设计教学方案的能力；

(4)具备制定安全防范措施的能力；

(5)具备课件的制作能力。

4. 教学时间/学时

第一学期/4 学时；

5. 教学资源

多媒体资料、教材、教学课件、视频资料、敏捷岛式教室等；

6. 参考教学方法

讲授法、互动式教学法、现场教学法、演示法、角色扮演、分组讨论；

7. 参考资料、学习资源

教材、教学课件、授课现场图片资料、课程教学视频等媒体文件。

11.4 必备知识

快速进行教学准备的要点可以分为七步：

1. 全面深入地钻研教材；
2. 正确制定教学目标；
3. 设计确定你教学内容的板块与上课的教学流程；
4. 根据确定的教学内容板块与教学流程设计好教学板书；
5. 思考教法学法；
6. 快速写好教学计划；
7. 详尽的编制教学用课件。

11.5 项目用具

1. 笔记本电脑
2. 实训场地
3. 多媒体教室
4. 投影仪
5. 打印机

11.6 项目实施

本次项目实施由教师带领学生按照下列操作步骤完成实训课程的设计开发。接下来我们进入第一步。

任务1 明确课程教学任务

一、任务介绍

在接受教学任务后，要先了解清楚教学任务相关信息，如上课班级、课程的作用、课程标准、授课计划等。了解得越详细，后面的步骤操作才越简单。我们可以使用回答问题的方式来完成这一步骤。

二、操作流程

1. 小明所任教班级是什么专业方向？有多少人？班级编号是多少？班主任或者辅导员是谁？联系电话是多少？

答：

2. 小明教授的该门课程的性质是？该课程在该班级所在专业方向上的作用是什么？

答：

3. 这门课程是必修还是选修课，课程的学时及学分是多少？

答：

4. 这门课程上课时间如何安排？

答：

5. 与这门课程紧密相关的选修课及后续课程有哪些？

答：

6. 这门课是否由小明独立完成呢？

答：

7. 若这门课由几位老师共同承担，谁是该项教学任务的负责人？小明的具体教学任务是什么？

答：

8. 这门课在哪里上？教学场地的基本情况是什么样子？具体地点？场地类型？逃生通道在哪里？

答：

将上述问题的答案进行总结，即得到教学任务汇总表。如表 11.1 所示。

表 11.1　教学任务汇总表

<table>
<tr><th>课程名称</th><th colspan="2"></th><th>教学班级</th><th colspan="2"></th></tr>
<tr><td>课程性质</td><td colspan="2"></td><td>课程类型</td><td colspan="2"></td></tr>
<tr><td>课程学时</td><td colspan="2"></td><td>课程学分</td><td colspan="2"></td></tr>
<tr><td rowspan="2">教学场地</td><td colspan="5">多媒体教室：地点？教具配置？</td></tr>
<tr><td colspan="5">实训室：地点？工具、设备配置？</td></tr>
<tr><td>讲授教师</td><td></td><td></td><td></td><td></td><td></td></tr>
<tr><td>任务分配</td><td></td><td></td><td></td><td></td><td></td></tr>
<tr><td colspan="6">汇总时间：　年　月　日</td></tr>
</table>

任务 2　了解该专业学生情况

一、任务介绍

在明确了课程的教学任务后，接着要了解清楚教学班级学生的详细信息。我们同样使用回答问题的方式来完成这一步骤。

二、操作流程

(一)先修课程方面

1. 这个专业的学生先修了哪些专业课程？课程名称、学时？

答：

2. 先修的专业课程采用哪种教学模式？哪些教学方法？使用了哪些教学场地？

答：

3. 学生在先修的专业课程中，做出了什么样的项目作品？评价结果如何？

答：

(二)学习能力方面

1. 这个班级学生的学习能力如何？能否在很短的时间内明确学习任务？能否根据教师指导独立完成学习准备工作？

答：

2. 这个班级学生能否按照给定的程序进行自主学习？

答：

3. 这个班级学生在完成规定的作业后，能否口头说明作业过程及结果？

答：

（三）已掌握知识情况

1. 这个班级学生学习的基础知识深度及广度如何？

答：

2. 这个班级学生学过的专业技术知识深度及广度如何？

答：

3. 这个班级学生能否独立收集及整理信息资料？完成总结、论文的写作？

答：

（四）沟通及自我调节方面

1. 这个班级学生相互沟通情况是否良好？能否完成团队协作任务？

答：

2. 这个班级学生能否及时、周全地处理问题？

答：

3. 这个班级学生自我调节、自我控制、自我管理的能力如何？

答：

将上述问题的答案进行总结，即得到学生情况汇总表。如表 11.2 所示。

表 11.2　学生情况汇总表

<table>
<tr><td>课程名称</td><td colspan="2"></td><td>教学班级</td><td colspan="2"></td></tr>
<tr><td>先修专业课程</td><td colspan="2"></td><td>成果类型</td><td colspan="2"></td></tr>
<tr><td>学习能力界定</td><td colspan="2"></td><td>自主学习界定</td><td colspan="2"></td></tr>
<tr><td rowspan="2">已掌握知识</td><td colspan="5">基础知识：</td></tr>
<tr><td colspan="5">专业知识：</td></tr>
<tr><td>沟通及自我调节</td><td>沟通界定</td><td>团队合作界定</td><td>问题处理速度</td><td>自我调节</td><td>自我管理</td></tr>
<tr><td></td><td></td><td></td><td></td><td></td><td></td></tr>
<tr><td colspan="6">汇总时间：　年　月　日</td></tr>
</table>

任务 3　钻研实训指导书

一、任务介绍

要想上好一门课，小明必须要深度剖析教材相关内容。本任务所使用的教材是《基站维护实训指导书》。

二、钻研流程

1. 研究《基站维护实训》授课计划

授课计划是一门课的授课流程介绍，也写入了课程的重难点信息。所以在钻研教材之前，首先要了解该课程的授课计划。

2. 根据授课计划研读《基站维护实训指导书》

研读时特别要注意教材内容的深度、难度，内容编排顺序与授课计划是否适应，教学案例是否充足等。

同时，还要考虑到知识、技能该如何拓展，能力训练该如何完成，哪些内容学生可以自学，哪些内容可以在网络上搜集展示视频等等。

3. 画出教学流程图

教学流程图可以手绘草图，也可以使用 VISIO 来绘制。

4. 简单做出教学规划

任务 4　设计课程教学方案

一、任务介绍

该步骤主要介绍小明该如何完成《基站维护实训》的教学方案。

二、操作流程

1. 按照授课计划列出具体训练任务

《基站维护实训》课程的具体训练任务可以按照授课计划的内容来列出，一般会按照工作过程来排序。如小明列出的训练任务如表 11.3 所示。

表 11.3　训练任务分析表

课程名称	任务名称	教学对象	技能训练
基站维护实训	熟悉基站结构	全向天线、定向天线、馈线	知晓天线、馈线类型，知晓天馈系统结构
	制作馈线接头	馈线接头、馈线	制作馈线接头
	测试基站天线下倾角	坡度仪、定向天线	使用坡度仪测试下倾角
	测试基站天线方位角	罗盘、天线	使用罗盘测试天线方位角
	测试天馈系统驻波比	SITE MASTER、天线、超柔跳线	使用 Site Master 测试驻波比
	查看基站告警信息	基站主设备、网管软件、操作终端	使用网管系统查看基站告警、近端查看单板指示灯
	处理基站故障	基站主设备、电工工具箱	使用工具、仪器恢复基站设备故障
	恢复基站数据	基站主设备、操作终端、网管软件	使用网管软件恢复备份数据

2. 制作具体任务的基本信息

任务的基本信息包括任务名称、所属单元、教学要求及参考资料。

3. 写出每一任务的教学目标

在课程标准上已有任务的教学目标，小明可以利用原有内容，按照自己的理解进行扩充。

4. 区分每一任务的重难点信息

每个任务都有它的重要知识点、技能点，小明要做的就是按照课程标准的提示，在教材上找到这些点位，并做好记录。

5. 列出每一任务的教学资源信息

要完成教学工作，教学资源必不可少，如教学场地、教学用工具、教学用资料、视频等。小明应该对每一个任务的教学资源都一一列举记录，方便在步骤7时进行核对。

6. 列出每一任务的教学组织形式、教学方法

每个任务都有不同的组织形式，也有不同的方法。小明必须对每个任务都列出其组织形式及方法，方便进行教学设计。

7. 进行教学过程的设计和学时分配

该流程我们采用回答问题的方式来进行。小明可以对每一个任务按照这个流程进行操作，将结果记录，即是一个完整的教学设计。

(1)本任务在课堂上该如何导入?

(2)本任务关联的旧知识是否需要复习?

(3)教学时如何分组? 多少人一组? 每组学生是否有不同的角色?

(4)教师如何布置任务? 是否需要发放任务工单给学生? 如何明确地将任务告诉学生?

(5)课堂上是否需要讨论? 如何搜集讨论结果?

(6)该任务的工作流程是? 学生该如何操作? 教师该如何起到引领与示范的作用?

(7)该任务完成后如何展示结果? 是否需要总结性发言? 是否有作业?

(8)以上环节各需要多少时间?

(9)所有任务完成后该如何实现考核?

8. 确定每一任务的成果形式

任务5　充实课程案例

一、任务介绍

在课程开发时，已经建立了部分实际任务案例。《基站维护实训》案例存在的目的是让学生详细了解通信行业领域中基站维护岗位的实际工作情况、工作条件、工作要求、工作过程、工作方法等，使学生学习时能够进入工作场景，更深的体会任务内容。但是由于教师的理解不同，我们需要根据个人理解对课程案例进行改写，搜集相关资料对案例进行充实，方便后期教学使用。

二、操作流程

1. 分析原教学案例，提炼工作过程，分解为小的技能点。

2. 根据教师的实际理解，与课程标准比对，确定每个技能点的难易程度，进行必要的注解，注解内容包括该任务的工作依据、工作方法、工作要点。

3. 根据技能点的特征，搜集案例相关参考标准、工作资料、网络视频等。

4. 对搜集到的资料按照教学方案的先后顺序排序，方便教学时使用。

5. 修订教学方案，加入重制过的案例因素。

任务 6　制作任务工单

一、任务介绍

工单及工作单据，一般是由上级给下级下达任务时使用，也是下级领受任务的依据。

任务工单来源于实际工单，但是做了一定的改进，比如工单的内容等等。

二、操作流程

1. 到网络上寻找一个作为例子的工单，最好是找通信运营企业的维护工单。

2. 根据教学实际，按照课程标准内容，将教学要素列出。

3. 设计任务工单，内容要包括学生相关信息、任务相关信息、考核相关信息以及对任务教学的改进建议等。

设计好的工单如表 11.4 所示。

表 11.4　《基站维护实训》任务工单

学习情境__________　　学习单元__________

任务名称__________　　教学班级__________

No. __________

<table>
<tr><th></th><th colspan="2"></th><th>学号</th><th></th></tr>
<tr><td>组别</td><td colspan="2"></td><td>成绩</td><td></td></tr>
<tr><td>实训室</td><td colspan="2"></td><td>日期</td><td></td></tr>
<tr><td>器材设备</td><td colspan="4"></td></tr>
<tr><td>项目描述</td><td colspan="4"></td></tr>
<tr><td>任务目的</td><td colspan="4"></td></tr>
<tr><td>任务资讯</td><td colspan="4"></td></tr>
<tr><td>决策与计划</td><td colspan="4"></td></tr>
<tr><td>项目实施</td><td colspan="4"></td></tr>
<tr><td>任务成果</td><td colspan="4"></td></tr>
<tr><td rowspan="3">任务评价</td><td>自我评价</td><td colspan="3"></td></tr>
<tr><td>组内评价</td><td colspan="3"></td></tr>
<tr><td>教师评价</td><td colspan="3"></td></tr>
<tr><td colspan="5">改进建议</td></tr>
</table>

No. __________

任务7　检查教学场地

一、任务介绍

我们在设置任务时，对任务用的场地、工具及设备等进行了充分考虑。在教学实施之前，应该由上课教师到教学现场，对任务用的场地、工具及设备进行充分查验，以防止教学过程中的中断现象。

二、操作流程

1. 检查教学场地的环境情况

主要检查场地布置情况、灯光照明、通风、可容纳学生数量、环境安全性、与行业要求的一致性等情况。

2. 检查教学用设备、工具和仪器

主要检查设备及仪器的类别、数量、可用度、精度以及使用范围，任务相关用具、资料、耗材的实用性和配比情况。

3. 检查实训操作场地的安全措施

任务8　制定安全防范措施

一、任务介绍

安全工作是重中之重，教学过程中涉及的安全有学生的安全、教师的安全、设备的安全以及相关器材的安全。教师是教学现场第一责任人，因此，在进行教学准备过程中，安全防范措施是我们必须要充分考虑的，防患于未然，才能保证学生的人身安全、教师的人身安全以及设备器材的安全。

二、操作流程

1. 对工作过程进行分析，找到每个可能出现的安全隐患，做好记录；
2. 针对每个安全隐患，查找相应的应对措施，制定出适合课堂的防范措施；
3. 归纳防范措施，制作安全作业要求或安全交底内容；
4. 对教学方案进行修订，加入安全交底的步骤，告知学生安全操作规程；
5. 印制安全作业要求或安全交底内容，在上课前发放给学生，统一讲解要点。

注：教学实施过程中，教师应该在巡视指导时，留意学生操作行为，进行安全提醒，提醒学生遵守安全操作规程，规范操作，提高安全防范意识。

具体的安全规范可以参看附录1。

任务9　制作任务课件

一、任务介绍

教学课件是多媒体教学过程，必须借助的有效手段之一。做好教学课件，能够使课程讲解生动、活泼、直观、便于理解。因此，在整个课程备课完成后，小明应当制作每个任务的电子课件。

二、操作流程

1. 根据教学任务内容，搜集图片、文字资料、视频、声音等多媒体信息；
2. 寻找合适的PPT课件模板，配色简洁大方，字体适合投影仪投影使用；

3. 按照教学方案设计，结合《基站维护实训指导书》以及相关搜集的资料，制作每个任务的电子课件；

4. 必要时，可以自己进行排练计时，记录电子课件的讲解时间，与教学方案比对；

5. 对电子课件的逻辑顺序进行验证、调整及修改，形成最终结果。

11.7 项目小结

本任务的成果如下：

1.《基站维护实训》教学方案

2.《基站维护实训》教案

3.《基站维护实训》PPT 课件

4.《基站维护实训》任务工单

11.8 思考练习

1. 如何完成一堂实训课的教学准备工作？

2. 教学方案设计主要完成那些内容？

3. 为什么安全操作规范在实训课教学中会有如此重要的地位？

4. 如何制作任务工单？

5. 请归纳制作课程教学方案的步骤。

11.9 拓展提高

请按照教学准备步骤，完成某专业核心课程的教学准备工作。

11.10 知识链接

参考文献：

1. 邓泽民，陈庆编著.《职业教育课程设计》. 2006 年，中国铁道出版社.

2. 邓泽民，赵沛编著.《职业教育教学设计》. 2009 年，中国铁道出版社.

3. 邓泽民，马斌编著.《职业教育课件设计》. 2011 年，中国铁道出版社.

项目 12　课堂教学实施

12.1　项目描述

现代教学本质是由教师组织学生进行有目的、有计划的有效学习的活动过程。课堂教学是教师教和学生学的统一活动。在这一活动过程中，教师需要有目的，有计划地传授、培养和教导，促使学生积极主动地掌握相应知识和技能。

该项目要求教师带领学生，按照课堂基本教学规律，完成一堂理论课的教学实施工作。

12.2　项目解析

完成课堂教学的有效实施，需要满足以下五个条件：

1. 合规律：教学效果是遵从教学规律前提下，制定从实际出发的教学计划和目标，科学运用教学方法和策略实现的。

2. 有效果：通过教学使学生获得进步和发展。学生有无进步和发展是教学有没有效果的重要指标。

3. 有效率：通过教师的教学活动，让学生以较少的学习投入取得尽可能好的学习收益。

4. 有效益：是教学活动价值和收益的体现。是指教学目标与一定的教育需求之间吻合度的评价。

5. 有魅力：教学能给学生带来愉悦的心理体验，能吸引学生继续学习，自觉地去预习、复习或者拓展加深。

教学建议：本次任务建议将学生分为 6～8 人一组，选举组长一名协助教师工作，教学建议在敏捷岛式的教室进行。

12.3　教学策略

1. 项目名称

课堂教学实施；

2. 适用年级

本科四年级；

3. 教学目标

(1)具备与学生的沟通能力；

(2)具备组织课堂教学的能力；

(3)具备管理学生的能力；

(4)具备选择教学媒体的能力；

(5)具备课件的制作能力。

4. 教学时间/学时

第一学期/4 学时；

5. 教学资源

多媒体资料、教材、教学课件、教学视频资料、多媒体教室等；

6. 参考教学方法

讲授法、互动式教学法、现场教学法、演示法、角色扮演；

7. 参考资料、学习资源

教材、教学课件、专业网站、图片资料、视频等媒体文件。

12.4　必备知识

一、课堂教学实施的思路

(一)关注学生的进步或发展

首先，教学不是独角戏，“教”离不开“学”，必须明确学生是教学中的主体。其次，要有“全人”的理念，学生需要的是全面的发展，而不仅仅是某一学科，教师不可高估自己学科的作用，也不可仅把学科价值局限在本学科，而应定位在人的全面的发展上。

(二)关注教学中时间与效益的关系

谈到“效益”，首先，教学不能凭感觉，同时也不可只是简单地理解为“花最短的时间讲授尽可能多的知识”。教学效益并非取决于教授的知识量，而应综合考量单位时间内学生的学习过程与学习结果。

(三)关注可量化性与可测性

就像是制定教学目标时，要尽量细化、清晰，这样更容易检验教学工作效益。但不能片面地说量化就一定最好。真正有效的工作首先要接受量化，却又不可过度量化。要科学地处理定性与定量、结果与过程的关系，才能准确完整体现学生的学习效果与老师的工作成绩。

(四)学会在教学中反思

教师要在日常的教学行为中进行反思，在反思中探索什么是有效的教学？我的课堂教学有效吗？能不能实施更有效的教学？

(五)教学是策略

这里提到的“策略”，指教师采用的解决具体问题的行为方式，并以此实现教学意图或目标。按教学进程，具体可将教学分成准备、实施与评价三阶段，每阶段各有其策略，划分教师各阶段过程中展现出的问题解决行为方式。

掌握有关策略性的知识对于教师来讲非常重要，这样才能在面对各类情景时做出决策，实施更有效的教学。

二、课堂教学实施的基本原理

1. 当学生清楚地了解了所学内容的框架脉络，且组织、结构完善，则学习进程必定加快，印象更加深刻。标题醒目、条理清晰、上下连贯、及时小结或提问都将有助于学得好而记得牢。

2. 预知是学好的先决条件。

所提供的教材和学习内容必须以学习者自身特征为起点。教师应预先了解学生的实际接受水平与现有程度，在教学中做到知己知彼，有的放矢。

3.必须激发学习动机。所组织的学习活动应考虑学生的意愿、需要、兴趣和激情。

教师应熟悉并关注学生的要求和所想。有了学习积极性，才有学习效果。在教师一方，应表现充分的热情。

(1)学生通过参与设定目标和策划学习活动，可激发学习动机。

备课本是教师分内的工作，但如能有选择地吸收学生参与，可大大激发学生的学习积极性，收到意想不到的效果。在教学过程中教师应学会尽量多地吸收学生的意见，重视学生的观点，让学生发言或演示。

(2)成功(成就感)是激发学习动机的强大动力。

教材难度分层次掌握，让每位学生都学有所获，时刻都能体会到成功的快乐，不至于因为学不会而丧失信心。对学生的进步充分肯定。

(3)当学生承担的任务具有挑战性，即成功看来不是唾手而得时，可激发学习动机。

学习任务尽可能安排成台阶型，让学生分步去征服。目标设置不要太低，如果可一蹴而成，毫无挑战，则学生兴致索然。

4.当学生熟知自己的学习进程，则其行为表现将比应知而未知者为优。

及时给学生反馈，让其对自己有正确评价。这样学生可从容做出自己学习的安排，不致掉队。必要时，给予适当的辅导或补课。

5.学生行为得到表扬，意味着更值得去学习。

这是教育心理学中正强化理论在实践中的基本运用。被表彰意味着被肯定，那么所学的东西就有价值，就值得记牢和应用。

行为的奖励尽可能及时效果才最好，而且让学生明白无误。及时表彰意味着及时强化，这样才能在好行为与好结果之间建立明确的神经联系，才能让学生感受深刻。奖励和表彰应做得准确、恰到好处。

6.指导下的学习比自发学习更有效。

教学是否达到效果以学生学了多少为衡量标准，但并不意味着老师可以放弃教的责任，应充分发挥教师的指导作用。教师应明白学生是否学会所教的，是否达到目标期望值；教师应熟练地应用教学手段和方法；有效组织各种教学活动；及时评估学习的效果。提倡现场教学，以目标为导向。

7.应使学生"主动探究"学习内容，而非处于"被教"地位，学习才达高效。教学中多提出问题可促进学生学习探究行为。

学生唯有通过自己的活动才能改变行为。如果学生处于不明不白或似懂非懂境地，所获一定有限。所以教学目标的立足点应该是"学到什么"而非"教了什么"。教与学双方都应是主动的。

8.学生在实践中学得好。

实践往往被认为是提高能力的有效手段，其实远远不止于此。实践对知识的领悟、对知识的运用、对提高学生的全面素质都起着至关重要的作用。现代教育过程中特别强调“做中学”实有至理在焉，也是有效课堂教学实现的一种策略。

三、课堂教学中的教师行为

在判断一个教师的教学行为是否有效时，要考虑到教师对学生的影响，要重视课堂里的师生“互动关系”，并把“师生互动”作为有效课堂教学的中心问题来考察。而教师行为的有效可以在很大程度上决定课堂教学效果的有效。

（一）课堂教学中教师的五种关键行为是什么？

鲍里奇在《有效教学方法》一书中提到有效教学的关键行为，在进行课堂评估和标准化测验中我们发现，这五种教师行为与希望学生达到的理想目标密切相关，它们对课堂教学实施至关重要，如图 12.1 所示。

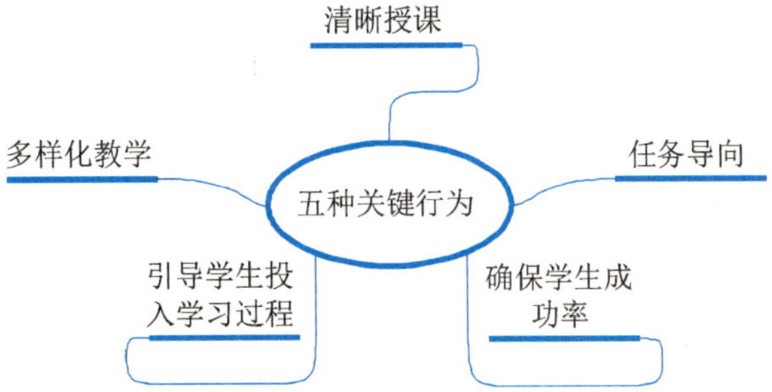

图 12.1　教学的五种关键行为

1. 清晰授课

这一关键行为是指教师向全班学生呈现教学内容时清晰程度如何。课堂教学中教师授课行为应具有以下特点：

（1）要点明确；

（2）清晰地解释概念，使学生能按逻辑的顺序逐步理解；

（3）口齿清楚不含糊，没有分散学生注意的不良习惯。

2. 多样化教学

多样化教学是指在课堂上能够灵活多样地对教学内容进行呈现。体现于两方面：第一，提问的多样化。“提问”是较为有效的教学方法，理解提问的艺术，要能够恰当区分不同类型的问题，是过程问题或事实问题，发散性问题还是聚集性问题。第二，表现在对学习资料、教学设备、展现方法以及环境空间运用等方面。研究表明，教室内的环境氛围、物品的摆放、形象的视觉效果（操作演示、多媒体资源等）都能丰富教学的多样性。

3. 任务导向

清晰的任务目标，能充分激发学习者的动机、兴趣和追求，避免低效的甚至是无效的教学活动，促使学生产生迫切学习的需要。

4. 引导投入学习过程

课堂教学没有学生的主动参与是没有成功的。学生能否主动参加思考、讨论、交流、操作等教学活动，取决于教师的引导。投入率是指学生实际投入学习的时间百分比，在该时间段，学生在投入地学习，专注于学习资料并从老师安排的学习活动中受益。要实现这样的目标，需要使用恰当的策略，激励学生全身心投入学习。

5.确保学生成功率

学生正确完成练习的比例称为学习成功率。呈现材料的难度水平由学生的成功率来衡量，有如下三种难度水平。

(1)高成功率：理解任务，错误是因粗心。

(2)中等成功率：部分理解任务，错误牵涉个别实质性的问题。

(3)低成功率：基本上不理解任务。

研究表明：学生成功率与学生投入率和教师的任务导向密切关联。教学的难度水平应该与学生理解能力尽量保持一致，教师讲授较多适合学生目前理解能力的知识，能给学生带来高水平的成功率。在讲授式和传授式教学中需将60%～70%的时间，花在可带来较高水平成功率的任务上。同时，也能增强学生学习的自信心，提升学生积极态度。

一个关键行为是：组织和安排能产生中高水平成功率的教学，并向学生提出超越给定信息的挑战。

以上所述是促成有效课堂教学的教师的五个关键行为，也是效能型教师必须具备的基本行为，只有具备了这五种关键行为，教师的课堂教学才可能是有效的教学。

(二)课堂教学中教师的五种辅助行为分别是什么?

为了描绘出有效性教学的图景，需要另外五个普通特征，称为催化性行为或者辅助性附加行为。包括利用学生的观念和参与、组织、提问、探询和教师的影响。

1.利用学生的观念和参与

这种行为是指教师通过认可、调整、应用、对比和总结学生的反应，促成教学目标的达成，以及鼓励学生参与。这些行为的使用可以辅助促进五种关键行为，具体内容如下。

认可：通过重复学生所表达的名词和逻辑联系来利用他们的观念——提高教学清晰度。

调整：通过改述或用自己或者其他学生的话来定义学生的观念——产生教学多样性。

应用：利用学生的观念来教授推论或者导出问题逻辑分析中的下一步骤——增加成功率。

对比：将一个学生的观念与其早先表达的观念进行比较，理出其间的关系——鼓励参与到学习过程中来。

总结：将个别学生或一组学生所说的作为摘要重述，或者作为对已教概念的回顾——加强任务定向。

2.组织

教师为安排后继行为或总结先前行为所做的评论称为组织。使用先前活动或问题可以为学生提供一个先行组织者，有助于学生对材料的理解和保持。使用对教学活动或问题的总结，可以强化学习内容，使之与其他内容发生适当的联系。这两种组织方法都与学生的成就相关，是达成关键行为的有效的催化剂。

3. 提问

提问是另一个重要的帮助行为。对教师提问的研究是教学领域的永恒主题之一。教学理论研究者将提问区别为两类：内容性提问与程序性提问，见表 12.1。

表 12.1　提问的作用

提问方式	作用
内容性提问	可以让学生直接运用所教知识内容进行回答。目的是检验学生能否理解记忆具体的内容，而教师预先是知道正确答案的。
程序性提问	问题是为了促成不同的认知过程而被提出。问题的激发、鼓励、指导、判断、分析、解决、综合都是教学实践目的，应在提问策略中反映。

4. 探询

探询指的是教师要鼓励学生详细阐述自己的或其他同学的答案。教师可以采用普遍性的问题，也可以用引导性的问题，或者用其他一些可以转化、提升学生回答的指导语，让学生尽量说出自己对问题的看法。因此，探询常常用于将讨论提升到更高的思维水平，特别是在寻找事物之间的相互关系、概括和问题解决的时候。教师可以用一个简单的事实性提问开始教学，然后通过引发学生的清晰回答、索求新信息，或转变回答，将之提升到一个更高水平，使概念化、精练化，最后得出结论。如果能使“引发——索求——转变(如果有必要)”循环切实施行，学生就有可能获得最大的收获。

5. 教师情绪

学生受到教师行为情绪的感染，必然会出现相应反应。教师通过语言感染、面对面的表达、行为和体姿来展现教学内容，能吸引学生注意力。学生们会根据这些行为所携带的信号对应地改变投入课堂的程度。

其中，热情是一个重要因素。课堂上教师的投入度、活力、兴趣和兴奋性，可通过多种方式传递给学生，比如语言的感染、目光的交流、变化的体姿及生气勃勃的表情。研究表明，教师热情对促使学生投入学习过程有重要的作用，与学生成就也密切关联。

另外一个问题是，适当的热情是什么样的呢？我们认为，是语言感染、目光交流、动作和体姿的平衡，将它们组合为一个统一体，以最合理的方式来运用这些行为，从而将一个融合的有活力、兴趣和投入度的信号传达给学生。也就是说，这些行为要以恰当的方式、在合适的时间运用，才能表达理想的信息。这样教师与学生之间无声的行为交流也将发挥出和有声语言同样的作用。

12.5　项目用具

授课计划、教学教案、多媒体教学资源、学习资料、投影仪、无线话筒及计算机等。

12.6　项目实施

任务 1　组织与管理课堂教学

知识是在交流互动中产生的，教学和学习的过程应是一个师生间交往、共同发展的有机互动的过程，教学的课堂要演变为一个互动交流的动态场景。因此，作为教师，要在教学活动中处理好知识的传授、能力的培养与师生间融洽相处的关系，促进学生自觉地、愉悦地、富有个性地、在实践中的学习，以此提高学生的自主、独立和创新意识。

一、建立良好的课堂常规

课堂常规管理是课堂教学中教师与学生遵循一定的规则，有效地处理课堂上影响教学的诸因素及其之间的关系，使课堂教学能够顺利进行，提高教学效益，促进学生发展，实现教学目标的过程。

1. 介绍课堂规则

作为教师首先要使学生知道课堂常规的内容及要求。内容涵盖课堂秩序、课堂礼仪、课堂活动等方面。要求学生提高课堂活动中的专注力、表现良好的人际关系、完成自我管理等。本步骤可以由教师示范，向学生介绍，接着由学生分组，推选代表来分别上台介绍自己小组准备的课堂常规内容。

2. 利用已有良好规则

要注重运用一些策略或技巧建立良好的常规。已经存在的班级内多数同学所共有的良好行为，老师要及时加以处理，通过具体化，使之自然成为全班学生应遵循的行为规则；原本不存在或未受注意的常规，老师可以借助某一个突发事件把握情境，利用一定的教育机会，将其引入班级；学生存在的一些不良习惯，老师可借助外力，采取取消学生某种权利予以处罚的方式，以强制性手段改进，也可用激励的方法来纠正。

二、创造良好的课堂氛围

愉悦轻松的课堂氛围可以提高学生学习的热情和兴趣。给予学生信任的目光、温馨的微笑、尊重的话语，营造平等和谐的师生关系，使课堂充满愉悦轻松的氛围，学生自然会主动参与到学习中来。要善于运用教学的智慧去寻找学生兴奋的关键点，来指引、触发他们主动参与问题的讨论、探索、争辩。心理学发现，人一次成功喜悦的体验，可以激起无穷的追求热情。老师要塑造起与学生和蔼可亲、共同学习的形象。要坚持让学生通过“体验”感受成功的喜悦，加强学习动力，每一次赞扬都会是学习的“加油站”。

(一)利用幽默来展示智慧

教师以生动有趣、诙谐幽默的语言进行教学，可以让学生直接享受教学幽默的乐趣，享受轻松愉快的情绪体验，进入乐学的境界。在这种课堂氛围中，能使学生变机械模仿为心领神会，变被动接受为主动思考。教师可以在点拨处运用幽默，来开启学生心智的大门，在感悟处运用幽默，来激活学生创新的欲望。

(二)激情四溢地完成课堂教学

饱含浓郁情感的教学能感染学生的情感，拨动学生的心弦，在学生中引起共鸣，拉近师生的距离，把学生吸引到教学中来。因此在教学中，我们需要更多的激情和人文关怀。

三、提供适用的课堂内部环境

心理学家勒温(Lewin　K.)关于行为的研究表明，行为是人格与环境的函数。排除教师和学生的主观方面因素，环境也会影响课堂问题行为的产生。所以不能把课堂问题行为和环境的影响分割开，孤立对待。课堂内部的环境(如色彩、温度、座位编排、课堂气氛等)都会明显的影响课堂行为。环境气氛融洽、色彩明亮、温度适宜，可以产生积极的情绪和愉悦的感受，课堂问题行为会减少。反之，若课堂气氛紧张，环境恶劣，很容易让学生产生懈怠的消极情绪，问题行为发生的可能性会增加。并且，课堂的颜色、气氛、温度等若趋于定势，学生的行为就会演变成习惯，变为无意识的。此外，座次安排也与学生的问题行为有关系，例如喜欢坐在前边的学生在学习上对老师比较依赖，大部分也是学习较为自学勤奋的，而坐在后排的学生，较大概率会出现不听讲甚至捣乱等问题行为。

四、给学生参与学习的机会

本步骤可以由多个小组选取的学生代表来完成，学生代表模拟老师，带领自己小组的同学参与到对应的课堂学习中去。

苏霍姆林斯基说：在学校里，重要的不是学得多少知识和技能，而是学会一种会学习的能力，拥有自己去学习的能力。

在教学中要引导学生构筑主体概念，树立主体意识，认识到自己是学习的主人，要和老师共同完成教学过程。开展互动时，不断强化其主观能动性，让学生感受到，消极的“等、靠、听、记”不是学习，而应该是强调主动发展与进步的过程；从主观上去快乐地学习。

此外，美国加里·D·鲍里奇著《有效教学方法》一书也提出了有效的课堂管理的六条建议：

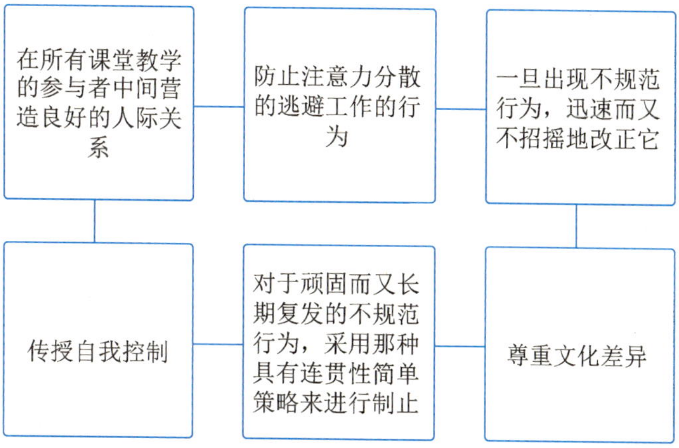

图 12.2　有效课堂的建议

由于美国的学校教育国际化程度很高，不同层面的教师在授课时面对的教学对象可能来自不同的国家，因此，专门提出了尊重文化差异。当前，我们国家的大多数学校国际化程度还不高，我们可以将其改为尊重学生个性的差异。

以上六条建议能在很大程度上为教师进行有效的课堂管理提供有益的指导。

任务 2　实施课堂教学

一、利用语言表达取得良好效果

1. 用字遣词恰当。教师要仔细选用语词，以适合学生年龄和理解能力。

2. 语音声调及速度得宜。教学语言除要易于理解外，在语音声调上要能让全班学生听到。

3. 扼要清楚达意。教师的讲解说明要简洁、扼要，避免冗长叙述，其次要说明清楚，不宜用含糊字眼、语词。

4. 避免伤害性的语词。语言是重要的沟通工具，善用语言可作有效沟通。反之，使用不当的或具伤害性的语言，则会产生负面的效果。

二、利用肢体语言影响学生

(一)利用生动自然的面部表情

教师面部的表情也是重要的沟通媒介。教师可运用各种表情来传达各种期望、态度、观点、情绪。例如教师的微笑，可使班级气氛和谐，使学生感到亲切、鼓励。反之教师的表情严肃，会使学生感受紧张、焦虑、不安。因此，教师控制不佳的情绪，显现出教学的热忱，经常保持笑容乃是不二法门。

(二)讲授过程中与学生目光接触频繁

眼睛是极重要的沟通器官。眼睛被称之为灵魂之窗，从每个人眼神之中可以流露出各种讯息，如心思、情绪、态度，而且眼神比面部表情更为真切，个人的喜怒好恶可从眼神中显现。教师的眼神可传递出令学生警觉、注意的讯息。

(三)讲授中注意动作、姿势端庄

此处教师的动作专指教师在教室内肢体的变化及所处的位置。多数教师习惯站在讲桌之后，感觉此位置较为自然。也有教师则站在讲桌两旁，有些教师则经常会穿梭学生座位行列之间，有些整节课只站在讲台上不走动。教师的动作与学生人数多寡及座位排列有关，也与教师是否善用此种肢体语言有关。而教师在教室内的移动还必须顾及学生的听讲距离，务必使全体学生都能看到、听到。至于姿势如立姿、坐姿、手势、身体前倾、向后、双脚位置等都会显露出教师的态度和情绪。紧张姿势如双手抱胸、双脚并立代表个人与群体的疏离感、冷漠感；放松的姿势则如双脚平放、双臂张开，则显示友善、亲密、和谐。教师宜保持平易近人、友善的姿势，避免冷淡、不友善的姿势。教师应常用轻松自然的手势来辅助解说并表达温暖与教学热忱，避免让学生感受到不满、不耐烦、不亲切、不关心等情绪。此外，教师的动作要保持端庄，避免某些小动作，例如玩弄粉笔、圆珠笔或敲打讲桌、黑板等。

(四)适当的维持师生距离

距离的大小与人的内心感觉有密切关系。距离愈近，常表示两人之感情愈佳。

身为教师，必须是个善于言词表达，会说话、会说故事的人。教师长于表达则师生沟通无碍，反之若拙于言辞将使教学陷入困境。表达技巧是为人师者首要之利器，要成为有效能的教师，口才训练不可或缺，有好的口才将会使教学更精彩生动。

三、思考发问的技巧

教师的发问提供学生表达机会，增进表达能力；促进学生创造性思考能力的培养；帮助学生发现疑难问题，增进战胜困难的动机。教师进行发问时注意。

1. 讲解重点后再发问，或应用问题引导学生了解上课的重点。

2. 问题必须事先设计其顺序。

3. 问题集中于上课的重点，先问问题再让学生回答问题。

4. 给予每一位学生相等的机会。

5. 不鼓励举手抢答。

6. 不依照座号的次序或排列的顺序发问，利用姓名签筒，以抽签方式进行。

7. 给予学生思考的时间至少三秒，等待时间是十分必要的，否则会影响学生参与的意愿。

8. 不替学生回答问题。

9. 依学生程度来发问。

10. 答对的学生请赞美，答错的请鼓励并再给予机会，成功经验对学生学习成就有直接的关系。

四、激发、维持学生的学习动机

（一）布置舒适的教室环境

教室等外在物质环境与学生的学习动机和学习成效有关。

图 12.3　教室环境搭建

（二）激发学生内在的动机

有些学生似乎天生就能自动自发地学习，对学习有高度的兴趣。但大多数学生则需要教师去鼓励、刺激他们的内在学习动机。教师可以采用下列方式来激发学生的动机。

1. 经常给予学生正面的回馈例如称赞，增强学生的自信心。

2. 指定的作业或任务切合学生的能力，使学生有成就感。

3. 使学生感受到自尊和被尊重，利用机会让学生感受到教师对他的关注。

（三）导引学生学习的心向

在学习之前应让学生先具有某种心理准备或心向，这种导引心向的策略有助于学生动机的激发。首先，要让学生有机会去回忆一连串的学习经验，才会促使学生认识到新知识学习的意义与目的所在，而产生探究的兴趣。其次，教师要预先规划学生的活动。此外，也可利用引导语作开场白。教师在正式讲述之前，将学习内容、学习目标、学习重点等利用预先准备的教学媒体进行展示，都可以在一定程度上激发学生的学习动机。

（四）使教学活动多样化

教师若能灵活采用各种教学方法和身体活动的方式，将使学生对整个学习过程感觉有变化和新鲜有趣，有助于高昂学习动机的维持。

（五）课堂中多用奖励少用惩罚

教师在学生每一次的学习活动获得进步时都应立即给予奖励、称赞，以增强学生继续学习的动机。也可允许学生自己选择奖励的方式。而对于学生表现不佳时，要尽量避免公开责骂甚至体罚的方式。

（六）给予适度的期望

教师在指定作业、分派工作上都要对学生有适度的期许。

（七）给予学生适度宽松成绩评量

当今一些学校对学生的要求、期望都较高，常在考试时以艰深题目来评量学生，甚至考倒学生，使学生无法获得较高的分数，或使多数学生不及格。此现象往往使学生丧失信心、失去学习的兴趣和动机。这是目前在评量成绩上的一大问题。

任务 3　选择与运用教学媒体

一、选择教学媒体

表 12.2　教学媒体的选择

选择依据	作用
教学目标	使用丰富的媒体手段传递教学信息以实现不同的教学目标。
教学内容	针对不同性质的各门学科，或者同一学科内的各章节的不同要求，恰当地选取教学媒体。
教学对象	准确估计不同年级的学生的知识结构特征和对新知识的接受能力差异，针对性地选择教学媒体。
教学条件	要看实际的具体条件，例如师生技能、资源状况、使用环境、经济能力、管理水平等。

二、使用教学媒体

1. 突出教学重点

考虑应用教学媒体来突出教学重点。可以制作一张投影片列举出教学的重点内容，着重讲解或小结复习，使学生加深记忆，加强理解，逐步领会，融会贯通。

2. 解决教学难点

现代教学媒体丰富的再现力和表现力，打破了时空的限制，给我们解决教学难点提供了有力的帮助。

3. 提供教学资料

根据教学需要，可以提供背景资料，如图片、历史镜头等。

4. 创设教学情境

现代教学媒体声画并茂的特点，可以给学生创设一个良好的教学情境。

5. 提供教学示范

可以给学生提供优秀教师的教学录像，实操类课中示范性的动作以及规范性的实验操作等。

6. 启发学生思考

教学中应用媒体时应与各种启发方式相结合，如采用联想启发、激疑启发、类比启发等。

12.7　项目小结

1. 到优秀教师课堂观摩教学实践，写出见学笔记，并组织讨论、交流。

2. 开展一次说课活动

3. 撰写一份课堂教学方案设计

4. 制作课堂教学使用多媒体课件

12.8　思考练习

1. 开展实际课堂教学，邀请教学专家听课给予建议，做好自身总结与完善。

2. 如何组织课程教学工作?

3. 如何运用教学媒体来提升学生的兴趣?

4. 简述课堂教学实施的基本原理。

5. 课堂教学中教师的五种关键行为是什么?

6. 课堂教学中教师的五种辅助行为分别是什么?

7. 应该从哪些方面组织与管理课堂教学。

8. 应该如何选用教学媒体?

9. 开展实际课堂教学，邀请教学专家听课给予建议，做好自身总结与完善。

12.9　拓展提高

1. 学习运用思维导图。

2. 建立教学档案袋。

3. 撰写课堂教学研究论文。

12.10　知识链接

1. 施良方，崔允漷. 教学理论：课堂教学的原理、策略与研究[M]. 华东师范大学出版社，2009.

2. 崔允漷. 有效教学[M]. 华东师范大学出版社，2009.

3. (美)加涅. 教学设计原理[M]. 华东师范大学出版社，2007.

4. 辛继湘. 课堂教学管理策略[M]. 北京师范大学出版社，2010.

5. 王允庆，孙宏安. 课堂教学目标研究[M]. 人民教育出版社，2015.

6. (德)迈尔. 课堂教学方法・理论篇[M]. 华东师范大学出版社，2011.

7. (德)迈尔. 课堂教学方法・实践篇[M]. 华东师范大学出版社，2011.

8. 丁步洲. 课堂教学策略与艺术[M]. 重庆大学出版社，2013.

项目 13　实验课教学实施

13.1　项目描述

本项目要求学生分组后，根据实验实训课程教学目标和教学内容特点，采用项目教学法和任务驱动教学法，完成一堂实验实训课程教学组织与实施工作。

13.2　项目解析

在新一轮的专业课程改革中，教学方法的改革显得尤为突出。行动导向教学法，被广泛运用于教学实践之中，其中较为典型的是项目教学法和任务驱动教学法。它们都属于实践性教学方法，预先设定学习情境，通过分组协作完成学习，学生在活动中可以自主地去探索，采用强调自我管理的教学方法，最后由教师和学生一起对学习成果完成评价。

教学建议：本次任务建议将学生分为 6～8 人一组，选举组长一名协助教师工作，教学建议在敏捷岛式的教室进行。

13.3　教学策略

1. 项目名称

实验课教学实施；

2. 适用年级

本科四年级；

3. 教学目标

(1)具备示范操作的能力；

(2)具备组织实验课堂教学的能力；

(3)具备管理学生的能力；

(4)具备选择教学媒体的能力；

(5)具备多种教学方法的使用能力。

4. 教学时间/学时

第一学期/4 学时；

5. 教学资源

多媒体资料、教材、教学课件、教学视频资料、多媒体教室等；

6. 参考教学方法

讲授法、互动式教学法、现场教学法、演示法、角色扮演；

7. 参考资料、学习资源

教材、教学课件、专业网站、图片资料、视频等媒体文件。

13.4　必备知识

一、任务驱动教学法

“任务驱动”教学法，就是教师由教学目标和要求制定符合学生认知水平的、有实际意义的“任务”，以各个“任务”为线索，巧妙地将教学内容隐含其中，学生可以自主地，或者通过教师指导后给出问题的解决方案，然后教师指导学生边学习边进行具体的操作，最终完成“任务”。随着任务的完成，学生已经构建了所应学习的知识。任务驱动教学法的特点如表 13.1 所示。

表 13.1 任务驱动教学法特点

特点	作用
任务驱动	态度、技能和知识均围绕工作任务这一中心，在任务过程中完成知识的学习，职业能力也会得到发展。
具体的目标，实用的内容	清晰的教学目标，能给予教学过程更好的指导，也可对教学效果有更好的评价；选择的教学内容应满足任务完成的需求，不求系统的理论，只求实用的内容。
做学一体	改变实践与理论分离的现状，以任务为核心，开展一体化教学
注重学生能力	培养学生发现问题、解决问题和综合应用的能力
主动学习	提高学习的兴趣，促使学生主动参与学习

二、项目教学法

项目教学是将某门专业课程按类别分为若干技能或技术单元，形成若干个教学项目，实现实践、理论一体化的单元式教学，教学单元均以一个作业结束，且作业需应用到本单元对应的技术或技能来完成。总的来说，项目教学是师生在共同完成一项工作任务过程中所开展的教学活动，它是方法，更是方案。具有如下特点：

(1)教学内容：摒弃以“知识点”为线索的旧模式，而参考职业能力的需求及学生的认知特点，以“项目”为线索，以“子项目”为模块来完成教学内容的组织。

(2)教学方法：强调学生自学能力的培养，强调自主的探索和学习。以“项目”的需求为根据，变被动接受为主动寻求，颠覆传统学习观念，从“学会”进化到“会学”。

(3)能力培养：看重对学生合作精神和创新意识的培养，在“项目”的完成过程中，学生会主动地去探索、思考。利用每个人逻辑、思路的差异性，老师可组织学生开展交流和讨论，相互取长补短，且在适当的时间给予鼓励和点评。这样的方式，既可以提高学习的积极性，又塑造了学生的合作精神与创新意识。

(4)就业指向：项目均来源于实际工作，能较为完整、准确、富有针对性地培养学生的职业素养和职业技能，为其今后的工作就业实现良好的铺垫。

三、两种教学法的比较

(一)任务驱动教学法与项目教学法联系

1. 任务驱动教学法与项目教学法的理论体系相同，都是建立在建构主义教学理论基础上的教学方法。

2. 任务驱动教学法与项目教学法都是以探索问题来引发和维持学生的学习兴趣和动机，即让学生到现实世界的真实环境中去感受、体验、实践，而不是仅仅聆听别人(例如教师)讲解，都能很好地调动学生的学习积极性。

3. 任务驱动教学法与项目教学法都是学生在教师的引导下开展探究性学习。通过参与任务解决的过程，发现问题、提出问题，激发自主学习的动力，从而由传统的教师“教学”变为学生“求学”。在教学上都是注重培养学生的能力。

4. 任务驱动教学法与项目教学法都是将"教、学、做"相统一，重在"做中学"。

5. 任务驱动教学法与项目教学法都是把学生作为学习的主体，以任务作为驱动，让学生通过主动学习，将书本上抽象的理论变成实际的应用，充分体现学生的主体地位。

6. 任务驱动教学法与项目教学法都是教师处于引导地位，通过教师的引导、点拨更多的是把知识加以延伸，使学生能够触类旁通。

7. 任务驱动法与项目教学法都是实现了"理论教学、实践教学和实习教学一体化""教学资料、教学媒体(设备)和教学方式一体化"。

(二)任务驱动教学法与项目教学法区别

表 13.2 任务驱动教学法与项目教学法的区别

区别	任务驱动教学法	项目教学法
理论基础	在建构主义教学理论指导下，通过对教学或工作目标的任务分解(化成若干个中小任务)和情境的创设。师生互动开展学习合作。	在建构主义教学理论的指导下，通过对"项目"的选取和创设情境，主要由学生完成预定"项目工作"的学习方式。
要求不同	任务驱动教学法要求： 1. 理论+实践； 2. 可操作性； 3. 难度应具有层次性； 4. 问题多元化； 5. 预留思考的空间。	项目教学法要求： 1. 项目中的技能与知识不会脱离教学大纲的范围； 2. 项目内容是具有应用价值的，学生不陌生的； 3. 项目课题需将实践与理论紧密联系； 4. 项目直接与实际经营、生产、服务或管理活动关联； 5. 教师要为学生提供独立完成计划制定和实施的契机，让其在一定程度上可以自由安排与组织自身的学习； 6. 产生具体而明确的成果； 7. 学生还要学习如何处理和克服项目进程中出现的各种问题与困难； 8. 项目提供适当的难度，促使学生练习使用新获取的技能、知识和方法去解决全新的实际问题； 9. 师生共同对学习及工作方法和项目成果进行评价。
特征不同	学习与教学围绕着同一目的，由问题驱动，开展互动协作和自主探索的学习活动，新任务在完成既定任务的同时产生。其具有情景性的任务设置；任务表现出具体化、趣味化、生活化、真实化；具有开放性、可操作性、差异性、阶段性的过程特征以及可考核的任务结果等特点。	中心：项目；驱动力：成果；内容：交叉的知识；学习环境：真实情景；学习方式：探究活动；组织形式：小组合作。 具备特定的教学目标、综合的项目内容、完整的工作流程、自主的学习过程、多样且可展示的成果、多元的评价方式、有实际应用价值的工作成果等。

续表

设计特点不同	将新课程中的新技能新知识作为任务驱动教学法的任务内容，一个任务占用1节课或一次课的时间，必要时可穿插更多任务；任务的选择以本专业作为基础。教学任务所涉及的范围更广，主要设计以激发学生的学习兴趣为主的教学任务，任务可以来源于工作需要也可以不是。	全新的问题会出现在项目内容中；可在本专业或跨专业选取一个具体作品为“项目”任务；完成单个项目任务或综合性项目任务。项目教学法与企业生产过程结合得非常紧密，项目来源于企业生产需要或模拟企业生产需要，以生产过程为中心，是典型的案例型工作。
步骤不同	1. 创设情景，吸引学生的注意力； 2. 提出任务目标； 3. 合理分组，对任务开展分解及分析； 4. 完成自主的学习； 5. 检查任务成果并对其进行评价； 6. 总结与提升。	1. 项目的确定； 2. 计划的制定； 3. 组织实施阶段； 4. 项目成果汇报与作品展示； 5. 总结评价； 6. 拓展与深化； 7. 归档及应用。
实施特点不同	1. 时间：一般在课内可完成； 2. 学生参与程度：任务的选取、分割及细化一般均由教师完成； 3. 学习模式：以学生个体学习为主。	1. 时间：可短为1～2天或长至一周； 2. 学生参与程度：项目计划的确定、实施等均由学生讨论决定； 3. 学习模式：以小组合作（或个体）模式为主。
难易程度不同	任务驱动教学法，难度系数一般不会很难。	项目教学法，难度系数较高。
规模不同	任务驱动教学法可以就某一个知识点来设计任务，也可以设计综合性任务，所以任务的规模可大可小。	项目教学法设计的项目往往需要使用大量知识，项目的规模较大。
教学知识结构不同	任务驱动教学法教学可以根据知识点来设计子任务，一阶段内容学习结束后，可以设计总任务，这样任务驱动教学法教学可以遵循固有的知识结构关系进行教学。	项目教学法是以实践工作需要来设计教学项目的，从而打破固有的知识结构关系，是以需要作为出发点。
教学目标要求不同	任务驱动教学法的目标更多的是理论知识的传授理解和技能的掌握。	项目教学法的目标是要求学生能够熟练地运用已学到的知识去融会贯通地分析问题和解决问题，通过项目的多次训练能够具有“精通”专业知识和技能的能力。
教师作用	1. 设计“任务”相对较容易； 2. 指导学生实施相对较多。	1. 设计“项目”相对较难； 2. 指导学生实施相对较少，主要靠学生自己完成。

由此可见，这两种教学法具有明显的差别并且各具特点。在教学实施过程中，可根据实际的教学内容和目标，有针对性地、灵活性地选择应用，可以获得相得益彰、教学相长的效果。

13.5　项目用具

某实验课授课计划、某实验课教学教案、实验操作手册、多媒体教学资源、学习资料、

学习资料、投影仪、无线话筒、激光翻页器及笔记本电脑等。

13.6 项目实施

任务1 实施项目教学法

一、掌握项目教学法流程

“项目教学法”的基础是自适应学习理论、现代认知心理学和探索性学习架构，是采用学习研究结合操作实践的方式，促使学生自主发展、主动学习的教学方法。它注重的是项目完成过程中每个人的参与和创造性实践活动，并不是最后的结果。在这个过程中将实践教学与理论教学进行有机地融合，有效调动学生的创新潜能，培养其科学的研究和分析能力、动手能力、自学能力、交流和协作能力、观察能力等综合素质。

“项目教学法”的实施流程包括信息的收集、项目的确定、计划的制定、组织实施和成果评价展示等。通常情况下，其基本程序和模式至少应包括图13.1所示5个阶段：

图13.1 项目教学模式

1. 确定项目任务

通常由教师围绕专业能力培养要求和专业知识模块提出一个或几个项目任务，然后同学生一起就项目的可行性、可操作性进行讨论和研究，最后明确项目的具体任务和目标要求。让学生根据自己的情况选择项目，并在这些项目的实施中运用自己所学的知识，提高自己的实践动手能力。

2. 制定工作计划

本着以学生为主体的原则拟定项目工作计划和步骤，尽量在实施时确保师生间的沟通和学生间的交流，切实可行。在此阶段，学生通过项目计划的制订互帮互助，语言表达能力、逻辑思维能力、动手能力等得到了较好的锻炼和提高。

3. 组织项目实施

确定学生各自的分工和合作的形式，并按照自己制定的步骤和程序有效地开展工作。在实施过程中碰到问题时要求及时地与同学或指导教师讨论，寻找解决问题的最佳方案。在项目实施的过程中，教师要对学生进行及时指导与鼓励，让小组成员相互帮助，找出问题原因并加以解决。学生通过团队的合作以及个人的努力才能完成了项目的实施，达到了预期的教学目标。

4. 检查考核评估

指导教师检查、考核、评价工作实施过程和最终成果，对项目执行时出现的问题与解决方案、项目整体分析和成绩评判原则，教师和学生可以共同地进行讨论和评估。

5、总结评比归档

教师引领学生一起对本次学习内容完成全面总结，并对个体或小组的表现开展互评，并将结果计入总分(按一定比例)，最后集中展示或归档保存资料、实物、数据、软件和总结等项目成果。

二、注意实施中可能出现的问题

(一)转换教师角色

认为只有站在讲台上讲课才是教师的本分，这一观点是片面的，项目教学法具有“以任务为主线、教师为主导、学生为主体”的基本特征，要求教师必须进行角色的转换。

这里提到的转换是指：

1. 从灌输、讲授者，转换为课堂的引导、组织者；

2. 从讲台的讲解转换为与学生的讨论交流，指导示范以及共同学习。

项目教学法对教师有着更高的要求。教师应具备“双师型”素质，而在教学中担当的角色不再是传统意义上的主导者，而变为了学习的引导者或主持人，以导演、伙伴、咨询者等角色出现在学习过程中，充分认识到知识不能靠被动地接受的，而应是由学生主动构建的，方法上由讲求“教法”转换为讲求“学法”；当然，教师必须付出更多的精力才能达到项目教学的目的，整个过程中，教师不会是无事可做、可有可无，反而应该发挥更加重要的作用，所以教师只有深入地了解学生，才能在学生学习遇到困难时为其提供帮助，才能在学生学习不够主动时，有效地引导他们去探究，才能做好任务完成后的考核评价工作。

此外教师要学会“用教材”的正确方法。整体上要能根据新知识、新技术、新工艺要求对教材内容适当地增加或者删除，细节上以应用为准绳，依据行为导向的要求，冲破原教材固有体系，遵循“提出问题——解决问题——归纳分析”的思路，具体对各项目内容重新完成教学步骤和教学方法的设计。

(二)设计项目

可实践性是项目设计最关键的原则，确保学生在操作中得到收获。因此按照自上而下，逐渐细化的原则，结构化的方法设计项目；按照由易到难，自下而上，逐渐完善的原则实施项目。

1. 做好项目设计工作。

教学效果受“项目”的重要影响，因此，“项目”设计、编排非常关键。“项目”设计要有明确的目标，要求教师在学习总体目标的框架上，把总目标细分成一个个的小目标，并把每一个学习模块的内容细化为一个个容易掌握的“任务”，通过这些小的“任务”来体现总的学习目标。

2.“项目”设计要符合学生特点。

学生对知识的接受能力有较大的差异。在设计“项目”时，一定要结合学生实际，参考学生现在的认知能力、文化知识、兴趣、年龄等特征，因材施教。

3.“项目”设计要注意分散重点、难点。

对信息技术技能和知识的掌握是循序渐进、逐渐累积的过程，设计“项目”要考虑前后的联系、知识点的含量、“任务”的大小等因素。

4. 以“项目”的方式导入相关概念，展开教学内容。

不同于传统教法。在项目教学中涉及新知识和新概念时，依据学生的认知规律，以“进行任务的布置→说明任务的完成方法→总结归纳结论”的步骤引入相关概念，开展教学。

（三）学习项目教学法的教学过程

教学过程分为五个阶段。分别是：教师引导期，学生操作应用期，讨论交流期，提高巩固期，总结归纳期。

第一阶段，教师提出任务与要求，阐述完成任务的一些方法建议。

本阶段特点：教师主要是指导方法，并提供启发性提问，引导学生动手实践，并灵活地应对变化。关键是引而不发，充分吸引学生的好奇心理和实践欲望。

第二阶段，学生操作为主。

这一阶段，应让学生具有足够的操作时间，大胆尝试，在实践中感受、体会和领悟。这期间，学生会遭遇若干问题。对其中带有共性的，可统一示范，集体解决；对个体的个性问题可单独辅导。这一阶段是学生理解和吸收，从初识到掌握的阶段，同时是学生充分发挥自身各种能力的阶段，约占整个教学进度 1/2 左右的时长，是一个繁忙的高潮期。

第三阶段开始讨论交流期，教师根据项目进展情况，统一讲解重难点，并举一反三地给出恰当的应用案例，以此使学生对知识的理解更加深入。

这一阶段，尽可能开展对主要问题的讨论，通过方法交流或作品欣赏，启发学生思路，看看别人完成任务的方法和自己有何差别。本阶段具有开拓思路、集思广益、鼓励创新等特点。能给学生放松的学习节奏。

第四阶段是巩固创新期。

学生通过与别人交流作品或方法，会想要再度进行尝试。本阶段，之前所掌握的知识得到进一步的巩固，并可在原有基础之上做出一定的调整或创新，进而熟练地应用知识，提升创新水平。

第五阶段是总结归纳期。

项目教学，教师的工作是引导方法，学生的任务是动手探索。学生学习能力有区别，会造成对同一学习内容的掌握程度出现差异，甚至知识点的疏漏，成绩呈两极分化。基于此原因，教师进行项目式教学时，要加强对知识的复习回顾，使接受能力较弱的或理解上存在疏漏的学生能利用这样的回顾和总结，跟得上教学进度，完整地把握知识点，实现教学目标。

通过这样一个引→试→做→看→创新的过程，学生对知识的学习也经历了“不会→会→熟悉→强化→提升”的过程。可见，在进度上项目教学法能确保知识的连贯性，符合人的认知规律、心理及生理特点。这样的教学方式，能获得更好的效果，在同等时间内，知识容量比传统教学更多，满足课程大纲基本要求的同时，发掘了各层次学生的潜力，让学生自身能力获得充分提高，体现了因材施教原则。

（四）巩固学生在学习中的主体地位

1. 提高学生的参与意识

传统教师讲、学生听的教学模式，学生易感到疲劳，也很有可能形成依赖心理。在项目教学中，教师要求学生在规定时间内完成一项具体的任务，会让学生产生紧迫感，避免了在学习过程中被动地接受。如果遇到问题，通过阅读教材和资料，与同学讨论交流，或者由教师指导来解决。这样的教学突破了“教师为主体”的状态，学生拥有了充裕的时间进行操作，不再需要手把手教，更能感受到探索的成就感，激发其学习的兴趣。

2. 提高学生的综合能力

项目制的学习过程是围绕某特定任务展开的，该任务融合教学内容，使学生在任务的进展中学习了相应的知识内容，进而掌握知识的应用，并将两者有机地结合。教师还需引导学生自己去发现实际问题、解决实际问题，增强学习效果。

3. 培养学生的创新意识

在学生完成项目任务时，教师不限制其实现的思路和方法，作品也不拘泥于一种形式和单一的内容，利用教师提供的素材，学生可以发挥丰富的想象完成自由创作。这样学生不仅能掌握到基本内容和方法，并且在细节知识上举一反三。同时，也有利于实现分层次教学、个性化教学和弹性教学。

任务 2　实施任务驱动教学法

一、学习任务的分类

任务的设计既要考虑学生的个体差异，又要考虑知识的难易度和特点。可将任务划分为封闭型任务和开放型任务。

封闭型任务：这类任务规定了较为明确的目标、主题、要求和资源，每个学生参考具体样例自主完成。与任务相关的新旧知识之间，有一定的联系，要求必须掌握。

开放型任务：这类任务只给出原则性要求，形式和内容由学生自己组织安排。任务主要涉及已学过的旧知识，任务可促使学生充分整合已学过的知识和技能。

两类任务的主要区别见表 13.3。

表 13.3　封闭型任务和开放型任务的主要区别

	封闭型任务	开放型任务
主要目标	掌握关键性知识与技能	提高学生综合运用已有知识解决问题的能力
学生角色	演员＋群众	演员＋导演
教师角色	导演＋演员	导演＋顾问
教学组织	小组学习或个体学习	小组学习
综合程度	小	大
知识特点	新知识为主	应用旧知识解决实际问题
任务特点	有明确的任务主题	不确定的任务主题
评价任务	按样例评价结果	结果评价结合过程评价

设计“任务”时，要以封闭型任务为基础，强调基本操作技能训练，以开放型任务作提升，提高运用旧知识解决问题的能力。

二、掌握任务设计的原则和特征

“任务”直接影响教学效果，任务设计非常关键。任务设计时一般遵照下面几个原则。

1.“任务”设计要有明确的教学目标。

2.“任务”设计要把握真实性原则。

3.“任务”设计要具有可操作性。

4.“任务”设计要符合学生的特点。

5.“任务”设计要注重渗透方法，培养学习能力。

6.“任务”设计要注重个别化学习和协作学习的统一。

“任务驱动”教学强调教师、学生、任务三者的互动，具备如下特征：

1. 任务为主线。

2. 教师为主导。

3. 学生为主体。

三、熟知“任务驱动”的教学流程

教师主导作用和学生主体作用是互动的。教师设计了合理的任务、环环相扣的教学过程，推动学生发挥主体作用，主动去完成各项任务；而学生的主体作用发挥越充分，就会发现更多问题，当问题无法解决时，求助于他人、求助于教师，此时，教师为学生所推动，可以深入发挥其主导作用。主导推动主体，主体促进主导，直至完成整个教学。任务作为师生互动的中介，推动整个课堂教学的进行，所以说，“任务驱动”教学过程是教师、学生、任务三者积极的互动，如图 13.2 所示。

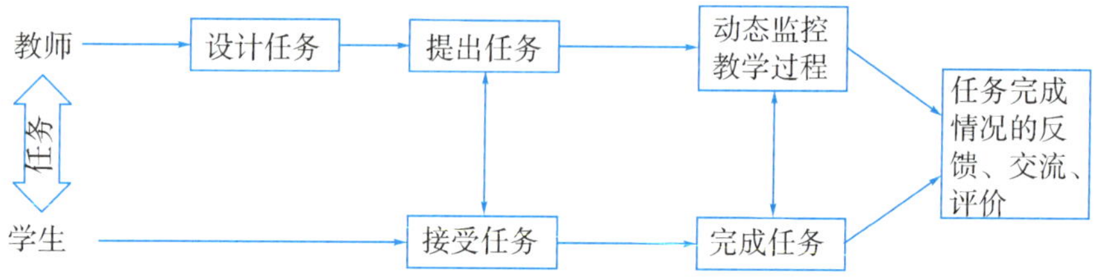

图 13.2 “任务驱动”教学流程

任务 3 实施“项目引导、任务驱动”教学法

任务驱动教学法与项目教学法各有优势。课程开发时将二者进行有机融合，将更加有利于提高课堂教学效果。教师设计任务驱动法比项目教学法容易得多，通过任务驱动法的锻炼后再设计较难的项目教学法将更容易领会其核心要素。

在基础欠缺的情况下实施项目法，完全由学生独立设计与实施显然是不合适的，应先使用任务驱动法使学生得到新知识和新技能的储存，根据先易后难的教学原则，在第二阶段再实施项目教学法，学生就会适应并达到项目教学法应有的效果。

“项目导入”是将工程实践项目贯穿于教学的始终，用项目和任务进行新知识的引入，激发学生学习动力；“任务驱动”是在教学过程中，根据项目总体要求，以完成一个个具体的任务为线索，把教学内容巧妙地隐含在每个任务之中，让学生自己提出问题，并经过思考和老师的点拨，自己解决问题。

执行时的原则包括：

1. 任务驱动教学部分：设计的目的是为了知识点的掌握，主要用于新知识点的学习，但在知识点的选取方面也应遵循由简入繁、由易到难、循序渐进的原则。

2. 项目教学部分：设计项目时，不一定要涵盖所有知识点，但重点知识必须涵盖，让学生通过知识点的选择来强化知识。为了照顾学时，在课堂上以交流和讨论为主，完成和修改可以利用课余时间来达成；要重视评价环节，强调综合的解决实际问题的能力。

13.7　项目小结

1. 到优秀教师课堂观摩教学实践，写出见学笔记，并组织讨论、交流。

2. 就“项目引导、任务驱动”教学开展一次说课活动。

3. 撰写一份实验实训课程教学方案设计。

13.8　思考练习

1. 什么是任务驱动教学法？具备哪些特点？

2. 什么是项目教学法？具备哪些特点？

3. 总结任务驱动法与项目教学法之间的联系与区别。

4. 阐述项目教学法实施流程。

5. 阐述任务驱动法的教学流程。

6. 任务驱动如何与项目教学结合？

7. 开展实验实训课堂教学，邀请教学专家听课给予建议，做好自身总结与完善。

13.9　拓展提高

1. 采用“项目引导、任务驱动”教学法开发新的实验实训项目。

2. 撰写实验实训课程教学研究论文。

13.10　知识链接

1. 任魏娟. 职业教育项目教学法研究[D]. 华东师范大学，2011.

2. 要丽娟. 项目教学法在教学中的应用[J]. 太原大学教育学院学报，2007.

3. 邓作杰，谭小兰，莫海燕. 基于项目教学法的教学实践与研究[J]. 湖南工程学院学报，2010.

4. 钟柏昌. 任务驱动教学的反思与重塑[D]. 南京师范大学，2004.

5. 冯林，郑薇薇. “任务驱动”与“项目驱动”相结合的创新教育研究[J]. 黑龙江教育(高教研究与评估)，2010.

第三部分　通信类课程设计综合实训*

学习单元四　通信类课程开发实训*

学习单元及知识地图

单元概述

本单元内容主要聚焦通信类课程设计开发内容，主要从通信类核心课程设计开发、实训课程设计开发两方面设置典型项目。由于本部分内容难度较高，建议教学内容视学生情况而定，可重点放在按照流程模仿课程设计开发上。本单元侧重于课程开发前的调研工作、分析对应岗位典型工作任务、设计课程结构、设计学习领域、制作课程标准等方面，通过操作与实践，掌握通信类课程设计开发的方法。

知识地图

本学习单元的知识地图如图 4 所示。

1. 通信类核心课程设计开发

专业技能包括：设计课程结构的技能、设计课程学习领域的技能、制作课程标准及开发课程教学内容的技能等。

基础技能包括：Office 软件使用技能等。

2. 实训课程设计开发

专业技能包括：调研岗位工作内容的技能、分析岗位任务的技能、开发课程的技能等。

基础技能包括：分析问题的技能、Office 软件使用技能等。

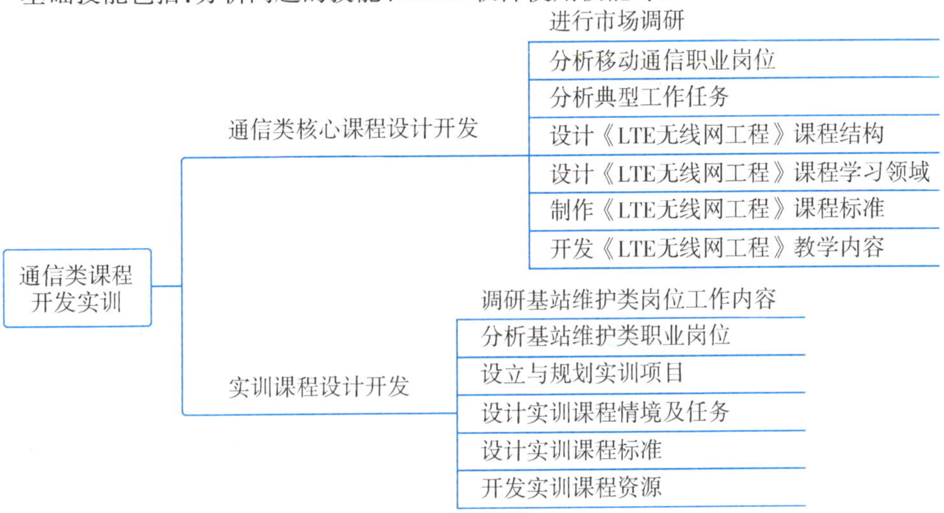

图 4　通信类课程开发实训知识结构图

学习任务分析

表 4　主要学习任务列表

序号	任务名称	主要学习内容	建议学时	学习成果
1	通信类核心课程设计开发	根据项目设定的流程，完成某课程的开发工作，包括调研、分析、设计课程结构、设计课程学习领域、制作课程标准、开发教学内容等工作。	8 课时	熟悉课程开发工作流程、工作内容，能够完成某课程的调研分析及设计工作，并制作课程标准，开发课程内容。
2	实训课程设计开发	根据项目的步骤引导，完成一门实训课程的设计开发工作。主要包括调研、分析岗位工作、设计任务、设计课程标准及开发课程资源。	8 课时	熟悉实训课程设计开发流程、岗位工作任务分析要点、课程学习领域设计、课程标准制作等技能，能够完成教学内容及资源的开发工作。

项目 14　通信类核心课程设计开发

14.1　项目描述

近年来，由于 4G 牌照的发放，LTE 相关从业人员需求大大增加。为了提升你所在的移动通信系移动通信技术专业的培养水平，跟上行业发展，现需要开发一门专业核心课程："LTE 无线网工程"。

该课程计划以项目制的教学方法，以工程项目运作的流程为内容主线，以 LTE 网络为载体，由你所带领的专业团队进行核心课程的设计与开发工作。请作为团队负责人的你，根据专业课程教学特点，结合当前某运营商 LTE 网络情况，开发出该课程相关资料方便后期教学实施。

14.2　项目解析

在实际操作过程中，专业核心课程开发有三个维度：核心课程开发主体、核心课程开发流程和核心课程开发结果。

承担专业核心课程开发工作的主体一般来说是专业课程开发小组，一个完整的专业课程开发小组主要由行业企业专家、系部专业带头人和专业骨干教师(建议至少应是双师型的高中级职称教师)组成，另外可聘请职业教育课程专家进行技术指导。

专业核心课程开发过程中需要进行审议，因此需要建立审议主体：课程评审委员会。评审委员会由学校教学分管领导、行业企业专家、学校资深教师(双师型的高级职务教师)和课程分析专家组成。

核心课程开发结果主要是专业核心课程标准或教学大纲、学习情境设计方案、自编教材及配套实验指导书、教案及教学用 PPT。

本次任务建议将学生分为 6～8 人一组，选举组长一名协助教师工作，教学建议在敏捷岛式的教室进行。教师可以带领学生按照流程完成核心课程的开发工作，为学生就业后完成其教学课程开发做好准备。建议的专业核心课程开发流程如图 15.1 所示。

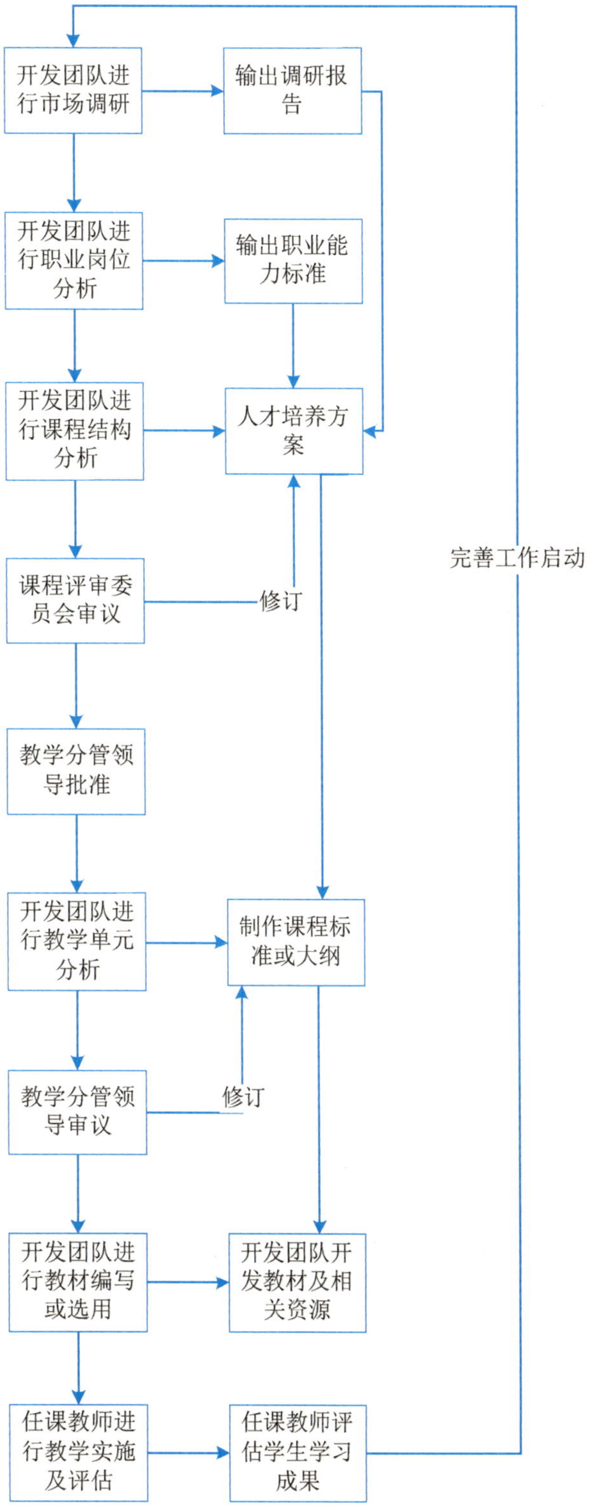

图 14.1　核心课程开发流程

14.3 教学策略

1. 项目名称

LTE基站工程勘察设计；

2. 适用年级

本科四年级；

3. 教学目标

(1)具备市场调研的能力；

(2)具备分析、分解岗位工作过程的能力；

(3)具备设计课程结构的能力；

(4)具备制作课程标准的能力；

(5)具备开发教学内容的能力。

4. 教学时间/学时

第一学期/8学时；

5. 教学资源

多媒体资料、教材、教学课件、视频资料、多媒体教室或会议室等；

6. 参考教学方法

讲授法、互动式教学法、演示法、角色扮演、分组讨论；

7. 参考资料、学习资源

教材、教学课件、课程标准、教学图片资料、视频等媒体文件。

14.4 必备知识

职业教育课程开发应当按照如下要点进行。

1. 重构课程体系：打破传统学科型课程体系，针对实际工作体系重新构建课程体系，并按实际工作结构重新设计课程结构。

2. 重组教学内容：打破传统学科型课程以学科知识逻辑为主线、专业理论知识为主体的教学内容，针对实际工作任务需要，以职业活动为主线，以培养职业能力为本位，重新组织和设计教学内容。

3. 转变实施方式：打破学科型课程主要进行知识灌输、学生被动接受、实践与理论脱节的实施方式，形成主要进行项目实施、学生主动构建、实践与理论一体化的实施方式。

4. 改造教学情境：打破单一的教学模式、课堂化教学环境，创设尽可能与工作实境接近的教学环境，实现学校环境与工作环境、校园文化与企业文化的有机融合。

（据：以工作过程为导向的职业教育课程改革——姜大源）

14.5 项目用具

1. 笔记本电脑；

2. Office系列软件；

3. AUTO CAD；

4. Microsoft Visio；

5. 打印机。

14.6　项目实施

任务1　进行市场调研

一、任务介绍

开发新的核心课程首先应开展调研工作，汇集各种资料（如岗位操作规程等），进行系统分析评估，从而获得课程设计编制根据。该步骤的成果载体是《调研分析报告》。请教师带领学生模拟教学开发团队完成对通信行业企业的市场调研（调研表格应当由教师自行设计）。特别注意如下建议。

1.建议采用的调研方式：采访面谈、问卷调查、网络调查、收集整理分析资料等。

调研工作要成立专业市场调研组（隶属于课程开发团队），做好相应的准备工作，选好调查对象和设计好调查的方案，调查组成员熟悉调查工作的各项要求，明确工作分工。

2.建议的信息调查渠道：学校招生就业办公室、专业建设指导委员会、通信企业、移动通信技术专业毕业生跟踪信息、网络媒体、学生、教职工与外聘教师、企业实习信息反馈等。调查重点应是通信企业负责人、LTE网络相关专业技术人员和专家、专业对口的毕业生。

3.建议的调查对象：优选技术先进的企业单位，兼顾技术水平一般单位。

4.建议的调查方案：明确调查目的，规定调查的范围、地点、对象、项目、内容、方式、方法、步骤和质量要求，确定时间安排。面对企业的访谈调查要精心设计访谈引导问题和调查问卷，并征求企业专家的意见，反复修改完善。对用人企业人员和本专业毕业生的调查问卷应有不同的侧重内容。

二、操作流程

1.进行市场调研

调研过程中，课程开发团队要运用科学的方法和手段，收集与移动通信专业、“LTE无线网工程”课程相关材料。

2.整理材料

对搜集到的材料进行分析整理，得出科学的结论。

3.制作调研报告

调研报告的主要内容有：

(1)移动通信技术专业的服务面向定位

区域经济、科技与社会发展情况；通信行业或企业界发展趋势；移动通信技术专业对应的职业岗位有哪些；对应职业岗位（群）目前人才结构与需求状况；用工来源；预测职业岗位（群）人才需求数量；高等院校和职业院校向社会输送相关专业毕业生情况及社会相关职业培训情况。确定专业服务是以区域综合为主充分考虑行业需求，还是以行业专业为主同时兼顾区域社会需求，根据学校条件规划专业培养规模。

(2)移动通信技术专业人才培养目标定位

分析技术领域和职业岗位（群）的任职要求，目前与专业对应的具有较高社会认可度的职业资格，科技发展对高技能人才提出的要求，相关职业岗位（群）需要改进的职业能力。专业人才培养目标的具体描述要以工作任务分析的成果为依据，但在具体分析之前通过专业调研，综合分析和深入研究多方面因素做出基本定位的判断。

(3)移动通信技术专业教学的分析研究

分析设置该专业的学校人才培养情况。课程设置和教学内容要与用人产业（行业或企业界)对毕业生的要求有较高的符合度,要与学生的入学基础和愿望要求有较高的符合度。教育受学生的发展水平制约,课程必须适应学生发展需要。学生的知识状态、心理发展规律、智能特点和个性倾向都是建构课程体系优先考虑的条件。课程开发和实施要对教学人员进行必要的培训,要对教学条件建设提出明确详细的要求,做出实施计划、措施和时间要求。

调研报告示例见附录 5。

任务 2　分析移动通信职业岗位

一、任务介绍

在调研报告的指导下,对移动通信技术专业对应的技术领域和职业岗位(群)进行职业岗位分析。职业岗位分析要全面研究分析职业岗位(群)的工作全过程和工作活动的所有因素。职业岗位分析时从两方面进行:分析工作职责和任务,分析工作任务和职业能力目标。

职业岗位分析借鉴 CBE(Co mpetency　Based　Education)　/DACUM　(Developing　a　Curriculu m)方法,以工作分析为本次专业核心课程开发起点与依据的技术。以下分析以 LTE 工程设计岗为例分析。

二、操作流程

1. 分析工作职责和任务

这时我们需要分析 LTE 工程设计岗这个职业内的工作职责和职责内的任务。

由教师模拟开发团队主持人,其他成员全部由学生来模拟。要求教师能做到以下几点:

(1)能深刻理解工作任务分析的目的、质量要求,能预期后续的课程框架;

(2)善于激发并整合行业专家的思维;

(3)能熟练进行工作分析的基本操作;

(4)善于控制时间。

2. 制定 DACUM 表

开发团队集中讨论分析 1 小时左右,采用贴纸板的办法,把暂时确定的 LTE 工程设计岗的职责、任务制成长方形小纸板贴在墙板上,并逐条进行评审、研究,制订出"职责和任务表"(DACUM 表)初稿,形式参见表 14.1。

表 14.1　LTE 工程设计岗 DACUM 表

职责	任务分析				
站点勘察	现场勘察	制作勘察报告	话务分布勘察	无线传播环境勘察	天线勘察
机房勘察	……	……	……	……	……
机房设计	……	……	……	……	……
站点设计	……	……	……	……	……
工程图绘制	……	……	……	……	……
审核	……	……	……	……	……

主持人:
参与人员:　　　　　　　　　　　　　　　　日期:

3. 分析任务和能力目标

(1)分析 TPO 与 EO

在教师的带领下，开发团队中的同学应当分析 LTE 工程设计师在其工作职责的每项任务中应达到的最终绩效目标 TPO(能够完成的工作)和能力目标 EO(知识、技能、态度等任职要求)。

(2)复查 DACUM 表

教师对 DACUM 表进行复查，对其中部分任务补充、删减，形成 DACUM 表完成稿，形式参见表 14.1。

(3)编写 TPO 与 EO

完成上一流程后即可将学生分组，分别研究、编写各项工作任务的 TPO 和 EO。

注意：一般来说一项任务只有一个 TPO，但有两个以上的 EO。

(4)制作工作任务与专项能力汇总表

各组拟出初稿后，由教师逐条复查评审，最终形成表 14.2LTE 工程设计专业工作任务与专项能力汇总表。

表 14.2　LTE 工程设计岗工作任务与专项能力汇总表

职责	任务分析 TPO	专项能力 EO	备注
勘察	……	……	
		……	
设计	……	……	
		……	

注：各组在讨论时采用头脑风暴法，教师要鼓励组内学生尽可能多地把不同意见展现出来。要集中注意力分析岗位工作要求，不要分析专业知识。职业岗位的工作职责一般划分为 8～15 项，以行为动词来表述；每项职责分解为 5～30 项更为具体的工作任务，书写格式是“名词+动词”；完成每项具体工作任务需要若干个专项能力(Skill)，专项能力的书写格式是“能(会)操作(使用)……”(动作技能)、“能(会)分析(判断)……”(智慧技能)、“知道……”(陈述性知识)、“理解……”(解释性知识)。把写好的纸板贴上去，合并相同的，并掉能够被包容的，整合零碎剩下的；可以对结果进行补充；要充分尊重学生的意见，但每一条都必须获得教师的一致认可才能确定。小组长协助教师完成记录工作，讨论结束时即刻得到条理清晰的表 14.2。

每一职业岗位能分解成多少项具体工作任务及相应的专项能力，与该职业岗位的业务范围有关，也与分解的粗细程度有关，一般来说在 100～200 个之间。专项能力包括完成这项工作任务需要的知识、技能、态度及所需工具，完成任务所需的时间和质量标准要求。对每一专项能力都要确定其在职业岗位工作中出现的频度、学习掌握的难度以及学生毕业时应掌握的程度(确定等级)，即职业入口水平；对每一项职责、任务和专项能力需要掌握的最低标准进行评定等级标准见表 14.3，等级符号标注在 DACUM 表上“职责”方框的右下角。

表 14.3　职业能力等级评定标准表

等级	评定标准
A	能高质量、高效率完成此项任务的全部内容，能够解决遇到的问题，并能指导他人完成
B	能高质量、高效率完成此项任务的全部内容
C	能圆满完成此项任务的全部内容，不需要任何指导
D	能圆满完成此项任务的全部内容，偶尔需要帮助和指导
E	需要在现场指导才能圆满完成此项任务的全部内容

任务 3　分析典型工作任务

一、任务介绍

该步骤中分析典型工作任务所采用的是 BAG 法（典型职业工作任务分析法），它是在 DACUM 法基础上发展起来的。

BAG 法将工作作为一个整体来看待，更加重视工作过程的整体性和完成工作任务所需要的创造力，而不是 DACUM 法那样将工作任务分成各个独立的能力点、知识点。经验在学习内容中占有重要的地位。

一般来说 BAG 法参与工作项目描述活动的“实践专家”本身是有能力完成这些工作任务的，是拥有足够职业经验的技术先进岗位的技术工人、技师或具有实际岗位工作经历的技术人员等。

二、操作流程

该步骤中建议由教师模拟“实践专家”，仍然使用开发团队作为该次任务分析的小组，建议教师联系 2～3 名企业员工协助完成该步骤。

1. 典型职业工作任务分析的准备

（1）模拟“实践专家”的教师选择有代表性的工作岗位，如 LTE 工程设计岗，这个岗位只有具有一定资格和能力的专门人才才能胜任。

（2）对 LTE 工程设计岗每一工作任务都进行仔细的分析。如果能够针对一个典型工作任务在尽可能多的、不同规模的代表性企业中进行分析并寻求其共同特征，就能对每个案例的调查结果进行较好的调整，避免使个别企业不具备普遍意义的工作任务普遍化。

为了使工作分析能获得更有针对性的结果，参加分析工作的小组成员都应深入了解表 14.4 所列出的工作任务分析的 8 个方面引导问题。

表 14.4　职业工作任务分析的引导问题目录表

分析要点	引导问题
工作过程	在哪些工作过程中涉及该工作任务？输出什么结果？如何接受任务？如何交付任务？
工作岗位	该工作岗位在哪里工作？环境条件如何？
工作对象	工作任务的内容是什么？工作对象在工作过程中的作用是什么？（如勘察，操作什么工具？测量哪些数据？）

续表

工具、器材	完成该任务需要用到哪些工具和设备？（如手持GPS）如何使用？（操作步骤）
工作方法	如何完成工作任务？
劳动组织	如何组织安排工作？（团队还是独立）如何与其他部门合作？
对工作的要求	企业如何要求该任务的成果？需要依据什么标准或者法律法规？
与其他工作任务的区分点	与其他工作任务有什么联系？有何相同或不同之处？该岗位是否必须经过职业技能培训才能胜任？

2.典型工作任务分析的实施

（1）开发团队对所选工作岗位上的企业员工开展观察、访谈、记录、制作照片或草图、收集或组织有关工作资料（技术图纸、程序文件等）。

（2）在分析工作过程中应将问题目录表作为参考资料始终带在身上，以免忽略个别分析要点，要做好摘要笔记，还可通过照片和图表巩固分析资料。

3.典型工作任务分析的记录

（1）上一流程完成后紧接着召开分析小组会议，会议大约1小时。

（2）负责记录的小组成员逐个报出分析要点，每位小组成员叙述其分析结论和认识。

（3）记录负责人汇总记录。要考虑和权衡每位成员的个人见解和判断，得出整个小组共同的分析结果。详细记录的撰写工作由记录负责人之后完成，用文本方式对分析结果进行全面描述，必要时加入少量而有针对性的照片、插图说明事实。

该步骤的结果准备用于任务4～7。

任务4　设计“LTE无线网工程”课程结构

一、任务介绍

专业课程包括专业基础课程、专业核心课程和专业实践课程。其中，专业核心课程是按照工作的相关性而不是知识的相关性设置课程。公共课、基础课、专业基础课多以课堂学习方式为主；项目教学、基于工作过程的专业核心课程和综合专业实践课应把工作实践过程（个别课程是仿真生产实训过程）设计成学习过程，进行工作本位的实践性学习。工作过程有些可以单独成课程，有些项目需合并成课程，有些需分解组合课程。

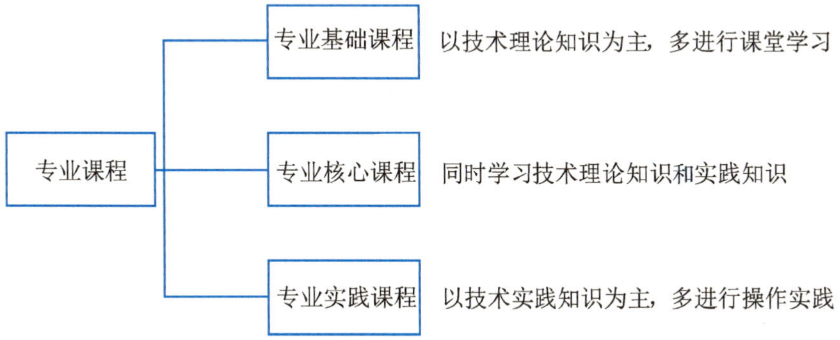

图14.2　专业课程分类

二、操作流程

本步骤由教师主导，带领开发团队小组按照如下流程进行。

1. 召开课程结构讨论会。

会议讨论时采用头脑风暴法，汇集形成一致的分析意见。

2. 评审和补充表 14.2

对表 14.2 进行逐条评审和补充，区分出本专业学生在校学习期间能实现和不能实现的 TPO 和 EO。

3. 将 TPO 和 EO 进行转化

将评审后的表 14.2 中的任务 TPO 和专项能力 EO 进行重新整理、分类，转化为教学单元，将职业能力目标转化为教学目标，将相关的知识技能转化为具体的学习、训练内容。

在转化中要提高概括性，减少重复，避免遗漏。每一教学单元应包括相应的知识、技能、态度和考核标准。单元的教学目标是可操作性目标，应采用包括活动、条件、标准三要素的表达方式加以描述，尽量做到行为化、可观察、可测量。

4. 将教学单元归纳为教学领域

然后，将所有教学单元按其内容是基础性(共通性)、专业基础或职业通用、职业专业特殊性的，在整体结构上进行安排；进而将教学单元归并成教学领域(章节)。

5. 提出课程结构草案

将教学领域(章节)再组成相应的课程，初步提出课程结构草案。

6. 提出人才培养方案草案

进一步分析研究培训模块中的 TPO、EO 和课程计划草案，确保实现这些 TPO 和 EO 的课程门数，并根据职责频度(教学层次)、等级确定各课程的学时数和时间安排，对一些课程的教学内容和教学方法提出具体要求，对课外培养、社会实践等提出明确要求，从而初步提出人才培养计划草案。在专业人才培养过程中，专业知识的教学(专业概论、认识实习等)应适当提前，让学生较早接触专业主要内容。专业核心课程名称尽量采用动宾结构。

人才培养方案草案详见课程电子资源。

任务 5　设计“LTE 无线网工程”课程学习领域

一、任务介绍

工作过程系统化的学习领域课程是专业核心课程的主要课程模式，是单元课程分析的重点。学习领域是以职业任务和行动过程为导向的，通过目标、内容和基准学时要求描述的课程单元。“LTE 无线网工程”课程由 5~8 个学习领域组成，一个学习领域所涉及的内容包括基础知识、专业知识和跨学科知识。学习领域的结构如表 14.5 所示。

描述学习目标和确定学习内容是一个反复思考和渐进式的过程，需要系统化的工作方式。一个设计得好的学习领域应当在典型职业工作任务、学习目标、工作与学习内容三者之间取得统一和平衡。最后，按照职业成长规律确定学习领域所处的学习难度范围，对各学习领域进行顺序排列。

表 14.5 学习领域结构表

<table>
<tr><th>学习领域</th><th colspan="2">教学安排:教学建议(　　)学时,理论学习(　　)学时,实践学习(　　)学时</th></tr>
<tr><td>学习领域名称</td><td colspan="2"></td></tr>
<tr><td>职业行动领域描述</td><td colspan="2"></td></tr>
<tr><td rowspan="3">工作/学习内容</td><td>基础知识</td><td></td></tr>
<tr><td>专业知识</td><td></td></tr>
<tr><td>跨学科知识</td><td></td></tr>
<tr><td rowspan="2">学习目标</td><td>知识目标</td><td></td></tr>
<tr><td>能力目标</td><td></td></tr>
<tr><td>工作对象</td><td colspan="2"></td></tr>
<tr><td>工作方法</td><td colspan="2"></td></tr>
<tr><td>工作要求</td><td colspan="2"></td></tr>
<tr><td>劳动组织</td><td colspan="2"></td></tr>
</table>

二、操作流程

1.确定学习领域名称

教师带领开发小组确定“LTE 无线网工程”的学习领域名称,名称与典型工作任务的简化名称一致,按照“工作对象+动作+补充或扩展(必要时)”顺序命名。名称要让人们了解工作关系的内涵,也可以使用动宾结构。

2.描述职业行动领域

描述职业行动领域必须回答两个问题。

(1)通过典型工作任务完成了什么工作?

(2)完成典型工作任务的过程是怎样的?

3.描述学习目标

学习目标的描述要符合两个核心要求。

(1)能力表述的明确性:与职业行动领域直接相联系;

(2)理论学习与实践培训:通过同一个“工作对象”建立起直接联系。对实践与理论学习内容的设计应从企业和学校两个不同学习场所的独特视角来进行,以保证两个学习场所的学习成为一个整体。

4.确定工作/学习内容

确定工作/学习内容要避免学科系统化的工作和学习内容确定方式,特别要注意以下几点。

(1)工作/学习内容的表述必须与实际工作过程相联系,所传授的知识和技能,应当能够引领人的职业行动并阐释人的职业行动。

(2)专业工作对象描述要考虑工作情境和工作过程,根据学习目标来确定“工具、方法与劳动组织”。

(3)对专业工作的要求要确定的是,按照不同观点从不同侧面对工作过程和工作对象提出要求,需要从企业、社会(机构)和个人(顾客、从业者)等方面对专业工作的基本要求进行细化。考虑的要求范围越宽,对课程使用者呈现的潜在设计空间也越大。

(4)工作/学习内容的表述应当是发展性的和开放性的。“工作对象”、“工具、工作方法和劳动组织”以及“工作要求”中确定的内容不是一成不变的。在实际工作中要求不同时,在形式上也可能存在着很大的差别。

5. 将学习领域转换为学习情境

根据完整思维及职业特征,分解学习领域为主题学习单元。案例化的学习单元即为一个学习情境,它把理论知识实践技能与实际应用环境结合在一起,是学习领域这一宏观计划的具体化产物。

6. 划分“LTE 无线网工程”课程学习情境

通过上述一系列的工作,对典型工作任务进行了详细的描述,推导出了符合校内学习场所特性的学习目标,确定了工作与学习内容,从而确定出一个理实一体化的“LTE 无线网工程”专业核心课程。其学习情境划分如表 14.6 所示。

表 14.6 “LTE 无线网工程”学习情境划分

课程 学习情境	学习情境 1	学习情境 2	学习情境 3	学习情境 4	学习情境 5	学习情境 6
LTE 无线网工程	认识 LTE 无线网	LTE 无线网工程项目立项	LTE 无线网工程设计	LTE 无线网工程实施	LTE 无线网工程验收交付	LTE 无线网运行维护

任务 6 制作“LTE 无线网工程”课程标准

一、任务介绍

本步骤需要用到步骤 2~3 的成果。教师带领学生按照如下的课程标准范例进行填写,即可完成该步骤。

二、操作流程

1. 填写课程定位信息

如:

LTE 技术是目前移动通信网络大规模应用的通信产业技术,可以实现分组数据业务的接入,并提供增值服务。

“LTE 无线网工程”课程是面向通信设备制造商、通信运营商、外包公司、代维公司、设备代理商等通信企业的工程、维护、销售等岗位从事 LTE 无线网工程设计、设备安装、调测、业务开通、维护与管理等典型工作任务,分析归纳总结得出的学习领域。

“LTE 无线网工程”课程是移动通信技术专业的一门专业核心课程,也是通信专业群的一门专业共享课程。本课程的目的在于通过学生到通信企业/实训室参观认识,体验真实工作环境,理解 LTE 无线网基本原理;培养学生 LTE 无线网工程设计、设备安装、维护与管理等岗位职业能力，提高职业素养，为移动通信技术专业学生顺利就业奠定基础。

2. 制作教学目标

将任务 5 得出的知识目标、能力目标转化为教学目标，填入下面的范例。

通过学习，使学生了解……；掌握……；熟悉……；具备……等基本技能，能进行……，以适应通信企业……、……等岗位工作能力需求。为达到以上要求，学生必须具备以下能力。

1. 具备……能力。

……

3. 填写教学内容汇总表

表 14.7　教学内容汇总表

学习情境	工作对象	工具	工作方法	劳动组织	工作要求

4. 编制学习情境设计说明

(1)填写学习情境划分表

表 14.8 学习情境划分表

序号	学习情境	情境描述	参考学时
1			
2			
3			
4			

(2)完成学习情境教学设计表

学习情境教学设计表要求每个情境填写一张。

表 14.9 学习情境教学设计表

学习情境 1		建议学时	
授课教师			
教学目标	1. 具备……的能力。		
学习性工作任务	任务 1……		
教学内容	1. 了解……。 2. 掌握……。		

续表

教学方法	宏观：…… 微观：……
教学流程图	（建议用 VISIO 绘制）
教学条件/资源要求	
学生已有的学习基础	
教师应具备的能力	具备……能力。
考核与评价	考核方式：…… 成绩比例：……

5. 编写课程实施建议

（1）制作学习材料开发建议

《LTE 无线网工程》自编教材、《LTE 无线网工程》实验指导书、电子教案、多媒体课件。

（2）设计课程考核体系

一般来说课程评价与考核主要包括教学评价、社会评价和考核。其中教学评价主要包括学生对教师教学的考核与评价、教师对学生学习的考核与评价、项目教学效果的总体评价；社会评价主要包括社会机构对学生的评价、企事业单位对学生的评价；考核主要包括阶段考核、过程考核、结果考核。

设计“LTE 无线网工程”课程考核体系时一定要围绕课程教学目标，实行多元化的教学评价。

建议本次设计，“LTE 无线网工程”课程考核体系包括 60%的过程考核和 40%的结果考核；评价内容包括职业道德与规范、团队合作与创新、专业知识与技能、方法与社会能力；评价方法包括现场操作、现场答辩、项目报告等；评价方式包括学生自评、小组互评和教师评学生。这种评价方式能客观真实地评价学生对课程的学习情况和知识、技能掌握情况，能更全面地考查学生应用课程知识解决实际问题的能力，能更好地激发学生的学习激情，能更有利于发掘学生的潜能。

例：

考核方式：期末考试、实际操作考核、项目完成考核及平时课堂表现考核。

成绩比例：

本课程考核由以下几部分组成：理论知识考核（期末考试、笔试），占 30%；实际操作技能考核（单独操作考核），占 10%；项目成绩（以完成各项工作任务为依据），占 30%；平时课堂表现，占 30%。

（3）编制师资配备建议

例：专兼职双师团队，教师应具备较强的 LTE 理论知识，熟悉联通、移动、电信等各营运商设计、维护、优化规程，熟悉 LTE　ENB 的开通及设备的安装和调试，熟悉各教学法的实施流程。

(4)编制条件配备建议

例:LTE 机房、计算机机房、多媒体教室等。

任务 7　开发"LTE 无线网工程"教学内容

一、选用教材

专业核心课程教材是工作过程教学理念的重要载体。目前,很多教材所存在的最大问题是以陈述性知识为主,这往往是编者通过查阅学术专著、文献资料的途径编写出来的,不适于工作过程系统化的课程。因此,核心课程教材选用时必须彻底丢弃以陈述知识为主的教材。

工作过程系统化课程的教材需要以工作任务为核心重新选择和组织专业知识体系。在新的以工作任务为核心的专业知识体系中,从初学者到专家的职业成长过程中所需要的对实践至关重要的应用性知识,应是教材内容的首选。

在教材选用过程中需要把握两个原理和三个核心技术的标准。

1. 两个原理:用工作任务引领专业知识;用典型产品或服务引领工作任务。

2. 三个核心技术:工作项目描述;工作任务知识负载均匀化;理论与实践的整合。教材要体现先进性、通用性、实用性,典型产品或服务的选择要科学。

二、开发专业核心课程辅导材料

现代高等教育教学大量采用信息化教学手段。信息化教学的基本特征是教学的数字化、网络化、智能化和多媒体化。

信息化教学强调以学为中心,注重学生综合能力的提高,强调利用各种信息资源来支持"学";强调"协作学习",包括生生、师生、教师之间以及跨学科的基于资源的协作和共享。信息化教学也强调以任务驱动和问题解决作为学习和活动的主线,在相关具体意义的情境中确定和教授学习策略与技能。

本次开发专业核心课程辅导材料包括如下内容。

1. 纸质辅导材料开发:

如学生任务工单等材料;

2. 多媒体课件开发:

根据多媒体课件的内容与作用的不同,可分为课堂演示型、自主学习型、操练练习型等多种类型。

14.7　项目小结

本任务的成果如下:

1. "LTE 无线网工程"核心课程标准
2. "LTE 无线网工程"核心课程学习情境设计
3. "LTE 无线网工程"核心课程教学单元设计
4. "LTE 无线网工程"核心课程教学资源(视学生掌握程度,教师可做取舍)

14.8　思考练习

1. 专业核心课程开发的流程是什么?

2. 专业核心课程辅导材料开发包含哪些内容?

3. 如何设计一门课程的课程结构?

4. 如何制作一门课程的课程标准/大纲?

5. 为什么在开发一门工学结合课程之前必须进行市场调研?

14.9 拓展提高

一、编写教材

应用性知识包括程序性知识和陈述性知识。程序性知识指的是处置性知识和策略性知识;陈述性知识可分为事实性和概念性知识以及理解性和论证性知识。教材应将程序性知识中的处置性知识(经验性知识)和陈述性知识中的事实性知识紧密联系在一起,并融合必要的理解性和论证性知识。

教材内容的结构序化,要追求工作过程的完整性,而不是学科结构的完整性。教材可以是学习领域导向结构化和项目形式结构化。

教材编写体例可采用如下建议:

(1)教学目标

(2)工作任务

(3)实践操作(相关实践知识)

(4)问题探究(相关理论知识)

(5)知识拓展(选学内容)

(6)课后练习

二、开发微课资源

部分技能操作可尝试录制微课短视频,放在网络上共享,方便学生下去自学或复习。

三、开发网络信息学习资源

网络课程具备跨时空、对象广、资源丰富、多媒体、教学情境多样、学习方式多样、师生角色多样、信息更新发布迅速等特点,最突出的优点是开放性、交互性、共享性、协作性、自主性。

14.10 知识链接

参考文献:

1. 邓泽民,陈庆编著.《职业教育课程设计》. 2006 年,中国铁道出版社.

2. 邓泽民,赵沛编著.《职业教育教学设计》. 2009 年,中国铁道出版社.

3. 邓泽民,马斌编著.《职业教育课件设计》. 2011 年,中国铁道出版社.

项目 15 实训课程设计开发

15.1 项目描述

某学院移动通信技术专业需要开发一门以基站运行维护为主要内容的实训课程，面向的是该校大三年级的学生，请你所带领的专业团队根据该学院实验室状况，结合基站维护类工作内容，以工作过程为导向设计出该实训课程的结构、内容，并开发相关教学资料方便后期实施。

15.2 项目解析

一、解析实训课程设计

1. 概述

实训课程的设计是指在创建实训课程之前，所进行的探索性的实训课系统规划的过程。这个过程注重的是规划与组织，着重对计划的课程对象进行分析，明确相关因素，并对其进行有效的控制。

2. 注意事项

(1)实训设计的最终目的是为了提高实训效率、质量，形成学生的基站维护能力。

(2)实训设计的研究对象是实训系统。

(3)实训设计必须从学习者的特征为出发点，强调运用系统方法。

(4)实训设计是解决问题的一个过程，需要重视对实训效果的评价。

3. 设计及开发成果

实训课程的设计、开发结果主要是实训课程课程标准或教学大纲、学习情境设计方案、实训指导书、教案及教学用 PPT。

二、本项目解析

1. 任务界定

本次任务涉及的内容为基站的维护工作，按照实训的内容来看，本次实训设计属于专业能力实训设计。按照实训的形式来看，又属于任务实训。

2. 工作分解

为了完成基站维护的工作，需要把基站维护工作分解开，形成一个个工作任务，将工作任务提炼后做成实训内容，培养学习者完成一个个任务的能力，从而具体分析和解决维护问题。

3. 教学建议

本次任务建议将学生分为 6～8 人一组，选举组长一名协助教师工作，教学建议在敏捷岛式的教室进行。教师可以带领学生按照流程完成实训课程的设计开发工作，为学生就业后完成其教授的实训课程开发做好准备。

4. 设计、开发流程图

建议的实训课程设计、开发流程如图 15.1 所示。

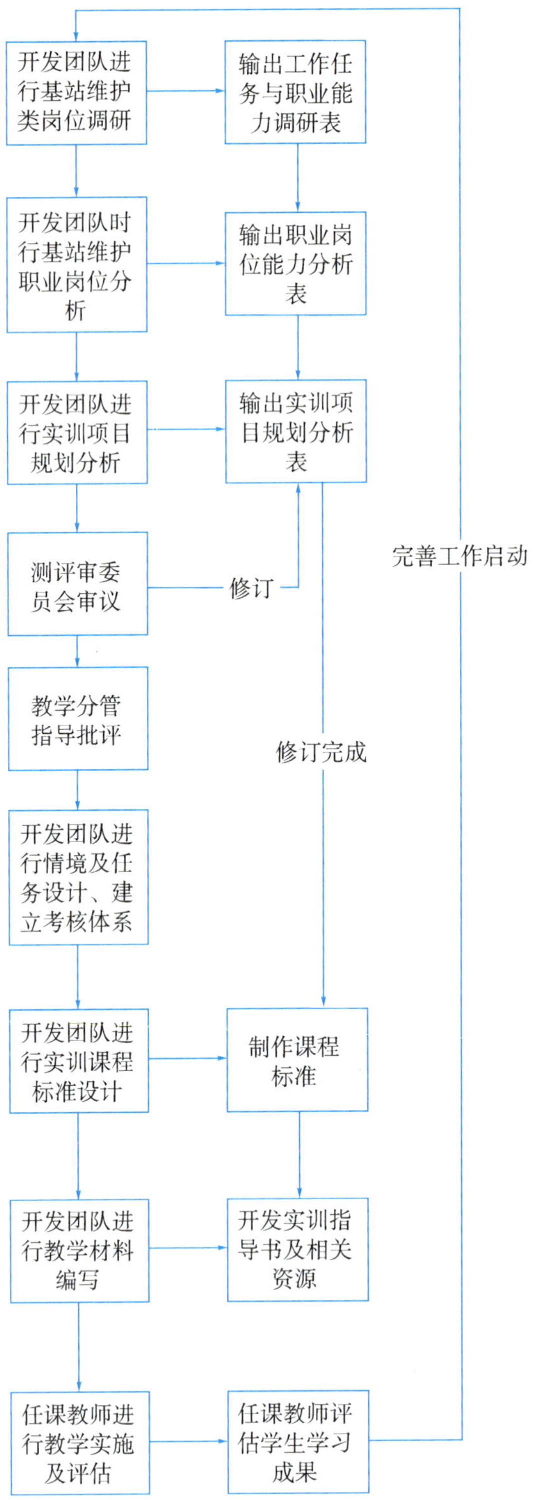

图 15.1 实训课设计、开发流程图

15.3　教学策略

1. 项目名称

LTE 基站工程勘察设计；

2. 适用年级

本科四年级；

3. 教学目标

(1)具备市场调研的能力；

(2)具备分析、分解岗位工作过程的能力；

(3)具备设计实训课程项目的能力；

(4)具备制作实训课程标准的能力；

(5)具备开发实训课程教学资源的能力。

4. 教学时间/学时

第一学期/8 学时；

5. 教学资源

多媒体资料、教材、教学课件、视频资料、多媒体教室或会议室等；

6. 参考教学方法

讲授法、互动式教学法、演示法、角色扮演、分组讨论；

7. 参考资料、学习资源

教材、教学课件、课程标准、教学图片资料、视频等媒体文件。

15.4　必备知识

实训课程设计应当以就业为导向，提升学生的职业能力。在课程设计过程中，应以职业技能为中心，特别要加强职业人格培养，培养学生稳定的职业心理、正确的职业观念、过硬的职业技能及良好的职业性格。整个设计过程应当以关键能力为主，系统化地设计出丰富多彩的实训课程。

15.5　项目用具

1. 移动通信基站相关实验室；
2. 电脑；
3. 打印机；
4. 会议桌；
5. 投影仪。

15.6　项目实施

本次项目实施由教师带领学生按照下列操作步骤完成实训课程的设计开发。与项目 14 类似，建议将学生分为 6～8 人一组，选举组长一名协助教师完成相关工作。接下来我们进入第一个任务。

任务 1　调研基站维护类岗位工作内容

一、任务介绍

开发新的专业实训课程首先应开展调研工作，汇集基站维护类岗位的各种资料(如企业岗位职责定义、企业所用设备、岗位工作内容等)，进行系统分析评估，从而获得课程设计编制根据。

二、调研流程

完整的调研流程如图 15.2 所示。

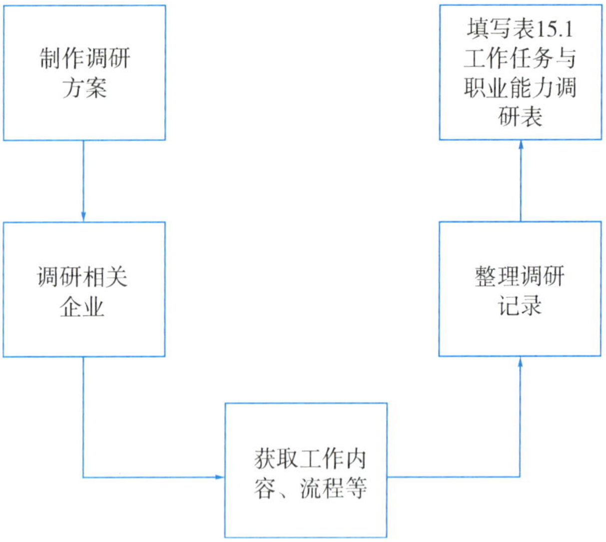

图 15.2 调研工作流程图

表 15.1 基站维护岗位工作任务与职业能力调研表

调研企业	基站设备厂家	型号	工作岗位	工作任务	职业能力
			基站维护岗		

主持人：

参与人员：　　　　　　　　　　　　　　　　　　　　　日期：

1. 教师组织学生制作调研方案，对基站维护相关企业进行调研，获取基站维护工作内容、流程等。

2. 由学生自行整理后完成调研记录，填入基站维护岗位工作任务与职业能力调研表，如表 15.1 所示。

三、操作建议

1. 调研方式

现场交流采访、问卷调查、网络调查、收集整理分析资料等。

2. 信息调查渠道

通信运营企业、通信维护企业、移动通信技术专业毕业生跟踪信息、网络媒体、教职工等。调查重点应是通信运营企业负责人、通信维护企业负责人、通信维护企业维护人员、专业对口的毕业生。

3. 调查对象

通信运营企业，较大型的、水平较高的通信维护企业。

4. 调查方案框架

(1)调查目的:调查基站维护岗位工作要点、能力要求等;
(2)调查的范围、地点、对象;
(3)调查的项目、内容;
(4)调查的方式(方法、步骤和质量要求);
(5)调查的时间安排;
(6)调查问卷的设计。

任务2　分析基站维护类职业岗位

一、任务介绍

在调研表的指导下,教师组织学生对基站维护岗位进行的基站维护工作职责、工作任务、工作能力目标进行分析,取出专项技能点,按照工作流程顺序整理,分析每个能力的操作步骤,填写表15.2,整理后进入任务3。

二、分析流程

完整的分析流程如图15.3所示。

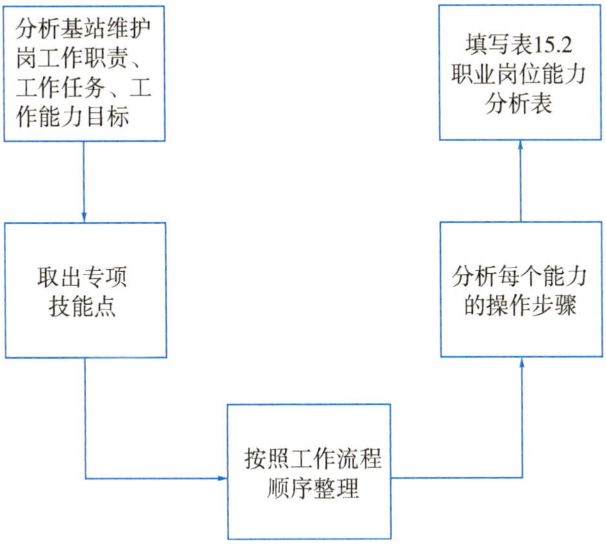

图15.3　分析流程图

操作时注意,教师要作为主持人参与整个流程。

表15.2 职业岗位能力分析表

工作领域	工作任务	工作流程	操作步骤	技能点
基站维护领域				

主持人:
参与人员:　　　　　　　　　　　　日期:

任务3　设立与规划实训项目

一、任务介绍

请学生在教师的指导下,分析基站维护领域的能力,确定表格中的相关内容,按照基站维护工作的流程先后来填写单项能力。

二、规划流程

完整的规划流程如图 15.4 所示。完成该流程后将其填入表 15.3 当中。

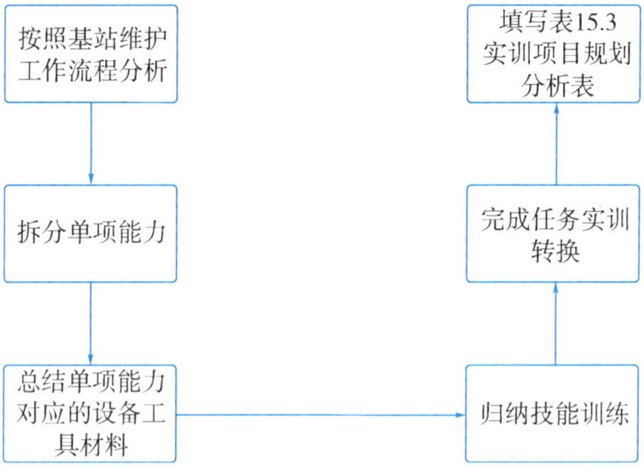

图 15.4　规划流程图

表 15.3 实训项目规划分析表

能力领域	单项能力	设备工具材料	技能训练	任务实训	实训归类
基站维护	熟知天馈系统结构	全向天线、定向天线、馈线	知晓天线、馈线类型，知晓天馈系统结构	天馈系统认识实训	天馈系统基础维护操作实训
	制作馈线接头	馈线接头、馈线	制作馈线接头	馈线接头制作实训	
	测试天线下倾角	坡度仪、定向天线	使用坡度仪测试下倾角	天线下倾角测试实训	
	测试天线方位角	罗盘、天线	使用罗盘测试天线方位角	天线方位角测试实训	
	测试驻波比	SITE MASTER、天线、超柔跳线	使用 Site Master 测试驻波比	驻波比测试实训	
	会填写基站信息表	基站信息表	将测试结果填写入基站信息表	基站告警查看实训	
	基站告警查看	基站主设备、网管软件、操作终端	使用网管系统查看基站告警、近端查看单板指示灯	基站告警查看实训	基站主设备维护实训
	基站故障处理	基站主设备、电工工具箱	使用工具、仪器恢复基站设备故障	基站故障处理实训	
	基站数据恢复	基站主设备、操作终端、网管软件	使用网管软件恢复备份数据	基站数据恢复实训	

任务 4　设计实训课程情境及任务

一、任务介绍

按照课程标准的内容，请设计实训课程的情境细化内容，用于指导进一步的教学。

二、设计流程

1. 首先确定课程名称为“基站维护实训”。

2. 填写课程学习情境标准简表。

课程学习情境标准简表示例如表 15.4 所示。

表 15.4《基站维护实训》课程学习情境标准简表

<table>
<tr><th>情境名称</th><th colspan="2"></th><th>设计人</th><th></th></tr>
<tr><td>建议学时</td><td colspan="2"></td><td>授课教师</td><td></td></tr>
<tr><td rowspan="2">教学目标</td><td>知识目标</td><td colspan="3"></td></tr>
<tr><td>能力目标</td><td colspan="3"></td></tr>
<tr><td rowspan="4">学习型工作任务</td><td>1</td><td colspan="3"></td></tr>
<tr><td>2</td><td colspan="3"></td></tr>
<tr><td>3</td><td colspan="3"></td></tr>
<tr><td>4</td><td colspan="3"></td></tr>
<tr><td rowspan="3">教学内容</td><td>1</td><td colspan="3"></td></tr>
<tr><td>2</td><td colspan="3"></td></tr>
<tr><td>3</td><td colspan="3"></td></tr>
<tr><td rowspan="2">教学方法建议</td><td>宏观方法</td><td colspan="3"></td></tr>
<tr><td>微观方法</td><td colspan="3"></td></tr>
<tr><td rowspan="3">教学资源要求</td><td>环境要求</td><td colspan="3"></td></tr>
<tr><td>工具设备</td><td colspan="3"></td></tr>
<tr><td>安全设施</td><td colspan="3"></td></tr>
<tr><td rowspan="3">教师能力要求</td><td>通用能力</td><td colspan="3"></td></tr>
<tr><td>教学能力</td><td colspan="3"></td></tr>
<tr><td>专业能力</td><td colspan="3"></td></tr>
<tr><td rowspan="2">考核评价</td><td>过程性评价</td><td colspan="3"></td></tr>
<tr><td>总结性评价</td><td colspan="3"></td></tr>
<tr><td colspan="5">设计时间：　年　月　日</td></tr>
</table>

任务 5　设计实训课程标准

一、背景介绍

教学用课程标准是一份专业化的文档，反映了教师对课程内容和教学过程的理解。所以编写教学用课程标准包含课程的教学目标、教学内容以及学习情境的划分说明，同时，还应该对各个学习情境的具体细化内容应当有说明。

接下来请教师带领学生，按照如下流程，编写出课程标准。

二、设计流程

1.编制“基站维护实训”课程定位信息

“基站维护实训”课程定位可以介绍该课程的由来、面向工作岗位、定位信息及教学目的。示例如下：

“基站维护实训”课程通过对基站设备安装、调测、业务开通、维护与管理等典型工作任务的分析，归纳总结得出相应的学习领域，并进行转化而开发出的专业实训课程。

该课程基于移动通信无线子系统，工作过程面向通信运营商、设备制造商、外包公司、代维公司、设备代理商等通信企业的基站维护、优化等岗位。

“基站维护实训”课程定位为移动通信技术专业大三年级的一门专业实训课程，也可用于其他通信类专业进行基站维护教学使用。

“基站维护实训”课程的目的在于通过学生到实际基站机房、平台体验真实基站维护工作环境，理解基站设备的工作原理，培养学生对于不同厂商的基站设备安装、调测、业务开通、维护与管理等岗位职业能力，提高职业素养，为学生顺利就业奠定基础。

2.制作“基站维护实训”教学目标

因“基站维护实训”为一门实践类课程，故该课程的教学目标建议重点从能力目标角度介绍，能力目标又可以分专业能力与通用能力目标来介绍。示例如下：

(1)通过“基站维护实训”课程的学习，使移动通信技术专业的学生达到以下要求。

①掌握基站设备结构、功能及工作原理；

②熟悉基站设备维护管理流程；

③具备基站设备及其附属设备的安装、验收、维护与管理等基本技能；

④能进行工程技术指导、简单技术交流，处理常见故障。

(2)为适应通信企业基站维护、外包软调、工程安装、技术支持等岗位工作能力需求，学完该课程后，学生可以获得如下能力。

①获得基站设备安装能力；

②获得基站设备数据配置能力；

③获得基站设备规范操作能力；

④获得基站设备巡检、维护能力；

⑤获得基站设备处理故障能力；

⑥获得较强的自学、沟通交流和组织协调能力；

⑦获得团队协作、妥善处理人际关系的能力。

3. 填写教学内容汇总表

表 15.5 “基站维护实训”教学内容汇总表

学习情境	工作对象	工具	工作方法	劳动组织	工作要求

4. 编制学习情境设计说明

(1)填写学习情境划分表

表 15.6 “基站维护实训”学习情境划分表

序号	学习情境	情境描述	参考学时
1			
2			
3			
4			

(2)完成学习情境教学设计表

学习情境教学设计表要求每个情境填写一张。

表 15.7 “基站维护实训”学习情境教学设计表

学习情境		建议学时	
授课教师			
教学目标	1. 具备……的能力		
学习性工作任务	任务 1……		
教学内容	1. 了解…… 16. 掌握……		
教学方法	宏观:…… 微观:……		
教学流程图	(建议用 VISIO 绘制)		
教学条件/资源要求			
学生已有的学习基础			
教师应具备的能力	具备……能力		
考核与评价	考核方式:……　成绩比例:……		

5. 编写课程实施建议

(1)制作学习材料开发建议

《基站维护实训指导书》、电子教案、多媒体课件。

(2)设计课程考核体系

设计"基站维护实训"课程考核体系时要围绕课程教学目标,实行重操作考核的教学评价。建议"基站维护实训"的考核体系按60%的过程考核和40%的结果考核来构成。评价内容包括基站维护岗职业规范、团队合作与创新、基站专业知识与技能;评价方法包括现场操作、现场答辩、维护总结等。

示例如下:

考核方式:

实际操作考核、项目完成考核及平时课堂表现考核。

成绩比例:

本课程考核由以下几部分组成:实际操作技能考核(单独操作考试),占40%;项目成绩(以完成各项工作任务为依据),占30%;平时课堂表现,占30%。

(3)编制师资配备建议

示例如下:

需配备双师团队,教师应熟悉基站维护岗的工作流程,具备扎实的移动通信理论知识,熟悉为移动、电信、联通等各营运商进行维护工作的三方公司的工作流程,熟悉基站的业务开通、安装及调试、维护等工作内容,熟悉实践教学法的实施流程。

(4)编制条件配备建议

教学条件配备从环境要求、工具设备、安全设施三方面来考虑,越细致越好,方便后期教学使用。

示例如下:

环境要求:安装有实际基站的机房、安装有实际天馈系统的机房或楼顶平台、多媒体教室、连有基站网管系统的计算机机房。

器材设备:CBTS I2、dBS3900、电工工具箱、手持GPS、坡度仪、倾角仪、指北针、多种馈线接头等。

安全设施:静电手环、安全帽、安全带、安全标识、线手套等。

(5)编制安全作业要求

实践类课程中会涉及学生动手操作,基站维护工作是带电操作,且会到楼顶平台操作,故必须编写安全作业要求,方便教师在日后教学中对学生进行安全交底工作。编写好的安全作业要求示例如下:

①参与基站施工和维护的学员,必须经过安全知识教育、安全技术规范培训。

②各类工具、用具、设备及安全防护用品在使用前必须进行检查,确保性能良好。

③开展作业前,必须对作业现场和周围环境进行检查,确保作业环境符合安全作业条件。

④患有心脏病、贫血、高血压、癫痫病、恐高症和其他不适宜高处作业以及患病期间的学员,不准从事高处作业。

⑤遇有恶劣气候影响施工安全时,应停止高处作业。如雷雨天气禁止上塔作业;风

力在六级以上禁止上塔作业；霜冻和雨雪天气尽量不要上塔作业。特殊情况下上塔作业时须采取严密的防滑措施；高温下高处作业时间不宜过长，学员感到身体不适时应立即停止作业。

⑥上塔前要检查随身携带工器具，确保使用工具齐全，工具材料放置稳妥。高处作业时，除随身携带必备的用具和材料外，不准携带任何笨重的工器具和材料，随身携带工器具和材料的总重量不得超过 20 kg。

⑦严禁学员酒后登高作业。

⑧学员应穿软底鞋并防滑，禁止赤脚、穿拖鞋和硬底鞋。

⑨严冬季节长时间高处作业，作业人员应做好防寒防冻工作，严防冻伤或脚手被冻麻木而引发事故。夏季长时间在高处作业，要做好防暑降温工作，并备适量的防暑降温物品，塔上学员如感不适，应立即下塔休息，不可盲目蛮干。

任务 6　开发实训课程资源

实训课程资源开发主要涉及实训指导书、教案、课件、辅助视频资料等。但由于实训指导书、视频资料开发需要专业知识较多，耗时过长，本次实训不建议课堂讲解，留给学有余力的同学自学。

一、教案开发

教案开发最好详细，要有教学设计，教学设计要有相关性、连贯性、简洁性和一致的模式。教案示例如下。

学习单元 1 授课教案

1. 单元名称：射频拉远站维护

2. 教学目标：

(1)具备射频拉远站的维护能力；

(2)具备射频拉远站的故障排除能力。

3. 重点与难点

重点：射频拉远站组成及工作原理、维护流程、单板指示灯的含义。

难点：维护工作要点、故障排除。

4. 教学设计

(1)导入。(10 分钟)

(2)复习旧知识——让同学们回忆射频拉远系统的基础知识，并进行课堂提问。(10 分钟)

(3)学生分组，并发放本次课的任务单或引导文，每 8～10 人为一组，共 5 组。(5 分钟)

(4)布置任务(15 分钟)

根据任务工单，完成其要求。

实施步骤：学生分组；通过对某运营商维护手册的讨论，每组制定出自己认为合理的射频拉远系统维护流程，列出维护过程中应该注意的事项。(组织讨论 10 分钟)

(5)讨论后，请每组派同学代表将制定的流程及注意事项制作成 WORD 文档提交到教师端。(10 分钟)

(6)引导全班同学对制定出的方案和注意事项进行集体讨论，并作出最终的工作流程图和注意事项列表，在此过程中指出同学们在制定方案的过程中出现的问题并加以纠正。最后发放任务指导文档电子版。(25 分钟)

(7)实施步骤(450 分钟)

首先，引导学生查看射频拉远站，绘制设备机框图、连线图，并观察设备指示灯，查询其代表的状态含义，做好记录。指导组长带领学生对设备进行日常维护操作，做好维护记录。

接着，分组引导学生使用网管软件登录设备，查询设备运行状态，找到紧急告警，并按照建议流程对其进行排除。

最后，分组按顺序恢复射频拉远站的数据，待基站状态正常后，填写维护记录表、做好数据备份工作。

(8)总结。(15 分)

5. 教学资源

移动基站实训室、教材、PPT、工作任务单、任务指导文档。

6. 学习成果

学习成果：维护记录工单、正确的。

7. 课时分配

表 16.8　课时分配表

课堂教学环节	实训导入	布置任务、讨论及修正	完成任务	总结
时间分配(分钟)	25	50	450	15

二、课件开发

课件开发要能够体现课堂主线，多用图说话，可以适当结合教学用视频。“基站维护实训”是一门实践操作类课程，建议使用多图展示的操练练习性课件。

15.7　项目小结

本任务的成果如下：

1. 基站维护岗位工作任务与职业能力调研表；
2. 职业岗位能力分析表；
3. 实训项目规划分析表；
4. “基站维护实训”课程学习情境标准简表；
5. “基站维护实训”课程标准；
6. “基站维护实训”教案。

15.8　思考练习

1. 专业实训课的开发流程是什么？
2. 职业岗位分析要注意哪些要点？

3. 如何设计实训课程的学习情境及任务？

4. 如何开发实训课程资源？

15.9　拓展提高

一、《基站维护实训》实训指导书开发

实训指导书编写体例可采用如下建议：

1. 任务介绍
2. 器材与设备
3. 注意事项
4. 操作步骤
5. 成果总结
6. 拓展提高
7. 课后练习

二、《基站维护实训》微课视频录制

《基站维护实训》中涉及较多的技能操作，可以让学生在操作前观看微课视频。因此，课程开发时，也可以请企业专业维护人员录制微课短视频，在课堂上播放，方便学生模仿操作。录制用器材可以使用手机、家用摄影机或者专业摄影机均可。

15.10　知识链接

参考文献：

1. 邓泽民.《高等职业教育专业教学整体解决方案研究》. 2011 年，中国铁道出版社.
2. 邓泽民、陈庆著.《职业教育课程设计》. 2006 年，中国铁道出版社.
3. 邓泽民、赵沛著.《职业教育教学设计》. 2009 年，中国铁道出版社.
4. 邓泽民、韩国春著.《职业教育实训设计》. 2009 年，中国铁道出版社.

附　录

附录1　工程实践安全要求

附录1.1　勘察设计安全要求

设计是保证工程质量的前提，设计质量关系到后续的施工能否正常进行，关系到后期的网络能否正常安全运行，为防止因设计不合理导致生产安全和设备安全事故的发生，实现"安全第一、预防为主"的教学目标，参与教学的教师与学生都必须知晓勘察设计工作的安全要求。

所有勘察设计项目，设计人员必须到现场进行勘察。现场勘察应加强注意三个方面的安全问题，即人身安全、现有通信设施安全和勘察方案安全。

一、人身安全

1. 勘察出发之前应检查勘察车辆的安全状况，如胎压、刹车、油量等；严禁司机酒后驾驶、疲劳驾驶、超速驾驶等不安全驾驶行为，尽量避免夜间驾驶，以确保勘察设计人员的人身安全。

2. 野外勘察遇到雷雨天气，严禁在树下躲雨；严禁触碰铁塔、机房内的铁件等金属构件，以避免造成雷击事故。

3. 在树林、灌木丛、草丛等野外勘察时，应携带木棍，以避免蛇虫的叮咬；经过陡坡、沟壑、水渠、河流等情况时，应在确保安全的情况下通过，以避免造成人身伤害事故。

4. 严禁用手（含手持物品）或身体其他部位触碰带电的电源接头或端子，以避免发生人身伤害事故。

二、现有通信设施安全

1. 勘察设计人员应在维护人员的陪同下进行相关勘察工作，在确保安全的情况下对电源等相关设备进行勘察测量工作。

2. 进入运行中的机房勘察时，须严格遵守建设单位的机房安全管理规定，严格执行操作规程，确保交直流电源设备、无线通信设备等设施的正常安全运行。

3. 勘察设计人员严禁碰触电源接线端子、铜鼻子和无线射频接头，严禁拽拉线缆、闭合或拉开电源开关；严禁将勘察物品放置在蓄电池上面，以避免短路造成通信中断事故。

4. 勘察设计人员在现场若发现机房现有状况存在安全隐患或有不符合国家和行业安全规定的情况，应及时向建设单位反应并在勘察纪要或设计方案中提出整改建议。

三、勘察方案安全

在通信局(站)选址时,应充分考虑环境安全要求、人防消防要求、电磁波辐射影响要求、干扰要求、防火要求、安全间距要求,严格执行国家颁布的相关法律、法规;工信部、原信息产业部、原邮电部发布的相关规范和规定,以及其他行业对通信局(站)的安全规范要求,特别是相关的强制性条文。以下强制性条文是对目前执行的规范中摘录的有关安全方面的强制性条文,若有新的规范发布,则应按新的条文执行。

(一)对环境安全要求的规定

1. 局、站址应有安全环境,不应选择在生产及储存易燃、易爆物质的建筑物和堆积场附近。

2. 局、站址应避开断层、土坡边缘、古河道和有可能塌方、滑坡和有开采价值的地下矿藏或古迹遗址的地段;在不利地段应采取可靠措施。

3. 局、站址不应选择在易受洪水淹灌的地区。如无法避开时,可选在基地高程高于要求的计算洪水水位 0.5 m 以上的地方,如仍达不到上述要求时,应按以下规定执行:

(1)城市已有防洪设施,并能保证建筑物的安全时,可不采取防护措施,但应防止内涝发生对生产的影响。

(2)当城市没有设防时,电信建筑物应采取防洪措施。

(3)洪水频率应按电信专用机房的防洪标准等级确定,省会及以上重要城市的电信专业房屋、卫星通信地球站、海缆登陆站防洪标准等级为 1 级,重现期(年)为 100 年,其余的电信建筑为 2 级,重现期(年)为 50 年。

洪水计算水位应将浪高及其他原因的灌水增高考虑在内。

4. 应在安全的环境内设站。不应选择在易燃、易爆的仓库和材料堆积场,以及在生产过程中容易发生火灾和有爆炸危险的工业企业附近设站。

5. 站址应有良好的卫生环境,不应选择在生产过程中散发有害气体、多烟雾、多粉尘和有害物质的工业企业附近。

6. 站址应有良好的卫生环境,应避开产生烟雾、尘粒、散发有害气体的场所和腐蚀性排放物的工业企业。

7. 站址选择应有一定的安全环境,不应选择在易燃、易爆的仓库以及地震带和易受洪水淹灌的地方,应避开断层土坡边缘、古河道和有可能塌方、滑坡和有开采价值的地下矿藏或古迹遗址的地方。

8. 移动通信直放站工程建设对周围环境的各类影响,应执行《电磁辐射防护规定》GB 8702－1988 和《通信工程建设环境保护技术规定》YD5039－2009 的有关规定。

9. 3.5G Hz 比固定无线接入工程建设对周围环境的各类影响应符合《通信工程建设环境保护技术规定》YD 5039－2009 的相关要求。

10. 集群通信工程建设对周围环境的各类影响,应符合《通信工程建设环境保护技术规定》YD5039－2009 的相关要求。

11. 严防地球站无线电磁辐射对周围环境的污染和危害,应根据《电磁辐射防护规定》GB8702－1988 和《环境电磁波卫生标准》GB9175－1988 的要求,向有关管理部门提交《地球站天线前方场区保护范围》的文件,待审批及备案。

12. 严防 VSAT 站无线电磁辐射对周围环境的污染和危害，应根据《电磁辐射防护规定》GB8702－1988 和《环境电磁波卫生标准》GB9175－1988 的要求，向有关管理部门提交《VSAT 站天线前方场区保护范围》的文件，待审批及备案。

13. 有关电磁辐射防护标准要求，按国家环境保护局发布的《电磁辐射防护规定》GB 8702－1988 执行。

14. VSAT 站的电磁辐射防护标准应符合《电磁辐射防护规定》GB 8702－1988 的要求。

（二）对通信安全保密、国防、人防、消防等要求的规定

1. 局址选择时应满足通信安全保密、国防、人防、消防等要求。

2. 站址选择应有较安静的环境，避免在飞机场、火车站以及发生较大震动和较强噪音的工业企业附近设站。

（三）对电磁波辐射影响要求的规定

《电信专用房屋设计规范》YD/T5003－2005 3.0.4 规定：在局、站址选择时应考虑对周围环境影响的防护对策。通过天线发射产生电磁波辐射的电信工程项目选址对周围环境的影响应符合《电磁辐射防护规定》GB8702－1988 限值的要求，对公众照射电磁辐射环境功率密度限值 0.4W/ m^2。

（四）对干扰要求的规定

站址应选择在人为噪声和其他无线电干扰环境较小的地方，不宜在大功率无线电发射台、大功率电视发射台、大功率雷达站和具有电焊设备、X 光设备或生产强脉冲干扰的热合机、高频炉的企业附近设站，与其他移动通信系统局站距离较近或共用建筑物时应满足系统间干扰隔离的相关要求。

（五）其他行业对基站选址安全距离的规定

1. 基站与公路的距离

（1）高速公路隔离栅外缘起三十米，互通立交、特大型桥梁隔离栅外缘起五十米范围为高速公路建筑控制区。没有隔离栅的，建筑控制区范围从公路用地外缘起算。

在建高速公路按照前款规定确定建筑控制区，并按照建筑控制区管理规定进行管理。

（2）从公路用地外缘起，国道不少于二十米、省道不少于十五米、县道不少于十米、乡道不少于五米的区域为公路建筑控制区范围。

2. 基站与铁路的距离

《铁路运输安全保护条例》规定：铁路线路两侧应当设立铁路线路安全保护区。铁路线路安全保护区的范围，从铁路线路路堤坡脚、路堑坡顶或者铁路桥梁外侧起向外的距离分别为：城市市区，不少于 8 米；城市郊区居民居住区，不少于 10 米；村镇居民居住区，不少于 12 米；其他地区，不少于 15 米。

在铁路线路安全保护区内，除必要的铁路施工、作业、抢险活动外，任何单位和个人不得实施下列行为：建造建筑物、构筑物；取土、挖砂、挖沟；采空作业；堆放、悬挂物品。

任何单位和个人不得在铁路线路两侧距路堤坡脚、路堑坡顶、铁路桥梁外侧 200 米范围内，或者铁路车站及周围 200 米范围内，及铁路隧道上方中心线两侧各 200 米范围

内，建造、设立生产、加工、储存和销售易燃、易爆或者放射性物品等危险物品的场所、仓库。但是，根据国家有关规定设立的为铁路运输工具补充燃料的设施及办理危险货物运输的除外。

在铁路线路两侧路堤坡脚、路堑坡顶、铁路桥梁外侧起各1000米范围内，及在铁路隧道上方中心线两侧各1000米范围内，禁止从事采矿、采石及爆破作业。在前款规定的范围内，因修建道路、水利工程等公共工程，确需实施采石、爆破作业的，应当与铁路运输企业协商后，采取必要的安全防护措施。

在铁路沿线建站除满足安全保护区的要求外，应满足倒塌安全间距的要求。

3. 基站与堤防的距离

河道管理范围为两岸堤防之间的水域、沙洲、滩地(包括可耕地)，以及堤身、禁脚地、工程留用地和安全保护区。

确保堤、干堤及重要支堤的禁脚地、工程留用地和安全保护区范围，由市、县人民政府按照下列标准划定公布：

(1)禁脚地：确保堤迎水面五十至一百米，背水面三十至五十米；干堤及重要支堤迎水面三十至五十米，背水面二十至三十米(从堤防两侧斜面与平地的交叉点算起)；

(2)工程留用地：确保堤、干堤及重要支堤迎水面和背水面均为二百米(从禁脚地外沿算起)；

(3)安全保护区：确保堤、干堤及重要支堤迎水面和背水面均为三百米(从工程留用地外沿算起)。

禁止任何单位和个人在堤身和禁脚地范围内建房、爆破、采砂、打井、挖洞、开沟、埋坟、铲草皮、打场晒粮、搭棚、设摊、堆放物料、钻探与开采地下资源、进行考古发掘以及从事其他损害堤身和禁脚地安全的行为。非经政府批准，任何单位和个人不准将堤身和禁脚地范围内的土地批给其他单位和个人使用。

在堤防禁脚地范围内应严禁选址建站，在安全保护区内须征得堤防主管部门同意方可选址建站。

5. 基站与加油站的距离

《汽车加油加气站设计与施工规范》GB50156-2002

(1)加油站的等级划分，应符合附表1.1的规定。

附表1.1 加油站的等级划分

级 别	油罐容积(m^3)	
	总容积	单罐容积
一级	120<V≤180	V≤50
二级	60<V≤120	V≤50
三级	V≤60	V≤30

注：V为油罐总容积；柴油罐容积可折半计入油罐总容积

(2)在城市建成区内不应建一级加油站。

(3)加油站的油罐、加油机和通气管管口与站外建、构筑物的防火距离,不应小于附表1.2 的规定。

附表 1.2 油罐、加油机和通气管管口与站外建、构筑物的防火间距(m)

级别项目					通气管管口	加油机
		一级站	二级站	三级站		
重要公共建筑物		50	50	50	50	50
明火或散发火花地点		30	25	18	18	18
民用建筑保护类别	一类保护物	25	20	16	16	16
	二类保护物	20	16	12	12	12
	三类保护物	16	12	10	10	10
甲、乙类物品生产厂房、库房和甲、乙类液体储罐		25	22	18	18	18
其他物品生产厂房、库房和丙类液体储罐及容积不大于 50 m^3 的埋地甲、乙类液体储罐		18	16	15	15	15
室外变配电站		25	22	18	18	18
铁路		22	22	22	22	22
城市道路	快速路、主干路	10	8	8	8	6
	次干路、支路	8	6	6	6	5
架空通信线	国家一、二级	1.5 倍杆高	1 倍杆高	不跨站	不应跨越加油站	
	一般	不跨站	不跨站	不跨站	不应跨越加油站	
架空电力线路		1.5 倍杆高	1 倍杆高	不跨站	不应跨越加油站	

注:1. 明火或散发火花地点和甲、乙类液体的定义应符合《建规》的规定

2. 重要公共建筑物及其他民用建筑保护类型划分应符合附录 C 的规定,移动基站可按二类保护物

3. 对柴油罐及其通气管管口和柴油加油机,本表的距离可减少 30%

4. 对汽油罐及其通气管管口,若设有卸油油气回收系统,本表的距离可减少 20%;当同时设置卸油和加油油气回收系统时,本表的距离可减少 30%,但均不得小于 5 m

5. 油罐、加油机与站外小于或等于 1000 kVA 箱式变压器、杆式变压器的防火距离,可按本表的室外变配电站防火距离减少 20%

6. 油罐、加油机与郊区公路的防火距离按城市道路确定:高速公路、Ⅰ级和Ⅱ级公路按城市快速路、主干路确定,Ⅲ级和Ⅳ级公路按城市次干路、支路确定

基站机房可参照该规范中重要公共建筑物进行设防,其安全间距为 50 米。

6. 基站与高压线距离

架空电力线路保护区,是为了保证已建架空电力线路的安全运行和保障人民生活的正常供电而必须设置的安全区域。在厂矿、城镇、集镇、村庄等人口密集地区,架空电力线路保护区为导线边线在最大计算风偏后的水平距离和风偏后距建筑物的水平安全距

离之和所形成的两平行线内的区域。

各级电压导线边线在计算导线最大风偏情况下，距建筑物的水平安全距离如下：

1 kV 以下	1.0m
1kV～10kV	1.5m
35kV	3.0m
66kV～110kV	4.0m
154kV～220kV	5.0m
330kV	6.0m
500kV	8.5m

作为移动基站选址，从安全角度应满足与高压线倒塌安全间距的要求。

7. 基站与飞机场的距离

天线波束与飞机航线（特别是起飞和降落航线）应避免交叉，地球站与机场边沿的距离不宜小于 2 km；

站址选择应有较安静的环境，避免在飞机场、火车站以及发生较大震动和较强噪声的工业企业附近设站。

飞机场附件建基站应征得机场管理单位的同意。

8. 基站机房与边坡的距离

位于稳定土坡坡顶上的建筑，当垂直于坡顶边缘线的基础底边长小于或等于 3 m 时，其基础底边外边缘的水平距离不得小于 2.5 m，一般不小于 3 m。

9. 基站与民用爆破器材仓库的距离

危险品总仓库区内的危险性建筑物与其周围居住区、公路、铁路、城镇规划边缘等的外部距离，应根据建筑物的危险等级和计算药量计算确定。外部距离应自危险性建筑物的外墙面算起。

附录 1.2　施工安装安全要求

一、基本规定

1. 工程安全技术措施及其所需工具，必须列入工程施工组织设计。

2. 工程施工负责人应对工程施工安全负责。施工前应进行安全技术教育及交底，落实所有安全技术措施和劳动防护用品，无安全保障措施者不得进行施工。

3. 电源工程施工人员必须持证上岗，按规定配备施工工具和安全劳保用品。

4. 特殊作业（铁塔登高）须持有劳动安全部门核发的特种作业操作证方可上岗。

二、工具使用安全

1. 电动工具：使用的电动工具（如电锤、切割机、塑料焊枪、曲线锯等）必须性能良好、绝缘可靠，电源线无老化和破损，电器设备的插头必须完好，不得以其他任何方式代替电插头，不得以电话线代替电源线，必须使用带有保护地线的电源。

2. 五金工具：在通信设备扩容、割接工程中，五金工具（扳手、起子等）必须使用绝缘胶布缠绕作绝缘防护处理。

3. 电源接线板:接线板必须完好无破损并有漏电保护装置,使用双层绝缘电源线,外层无破损。

4. 人字梯、登高

(1)登高的梯子需材质坚实,无断裂,四脚平稳。

(2)人字梯上不准堆放工具、材料;不准携带笨重物体上、下人字梯。

(3)人字梯登高,不准两人同时上下作业;一个人不准脚踩两只人字梯登高作业。

(4)作业人员不准在人字梯上移动梯子,必须下到地面后移动梯子。

(5)通信施工作业禁止使用金属梯登高。

5. 剖缆刀:剖电缆时,拿刀的手放在后边,另一个手放在前面,不可用力过猛,应避免刀划伤手。

6. 劳保用品须定期检验,发现不合格品及时更新。

三、开箱操作安全

1. 开箱工作场地应在设备安装处附近,应在无尘、无潮湿开阔的环境下进行开箱,遇风雨天气不得在室外开箱。

2. 开箱时,注意包装箱上的标志,严禁倒置。

3. 开箱应使用专用工具,严禁用锤敲打,防止剧烈震动损坏箱内设备;严禁使用撬棍,以防损坏箱内设备。

4. 随时清理工作场地,撤下的箱板、铁皮、钉子等杂物应放置妥当,避免砸伤、刮伤人员和设备。

5. 设备搬运时应先清理搬运路线上的物品。

6. 人工搬运时应选择青壮健康人员,每人负重男工 40 公斤、女工不得超过 20 公斤。

(1)人工搬运时,要有专人组织指挥,步调一致,按身高、体力合理安排位置,负重均匀,上楼梯及拐弯时要慢,前后相互照应。

(2)手搬、肩扛设备时,应搬、扛设备的牢固部位,不得抓碰线把、零部件等不牢固、不能承重的部位。

(3)搬运蓄电池等危险品时,应轻拿轻放,稳步前进,防止碰撞。

(4)在机房楼台上吊装设备时,应知平台的承重量,应检查吊装设备及绳索是否牢固,确认无误方可作业。起吊后,应防止设备摆动而撞击墙壁或门窗。

(5)人工搬运油机发电机组,必须在油机房地面确实坚固后进行。搬运前应对所用工具进行全面检查。搬运时,应有专人组织指挥,明确分工,紧密配合。用倒链牵拉时应固定牢固,并检查钢丝绳是否完好。用滚筒法搬运时,应注意防止滚筒压伤手、脚,上、下坡度不得大于 30 度,并注意下滑。

四、立机架作业安全

1. 进入机房应将机房地面孔洞用木板盖好,防止人员、工具、材料掉入孔洞。

2. 在地面、墙壁上埋设螺栓,应注意避开钢筋、电力线暗管等隐蔽物,无法避免时,应通知建设单位采取措施。

3. 立机架时，地面应铺木板或其他物品，防止划坏机房地面或机架滑倒而伤人或损坏设备；机架立起后，应立即固定，防止倾倒。

4. 扩容工程在撤除机架侧板、盖板时应有防护措施，防止设备零件掉入机架内部。

5. 扩容工程立架时，应轻起轻放，对原有设备机架采取保护措施，防止碰撞。

五、放线缆作业安全

1. 放线缆拐弯、穿墙洞的地方应有专人把守，不得硬拽，伤及电缆。

2. 扩容工程新机架连接电源时，应将机架电源保险断开或将空气开关处于关闭状态，并摆放“禁止合闸”警示牌。

3. 机架顶部作业、接线、焊线应有防护措施，防止线头、工具掉入机架内部。

4. 布放到运行设备机架内部的线缆时，应轻放轻拽，避免碰撞内部插头。

5. 电缆热缩套管热缩时，必须使用塑料焊枪或电吹风热缩，不准使用其他方式热缩。

6. 埋设地线挖沟、坑之前，必须了解地下管线及其他设施情况，特别要了解掌握电力电缆和通信电缆的埋设位置，做好安全保护。

六、作业安全

1. 作业时不得佩带钢笔、手表、首饰等金属物品和穿戴金属纽扣的衣服，不准携带易燃、易爆物品；不准吸烟，使用电焊时，应办理动火证，并采取妥善措施后方可动火。

2. 不得使用易燃液体擦洗设备或地板。

3. 严禁抛掷工具、器材和其他物品；不准在通道和设备之间放置杂物。

4. 登高作业应带工具包，所有工具、材料应随手放入工具包中，不得外露或掉落。

5. 登高作业严禁蹬踩或攀扶配线架、机架和电缆走道和其他设备。

6. 包装物、杂物，应及时清除，保持机房清洁卫生。

7. 带电现场操作须先验电，悬挂带电操作警示牌，两人同时操作（一人操作、一人保护）。

8. 交流高低压停电操作，应对交流火线装设接地线。

9. 带电施工人员操作前，应将身上所有金属物品清理掉，不许带手机、穿戴有金属拉链的衣服。

10. 严禁在雷雨天气下进行交流电及铁塔作业。

11. 发现机柜有水或潮湿时，应立刻关闭电源。在潮湿的环境下操作时，应严格防止水分进入设备。

12. 为了确保人身安全和设备安全，停电后，一定要用万用表或试电笔确认有无交直流电压存在。

13. 当电源设备进行交流接入时，电源设备的隔离开关（即刀开关、刀形转换开关或熔断器式刀开关）、断路器（即空气开关、空气自动开关等）均应处于断开位置。同时由局方人员负责交流供电设备的停电作业，并在停电设备的隔离开关手柄上悬挂“停电作业，请勿合闸”的警示牌。

14. 断开设备的市电、油机刀形转换开关时，应使该开关处于空档位置(即操作手柄处于中间位置的水平状态)。

七、作业现场的安全防护

1. 电力线路附近作业

(1)基站铁塔上遇有不明用途的线条，一律按有源电力线对待，做好有效保护，不准随意剪断。

(2)在高压线附近作业时，人的身体和吊装的物件应与高压线保持绝对的安全距离：31kV 以下 1.5m；6～10kV 为 2.5m；5～110kV 为 4 m，220kV 以上为 6m。吊装物件作业应在铁塔面对高压线的背面作业，并注意现场风向，以防大绳触及高压线。

2. 复杂环境下作业

(1)城镇人口密集区、学校附近、交通要道等环境下作业时应设临时警戒线，铁塔周边 5 米内禁止闲人进入。

(2)塔上有人作业时，塔下应安排专人看护，禁止无关人员进入作业场所，塔下人员按规定要求佩戴安全帽。

(3)工作中的设备天线会产生电磁辐射，太靠近天线可能会超过安全等级要求。设备只能由经过培训的专业人员进行安装和维护。设备的辐射设计符合 IEEE C95.1－1991 标准。

(4)设备的某些部件不可避免地存在高温现象，请不要随意触摸，以免发生烫伤。设备在热带气候正常使用时各零部件的温度以 45℃为基准，最高升温允许 30℃，故障条件下最高升温允许 55℃，即高温 45℃正常工作时各零部件最高温度不应超过 75℃，故障条件下最高温度应不超过 100℃。

(5)基站电源设备安装作业，使用的工具要缠绝缘胶带，禁止将金属工具放置在电源柜和蓄电池上方。

3. 施工车辆应停放在不影响交通安全的合适位置，特殊情况占道停放，应开启车辆跳灯，并按规定要求放置安全警示牌或警示桩。

八、高处作业安全

1. 患有心脏病、贫血、高血压、癫痫病、恐高症和其他不适宜高处作业以及患病期间的人员，不准从事高处作业。

2. 遇有恶劣气候影响施工安全时，应停止高处作业，如雷雨天气禁止上塔作业；风力在六级以上禁止上塔作业，霜冻和雨雪天气尽量不要上塔作业，特殊情况下上塔作业时须采取严密的防滑措施，高温下高处作业时间不宜过长，作业人员感到身体不适时应立即停止作业。

3. 作业前应对使用的工器具进行安全性能检查，确保使用安全。

4. 上塔前要检查随身携带工器具，确保使用工具齐全，工具材料放置稳妥。高处作业时，除随身携带必备的用具和材料外，不准携带任何笨重的工器具和材料，随身携带工器具和材料的总重量不得超过 20 kg。

5. 高处作业人员与地面人员之间不准抛扔工具和材料，所有物件应用工作绳吊装，吊装大件设备和笨重物件时，应采用滑轮吊装，滑轮应固定良好，大绳与滑轮之间应滑动自如，在吊装过程中应有专人负责。

6. 安装和维护线缆及其他设施时必须从铁塔护笼中上下，不得两人交叉上下。

7. 特殊情况需在夜间作业时，应设置临时照明，并确保用电安全。

8. 严禁酒后登高作业。

九、安全保护用品的配发与使用

作业人员必须按规定要求戴好安全帽、系好安全带，并按要求穿戴工作服、工作鞋等安全劳保用品。

1. 安全帽的配发与使用

(1)基站作业人员每人按一顶普通安全帽配发。

(2)进入作业现场人员，必须戴好安全帽并系紧帽绳。

(3)安全帽必须性能良好。

2. 安全带(绳)的配发与使用

(1)安全带各项性能指标必须符合安全标准。登高作业人员每人应确保有一副性能良好的安全带，作业现场至少有一根符合作业标准的工作绳。

(2)安全带使用前必须严格检查，确保性能可靠。如有折断痕迹、弹簧扣不灵活、扣不牢、皮带眼孔断裂、安全带(绳)磨损和断头超过 1/10 的，禁止使用。

(3)高处作业人员必须按规定要求使用安全带，并按规范要求扣牢保险扣。

(4)不准用安全带吊装物件，以免损坏。

(5)严禁用绳索或皮带替代安全带。

(6)安全带(绳)使用或存放一段时间，应进行可靠性试验。检测办法，可将 200 kg 重物穿过安全带(绳套)中，悬空挂起，无裂痕、折断才能使用。

3. 作业人员应穿软底鞋并防滑，禁止赤脚、穿拖鞋和硬底鞋。

4. 严冬季节长时间高处作业，作业人员应做好防寒防冻工作，严防冻伤或脚手被冻麻木而引发事故。夏季长时间在高处作业，要做好防暑降温工作，并备适量的防暑降温品，塔上作业人员如感不适，应立即下塔休息，不可盲目蛮干。

5. 长时间在强烈光线下塔上作业应配防护眼镜，各专业公司应按规定为基站作业人员配发工作服、手套。

附录2　LTE基站工程竣工验收资料集合

中国××通信集团××有限公司

通信基站建设配套工程

×××基站设备安装工程竣工技术文件

工程名称：××××基站设备安装工程

资管系统基站名称＿＿＿＿＿＿＿＿＿＿：

建设单位：中国××通信集团××有限公司××分公司

监理单位：＿＿＿＿

设计单位：＿＿＿＿

施工单位：＿＿＿＿＿＿＿＿＿＿＿＿

日期：　　年　　月　　日

目　录

续表

19	交工验收通知单	
20	竣工验收证书	
21	工程交接书	
22	竣工图纸(目录及图纸)	
23	基站名清单	
24	特种作业证	
25	天馈关键部位照片	

资料填报说明(该项内容仅供资料填报及装订要求参考,不装订于竣工资料之中)

1.资质证书:包含营业执照、安全生产许可证、安全员证、企业资质,复印件加盖红章,最新年审通过。

2.工程说明:工程建设目的、项目实施周期及规模、实施计划与执行情况均需明确,施工单位签章,日期在项目完工之后。

3.施工组织设计/方案报申表及施工组织设计、方案:必须有施工单位技术负责人审核签发并盖公司章、必须有总监理工程审核并签字盖章、施工组织设计必须有针对性且完整。

4.工程开工报告:项目经理签字并盖章、有总监理工程审核批准签字并盖章,填写审核意见及项目要齐全,公章盖齐,日期要准确;工程准备情况需要描述人员准备数量与主要分工、材料领取情况、现场配套准备情况(电、机房装修等)完成情况。

5.安全交底:有针对性,应有交底人、接受人、监理签字,日期要准确,签字不能是同一个人。

6.技术交底:有针对性,应有交底人、接受人、监理签字,日期要准确,签字不能是同一个人。

7.图纸会审记录:会审主要讨论问题及结论需详细写明。

8.建筑安装工程量总表、材料平衡表、已安装的设备、主材明细表根据每站实际情况填写。

9.工程设计变更单:详细填写设计变更原因,每个设计变更均需要一份相应的《工程设计变更单》,施工单位、设计单位、监理单位、建设单位签字。

10.质量检查记录表:根据每站实际情况填写;施工单位填写,监理单位及建设单位最终进行质量评定。

11.停(复)工通知单、重大工程质量事故报告单根据实际编制,若无,仍需要填写,填写"无"签字盖章。

12.工程延期申报表根据实际编制,若无,仍需要填写,填写"无"签字盖章;若有则需具体说明延期理由与时限。

13.工程物料交接清单:根据实际情况填写。

14. 测试记录：根据每站实际情况填写，包括天线、蓄电池、开关电源、空调。

15. 交工验收通知单：按单站填写，所填写项目要齐全，公章盖齐，日期要准确，要有施工、监理、建设单位签字并盖章。

16. 竣工验收证书：按项目填写，所填写内容要齐全，公章盖齐，日期要准确，要有施工、设计、监理、建设单位签字并盖章。

17. 工程交接书：按单站填写，所填写项目要齐全，公章盖齐，日期要准确，要有施工、建设单位签字。

18. 竣工图纸：与实体工程一致、盖竣工图章、施工单位签字完整、监理单位审核签字完整。

19. 基站名清单：按实填写。

20. 特种作业证：将涉及特殊作业人员作业证复印件收集。

21. 天馈关键部位照片：塔上天线固定螺丝照片、塔上接地照片、塔上天线照片、塔上馈线照片。

22. 归档资料要求

所有表格所填数据必须是现场实测数据，所有实验报告必须真实，现场所填表格一起归纳竣工资料。

(1)资质证书

(2)工程说明

工程的实施目的：
工程概况：

施工单位项目负责人(签章)：

填写日期：

(3)施工组织设计/方案报审表　工程名称：

致：________(监理单位) 兹报验： □1. 单位工程施工组织设计 □2. ________分部(子分部)/分项工程施工方案 □3. ________特殊工程专项施工方案 本次申报内容系第________次申报，申报内容项目经理部/公司技术负责人已批准。 附件： 施工组织设计/方案。 承包单位项目经理部(章)：________ 项目经理：________ 日期：________

监理机构签收人姓名及时间		承包单位签收人姓名及时间	

专业监理工程师审查意见：
专业监理工程师：________ 日期：________

总监理工程师审查意见：
项目监理机构(章)：________
总监理工程师：________ 日期：________

注：承包单位项目经理部应提前7日提出本报审表。

(4)施工组织设计/方案

(5)开工报告

工程编号		工程名称	
建设单位		施工单位	
监理单位		工程建设地点	
计划开工日期		计划完工日期	

工程准备情况及存在主要问题：
人员准备
材料准备
现场情况

提前或推迟开工的原因：

本工程各项准备工作已完成，计划于　年　月　日开工，特此报告
填报单位(盖章)：

项目经理(签名)：
年　月　日
建设单位意见：
(签字盖章)
监理单位意见：
(签字盖章)

(6)安全交底

时间：　　　　　　　　　　No.

		工程地点：	
施工单位：		监理单位：	
建设单位：		设计单位：	

交底内容：

交底人：	接受人：	监理：

(7)技术交底单

时间：　　　　　　　　　　　　　　　　　　　　No.

		工程地点：	
施工单位：		监理单位：	
建设单位：		设计单位：	
交底内容：			
交底人：	接受人：	监理：	

(8)图纸会审记录

工程名称：	
设计单位：	施工单位：
建设单位：	监理工程师：
会审内容： 年　　月　　日	

(9)建筑安装工程量总表

站名________　共　页　第　页

序号	项目	单位	数量	备注
1				
2				
3				

建设单位代表(签名)：　　　　　　施工单位代表(签名)：

日期：　　　　　　　　　　　　　日期：

监理单位代表(签名)：

日期：

(10)材料平衡表

地区：　　　　　　　　　　　　　站名：

工程名称：

序号	材料名称	规格模式	单位	设计数	施工领用数	施工实用数	工余量或废料量	备注

队长：　　　　　　监理：　　　　　　库房：

日期：　　　　　　日期：

(11)已安装的设备、主材明细表

站名________　共　页　第　页

序号	设备主材名称	单位	数量	备注
1				
2				

建设单位代表(签名)：　　　　　　施工单位代表(签名)：

日期：　　　　　　　　日期：

监理单位代表(签名)：

日期：

(12)工程设计变更单

工程名称：　　　　　　编号：

致： 由于 附件： 提出单位 代表人 日期	(监理单位) 原因，兹提出	 工程变更(内容见附件)，请予以审批。
一致意见： 建设单位代表 签字： 日期	 设计单位代表 签字： 日期	 项目监理机构 签字： 日期

建设单位代表(签名)：　　　　　　施工单位代表(签名)：

日期：　　　　　　　　日期：

监理单位代表(签名)：

日期：

(13)质量检查记录表

基站名称：________　共　页　第　页

项目	检查要点	标准规范要求	检查结果		备注
			合格	不合格	
1. 铁件安装	材料	走线架宽度应符合设计要求；机房内所有油漆铁件的漆色应一致，刷漆(或补漆)均匀，不留痕，不起泡。			
	安装位置	安装位置、高度和工艺应符合施工图设计要求，应与墙壁或机列保持平行。走线架横档面向上。			
	平直度	走线架、凹钢安装应平直端正牢固，每米允许水平偏差为 2 mm。立柱的允许偏差为 1.5‰，同一方向的立柱应在同一条直线上。			
	防震加固	对地对墙加固应牢靠稳固，应符合抗震要求。凹钢应与墙柱(无墙柱时与墙壁)固定，尽量避免与天花板、板墙固定。走线架、凹钢加固点或支撑点距离在 1.5 ~2m。			

续表

2. 机柜机架安装	安装位置	应符合设计图要求，如安装位置有变更，应有设计变更手续。				
	防震加固	所有机柜、机架应对地加固，膨胀螺丝规格符合设计要求或不小于 M8；厂家有要求的应用厂家的配套螺丝；机柜、机架应按抗震和工程设计要求防震加固。				
	附配件	机柜前后门应装好且开关顺畅；机架上的防静电手环要正确安装；机架有走线槽、顶盖和防鼠网时应安装齐全。				
	垂直度、列架	机柜、机架垂直度误差≤机架高度的 1‰，同一列架的设备正面在一条直线上，相邻机架的缝隙应小于 3 mm(设计另有要求的除外)。				
	工后检查	机柜里面、顶部不应有多余的螺钉、线头等杂物；机柜表面及各部件油漆不应有脱落或碰伤，不得变形。保持机柜清洁。				
3. 线缆布放绑扎	选用	电缆头的规格型号必须与电缆相吻合。				
	布放绑扎	线缆的规格、布放数量与走线路由应符合设计及相关技术规范的要求，按设计的区域分类布缆(例如：信号线与电源线要分开)。布放路由应不影响维护和扩容。				
		布放线缆应顺直，尽量避免交叉，要整齐美观，下线按顺序，拐弯应均匀、圆滑一致，其弯曲半径大于等于其外径的 6 倍。光缆的弯曲原则上应不小于其外径的 15 倍。				
		在走线架的每一根横铁上均应绑扎，绑扎线缆松紧适度，线扣朝向一致，间距均匀。线扣扎好后应将多余部分齐根剪掉，不留尖刺。				
		线缆不得有破损、断裂。任何线缆中间不能有接头。				
	线缆头的制作与连接	线缆剖头时未伤及芯线，剖头长度一致，露铜不能过长(参考值 1 mm)，在剖头处套上合适的热缩管，其长度和颜色应一致，并用热缩枪包封。				
		压接、焊接应牢固，无差错。不得使用老虎钳、斜口钳、榔头等不符合要求的工具；不得虚漏焊，焊点应光滑。				
		制成的头子应拧紧，并保证线缆的外层与线缆头壳体接触，线序不错、连接不松动，不短路、不断路。				
	线缆插接	线缆插接：插接位置正确，接触应紧密、牢靠，电气性能良好，插头、端子应完好无损。				
	尾纤布放	尾纤在机柜外应加套管或线槽道保护，无套管保护部分宜用活扣扎带绑扎，扎带不宜扎得过紧，编扎后的尾纤在槽道内(走线架上)应顺直，弯曲半径符合要求，无明显扭绞。				

续表

4. 天线安装部分	组装	组装应符合厂家说明书要求，各紧固件应拧到位，不应缺少螺帽垫片，不损伤外表面，润滑剂涂在紧固螺杆上，便于将来调整天线。			
	位置加固	安装位置、高度应符合工程设计图要求，天线加固确保牢固可靠，正确使用双螺帽加固，天线处于避雷针的 45°角保护范围之内。			
	扇区排列	应符合工程设计要求。			
	方位俯仰	方位角、俯仰角设置符合设计要求，方位角偏差(含单极化同扇区同方向 2 根间)小于±5°，俯仰角偏差(含单极化同扇区同方向 2 根间)小于±1°。			
	隔离度	水平、垂直隔离度应满足系统隔离要求；对于单极化天线，同扇区水平分离度应大于 4.0m；同一平台不同扇区内天线水平分离度大于 1.0m。			
	电调天线	控制线必须加装避雷器，每个避雷器必须独立接地，用黄绿色(线径≥8 mm^2)的接地线。			
5. 馈线安装	布放路由	符合工程设计要求，根据馈线不交叉的原则确定馈线布放穿孔位置。			
	外形	馈线无可见或潜在的损伤，馈线表面不应有破皮划伤和明显扭曲、凹陷，馈线走线不接触到尖锐的表面，入窗时馈线未强行扭进。			
	馈线卡和固定	馈线安装应整齐牢固，馈线固定必须用专用的馈线卡子，应避免可能导致馈线变形的压挤。主馈线垂直方向每隔 1m 要有一个固定；水平方向每隔 1.5～2m 要有一个固定，馈线走线分层排列，整齐有序，尽量预留扩容位置。			
	工艺	馈线卡和馈线摆放应顺直、均匀、成一直线。			
	1/2″跳线	室内 1/2″跳线安装符合要求，室外专用 1/2″跳线不能使用室内跳线代替，室内外 1/2″跳线原则上不应打圈。			
	接头连接	天线、跳线、馈线、避雷器间各接头处应保持平直以避免应力，平直段不少于 10～40 cm；天线、跳线、馈线间所有接头应紧密连接，无松动没有裸露金属：室外接头处应做好防水处理。			
	馈头制作	符合相关工艺要求，满足相关电气和防水性能。			
	入室防水	应确保雨水不顺馈线和进室线缆进入机房。设防水弯时弧度应一致，整齐美观，弯曲半径符合要求(普通馈线大于等于馈线外径的 15 倍，软馈线的弯曲半径大于等于馈线外径的 10 倍)。			
	室内接地	主馈线与室内跳线连接处的接地线制作规范布放顺直，就近接到室外地排上。			

续表

<table>
<tr><td rowspan="4">5. 馈线安装</td><td>室外天馈线接地</td><td>主馈线室外部分要求 ABC 三点接地，首尾(AC)两点，中间(B)一点。A 点：距室外馈线头 25～30cm；B 点：水平天桥馈线起弯处向上 0.5～1 m 处；C 点：进机房(防水弯)之前；当铁塔高度超过 60m 时，应在铁塔中部增加一处接地点。馈线接地点不要选在馈线弯曲变形应力较大的地方，与铁塔连接处要使用镀锡铜鼻子并用螺栓可靠固定连接，连接处要事先清除油漆，同时做防氧化处理，螺丝螺母应选用不锈钢材质。接地线应顺直朝下。</td><td></td><td></td><td></td></tr>
<tr><td>接头防水</td><td>天线与跳线、室外跳线与主馈线、接地线与馈线的连接处一定要做密封防水处理。</td><td></td><td></td><td></td></tr>
<tr><td>弯曲半径</td><td>1/2″馈线曲率半径≥12cm(超柔 1/2″馈线≥3.3cm)：7/8″馈线曲率半径≥馈线外径的 15 倍(软馈线的弯曲半径≥馈线外径的 10 倍)。</td><td></td><td></td><td></td></tr>
<tr><td>入室</td><td>入室馈线不得有交叉，按照天线扇区依次整齐排列。馈线孔洞缝隙密封严实。</td><td></td><td></td><td></td></tr>
<tr><td rowspan="6">6. 保护接地</td><td>设备保护接地</td><td>机房内所有设备(含空调)外壳必须做保护接地。各设备保护地应独立接至保护地排，传输综合机柜内的各设备(除传输设备外)应经机架复接后接到保护地。接地线径为不小于 16mm² 的黄绿或黑色多股铜线。(同一机房内线色要一致)，接地线应顺直往下，不得成直角、锐角，弯曲度符合要求。</td><td></td><td></td><td></td></tr>
<tr><td>金属铁件接地</td><td>机房内馈线窗、走线架、吊挂铁架、金属门窗必须做保护接地。各铁件接地应使用专用接地垫片，在接地处作除锈除漆处理，各走线架间应用短连线接通。接地线径为不小于 16mm² 的黄绿或黑色多股铜线。(同一机房内线色要一致)，接地线弯曲度符合标准。</td><td></td><td></td><td></td></tr>
<tr><td>光缆</td><td>金属加强芯应按规定直接接地。</td><td></td><td></td><td></td></tr>
<tr><td>防腐处理</td><td>室外接地时，应全部作防腐防锈处理；当接线端子与线料或铜鼻子为不同材料时，应考虑电化腐蚀，与镀锌钢相接时应选用镀锌镀锡铜鼻(或加铜铁转换头)，并在接触面涂防氧化剂。</td><td></td><td></td><td></td></tr>
<tr><td>接地排接线</td><td>用于接地铜排(条)和铜鼻子连接的螺栓直径应与铜鼻子相匹配，螺栓不能过小(螺栓外径小于铜鼻子和接地铜排孔径 1 mm 左右)，不能过长(以露出螺帽 2～3 丝为宜)，不应随意取用；接在铜排上的地线弧度应一致，标签一致。用于室外部分的螺栓螺母应用不锈钢材质。</td><td></td><td></td><td></td></tr>
<tr><td>材料</td><td>规格型号应符合设计要求，交直流电源线应采用耐火、防火或阻燃电缆；必须是整条电缆线料，严禁中间接头，外皮应完整。</td><td></td><td></td><td></td></tr>
</table>

续表

7. 电源线、地线	布放	平直、整齐、美观、不绞，绑扎均匀，交流电源中性线、保护地线应分开敷设，禁止将交流中性线接至机壳或保护地排上。电力电缆拐弯应圆滑均匀，铠装电力电缆(阻燃)弯曲半径宜大于等于电缆外径的 20 倍。其他电力电缆的弯曲半径应大于等于 6 倍电缆外径。在设备端连接电源线时不能出现“S”型弯。			
	线鼻子制作、连接	10 mm^2 以上的线缆应用接线鼻子连接，线鼻子的规格材料应符合质量要求并与线径相吻合。应采用压接或焊接方式，要牢靠、紧固、端正，电气接触良好(采用压接不得少于 2 道)，且用相应颜色的热缩套管保护。电源线和熔丝、接线端子连接处不应有应力，正常情况下应保留线缆外径 2.5 倍直径距离之后才可以拐弯，铜鼻子长度要合适，应确保接触面积。10 mm^2 及其以下单芯或多芯电源线可在端头制作接头圈，线头弯曲方向应与紧固螺栓、螺母的方向一致，并在导线于螺母间加装平垫和弹垫，拧紧螺母。铜芯电源线接头圈应做镀锡处理。			
	线色	电源线的线色要正确，交流 ABC 相序依次是黄绿红，零线 N 为蓝(或紫)；直流线的高电位线用红色，低电位用蓝色；黑色或黄绿线用作保护地线。采用同一线色电缆时，两端的颜色标志要明确并符合色标要求。			
	螺栓与紧固	连接螺栓穿向应一致，由内向外(由设备面板方向穿向背面)、由下向上、由左向右，以保证安全和操作方便。平垫、弹垫齐全(弹簧垫片应加装于螺帽一侧)，螺杆露丝应不小于 2 丝螺纹。有同类多个螺栓时，应规格、型号一致。			
8. 蓄电池	安装	电池组装应根据母线走向确定正负极出线位置，电池线尽可能短。电源线不得交叉、不得触地。			
		电池各列要排放整齐，位置、间距适当，保持垂直、水平；每列外侧应在一直线上，偏差不大于 3 mm。			
		单体电池应按顺序排放，连接条和螺栓、螺母上应涂一层防氧化物或加装塑料盒盖，拧紧螺丝，套好接线端子保护套。			
	标记	每块电池应按顺序贴上电池序号标签，总电压 0V 处为 1 号，依此类推，2 号、3 号……			

续表

9. 标签	室内线缆	馈线、跳线、电源线、地线、各类信号线等所有布放的线缆两端都必须有正确规范的标签，标签应表明线缆属性，要注明来源去向，文字要醒目，文字方向方便阅读，粘贴要整齐一致，一般贴在离根部2～3cm位置。			
	室外	室外线缆标签要防水、防腐、抗老化。			
	设备	天线和基站内各设备标签按相关要求在指定位置标明。			
	电源	交直流电源开关、熔丝必须注明其连接去向。			
10. 紧固连接	选用量裁	螺丝、平垫、弹簧垫圈的规格应与铜鼻子及连接母排洞孔相匹配。应选用不锈钢或镀锌钢材质。			
	安装	母排平放时，螺栓一般应由下向上穿，母排立放时，螺母装放在便于维护的一侧，同一母排上各螺丝露头长度要一致，一般为2～3丝扣。			
11. 空调安装	位置加固	室内外设备安装位置符合设计图要求，安装牢固可靠平整。			
	管线	管线、电源线规格和路由符合设计图要求，包扎合理美观。电源线中间不得有接头；应按设计要求引接保护地线(五线制或加专用保护地线)。			
	出水	出水畅通，洞口密封良好。			
12. 环境监控	位置	监控设备，市电、水禁、烟感、温湿度、门禁等主要数据采集点的位置符合设计要求。			
	线缆	线槽线缆规格、型号和布放路由、标识等符合设计要求，传输线应远离干扰源，不与强信号、高频信号线平行布放。			
	接地	监控设备应有良好的接地系统，符合设计要求。			
13. 环境整理		安装完毕后在离站前，应清理包装垃圾、安装废料等杂物，保持基站整洁。			

施工单位检查评定结果	项目专业质量检查员：　　日期：
监理(建设)单位验收结论	专业监理工程师：　　日期： 建设单位：　　日期：

(14)停/复工通知单

工程编号		工程名称	
建设单位名称		施工单位名称	
监理单位名称		工程建设地点	
计划停/复工日期		实际停/复工日期	
停/复工主要原因：			
拟采取的措施和建议：			

本工程已于　年　月　日停/复工，特此报告。
填报单位：(盖章)
年　　月　　日
建设单位意见：(签章)
年　　月　　日
监理单位意见：(签章)
年　　月　　日

(15)重大工程质量事故报告单

工程名称			
建设地点(站名)			
发生事故时间		报出时间	
事故情况及主要原因、处理情况：			
本工程已于　年　月　日发生上述事故，特此报告。 填报单位：(盖章) 年　　月　　日 建设单位意见：(签章) 年　　月　　日 监理单位意见：(签章) 年　　月　　日			

(16)工期延期报告单

工程名称：

项目编号：

致： 根据合同条款　　条的规定，由于下述原因，我方要求延长工期　　日。使竣工日期(包括已指令延长的工期在内)从原来的　　年　　月　　日，延长到　　年　　月　　日，请予以批准。 施工单位(章) 项目经理 日　　期
要求延长工期的原因或理由：无
延长工期的计算： 附：证明材料

本表一式三份，建设单位、监理单位、施工单位各一份。

(17)工程物料交接清单

站名：________　共　页　第　页

序号	物料名称	规格	单　位	数　量	备　注
1					
2					
注：在备注栏内写明交接物料的属性，即余料、废料或备品备件等。					

建设单位接收人(签名)：　　　　施工单位移交人(签名)：

日期：　　　　日期：

(18)测试记录

基站蓄电池容量工程调测验收记录表

基站名称		所属项目名称		电池品牌	
电池组标称电压(V)		安装时间		环境温度	
调测验收单位		调测验收人员		调测验收时间	年　月　日
电池生产时间		电池组现场编号			

序号	检测项目	检测标准	检测方法	检测结果
1	外观检查	蓄电池外观无渗漏、变形、腐蚀、酸雾酸液溢出等情况。	观测	
2	安装工艺	电池极柱连接条紧固无松动；电池安装位置满足设计要求，阻燃或防火型电缆；电池架安装牢固，可靠接地。	观测、手动检查	
3	电池组输出电缆线径	工程设计要求电池组输出电缆线径______mm^2。	对照设计检查	电池组输出电缆线径______mm^2。
4	端电压均衡性	静态(开路静置 1 小时)：各单体电池开路电压差值≤20 mV；动态：浮充时全组各单体电池端电压差最大不大于 90 mV。	万用表测试	
5	容量实验(3 小时放电率放出全部容量)	单个电池终止电压不低于 1.8 伏，3 小时率放电容量达到标称值 70%以上，放电曲线与厂家标准一致，无明显落后电池。	蓄电池组容量测试仪测试	

备注：1. 该表格填好后，作为工程竣工资料归档。

2. 该表格可根据需要增加工程调测内容。

3. 线径=

为流过电池线的最大电流；L 为电池线整个回路的长度；为电池线的压降(不超过 0.5 V)；为线芯的电导率，铝芯为 34，铜芯为 57。

基站蓄电池容量工程调测验收记录表

基站名称		所属项目名称		电池品牌	
电池标称容量(AH)		到货时间	年 月 日	电池组现场编号	
测试起止时间	点 分—点 分	调测、验收单位		调测、验收人员	
调测日期	年 月 日	调测仪器型号：			
电池放电终止时测试值					
放电电流(A)：		放出容量(AH)：		电池组总电压(V)：	

放电时间(分钟) 电池序号	放电前	10	30	60	90	120	130	140	150	160	170	180
1												
2												
3												
4												
5												
6												
电池组总电压												
电池放电测试结论												

备注：1. 该表格作为工程竣工资料归档。2. 该表格可根据需要增加工程调测内容。

基站一体化开关电源工程调测验收记录表

基站名称		所属项目名称		设备品牌	
调测单位		验收调测时间		调测人员	
验收参与单位		验收人员		验收时间	年 月 日

序号	检测项目	检测标准	检测方法	检测结果
1	外观检查	结构无变形，各种连接牢固；机架固定可靠；布线规范。	观测	
2	仪表数值显示准确性	*LED* 显示准确	与万用表、电流表测量值对比	

续表

3	系统参数设置	根据维护规程、设备说明书、蓄电池组使用要求设置浮充、均充、负载一二次下电电压，电池组容量、充电电流、温度补偿、过压、欠压、过流、限流点等告警值参数。	进入菜单检查对照	
4	模块检测	强制、自动均充；充电自动限流、自动均浮充转换；过流保护；模块休眠。	电池放电后恢复市电观察，单模块实验	
5	系统报警	交流停电、过欠压、缺相；直流保险断，直流过欠压、模块故障声光报警。	模拟试验和监控模块调整告警点试验	
6	系统均流	模块均流性能良好，小于+5%。	观测各模块输出电流计算	
7	直流配电	负载占用保险容量合理，占用一次、二次下电支路合理。	观测	
8	监控模块故障	监控模块退出系统应能正常工作，整流模块输出正常。	断开监控模块	
9	防雷	防雷指示正常，防雷开关闭合。	观测	
10	来电自启动	重新送电后系统自动启动，参数设置不变。	停电实验，观测	
11	负载下电	负载一次、二次下电动作准确可靠。	监控模块调整下电值试验	

备注：1. 该表格填好后，作为工程竣工资料归档。2. 该表格可根据需要增加工程调测内容。

基站空调工程验收检查记录表

基站名称		所属项目名称		空调品牌	
空调现场编号		安装时间	年　月　日	环境温度	
验收检查单位		验收检查人员		验收检查时间	年　月　日

序号	检测项目	检测标准	检测方法	检测结果
1	外观检查	空调器各部件，塑料件表面应平整光滑、色泽均匀。电镀件表面应光滑，不得有剥落、露底、划伤等缺陷。喷涂件表面不应有气泡、流痕、漏涂、底漆层外露、凹凸不平等。	观测	
2	室内机	排风口附近无障碍物，进风口周围不应有阻碍空气吸入的障碍物，安装位置合理，气流组织良好。	观测	

续表

3	室外机	安装面应坚固结实，具有足够的承载能力，托起空调的支架应坚固耐用。保持空气流畅，室外机的前后、左右应留有一定的空间。室外机排风口处应无障碍物。	观测	
4	室内外连接管路	分体壁挂式尽量不超过 5*m*，小于四匹的分体立柜式尽量不超过 10*m*，五匹左右的分体立柜式尽量不超过 15*m*。	观察测量	
5	管线安装	空调的管线通过砖、混凝土结构时应有套管，并应采取适当的绝缘和支撑措施。连接管不能有折扁处。	观测	
6	电气性能	电源线规格合适，开关容量配置合理；室内外机可靠接地，线缆布放安全可靠。	与设计、厂家要求对照	
7	参数设置	显示面板操作方便，温度等参数设置符合维护规程要求。	检查	
8	自启动功能	电源恢复后，机组自动启动，参数设置不变。	测试	
9	监控功能	具备智能接口，实现远程监控，监控信息符合规范要求。	监控中心检测	
10	资料	应提供设备出厂合格证		

备注：1. 该表格填好后，作为工程竣工资料归档。2. 该表格可根据需要增加工程调测内容。

(19)交工通知单

工程名称		工程建设地点	
建设单位名称		设计单位名称	
监理单位名称		施工单位名称	
计划开工时间	年 月 日	实际开工时间	年 月 日
计划完工时间	年 月 日	实际完工时间	年 月 日
工程的主要内容：			
提前或推迟完工的原因：			
本工程已于 年 月 日完工，请建设单位于 年 月 日开始进行交接验收，特此报告。 填报单位(盖章)： 项目经理(签名)： 日期： 建设单位意见： (签字盖章) 监理单位意见： (签字盖章)			

(20)竣工验收证书

建设项目名称		单项工程名称	
建设单位名称		设计单位名称	
监理单位名称		施工单位名称	

验收意见：
验收质量评定：
优良　　合格　　不合格
工程遗留问题：

验收组成员签名：

建设单位(盖章)：
建设单位负责人(签名)：
日期：
监理单位(盖章)：
监理单位负责人(签名)：
日期：

施工单位(盖章)：
施工单位负责人(签名)：
日期：
设计单位(盖章)
设计单位负责人(签名)
日期：

(21)工程交接书

建设项目名称	
单项工程名称	
建设地点	
施工单位	

工程简述：
本工程经　组织相关参建单位、部门联合验收，情况如下：
工程量已全部完成？(是/否)
工程质量达到规定和设计要求？(是/否)
工程物料已如数清点移交？(是/否)
工程遗留问题：
试运行情况正常？(是/否)
工程竣工技术文件共　　套(本)，齐全？(是/否)
结论：通过验收？(是/否)
现按规定实施交接。
施工单位移交人(签名)：
建设单位接收人(签名)：
年　　月　　日

(22)竣工图纸

(23)基站名清单

完工时间	站名	所属区域	开工时间

(24)特种作业证站

(25)天馈关键部位照片

附录 3　FTTX 工程竣工验收资料集合

附表 3.1　设备安装工程随工检查项目与内容

		测试仪表		
施工单位负责人		检查时间		
随工质监员签名		监理代表		
序号	检查子项	检查内容	检查结果	检查日期
1	OLT 设备	机架、子架、铁架的安装位置		
		上下加固		
		机盘型号及位置		
		线缆布放路由和位置		
		布放、绑扎工艺		
		标识		
2	ONU 设备	设备安装位置		
		设备连接线缆终端位置		
		螺栓、螺丝、螺帽		
		接地线		
		布放、绑扎工艺\端接		
		标识		
3	ONT 设备	安装位置、方式		
		布放、绑扎工艺		
		光纤规格、路由		
		标识		
4	网管设备	电源和接地		
		安装位置		
		电缆布放路由		
5	机柜(箱)	规格型号、安装位置、安装方式		
		落地式室外机柜基座		
		标识		
		接地		
6	用户智能终端盒	安装位置、方式		

附表 3.2　ODN 安装工程随工检查项目与内容

<table>
<tr><th colspan="2">检查节点</th><th></th><th>测试仪表</th><th colspan="2"></th></tr>
<tr><td colspan="2">施工单位</td><td></td><td>负责人检查时间</td><td colspan="2"></td></tr>
<tr><td colspan="2">随工质监员签名</td><td></td><td>监理代表</td><td colspan="2"></td></tr>
<tr><td>序号</td><td>检查子项</td><td colspan="2">检查内容</td><td>检查结果</td><td>检查日期</td></tr>
<tr><td rowspan="6">1</td><td rowspan="6">光纤配线架安装</td><td colspan="2">安装位置与外观</td><td></td><td></td></tr>
<tr><td colspan="2">一体化单元框</td><td></td><td></td></tr>
<tr><td colspan="2">光纤终端单元</td><td></td><td></td></tr>
<tr><td colspan="2">光纤槽道</td><td></td><td></td></tr>
<tr><td colspan="2">跳线</td><td></td><td></td></tr>
<tr><td colspan="2">接地</td><td></td><td></td></tr>
<tr><td rowspan="5">2</td><td rowspan="5">光缆分纤箱安装</td><td colspan="2">型号、安装位置与安装方式</td><td></td><td></td></tr>
<tr><td colspan="2">箱体安装固定</td><td></td><td></td></tr>
<tr><td colspan="2">内部附件安装</td><td></td><td></td></tr>
<tr><td colspan="2">标识</td><td></td><td></td></tr>
<tr><td colspan="2">接地</td><td></td><td></td></tr>
<tr><td rowspan="6">3</td><td rowspan="6">光缆终端盒安装</td><td colspan="2">型号、安装位置</td><td></td><td></td></tr>
<tr><td colspan="2">安装固定</td><td></td><td></td></tr>
<tr><td colspan="2">内部附件安装</td><td></td><td></td></tr>
<tr><td colspan="2">室外安装防护措施</td><td></td><td></td></tr>
<tr><td colspan="2">接地</td><td></td><td></td></tr>
<tr><td colspan="2">标识</td><td></td><td></td></tr>
<tr><td rowspan="3">4</td><td rowspan="3">光缆插座盒安装</td><td colspan="2">型号、安装位置</td><td></td><td></td></tr>
<tr><td colspan="2">安装固定</td><td></td><td></td></tr>
<tr><td colspan="2">内部附件安装</td><td></td><td></td></tr>
<tr><td rowspan="4">5</td><td rowspan="4">光分路器安装</td><td colspan="2">规格型号、安装方式和安装位置</td><td></td><td></td></tr>
<tr><td colspan="2">尾纤或跳线布放</td><td></td><td></td></tr>
<tr><td colspan="2">连接器防尘帽</td><td></td><td></td></tr>
<tr><td colspan="2">标识</td><td></td><td></td></tr>
</table>

续表

6	光缆敷设	光缆型号、路由和敷设方式		
		安装工艺		
		与其他管线净距		
		对建筑屋结构及其他系统影响		
		绑扎固定、标识		
		防水、防火与接地		
7	光缆成端与接续	光缆成端方式		
		活动连接器连接		
		光纤接续		
		配线设施内光缆(纤)布放		
		光链路活接头数量		

附表 3.3　电缆线路工程随工检验记录表(成端电缆部分)

序号	局区		工程编号		电缆编号	检查内容	
						检查结果	检查日期
1	按设计列数						
2	*MDF* 模块安装牢固、齐正，模块之间空隙均匀，告警装置良好						
3	成端辫束编扎挺直，分线均匀						
4	成端电缆铝屏蔽层接地良好						
5	测量室成端电缆上升孔按要求密封						
6	*MDF* 电缆编号线序漆写正确、规范						
7	敷设进线室电缆是否按规范						
8	进线室电缆堵塞是否明显标记						
9	进线室电缆编号正确						
10	进线室电缆管口封堵						
11	空芯电缆走向正确、合理						
12	施工现场清洁						
13							
14							
15							
16							

施工单位工地负责人：　　　　　　　　随工质监员签名：

检查节点：　　年　　月　　日

附表 3.4　电缆线路工程随工检验记录表(主干电缆部分)

序号	局区		工程编号		电缆编号	检查内容	
						检查结果	检查日期
1	主干电缆长度						
2	检查人井只数(包括段数)						
3	人孔内电缆应沿人孔壁,并应在搁架上固定						
4	电缆接头处两端应放在托板上						
5	每个人孔电缆上都应安放标志牌						
6	敷设管道电缆长度应按操作规程(一次性敷设长度)						
7	管道电缆接头处如有闷线需加套管						
8	敷设管道电缆 A,B 端端别正确						
9	管道电缆气门或波纹管位置应符合设计要求						
10	埋式电缆规格、敷设位置及深度沟底要求按规定						
11	埋式电缆的保护设施质量、规格、回土夯实质量要求						
12	埋式电缆标志牌应符合设计要求						
13	充气电缆气压应按附录 K						
14	全塑电缆绝缘电阻应按标准						
15							

施工单位工地负责人：　　　　　　　　随工质监员签名：

检查节点：　年　　月　　日

附表 3.5　电缆线路工程随工检验记录表(架空挂墙杆路部分)

序号	局区		工程编号		电缆编号	检查内容	
						检查结果	检查日期
1	地下引上电缆在出土管上加防护帽						
2	堵塞气门符合规程标准						
3	落地、架空、墙式、室内交接箱应符合安装要求						
4	交接箱内电缆编号、线序应标明正确、清楚						
5	交接箱内跳线布放松紧、穿越应按规程						
6	落地、架空、墙式、室内交接箱内电缆铝屏蔽连接按规程						

续表

7	架空、挂墙、杆路、室内各种装置按操作规程		
8	架空、挂墙电缆接头应按规程(模块、接线子、防潮盒)		
9	支、配电缆接头处铝屏蔽层应连接		
10	对接头套管封装要求应按操作规程		
11	架空、杆路、拉线、钢线过路高度与其他线路交叉应按规程		
12	电缆钢线穿越电力线应符合规定间距,并加做保护措施		
13	分线箱只数及箱号应按设计规定		
14	落地、架空、墙式、室内交接箱接地标准		
15			

施工单位工地负责人：　　　　　　　　随工质监员签名：

检查节点：　　年　　月　　日

附表 3.6　光缆线路工程随工检验项目内容表

序号	项目	内容	检验情况
1	子管	(1)塑料子管规格、数量	
		(2)占用管孔位置	
		(3)子管在人孔中留长及标志	
		(4)子管敷设质量	
		(5)空子管堵头的安装及管孔内牵引绳的布放	
2	管道光缆	(1)光缆规格	
		(2)光缆管孔位置	
		(3)管口堵塞情况	
		(4)光缆敷设质量	
		(5)人孔内光缆走向、安放、托板的衬垫	
		(6)预留光缆长度及布放	
		(7)光缆接续质量及接头安装、保护	
		(8)人孔内光缆的保护措施	
3	架空光缆	(1)光缆的规格、程式	
		(2)挂钩间隔	
		(3)光缆布放质量	
		(4)光缆接续质量	
		(5)光缆接头质量及保护	
		(6)光缆引上规格、质量(包括地下部分)	
		(7)光缆与其他设施的隔距	

续表

4	埋式光缆	(1)光缆规格、路由及敷设位置	
		(2)防护设施规格、数量及安装质量	
		(3)引上管及引上光缆安装质量	
		(4)光缆与其他地下设施间距	
		(5)埋深及沟底处理	
		(6)回填土质量	
		(7)光缆接头盒坑位置、深度,接头安装及保护	
		(8)光纤接续质量及保护	
		(9)沟坎加固等保护措施质量	
		(10)标石埋设质量	
5	局内光缆	(1)局内光缆规格、走向	
		(2)局内光缆布放安装质量	
		(3)光缆成端位置及安装质量	
		(4)局内光缆、光纤标志	
		(5)光缆保护地安装	

施工单位工地负责人：　　　　　　　　随工质监员签名：

检查节点：　　年　　月　　日

附表 3.7　杆路工程随工检验项目表

序号	项目	内容	检验情况
1	组装电杆	(1)电杆规格、程式	
		(2)避雷线点及安装规格	
		(3)特殊杆组装的规格等	
2	接杆	(1)接杆的规格、质量	
		(2)结合部位规格、质量等	
3	立杆	(1)电杆的位置及洞深	
		(2)电杆的垂直度	
		(3)角杆的位置	
		(4)杆根装置的规格、质量	
		(5)杆洞的回土夯实情况	
		(6)量杆距	

续表

4	拉线	(1)拉线程式及装设位置	
		(2)拉线方位与缠扎或夹固规格	
		(3)拉线距、高比规格	
		(4)地锚质量(含埋深与制作)	
		(5)拉桩设置质量	
		(6)吊把拉线质量、规格	
		(7)地锚出土的位移(包括地下部分)	
		(8)拉线坑回土等	
5	撑木	(1)距高比	
		(2)撑木规格质量	
		(3)撑木与电杆结合部位规格、质量	
		(4)电杆固根装置	
		(5)撑杆洞的回土等	
6	架设吊线	(1)吊线规格及安装位置	
		(2)吊线接续规格质量	
		(3)吊线原始安装垂度	
7	其他	(1)线路与其他设施的间距等(含垂直与水平)	
		(2)线路与电力线路的间距	
		(3)其他保护措施	
		(4)其他有碍杆路机械强度的情况	

施工单位工地负责人：　　　　　　　　　随工质监员签名：

检查节点：　　年　　月　　日

附表 3.9　初验检查项目及内容

项目	验收子项	检验内容	验收方式
设备基本功能检查及指标测试	设备功能检查	设备工作电压	随工检验 初验测试
		电源柜熔丝规格	
		主备用电源倒换实验	
		系统可靠性测试	
		告警功能试验	
	OLT 指标测试	SNI 接口测试	厂家测试 初验测试 初验检测
		PON 接口测试	
		以太网性能测试	
		设备功能测试	
		业务支持能力测试	
	ONU 指标测试	UNI 接口测试	厂家测试 初验测试 初验检测
		以太网功能测试	
		PON 功能测试	
		电话功能测试	
ODN 测试	合波器指标测试	插入损耗	厂验测试
		插入损耗的均匀性测试	随工抽测
	ODN 测试	光分路器的插入损耗测试	初验抽测
		光分路器的插入损耗的均匀性测试	
		ODN 全程衰耗值	初验测试
网管功能检查	管理方式测试	(1)OLT 应能通过所带的 Console 口进行带外管理 (2)通过 SNMP 协议对 OLT 及其所带 ONU/ONT 进行管理 (3)ONU/ONT 可选支持基于 TR－069 协议的管理方式	厂验测试 初验抽测
	配置管理测试	(1)接口配置 (2)设备配置 (3)功能配置 (4)模板配置和批处理配置 (5)离线配置	厂验测试 初验抽测
	性能管理测试	(1)设置性能采集对象，性能采集参数，设定性能门限 (2)设置性能采集开始时间，持续时间，轮询周期等 (3)对性能数据进行处理，报告统计分析结果，生成性能统计图表 (4)查询历史性能数据，将结果保存并输出	厂验测试 初验抽测

续表

网管功能检查	故障/告警管理测试	(1)对系统各部分进行持续的或间断的测试、观察和监测,以发现故障和性能的降低 (2)通过指示灯和告警信号指示设备的故障,不同的故障原因对应不同的告警信息 (3)故障事件恢复后,系统网管相应的告警信息能自动清除 (4)告警统计能够对故障类型基于故障严重程度、故障原因、时间段进行分级处理 (5)按照不同等级、不同时间段和产生告警的原因等方式对告警统计进行过滤	厂验测试 初验抽测
	安全管理测试	(1)通过定义个人访问权限的方式,提供对于管理员/操作系统访问的安全措施,拒绝非法用户和密码错误用户的登录访问 (2)不同级别的管理员有不同的权限 (3)记录所有用户的操作,未经授权的访问尝试由系统记录并作为安全性警告提示 (4)支持管理区域的划分,将不同的资源分配到不同的管理区域,在不同管理区域内对相应资源进行管理操作	厂验测试 初验抽测
竣工文件审查	竣工文件份数	竣工文件份数符合建设部门要求	文件审查
	竣工文件内容	竣工技术文件	与实际核对与验收指标核对
		工程测试记录	
		竣工图纸	
	竣工资料要求	内容齐全	文件审查
		详实准确	
		清楚规范	
厂验检查情况	厂验测试报告或出厂测试报告	厂验单机测试记录	与合同要求指标核对
		厂验模拟系统测试记录	
		厂验其他测试记录	

附表 3.10 工艺检查记录

验收节点		测试仪表	
测试人		测试时间	
局方代表		厂方代表	
验收说明	1. 设备安装检查包括检查安装设备是否依照施工图平面设计位置安装、机架安装要求垂直、牢固、安装位置正确、方向一致，设备垂直偏差不大于机架高度的 1%。符合抗震加固要求。 2. 光、电缆配线设备的型式、规格是否符合设计要求；电源线、信号线布设情况检查包括检查电缆在走线槽中拐弯是否均匀、圆滑、有弯位余量；电源线在走线槽中是否分开，不交叉；电缆在机架内及槽道内布放是否顺直，有层次，无明显交叉纽绞；编扎后，电缆外观呈方型。 3. 设备硬件检查包括检查硬件安装(包括机框、板卡所插槽位)是否依照设计安装。设备加电后是否正常运行。 4. 设备标记检查包括检查各类标签(机架标签、设备面板标签、资源相关标签、网线标签、电源标签、尾纤标签、*ODF* 端子标签等)是否同符合设计及运维要求，而且标签清晰明了。 5. 设备电缆按验收规范测试方法进行测试，须每个端口都进行测试。		
备注			

项目	检查记录
OLT 设备	
ONU 设备	
ONT 设备	
网管设备	
机柜(箱)	
用户智能终端盒	
用户线缆连通及成端准备性	

设备和安装器材的检验存在问题及原因：

附表 3.11　设备基本功能检查

测试节点		测试仪表	机械保护式数字万用表(型号:DY2101)
测试人		测试时间	
局方代表		厂方代表	
测试说明	1.根据国标 YD/T　585－92　(通信用配电设备)中规定的直流供电电压变化范围一般在－40～－57V 之间为正常。 2.任意选择其中一路 DC 供电开关,将其关闭,设备可以保持正常工作状态。 3.检查厂家提供的设备机架的架顶组件、告警控制面板和风扇组件是否正常工作。 4.对于配置主备控制卡的设备,拔出主用控制卡,观察备用控制卡是否自动倒换,并正常工作,记录相应结果。 5.检查设备是否支持其他类型板卡的热插拔。		
备注:			

测试表格(一)

测试项目		测试结果	备注
电源测试	空气开关容量		
	主用电源(V)		
	备用电源(V)		
	告警电源(V)		
	电源冗余保护倒换	不正常□正常□	
	设备接地	不正常□正常□	
机架测试	设备告警功能	不正常□正常□	
	设备风扇运行	不正常□正常□	
板卡测试	设备卡板工作状态	不正常□正常□	
	设备卡板冗余倒换	不正常□正常□	
	设备卡板热插拔	不正常□正常□	
设备测试	注册情况		
	设备重启		
	数据备份		

附表 3.12 设备光接口光指标测试

测试节点		测试仪表	
测试人		测试时间	
局方代表		厂方代表	
测试说明	1. 检测端口配置：检查设备端口类型及数量，是否与设计或建设规模一致。 2. 端口状态检测：对所有端口采取自环或对接的方式，Show 端口状态，检查端口状态是否正常。 3. 局端 OLT SNI 接口、PON 接口光发送端功率、光接收灵敏度测试。 4. 用户端 ONU PON 接口测试接口光发送端功率、光接收灵敏度测试。		
备注：	1. 设备类型分 OLT 和 ONU； 2. 光口类型分 OLT SNI 接口、OLT PON 接口、ONU PON 接口。		

局端 OLT SNI 接口、PON 接口光发送端功率、光接收灵敏度测试

节点名称	设备类型	端口号	光口类型	端口状态是否正常	发送光功率 (dBm)	接收灵敏度 (dBm)
		是□否□				
		是□否□				
		是□否□				
		是□否□				
		是□否□				
		是□否□				
		是□否□				
		是□否□				
		是□否□				
		是□否□				
		是□否□				
		是□否□				
		是□否□				
		是□否□				
		是□否□				
		是□否□				
		是□否□				
		是□否□				
		是□否□				

附表 3.13 ODN 光链路全程衰耗测试

测试节点		测试仪表	光功率计,OTDR
ODB 编码		分光比	
测试人		测试时间	
局方/监理代表		厂方代表	
测试说明	光链路全程衰耗后接收光功率(dB)须符合设计要求,并且在 ONU PON 口的光灵敏度范围之内。		
备注:	1. 光链路全程衰耗对测在 FTTB 模式须 100%测试; 2. 光链路全程衰耗对测在 FTTH 模式按测试方案要求选取 5%进行抽测。		

光分路器编号	设计指标(dB)	光分路器支路编号	ONU 编码	全程光衰耗(dB)	测试结果
					□合格□不合格
					□合格□不合格
					□合格□不合格
					□合格□不合格
					□合格□不合格
					□合格□不合格
					□合格□不合格
					□合格□不合格
					□合格□不合格
					□合格□不合格
					□合格□不合格
					□合格□不合格
					□合格□不合格

附表 3.14　网络连通性测试及 *PPPoE* 拨号功能测试

测试节点		测试仪表	网络分析仪,PC,MODEM
测试人		测试时间	
局方代表		厂方代表	
测试说明	1. 测试 ONU 设备与 TCP/IP 设备、宽带接入服务器的连接是否正常； 2. 测试验证 ONU 设备是否支持 PPPoE 拨号功能； 3. 测试用 PC 上网时无限速最大下载速率。 注：记录结果时可每块业务板记录一至两个端口，异常端口须全部记录。		
备注：			

ONU 编码：			
无限速下载速率(Kbit/s)			
测试项目	端口号	测试结果	备注
网络连通性及 PPPoE 拨号功能		不通过□通过□	
		不通过□通过□	
		不通过□通过□	
		不通过□通过□	
IEEE802.1Q　QinQ(精绑)功能		不通过□通过□	选测
ONU 编码：			
无限速下载速率(Kbit/s)			
测试项目	端口号	测试结果	备注
网络连通性及 PPPoE 拨号功能		不通过□通过□	
		不通过□通过□	
		不通过□通过□	
		不通过□通过□	
IEEE802.1Q　QinQ(精绑)功能		不通过□通过□	选测
ONU 编码：			
无限速下载速率(Kbit/s)			
测试项目	端口号	测试结果	备注
网络连通性及 PPPoE 拨号功能		不通过□通过□	
		不通过□通过□	
		不通过□通过□	
		不通过□通过□	
IEEE802.1Q　QinQ(精绑)功能		不通过□通过□	选测

附表 3.15　系统传输性能测试

测试设备类型		测试仪表	网络分析仪，协议分析仪（SmartBits　600 或 Spirent Testcenter 等）
测试人		测试时间	
局方代表		厂方代表	
备注：	参考 6.3.3 系统传输性能测试		
测试说明	本期工程采取采用业界较广泛认可的 RFC2544 标准，测试网络 PON 接入网最基本的基准性能测试指标：吞吐量（Throughput）、时延（Latency）、丢包率（Frame　loss　rate）		
测试方法与目标	1. IP 包在 ONU 接入速率轻载条件下丢包率<0.05%，IP 包在 ONU 接入重载条件下丢包率<0.1%。 2. 端口分别以端口吞吐量的 40%（轻载）和端口吞吐量 80%以上（重载）发送数据，计算时延抖动。 3. 本次的测试，选择轻载以 ONU　用户端口 40%测试，重载以 ONU　用户端口 95%进行测试。		

ONU 接入端口	OLTSNI 端口	ONU 类型	帧大小	端口吞吐量		丢包率		端口时延	
				百分比（%）	帧流量（pks/sec）	轻载（%）	重载（%）	轻载（us）	重载（us）
			64	100.00	148810	0.00	0.00	8.1	8.1
			512	100.00	23496	0.00	0.00	9.1	9.4
			1024	100.00	11973	0.00	0.00	10.0	10.5
			1518	100.00	8127	0.00	0.00	11.2	11.4
			64	100.00	148810	0.00	0.00	8.2	8.4
			512	100.00	23496	0.00	0.00	9.3	9.3
			1024	100.00	11973	0.00	0.00	10.2	10.3
			1518	100.00	8127	0.00	0.00	11.3	11.5
			64	100.00	148810	0.00	0.00	8.2	8.4
			512	100.00	23496	0.00	0.00	9.3	9.3
			1024	100.00	11973	0.00	0.00	10.2	10.3
			1518	100.00	8127	0.00	0.00	11.3	11.5
			64	100.00	148810	0.00	0.00	8.2	8.4
			512	100.00	23496	0.00	0.00	9.3	9.3
			1024	100.00	11973	0.00	0.00	10.2	10.3

续表

			1518	100.00	8127	0.00	0.00	11.3	11.5
			64	100.00	148810	0.00	0.00	8.2	8.4
			512	100.00	23496	0.00	0.00	9.3	9.3
			1024	100.00	11973	0.00	0.00	10.2	10.3
			1518	100.00	8127	0.00	0.00	11.3	11.5

附表 3.16　语音通话基本功能测试

测试节点		测试仪表	光功率计、数字传输分析仪
测试人		测试时间	
局方代表		厂方代表	
测试说明	为防止配置错漏，需每端口进行拨测，每端口都应拨测，进行通话测试，核对能否正常通话，通话清晰，拨出号码与后台配置号码一致。		
备注			

ONU 编码：			
无限速下载速率（*Kbit/s*）			
测试项目	端口号	测试结果	备注
语音通话拨号测试		不通过□通过□	
		不通过□通过□	
		不通过□通过□	
		不通过□通过□	
通话质量测试		不清晰□清晰□	
		不清晰□清晰□	
		不清晰□清晰□	
		不清晰□清晰□	
拨出号码与后台配置号码一致		不一致□一致□	
		不一致□一致□	
		不一致□一致□	
		不一致□一致□	
ONU 编码：			
测试项目	端口号	测试结果	备注

续表

语音通话拨号测试		不通过□通过□	
		不通过□通过□	
		不通过□通过□	
		不通过□通过□	
通话质量测试		不清晰□清晰□	
		不清晰□清晰□	
		不清晰□清晰□	
		不清晰□清晰□	
拨出号码与后台配置号码一致		不一致□一致□	
		不一致□一致□	
		不一致□一致□	
		不一致□一致□	

附表 3.17　网管功能测试

测试节点		测试仪表	*PC*
测试人		测试时间	
局方代表		厂方代表	
测试说明	此项测试主要责任人为厂家督导，集成单位和施工单位配合。		
备注			

验收测试项目		测试结果	备注
网管硬件检查	网管硬件配置	不符合□符合□	
	网管硬件安装	不符合□符合□	
网管软件检查	操作系统	不符合□符合□	
	网管软件	不符合□符合□	
	第三方软件	不符合□符合□	
	网管软件版本	不符合□符合□	

续表

网管功能测试	管理方式测试	*OLT* 应能通过所带的 *Console* 口进行带外管理	不通过□通过□	
		网管系统应支持通过 *SNMP* 协议对 *OLT* 及其所带 *ONU/ONT* 进行管理	不通过□通过□	
		ONU/ONT 可选支持基于 *TR*－069 协议的管理方式	不通过□通过□	
	配置管理	对 *PON* 接口、*SNI*、*UNI* 接口参数进行配置	不通过□通过□	
		对机框、插槽、插板等设备进行配置	不通过□通过□	
		支持模板配置和批处理配置	不通过□通过□	
		支持离线配置	不通过□通过□	
	性能管理	设置性能采集对象，性能采集参数，设定性能门限	不通过□通过□	
		设置性能采集开始时间，持续时间，轮询周期等	不通过□通过□	
		对性能数据进行处理，报告统计分析结果，生成性能统计图表	不通过□通过□	
		查询历史性能数据，将结果保存并输出	不通过□通过□	
	故障管理	对系统各部分进行持续的或间断的测试、观察和监测，以发现故障和性能的降低	不通过□通过□	
		通过指示灯和告警信号指示设备的故障，不同的故障原因对应不同的告警信息	不通过□通过□	
		故障事件恢复后，系统网管相应的告警信息能自动清除	不通过□通过□	
		告警统计能够对故障类型基于故障严重程度、故障原因、时间段进行分级处理	不通过□通过□	
		按照不同等级、不同时间段和产生告警的原因等方式对告警统计进行过滤	不通过□通过□	
	安全管理	通过定义个人访问权限的方式，提供对于管理员/操作系统访问的安全措施，拒绝非法用户和密码错误用户的登录访问	不通过□通过□	
		不同级别的管理员有不同的权限	不通过□通过□	
		记录所有用户的操作，未经授权的访问尝试由系统记录并作为安全性警告提示	不通过□通过□	
		支持管理区域的划分，将不同的资源分配到不同的管理区域，在不同管理区域内对相应资源进行管理操作	不通过□通过□	

其他说明：

附录 4　教师礼仪指导

附录 4.1　教师礼仪介绍

一、教师礼仪概述

（一）礼仪简介

礼仪是一门操作性的学科，它是文明的象征，一般归属于道德范畴。“礼”指的是规，即指天地自然之道，是德，亦是治国之法规、条律。“仪”指的是矩，即准则，亦是治国、做人之尺度。学校中，教师无时无刻不在向学生展示教师的规范、修养，从而影响学生的发展，所以必须弘扬与推行礼仪。

从根本上来说，礼仪即为道德之规范。礼仪包含两部分，礼节和仪式。礼仪是人们行为在社会、道德、习俗、宗教等方面的规范，是文明道德修养程度的一种外在表现。

礼节，指的是社会上公认的待人接物之法以及人与人相处之准则。

仪式，指的是在正式场合中用来表示礼节的一系列固定的程序、仪式。例如欢迎仪式、签字仪式、开业典礼等。

（二）教师礼仪简介

教师礼仪，指的是教师在教学活动、校内校外交往中需要遵守的尊重他人、讲究礼节的程序。教师礼仪是教师需要领会且熟练运用的人际交往技能。

教师在学校中传播科学文化知识，也对学生完成思想道德教育，学生会对教师的言行举止一直关注，教师的行为举止会对学生潜移默化。所以，教师礼仪是否得当已经不光是教师个人形象的问题，而会是一种直接影响学生思想行为、对学生成长有极其重要的作用的程序。在校内，教师课内课外，需要时刻注意自己的行为举止，从而为学生树立一个各方面优秀的、能够仿效的榜样。

经过多年的师德建设，教师的礼仪已经有了非常大的提高，但教师队伍中也仍然存在一些与礼仪相悖，或缺乏礼仪常识的现象。例如：校内校外公开场合使用粗俗不文明语言；挖苦讽刺学生、故意冷漠疏远学生、不尊重学生；不理学生的问候、不应答学生的课后提问；课堂上随意接听电话或拨打电话；教学楼、办公楼内吸烟，随地吐痰；衣着形象非常随意、浓妆艳抹等。所以，教师的礼仪还有提升空间。

（三）教师礼仪作用

教师礼仪在实际当中具有较多的作用，主要是以下几个方面：

1. 提高教师与学生的自身修养

在校内教学工作与人际交往中，教师礼仪往往是衡量教师文明程度的准绳。教师礼仪不仅反映着教师的交际技巧、应变能力，而且反映着教师礼仪的气质风度、阅历见识、道德情操、精神风貌。所以，在这个意义上，教师礼仪即教师的教养。学习教师礼仪、运用教师礼仪可以提升教师个人的修养，有助于学生模仿，从而提高学生的个人修养。

2.美化教师自身形象、美化生活

教师自身形象是教师仪容、表情、举止、服饰、谈吐、教养的集合，而教师礼仪在以上方面都有自己细致的规范。所以，学习、运用教师礼仪，不仅可以有益于教师更好地、规范地设计、维护自身形象，更可以充分地展示教师的良好教养、优雅风度。

3.促进教师与学生的交往，创建良好的教学氛围

运用好教师礼仪，可以使教师在与学生教学活动中充满自信、胸有成竹、游刃有余，还可以帮助教师与学生规范彼此的教学氛围，更好地向彼此表达自己的尊重、敬佩、友好与善意，增进师生之间的了解与信任。

4.净化校园风气，推进精神文明建设

校园精神文明建设的一项重要内容，就是要求校园内全体成员讲文明、讲礼貌、讲卫生、讲秩序、讲道德，心灵美、语言美、行为美、环境美，这些也恰巧是礼仪的相关规范。所以，提倡教师礼仪的学习、运用，与推进精神文明建设是相互促进的。

（四）如何提升教师礼仪

提升教师礼仪的有如下几个途径。

1.督促教师加强自身学习

教师需要通过自励、自省，从内心培养自觉的礼仪学习与运用，从而做到为人师表。与此同时，教师还要学习职业道德规范，用良好的师德来陶冶教师情操，从而转变为教师礼仪的提升、自身素质的提升，激发自身的积极性。

2.学校加强对教师的礼仪教育

（1）老教师传帮带

在老教师对新教师的引领帮助中，学校应当要求老教师在传授教学知识、管理经验的同时，也要传授教师礼仪知识。从而使新教师在提升教学水平的同时，也提升自己的教师礼仪修养。

（2）加强对教师礼仪的规范

①学校应当要求教师尊重、关爱学生，以学生为本，把学生摆在课堂教学的中心，平等地对待学生、热情关爱学生、真诚为学生传道授业解惑。

②学校应当要求教师举止得体、语言文明，注意坐、立、行的姿势和手势，举手投足都表现出教师应有的榜样形象。

③学校应当要求教师做好与学生、家长及同事的沟通、配合，尤其是对文化程度不高的家长，交流时不能居高临下，要换位思考，为家长着想、分忧，获得其理解、支持和配合。在校内与同事的交往中，也应当以和为贵，尊重同事。

④学校应当要求教师注意自己的服饰与仪表，必须端庄大方。得体的服饰、端庄的仪表会对学生产生强烈的吸引力和感染力。

3.教师要加强实践，提高自身的礼仪素养

最有效的学习方法是行动，教师个人意愿、主动性是最为重要。教师个人必须要充分认识到教师礼仪在教学活动和学生发展过程中的重要作用，提升自己运用教师礼仪的

主动性和自觉性，在生活实践中增强礼仪意识，提升自身礼仪修养。

二、教师礼仪存在的问题

实际当中，教师在礼仪文明方面存在如下的问题：对学生缺少应有的热情，对学生关心不够，对学生缺乏尊重，形象和举止过于随意，公共场合不注重自己的言行举止。

针对以上现象，教师礼仪可以从几方面改善：增强自身的礼仪榜样意识，多给学生一份热情和微笑，尊重学生，关爱学生，以学生为本，加强与学生的沟通和交流，举止得体、言语生动，服饰得体，仪表端庄。

三、提升教师礼仪的意义

提升教师礼仪，对于学校教育建设具有重要作用。

1.传承传统美德

教师礼仪的表现，肩负着传递与弘扬中华民族传统美德的崇高使命。一方面教师要把优秀的美德传承给学生，使其成为素质结构一部分。另一方面教师与学生又要在此基础上，将其转化为新时代的美德。通过教师的示范，让大学生继承和发扬传统美德。在这个过程中，学生是美德的传承者，也是新美德的实践者。所以，对教师礼仪提升，对传承传统美德具有十分重要和深远的意义。

2.促进素质教育进步

目前我们所提的素质教育，包括三点核心内容：

(1)素质教育需要面向全体学生；

(2)素质教育的作用是促进学生全面发展；

(3)素质教育能够促进学生个性健康发展。

从核心来看，素质教育体系对学生的发展非常看重，礼仪作为素质教育中不可缺少的一部分内容，便可以通过教师礼仪来带动学生对礼仪的模仿与学习，摆正风气，使学生树立正确的礼仪观念，培养高尚品德，确立正确的世界观、人生观、价值观，从而使学生获得较好的个性品质、提升心理素质，取得健康的审美情趣和方式，使学生得到素质教育带来的个人发展，为其日后的学习生活构筑一个良好的、扎实的基础。

3.课改有效载体

对于专业教师来讲，较多教师在完成课程改革时，会倾注较多精力在专业理论方面的学习，而对于教师礼仪方面，大多是沿用旧有教学惯性，平常工作中的教学行为变化不大。教师礼仪在课改中也有着非常重要的作用，教师礼仪从授课者最基本的行为出发，来规范其言行举止，也可以使课改过程中教师的形象更突出、更规范，并为课改打下行为基础，亦是推动课改发展的有效载体。

四、教师礼仪要素

教师礼仪具有五个要素，它们分别是教师语言、教师服饰、教师举止、教师形象和教师情绪。

(一)教师语言

教师的语言礼仪主要表现在以下几个方面。

1.教师语言礼仪的具体要求

(1)教师应当熟练使用普通话

教师在授课时必须使用普通话,普通话是我国法定的标准化语言,也是教师使用的职业语言。由于学生有较强的模仿能力,学生在和老师学习专业知识的同时,也可以和老师普通话,教师语言规范化之后,学生也可以在潜移默化下,讲出规范化语言。

(2)教师语言应当准确、无误、科学

教师在专业教学过程当中,要求其传授的知识是科学、正确的。为了表达这种科学性,教师在教学语言使用上,应当字斟句酌,发音清晰、语句通顺、准确无误,避免学生错误地模仿、接受和理解专业知识。

教师语言的科学性内容与其他职业相比,有着其不可比拟的专业性和科学性。所以教师在其课堂上讲授的每一个概念、每一个定理,对学生的批评或表扬,这其中的语言运用必须是科学的,不能有含糊,更不能出现谬误。

(3)教师语言应当精炼、严密、逻辑性强

专业课堂时间设置一般为两节课为一次教学实践,时间有限,需要讲解较多专业知识,不允许教师拖泥带水。这就要求教师在课堂上控制自己的语言行为,对其教授的专业知识进行选择、加工和提炼,内容要言简意赅、具有逻辑性,这样才可以令教学语言在有限的授课时间内表现出其重要的作用。

2.教师语言的艺术性

(1)教师语言应当生动、形象、有感染力

专业知识由于其专业性、科学性,教学时存在一定的难度,如何运用生动、形象化的语言,使其成为教师最直观的教具,充分调动学生的感官,获得其感情认同,将抽象的知识转化为具体内容,化深奥概念为浅显,化枯燥内容为有趣,可以令学生理解、记忆。

(2)教师语言应当平实、自然、不哗众取宠

教师在课堂上的语言应平实、自然、贴近实际,只有这样学生才能更好地理解和消化专业知识。故意使用高深的语言、复杂的概念或故弄玄虚、空洞无物,只能令学生无法理解,阻碍知识的掌握。教师语言应当幽默、诙谐,利用好幽默诙谐的语言可以调节课堂气氛。如果一个教师的语言富有情趣,那他既可以带给学生轻松愉快的课堂氛围,又具有深刻哲理,既可以创造平易亲切的个人形象,又能引导学生就进入思维驰骋的天地。

(3)教师语言应当具有情感性

教师的语言应当具有情感性。适当的利用一些拉近师生之间距离的称呼或词语,可以让教师获得学生的认同。这些词语要满载着教师对学生的热爱之情,充满对专业知识的执着之情,饱含对专业知识成果的赞叹之情。课堂上,良好的情感沟通是教学的重要前提。当师生情感拉近时,双方更易形成默契,如若师生情感有隔阂,学生就会产生抵触心理,反而影响教学的顺利进行。

教师在课堂上要多使用鼓励的词语,此举可培养学生自信心。教师语言一般具有非常强的感召力,常常让学生精神振奋,干劲倍增。教师语言抒情时,可以让学生如沐春

风、心旷神怡;教师语言在点拨时,要能让学生低头沉思、豁然开朗。教师语言的感召力是教师语言追求的最高的境界,需要一名教师长时间的修养、演练、学习。

(5)教师语言应当语音、语速、语调适宜

教师的语言技能会通过其教学中语音、语调、语速表现出来,课堂中的语音、语调、语速自然亲切、优美动听与否,将会直接影响教学效果。所以,教师在语言上的一个基本技能,就是能够根据教学内容、学生实际情况、课堂情境,来调整自己的语音、语调和语速达到适宜的程度。

(6)教师应当善于使用肢体语言

教师在课堂中,应当适当运用自己的肢体语言,从而转移学生注意力,解除其在学习过程中用脑的疲劳感。教师肢体语言形象直观,可与专业知识传授形成珠联璧合之势,帮助学生正确理解、掌握专业内容。运用好肢体语言,不仅能帮助教师控制课堂教学秩序,还能发挥组织教学的功能。

3.提高教师教学语言艺术的方法

要提高教师教学语言艺术,可以从以下几方面着手:教师要从思想上不断增强对语言修养意义的认识;同时在工作生活中以读促说,增添活力;还要不断地提升自己的思想理论水平,加强和提高专业知识水平和文化修养;最后还要不断加强自身的语言修养。

(二)教师服饰

教师的外在形象是其内在的反映,要想给学生和同事留下较好的印象,服饰是首要注意的地方。

1.教师服饰的一般要求

教师的着装具有无形的教育力量。教师服饰需要符合自己的年龄特点、性格特点、职业特点、学识水平,应当大方得体,给人以稳重高雅的美感。

(1)着装要符合时宜

教师服饰穿着必须要与时间、地点、场合及对象、目的相协调。教师服饰的直观对象主要是学生和同事,目的是取得更好的教学、交往效果。教师在礼仪学习时,必须时刻牢记,随身注意自己的形象。

(2)着装要注意色彩搭配

教师服饰需要特别注意服饰色彩、款式和质地等因素,色彩是服饰需要注意的首要因素。

教师服饰的色彩搭配应尽量做到大方得体,例如可以上身浅色、下身深色、整体美观,重点在颈部的原则,以便学生的视觉焦点被引向教师的面部,这样就显得重心较稳。女教师的裙子下摆、裤口以及鞋面装饰不要颜色太多且跳跃,特别注意闪光饰物。鞋、袜配色应接近教师衣物,特别不要过分追求流行,以免学生在课堂上对教师评头论足,分散注意力。

(3)教师服饰切忌犯如下忌讳

①服饰不整齐。

部分教师不修边幅，衣冠不整，忽视着装细节。如衣服扣子没扣好、衣领折皱、裤脚卷起、帽子戴歪等。

②服饰不清洁。

部分教师不勤换衣勤洗衣，衣服脏了仍穿着进教室，衣领、衣袖汗渍可见，皮鞋长时间不擦，灰尘满面。这样不清洁的着装最易引起学生厌恶。

③女教师服饰不庄重。

部分女教师尤其是年轻女教师喜欢追求时髦，打扮得花枝招展，经常穿着穿奇装异服进课堂，分散学生的注意力。

④教师服饰不变化。

部分教师着装很少变化，感觉像一直没换一样，一种款式一种颜色的衣服穿很久，会让学生觉得很乏味。

（三）教师行为举止

在校内，老师是学生最崇拜的人，特别是专业教师。老师的一举一动、一颦一笑，在学生面前都会通过学生的观察在其心中留下深刻印象，从而对学生的精神世界产生无声无息的影响，进而转化为学生自己的个性特征。

如果一个教师的礼仪修养不高，其举止轻浮粗俗、态度表现恶劣，肯定会损伤自身形象，影响教学效果，同时也会对学生的行为习惯和文明素质潜移默化地影响。等他们走出校门步入社会，将难以适应现代社会文明交往的需要，更难获得人们的尊重和信任。所以，教师必须努力培养自身高尚的文明行为，做到举止得体、文雅谦和、言而有礼、行而有矩，尽量以自身良好的礼仪风范影响学生。

提倡教师礼仪学习，本意是提醒教师在举手投足间都要考虑对学生的教育影响因素，尊重学生的人格和尊严，反思自己是否对学生有真正关心和爱护。从而教师自身的行为举止能体现出其良好的文化教养，成为学生和社会公众的楷模。

1. 教师神情

教师神情也是其非常重要的礼仪因素，神情可以令学生领会到待人处事应有的态度、神情。教师必须要善于控制自己的神情，特别是在教学课堂中，要使自己表情和蔼、亲切、庄重、自然。

（1）教师要把握好目光运用

在教师礼仪中，教师的目光是受感情影响的。教师展现给学生一双炯炯有神的眼睛，可以让人感到感情充沛、生机勃发；如果展现给学生呆滞麻木的目光，则给学生以疲惫厌倦的印象。所以，在课堂教学过程中，信息的交流要以目光的交流为起点，学生和教师之间进行交流时，目光的交流总是处于非常重要的地位。在课堂上讲解专业知识时，教师应当不断地通过各种目光与对方交流，从而掌控课堂的气氛。在学生回答完问题或者和学生交流结束时，教师目光要注视学生，并给出点头肯定，示意让学生坐下或交谈结束。

（2）教师也要向学生展现自己的笑容

教师的微笑是维护师生关系的润滑剂，更是提高教学效果的重要手段之一。微笑教育要把学生的情绪智力放在首位，注重沟通心灵，注重培养其心理素质，让其在轻松自由的氛围中学会客观地认识自我，学习专业知识。教师的微笑能够帮助学生消除对专业知识的恐惧、厌学、胆小等，形成积极向上、认真学习的心理倾向。微笑，是爱的表现。学会对学生微笑，就是学会爱护学生。作为教师，只有学会对学生微笑，才能在教学中帮助学生获取自信、获得成功、超越自我；教师只有学会微笑，才能变师生对立为对话，变批评为鼓励，让学生在轻松愉悦的氛围中学会专业知识。

2. 教师姿态

身正为范。作为一名教师，本身应当对站、坐、行等各方面的姿态规范进行了解，认真学习那些文明优雅的举止动作，从细节处锻炼自身姿态，起码要做到站有站相、坐有坐相。

（1）站姿

站如松是站姿的基本要求，即站则直、如松立泰山，要能够给人以稳健挺拔的感觉，向学生传递正直向上的信息。总的来说，教师在课堂上的站姿应抬头、挺胸、收腹、立腰，整个身体正直，下颌微收，双眼平视，双肩自然下垂，身体重心落在两脚正中。

男教师双腿可适当分开，与肩同宽；女教师应双腿自然并拢，一脚略微向前置于另一脚的中后部，两脚呈“丁”字形，或两脚跟并拢，脚尖张开呈“V”形。

（2）坐姿

坐如钟是坐姿的基本要求，即要坐得稳，不能歪歪斜斜或者坐卧不宁。教师坐姿是其精神气质、文化修养的重要表现，姿态正确可以为其带来不少的加分。教师最得体的坐法是：落座时，动作要从容不迫，缓缓入座。女教师着裙装入座，通常应先用双手拢平裙摆，再平稳坐下。落座时，应座椅面的三分之二左右，坐满座椅或仅坐在椅子的边缘都是有失风度的。落座后，不要抖腿或岔开双腿，免得给人以不好的印象。

（3）行姿

行如风是行姿的基本要求，即教师的行姿应稳健、从容、和谐的印象，行走时身板要直，双肩要平，头部端正，双眼平视，步履轻而稳，速度略快，要有节奏感，两臂自然摆动，摆动的幅度以30°左右为佳。行走时不能左顾右盼、弯腰驼背、摇摆拖沓、边走边吃，否则将有失庄重。

上课时，教师在讲台上尽量不要来回不停地走动，过度的走动会让学生感到眼花缭乱，分散学生的注意力；更不要久站一处一动不动，这样会给人以静止压抑之感，课堂就会显得死板。适当的时候，根据教学的需要，可以从容走动或变换一下位置，也可以走入学生当中进行交流，如果看到有学生不注意听课，可以走到他的座位旁给予提醒。

3. 教师手势

待人接物时，教师应使用礼貌高雅的手势动作，来推进其教学工作，特别要注意避免失敬于人。

在课堂上，如果教师需要指人示物或回答问题，不要使用手指指向学生，最好采用整只手掌，掌心向上，表示请，动作要准确、舒展、到位，不能敷衍潦草造成失礼。

当学生在回答问题时或学习活动中有突出表现时，教师可微笑着伸出大拇指，给予其肯定和称赞，或带领其他学生热情为其鼓掌，给予鼓励。

当教师拿取东西或递东西给别人时，在够得着的范围内动作应是两手持物，五指自然并拢，这样显得庄重而有教养。

特别注意，作为教师应避免对人指指点点、用手指招呼别人，特别不能蔑视性地伸出小指评价学生、拍桌子、双手抱臂交叉胸前、讽刺性地鼓倒掌等，这些动作传递的信息都容易挫伤学生的情感与自尊，引起学生的抵触情绪，从而引起更深层次的冲突。

4. 师生间的人际距离

师生间的人际距离是无声的语言，和目光、手势一样，都在传达某种信息，表现出师生间的感情，表示着师生间的礼貌与尊重。

一般来说，课堂上教师与学生的距离大都在三米开外，这种距离能形成教师的威严，但容易拉开师生间的心理距离，学生的注意力也容易分散。如果教学中教师能够在适当的时候走下讲台，走到学生中去指导帮助或征询意见，就能缩短师生间的心理距离，增强专业知识教学效果。但是，对于年龄稍大的异性学生，单独谈话或辅导功课时不能距离过近，应保持至少半米的距离，否则将有失检点，最好是有其他同事、同学在场。

（四）教师形象

教师形象是否良好是教师礼仪的重中之重。教师是学生模仿、追求、敬重的对象。如果一个教师的形象不佳，让学生品头论足，产生疑惑，或者给社会职业道德造成影响，会留下遗憾。

教师形象应使外在美和内在美和谐统一，整齐一律、对称平衡、多样统一。教师形象设计总则是教师的思想品德、精神道德、气质情感、学识才能等与形体仪表、行为语言、形象风度等的高度统一。

1. 教师形象内在美的塑造可以从乐于奉献、努力创新探索、关爱学生、尊重和欣赏学生几方面着手。

2. 教师工作中的自然妆

教师工作妆是教师礼仪的一种礼貌行为，自然妆是教师形象的最佳选择。自然妆要美观又不夺人耳目、漂亮又不失教师身份、引导学生审美、不分散学生的课堂注意力。

男教师也要修饰面容、自然大方、清洁整齐、双眉要修整、鼻毛要剪、指甲要修、口无异味，无论多忙多急，一定要剃须修面、梳理发型。

女教师要根据自己实际情况选择一个适合自己的妆面，眉型、眼影、睫毛、唇色等都要自然大方，美化合度，切忌浓妆艳抹。

（五）教师情绪

教师情绪决定了教学工作是否能顺利进行，带着情绪工作，或者情绪失控引发过度体罚学生等过激行为，必然会损伤教师自身形象，严重伤害学生的自尊心与身体健康。教师面临着繁重的教学任务和科研任务，过多的工作负荷使教师面临巨大的压力，教学与生存的压力也容易使教师出现不良的情绪。

课堂教学是学校教育的重要手段,参与教学的师生都是主观能动的人,是有情感的动物。所以,课堂教学的过程实际上就是师生之间进行情感交流的过程。交流得好,课堂教学就成功,教师满意,学生也满足,这正是当前大力推行情感教育的原因所在。作为课堂教学的组织者、参与者和指导者,教师在课堂教学中处在一个举足轻重的地位,教师能否和学生一道和谐而有效地实现情感交流的目标,首先取决于教师情感的第一性征——情绪。

教师情绪紧张,说话吞吞吐吐;教师情绪低落,对学生爱理不睬;教师板起脸孔,怒目圆睁,破口大骂;教师兴奋异常,语无伦次,只顾自己表演,不管学生感受……显然,这些不良的情绪是不可能带给学生充实愉快的学习生活的,因为这些不良的情绪不利于课堂上师生之间的情感交流。教师在课堂上的这些不良的情绪不但破坏师生的情感交流,而且影响到专业知识的传授、教法的运用等,更会使学生产生不良的抵触、对抗情绪。这样的课堂,是一个失败的课堂。

如果教师情绪平稳,语气温和,语言流畅;乐观自信,面带微笑;作深思状向学生提问,然后用殷切的目光注视学生;和善地叫学生坐下,并鼓励他争取回答下一个问题……这样情绪环境可以调动起学生的积极性,使之紧跟老师的步伐,主动地参与到教学活动中来。

所以教师在课堂中对学生的情绪应表现为尊重、理解、信任、宽容、鼓励,而不应表现为冲动、粗鲁、阴沉、暴戾。

加强教师情绪修养,是培养学生健康情绪的需要,是提高教师心理健康水平的需要,是改善和调节学生认知能力和认知过程的需要,还可以体现在情绪对人的心理行为活动产生的无所不在的影响和作用。

教师的任何不良情绪,都会严重影响自己对知识的讲解和学生对知识的领悟,大大降低课堂教学效果。

教师产生不良情绪主要有多种原因。

1. 身体原因

身体是情绪的载体,一个人的身体状况会影响情绪这已是不争的事实。

2. 环境影响

人生活在社会中,其情绪往往会受一些社会环境因素的影响,如生活、工作中遇到的困难、遭受的挫折;领导对待自己不公平;同事或夫妻间闹矛盾;工资待遇、住房、职称评定没能满足要求等都会造成情绪不佳。

3. 课堂教学原因

教师也往往因为课堂教学过程不顺利、学生不听指挥、教学效果不满意等问题而影响到自身的情绪。在课堂教学中,教师的情绪不佳,往往有激动易怒、压抑苦闷、抑郁消沉、过度紧张、冷漠的表现。

教师如何实现情绪管理,可以遵循如下的方法:

1. 明确自我认知标准

教师应充分认识到自己的社会角色,要有批评与反省的精神,不断检查自己。

2. 进行情绪管理

体察自己的情绪，分析引发情绪的原因。情绪是由人的思维、人的信念所引起的，所以合理的信念会引起人们对事物的适当的、适度的情绪反应，不合理的信念则会导致不恰当的情绪和行为反应。明确情绪的源头，就可以对情绪作更好的处理。

采取适当的反应方式，进行恰如其分的控制，以培养良好的习惯。

教师最常见的情绪反应主要体现在以下几个方面：受到领导批评或同事伤害；在学校常常不能被其他教职员工所认同；受到学生的顶撞等。

因此，需要在自己情绪特别激动的时候，要尽量稳定情绪，不要批评学生，先作一下冷处理；或者转移注意力、换位思考；培养宽阔的胸襟，修身养性，泰然处事；或者能够对人不存偏见，对事不固执己见，对别人无意的过失不过分求全责备，就会减少负性情绪。

同时，教师还应加强锻炼、强身健体、尊重对方、善待他人，采取合理的方式舒缓情绪。教学当中的情绪控制，并不是说要一味地压抑情绪，缓解情绪的方法很多，有些人会痛哭一场，有些人会找知心好友倾诉一番，有些人会逛街购物、听音乐、做家务。

此外，培养业余爱好、参加社会团体活动等也有助于情绪的缓解。体育运动、旅游放松等方式同样能够缓解紧张情绪。

附录 4.2　校内礼仪简介

一、校内活动礼仪

参加校内活动时，教师需要注意如下礼仪要点。

1. 集会礼仪

遵守会议纪律，按指定地点入座，准时有序，不中途离开；会议中要关闭通信工具，或者调整为静音、震动状态，认真聆听，认真记录，不看报刊杂志，不做与会议无关的事情；参会时要尊重报告人，掌声热烈，静听专心；在室外集会时，不打伞。坐姿端正，用自己规范的礼仪感染和教育学生。参会时不要出现窃窃私语、剪指甲、打哈欠、掏耳朵、挖鼻孔等一些不文雅的举动。

2. 升旗礼仪

升旗仪式时要精神饱满，态度严肃，脱帽、摘墨镜，规范立正；向国旗行注目礼，高声唱国歌；特别不要自由走动、东张西望、心不在焉、马虎应付、窃窃私语、把手插在口袋里。

3. 听课礼仪

听课是教师必不可少的活动之一。听课时要提前进入听课地点，做好听课准备。听课座位选择在不影响上课的位置；听课时要安静专心，认真记录；不交头接耳、评头论足，不无故中途离场。

二、课堂内礼仪

课堂上教师的表现怎么样，可以看出教师的教学水平如何，课堂上有没有亲和力和吸引力，师生情感如何等。

在教学课堂内，一名教师除了要注意教师自己的形象和语言，还必须要要注意引导学生的行为举止及语言，令其学会与人交往，学会尊重他人。

（一）课内用语

语言交流是人们进行交流的最主要方式，大学生正处于世界观人生观确立的年龄段，课堂中的教师讲解又是学生获得社会经验的重要途径。教师如何说话、如何陈述、如何提问、如何赞扬或者批评、如何总结观点，不但是让自己希望学生掌握的知识信息能够最大限度地被学生接收和接受的保证，而且是营造和谐的课堂气氛、培养师生良好情感的重要方法。因此，课堂交往中，教师最先注意的就是言语方面的基本礼仪问题。

课堂用语礼仪问题可以分为说什么和怎么说两类。

首先，教师要明确在课堂里面对学生说什么。教师不但要掌握全班学生的一般情况，而且要掌握学生的个别情况，还要认识到自己所教学科对学生发展的基本作用。

其次，教师要努力练习说话的艺术，养成对课堂教学环境的敏感性，做到说话不但有思想内容，而且言辞优美、连贯、得体，还能有个人的风格特色。

为此，教师必须做到如下几点。

1. 非权势，态度真诚，积极对待学生。如果教师总是用一副盛气凌人的样子对待学生，那么就不可能形成融洽的师生关系，不可能进行有效的课堂教学。因此，教师必须注意自己和学生的民主平等关系的确立。

2. 用词文明、准确、生动，有文采。在课堂中，教师的语言首先是一种工作语言，应该符合教师职业的基本要求。课堂中要用普通话交流。

3. 音量要适当。讲课不是喊口号，声音不宜过大，否则给学生以声嘶力竭之感。如果声音太低又很难听清，影响教学效果。

（二）课内衣着

按现代职业礼仪的基本要求和现代教育教学的基本要求，教师应该从如下一些方面考虑自己的着装和基本的打扮。

1. 教师着装要具有职业美感

教师着装最基本的要求就是衣服和佩饰要整洁、完好、大方。建议教师最好穿正装，而不要穿休闲装。女教师一般不要穿短裙进教室，并尽可能减少衣服和腰带上的饰物。

2. 教师着装要合乎时宜，有一定的变化。

3. 教师着装要特别注意色彩搭配。

（三）课内姿态

对课堂中的教师来说，保持适当的身体姿势，也是现代教师礼仪的基本要求。有的教师在课堂中东歪西扭，一只手按在讲台上或者撑在黑板上或者其他物体上，身体重心在身体的一边，整个儿就像一颗千年老松，给人很没有修养之感。有的教师以一只腿为支撑，另一只腿则竖起来，似乎在练舞蹈，也是不符合礼仪要求的。还有的男教师面对学生时，两腿间距过宽，给人过于孔武有力的感觉。还有的教师坐的时候，弯腰驼背，整个人埋在讲台后方，这也是要回避的。

课堂中，教师形态方面的礼仪的基本要求是乐观健康，挺拔向上，潇洒自然，既能够给人以美感，又不刻意保持某种姿势。如果教师能够保持好的形态姿势，不但有助于课堂教学的有效进行，而且直接影响到学生学习的态度和生活的态度，真是功莫大焉。

1. 站姿

课内站姿包括静态的姿势和走动的姿势。静态的站姿要求教师保持平稳，重心保持基本平衡，而不能总是在晃动；头顶要和两脚尖连线的中点在一条直线上；同时要自然放松，而不能像个哨兵似的站着不动，可以稍微走动。走动的姿势要求有动感，但是又不给人以冲动、匆忙之感。站姿，首先忌弯腰驼背，步履蹒跚，面无表情。其次避免刻意保持某种被认为是优美的姿势。

2. 坐姿

坐姿忌讳双腿直伸出去，既不雅观也影响别人行走，如果面前有桌子的话，最好不要伸到桌子前面；将腿脚置于桌椅上，这是绝对要避免的教师行为；有些教师在讲课或者休息时有抖腿的习惯，给人很不好的印象；蹬踏物体，比如讲台的台阶、墙壁或者其他；有个别教师有把脚从鞋里解放出来的“癖好”，问题是解放了脚，却犯了最基本的教师礼仪，这显然是极不文明行为。其他的还有诸如双脚相互摩擦、一只手抱住一条腿、一条腿放在椅子的下方而另一条腿则放在任何可能的地方等犯大忌的行为。

3. 手势

讲课时，一般都需要配以适度的手势来强化讲课效果。在教学中，手势也被称作手势语，是教师教学时必须利用的一种教学资源。最根本的一条就是教师的手势要能够和整个教学进度、言语表达和身体姿势配合使用。要做到这一点，首先，教师在讲课时，除了基本的教具如教鞭(现在一般没有教鞭，即使有，也是那种激光指示笔)、粉笔、三角板、直尺等，手里最好不要拿其他东西。其次，手势要得体、自然、恰如其分，要随着相关内容变换。

手的姿势，最忌讳的就是双手抱于胸前或者背于后面，给人以傲慢不近人情之感。其次，由于讲演时总有很多信息是需要通过手势比划表现出来的，于是有的教师不停地挥动手臂，动着手指头，给人以烦躁不安的感觉。部分教师的手势过于僵直，一成不变，也是应该注意的问题。还有就是某些教师爱把手插在裤兜里讲话，或者走来走去，甚至玩弄口袋里的小物件，这些都是应该加以注意的。

4. 板书时的姿势

板书是教师课堂教学中的一种基本行为活动。教师板书时背对着学生，看不见学生，但是学生却可以注意到教师的后背和整个身体姿势。

板书的时候，教师要做到姿势很舒展，有书法家挥毫而就的气势。书写时注意不要离黑板过近，保持半尺左右的距离。用笔要有力，但是又不要过于用力以致压断粉笔。如果黑板上方够不着，不要勉强写在黑板上方，因为那样的话就不得不踮起脚尖，整个身体被迫贴着黑板，既容易弄脏衣服，也容易使身体显得很单薄、瘦小。同样，黑板下方过低的地方也可以不用写，因为当教师弯下腰去，很可能露出腰部或者内衣的下摆。

(四)课内表情

目光和笑容往往起着比言语举止还重要的作用之外，还因为对于课堂里的教师来说，他面对全班几十个学生，如何用自己的目光照顾到每一个学生，如何运用自己的微笑或者不满去正确地影响学生的身心发展，既是一个重要的礼仪问题，也是一个重要的教育学问题。

如何正确运用目光，如何使自己的笑容更加得体而有教育意义。

1. 通过目光照顾每一个学生的存在和学习，对于教师来说是最为关键的。

要做到这一点，首先要保持目光的上下左右的转移。研究表明，在传统的长方形教室里，学生按照秧田式排座，四个角上的学生，特别是离讲台最近的两个前角的学生最可能被忽视，教师要有意识地扫视到这些位置上的学生。转移目光的时候，一是注意速度适当，既不过快也不过慢，除非目光以外的区域发生教学意外事件。太快给人以盛气凌人和缺乏和善之感，太慢则让人以为没有生气、空洞、漂移。二是中途可以有停顿，比如对某个学生给予特别的赞许或者鼓励或者批评或者不满的信息，但是不要让其他学生明显感到，否则就会把全班的注意力转移到这个学生身上，造成教学中断和这个学生的尴尬。三是一般先左右后前后，除了注视学生的面孔和眼睛外，也可以关注学生的书籍和服饰，这样可以使学生全面关注自己的发展。

2. 不同的教学环节要正确使用不同的目光。

向学生提问时，目光要柔和，充满自信和鼓励的信息。当学生在说话的时候，不要一味地看着他的眼睛，这样会使他感到慌乱，感到被教师逼着回答似的。如果学生回答不出来，不要马上叫学生坐下，可以用目光告诉他“再想想，再试试”。学生回答完毕，可以颔首并用赞许的目光示意坐下。如果回答错误，千万不要轻易用失望的目光回应学生。

3. 在课堂教学中，教师目光的运用有一些特殊的禁忌。

一般而言，最大的禁忌是冷漠和鄙夷的目光。其次，学生说话时看似在听，但是目光却留在别处。这会使学生备感气馁的。再次，一个基本的礼仪就是在和异性学生交流时，不论是在班集体当中，还是和教师在教室里个别说话时，教师一方面不可过长或者过短地注视对方，同时不要多去注意对方的衣着和服饰。

正确利用笑容，不但符合一般礼仪要求，更是各种教育学著作所反复强调的。笑容可以给学生提供多种积极的信息。首先就是表明教师心态良好，一切正常。跟着这样的教师学习知识，学生不但觉得自己也心情愉快，而且充满了自信和向上的精神。其次，表明教师对学生真诚友善，热爱自己的事业，和学生在一起对教师来说不是苦差事，而是快乐的事情。当然，这里要强调的是，微笑不是“挤”出来的，也不是可以随便训练而成的，而是教师自己正确的人生态度的自然体现。

教师的笑容是一种工作内容，要让笑更甜美、更温暖、更有教育意义，是一门学问。

1. 根据教学情境自然表达内心的笑意。一般在讲课时，如果没有明显的或者用目光屡制而不止的意外情况，教师应该保持适当的微笑。向学生提问或者倾听学生发言时，教师应该用配以赞许的微笑鼓励学生积极表达观点。学生上课前或者下课时向教师致礼时，教师一定要用微笑给予回报，并配以颔首。

2. 让自己的微笑更加优雅。先要放松自己的面部肌肉，紧绷的脸是没法真诚微笑的。

3. 在微笑之外还有中笑、大笑等，教师也要善加运用，但是绝对避免不加控制的笑，因为课堂不同于其他场合，教师是在教学，而不是一般的讲故事或者聊天。

(五)课内评价

课堂教学评价是教育教学理论与实践最基本的方面之一,评价什么、如何评价和谁来评价,已有的教育理论都已经谈得很多,从人际交往的角度来谈则比较少见。实际上,人与人的交往总是伴随着各种各样的评价,每个人都需要从他人那里寻找自己在社会中的地位和价值,因此,评价这种社会性活动是一定存在的,而且有它自己的基本规律。教师和学生由于处于施教和受教的不同地位,评价必然作为教学的基本环节而存在。教师需要通过比较明确的言语行为和身体姿势告诉学生某种行为或者知识是否正确、恰当、符合外部的基本要求等等。

课堂教学评价的基本途径是言语评价,此外还有通过目光、笑容、特定的身体姿势和学生空间距离来表达对学生的某种价值判断,还可以通过物质奖惩等方式来进行教学评价。从性质上讲,有正面的以赞赏为主的评价,有负面的以批评为主的评价,还有的评价是褒贬参半,总之,都是以促进学生的发展为根本出发点。不过,它们有很多共同之处,遵守共同的礼仪要求。

1. 教师要学会倾听。认真倾听学生的意见,了解学生的内心世界,对他们的学习情况给予足够的宽容和理解,让他们自己在接受教育的过程中逐渐学会自我评价。

2. 以欣赏、认同、赞赏为主,辅以积极的期望、批评,甚至必要时施以符合教育性原则的惩罚。

言语评价方式方面的有关礼仪,最根本的一点就是中肯、得体、引人深思。中肯,指的是评价的内容方面,就是教师的评语全面准确反映了学生学习或者表现的基本信息,并根据基本的教学评价标准给予定性判断。得体,指的是评价的表达方式方面,就是教师要选用适当的词语、词组、句式和修辞手法来表达要表达的评价,而且要因人而异,不能千篇一律。

言语评价的第二方面要求是要做到从动态的发展的角度去评价,绝不要轻易提过去了的事情。

言语评价,首先要避免粗暴、直板的评价。粗暴而直板的评价会直接打击学生的学习积极性,拉开师生之间的情感距离。其次要避免粗话、脏话,避免卖弄脱口秀。接着要回避前后不一致的毛病。这里说的不一致指同一堂课里前后不一致,在一定时期内前后不一致。最后,言语评价在课堂上主要集中在学生的学习和思想品德表现方面,不要轻易去评价一个学生的穿着或者学生用品。

三、课外礼仪

师生课外的交往中,也有一些礼仪问题需要关注。

(一)教师仪态

1. 走姿

上下班、上下课的校园里总是会看到教师穿行于其中的身影。正确的行走姿势应该是轻盈的、自然的、平稳的,要挺拔中带有自信,稳健中传达庄重。男士的步态应该反映着男性的特点：刚键、有力、威武；女士的步态应该反映着女性的柔美、典雅和轻盈。

步位是指行走时两脚落地的位置。一般来说，要求尽量落在一条直线上，也就是通常所说的“一字步”。步幅是指跨步时两脚间的距离。标准的距离是本人的一脚半之长左右，有时也用75～80*cm*作为标准。步速是指单位时间内行走的速度。这种速度因人而异，可以根据一个人的气质特点、性格形成自己的风格。一般来说，男性要求每分钟108～110步，女性要求每分钟118～120步。在校园里，教师的行走一般要求速度稍微快些，一般在平均步速的上限值为好。体态是指走路时个人的精神状态在走姿中的体现。整体要求走路时应该精神饱满，挺拔向上。教师的职责是为人师表、言传身教，一个萎靡不振、走路低头猥琐的教师，给学生的感觉会是无精打采、没有力量，这种状态也会无形中传染学生。教师在课堂外的走路要注意挺胸抬头、面带微笑、直视前方、充满自信，当有迎面而来的学生或其他同事的时候，应注意让自己的目光直接落在对方的眼睛以下的部分，并且坦然打招呼。

另外，不同的场合要注意调整自己的脚步的轻重、快慢、步幅大小，以和相应的场合适应。与人同行的时候要注意尽量与人步幅和步速协调一致。在上下楼时，要注意保持身体正直，不要左右摇摆，并且保持一定的速度。

在校园里，一般都会有学生守则要求学生上下楼梯碰到老师，要侧过身体，让老师先过去，自己再过。在这一点上，教师也应该注意适度，有时候教师的速度比较慢，走在后面的学生就必须跟在后面，慢慢上下楼梯，这个时候教师可以主动给学生让一下路，让学生先行。

2. 坐姿

良好的坐相能准确反映一个人的教养程度、气质风格和性格特点。为人师表的教师，更需要有一个端庄、舒适和高雅的坐姿，为自己赢得更多的尊重，给自己带来更健康的身体，给予学生更好的身教。

与人对话时的坐姿应该上身挺直，腰部挺起，下颌回缩，挺胸收腹，双肩放松，两眼平直，面带笑容。

办公室的坐姿上体要尽量保持正直，眼睛离书本或电脑80厘米左右，胸口离桌子一拳之隔。教师职业是一个需要长期久坐的职业，只有保持正确的姿势，并且注意适当的休息，才会远离颈椎、腰椎、肩周等职业病。

坐姿，都需要注意落座和起身要轻，跷“二郎腿”要适度，在独处的时候也要严格要求自己。不管有没有他人在场，教师都应该注意坐姿，只有平时养成良好的习惯，才能在关键的时刻不“翻船”。

3. 微笑

微笑是人的最好伙伴，微笑可以提高个人的优雅气质，总是面带微笑的人，脸部线条会更为自然柔和，令人更容易产生可亲近的感觉。微笑可以强化自我的自信程度，只有开心的人才会总是微笑，那么如果你总是在微笑着，说明你是一个开心的人。微笑还是人与人之间交往的润滑剂，可以拉近人们的心理距离，增加人与人之间的好感。

微笑应该自然、适度，令人感觉温暖。微笑的正确姿势应该是嘴角部位向两侧牵动且往上颊面提高，但是不露齿，要甜美、真诚，让人感觉笑得温柔友善、自然亲切、恰到好处，既不让人感觉矫揉造作，也不让人感觉生硬冷淡。尤其注意要让自己的笑是发自内心的，是真情流露，而不是敷衍应付。

4. 平等的态度

教师以平等的态度对待自己的学生，要注意以下几点。

(1)语言上尊重自己的学生

注意在课堂外和学生的交往中的用语。要多使用文明用语，如请、谢谢、没关系、不客气、对不起。教师叫学生帮忙，应该用“请”，用商量和征询建议的口气，而不应该是命令的口气；学生帮助了教师，教师应该及时和明确地表达谢意；教师在学生面前犯了错误，要敢于直接承认错误。其次，要以积极正面鼓励为主。人无完人，孰能无过。学生作为年轻人，更是难免会犯错误，各方面表现也未见得会非常如人意，这个时候教师要注意应该以积极的态度语言分析问题，以正面的鼓励为主要手段。最后，切忌背后议论学生。

(2)眼神上尊重自己的学生

用眼睛正视学生，敢于跟学生面对面。在校园里面，教师是为人师的，应该有勇气面对学生，无论教过还是没有教过的，因此不用刻意回避，要敢于正视学生。要平视学生。在人的眼神交流中，眼神的位置有很多种，可以分为直视、斜视、平视、仰视和俯视几种。俯视学生，稍显冷漠。直视对方，用平视的目光看学生，学生才能从老师眼神的信息中读到尊重和平等。

(3)行动上尊重自己的学生

要身心投入到学生当中去，把自己当作学生的朋友。任课教师和学生的接触中都要把学生当作一个主体人来看待，在行为举止上给学生以尊重。比如说，教师经常会让学生帮忙完成一定的工作，这个时候不要采取强行的态度，用命令的语言要求学生必须做，而是给予学生表达自己想法的机会。采取行动之前，要首先考虑一下学生的感受，然后再实施。其次，需要和学生保持适度的距离。著名的人类学家爱德华·霍尔将日常生活中的人与人的空间距离分为四类，分别是亲密距离、个人距离、社交距离和公共距离。个人距离通常是相互比较熟悉的家人和亲密的朋友之间的距离，公共距离就是公开演说的时候演说者和听众之间的距离。教师和学生的课外交往中的距离应该保持在个人距离和社交距离之间，要保持一定的距离感，不能过于亲密。

(二)课外师生交往

课外教师和学生在校园里难免相遇，作为教师，应注意以下几点。

1. 主动出击

教师是长辈，是权威者，学生是晚生，是接受教育的人，这种角色定位使得学生的心里会自然生出一种怕老师、回避老师的心理趋向。在这个时候，教师主动做出一些积极的行为，为良好的学校气氛、班级气氛的形成建立一个通道。要主动地点头或是打招呼。

2. 语言招呼礼

校园里不经意的见面，通常用招呼向对方表示尊重和一定的礼节。招呼礼通常有语言招呼和非语言招呼两种方式。语言招呼礼通常有称呼式招呼、寒暄式招呼和问候式招呼三种。称呼式招呼就是以称呼对方来打招呼，它通常用在经常见面的熟人和朋友之间。寒暄式招呼就是用一些没有实际内容的话语来打招呼，中国传统中最为著名的寒暄式招呼就是“你吃了吗”。这个招呼还曾经在笑话和相声中出现过，可见其影响范围之广。以上两种打招呼方式都不十分适用于校园里课堂外教师和学生交往中打招呼。

师生邂逅时，多用问候式招呼。问候式招呼通常有三种：简单型，用简单的“早”、“好”问候对方：根据时间的不同进行问候式招呼，比如早上就说早上好，下午就说下午好等；第三种就是详细问候，根据具体的情况具体问候，比如某位学生前一段时间生病没来上学，重新来上学之后，教师见了学生就可以问候“身体怎么样了”、“注意照顾自己啊”等。

3. 非语言的招呼礼

非语言的招呼往往通过一定的体态和手势表示出对人的尊重。非语言招呼一般有点头、摆手、微笑和鞠躬致意几种方式。

点头是最简单、易操作的一种非语言招呼，其方法就是将头向下点一下，但幅度不宜过大。通常用于一对多的交流场合。摆手一般用于公共场所距离较远的情况下，做法是：不出声，举起右手，掌心朝向对方，轻轻左右挥动或摆动，但摆幅不宜过大。微笑，在邂逅礼仪是最高效的一种招呼礼。

（三）课外师生讨论

课堂之外，教师和学生还经常进行一种交往活动－讨论，师生经常会专门地或不经意地针对某一问题展开热烈的讨论。在这种交往活动中，师生，要注意交谈礼仪。

1. 平等相待，不摆架子

无论是老师还是学生，在讨论一个问题的时候都应该具有平等的发言权，大家都应该是平等交流的对象，要尊重讨论方的人格。尤其作为教师，要注意不要盛气凌人，以权威者的姿态压制学生，导致发言的局面出现“一边倒”的景象。

2. 全面关注群体成员

多人讨论的时候，一定要注意不要冷落每一个人，应该注意尽量多地照顾到每一个人，让每一个人都有发言的机会；而不要只是关注某几个发言积极的学生，或是与自己熟悉的学生。

3. 平和、沉稳的语调

一般情况下，柔和平稳的语调表示坦率和友善。讨论中，教师一般是引导者、权威者的角色，因此在讨论中应该注意使用比较平和与沉稳的语调，将整个讨论活动组织起来。

（四）参加学生活动

在课堂外，教师要组织学生开展一定的活动，除了让学生学好文化知识以外，还可以丰富学生的课余生活，增加学生的社会活动体验。

1.尊重学生的要求

组织活动除了考虑安全性、可行性等问题之外，最重要的就是要考虑学生的需求。任何活动的开展最终的目的都是更好地发展学生，因此应该把学生的想法和需要放在第一位，充分尊重学生选择和要求，给学生民主空间，发挥学生的积极性、能动性，让学生充分地发表自己的看法。

2.作好周密的策划

策划阶段需要考虑到方方面面的要素。首先要明确活动的目的、活动的具体内容、实施方式、活动时间或期限、经费预算，并且形成书面文档。之后，还要有细致的活动进展的安排、需要的支持条件、具体的执行步骤等，同时也要形成详细的书面文档。

3.任人唯贤

一个好的活动，一定有一个好团队在执行和推动着整个活动的开展。组织一个团结、强有力的团队是活动中教师最重要的职责。组织团队过程中，教师应该遵循任人唯贤、公平竞争的原则。执行团队的组建原则都应该是给尽量多的有热情的同学更多的发展空间，尊重每个学生的发展需要。执行过程中教师要甘做学生的绿叶，不要事无巨细一概过问，给学生尽量大的发挥的空间，给学生充分展示的舞台，当学生们需要帮忙的时候再伸出援手。

4.高度卷入

任何活动都应该是教师和学生一起参与，无论以何种形式参与，教师都应该高度卷入到活动过程中去。

（五）其他方面

校园内外有时会发生一些令教师和学生都无法想象的意外事件，考验着我们的教师，考验着教师在危急事件中的礼仪。

1.临危不乱

当意外事件发生在身边的时候，首先要稳定自己的情绪，以理性的思考代替心神慌乱，将事件中的各个细节理清，并一一排序，首先解决最为紧急的事件，并且充分利用可能的资源，做好后续工作。比如说发生流血事件，首先应该以最快的速度理智地判断一下事件的严重程度，确定是否需要报警，同时注意安排对受伤人员的看护和救治工作。然后要及时汇报给上级领导部门，争取同事和同学的帮忙。各项工作要尽量平行开展，争取更多的时间，使事件不向更坏的方向发展。同时在可能的情况下，要尽量把事件的影响降低到最小范围，在最小的影响范围内处理危急事件。

2.宽容的心态，发展的眼光

对于犯错误甚至违法的学生，不能戴着有色眼镜看待。现在，我国的整体经济正处在发展的关键期，社会的精神文明建设和全民族的文化建设都经受着前所未有的发展机遇和巨大挑战，社会正在向着多元化发展，人的思想非常活跃，心态更为躁动。外来信息的极大丰富，使得青年的社会化程度也无形中加快。在这种情况下，学生们的心理和生理成熟度不相匹配，生理成熟快，心理成熟没有跟上，加之社会大环境的影响，学生很容易受到影响，从而走弯路。

教师，拿出宽容的心接纳他们，关怀他们，用发展的眼光看待他们，相信通过一定的教育和约束，他们是能够重新回到正路上的。当教师能够用一颗宽容的心接纳他们，用爱包围他们的时候，他们一定能够迷途知返。

3. 文明用语，重视身教

除了心态上要包容有过错的学生，宽容地接纳他们之外，语言上也要注意恰当。尤其要注意在处理譬如校园冲突这类事件的时候，无论当事人对教师多么不尊重，教师始终都要记住自己是局外人，是处理问题、化干戈为玉帛的调停者，一定要注意礼貌用语，不要被卷入其中，带上自己的情绪，用一些过激的话语对学生进行人身攻击。

对于犯过错误，或者表现在大多数看来不是很好的学生，教师一定要注意自己的文明用语，不要随便给某些学生贴标签。对待所有的学生都应该用发展的眼光，相信他们有朝一日都会长大，都会成熟，没有人会是无可救药的。

另外，除了语言教导之外，很多时候教师用自己的人格魅力、用自己的身体力行来影响自己的学生，也不失为一种好的教育方法。

4. 尊重学生，保护隐私

在危急事件发生之后，尊重他人主要表现为保护他人的隐私，在未得当事人允许的情况下，应尽量不传播不利于他人发展、会给他人带来负面影响的任何信息。对他人隐私的保护既是社会文明的表现，也是个人文明的尺度。

5. 肢体语言传达信息

在面对紧急事件的时候，可能因为事件的突然性，结果的不可预见性，而使学生惊慌失措，甚至引发激烈的情绪冲突。这个时候，教师可以适当地运用肢体语言信息给学生传达力量和支持，给学生树立解决问题的信心，或者缓解学生的激烈的情绪。

在这种情况下，可用的肢体语言有握手、拍打、抚摸、拥抱等。握手，按照一定的节奏一紧一松，表示对对方的强有力的支持态度。拍打一般用在男老师和男生之间，给予对方信心和力量，表示对对方的鼓励。轻抚其后背，以缓解其紧张的情绪。拥抱也是给予学生力量和鼓励支持。

四、校内办公礼仪

（一）办公电话礼仪

在“信息就是资本”“联络创造效益”的今天，电话已成为现代人不可缺少的交际工具。工作和生活中离不开电话，使用电话应有礼仪，接打电话本身就是一门学问、一门艺术。

1. 打电话的礼仪

接通电话的第一声要亲切、优美的招呼声，声音清脆、悦耳、吐字清晰，就会给对方留下良好的印象，如果你拨错了，不可一放了之，一定要说“对不起，打错了”。

打电话时我们要保持良好的心情，这样即使对方看不见你，也会被你欢快的语调所感染，从而对你留下极佳的印象。

打电话过程中绝对不能吸烟、喝茶、吃零食，即使是懒散的姿势对方也能够“听”得出来。打电话的时候，坐姿端正，所发出的声音就会亲切悦耳、充满活力。在通话时，声音要适中，不宜发声过高，免得令受话人承受不起，要使话筒与口部保持 3 厘米左右的距离。

通话中，要尽可能以简明扼要的语言交代清楚通话的目的和事项，以尽可能少的时间传送必要的信息，提高通话的效率，切忌层次不清、重点不明的交谈。

在电话礼仪里，有一条“三分钟原则”。即打电话时，发话人应当自觉、有意识地将每次通话的长度限定在 3 分钟之内，尽量不要超过这一限定时间。

要结束电话交谈时，一般应当由打电话的一方提出，然后彼此客气地道别，说一声“再见”，再挂电话，不可只管自己讲完就挂断电话。

2. 接听电话的礼仪

在整个通话过程中，受话人的礼仪有以下一些。

受话人拿起电话时要先问好和自报家门，再问对方找谁，不要用“喂，找谁”的语气，因为这样通常会让人反感。自报家门较为规范的是：你好，这里是×××学校，请问找谁？

受话人要及时接听电话，通常的电话礼仪原则是铃响三声时接听电话，如果迟了，要向对方致歉。接听电话是否及时，实质上反映着一个人待人接物的真实态度。

上班时间打来的电话几乎都与工作有关，每个电话都十分重要，不可敷衍，即使对方要找的人不在，也切忌只简单说“不在”就把电话挂了。接电话时要尽可能问清事由，避免误事。

接听电话时，应认真清楚地记录电话内容的六要素：何时、何人、何地、何事、为什么、如何进行。在工作中，这些资料都是十分重要的，对打电话、接电话具有相同的重要性。电话记录既要简洁又要完备。

人的感觉器官是非常神奇的，电话交谈虽然看不见对方，你的漫不经心很快就会被对方感受到。这种不尊重会极大地刺激对方的自尊心。注意打电话时的专心，要认真关注对方的谈话内容，不时在对方的话语中插入应和的话，如“啊”“噢”“嗯”“是”“是吗”等，让对方感觉到你正在认真听。

接听电话时有时会遇到一些不愉快的事，此时你也应耐心地弄清对方的来意，然后巧妙而不失礼节地结束谈话。

正在接待客人或谈话时电话响了，要先对客人说：“对不起，请稍等一下。”如果面对的是上级，要说：“对不起，我可以接一下电话吗？”无论多么重要的电话，要告诉对方，你正在接待客人，长话短说或者告诉对方你等会再打给他。放下电话要再次对客人致歉。如果接打电话时另一个电话响了，要请通话方稍候，接听另一个电话；如果另一个电话的内容较长，要告诉对方你正在通话，另约时间再联络。此时，再拿起第一个电话继续通话并要向对方致歉。

接听电话时如有人正好进来找你，要用眼神或手势示意他坐下等候或稍后再来；如不希望对方听到电话内容，可用最简短的语言请他先出去，告诉他你等会儿会主动找他；不能一边接听电话一边与第三者说话，这样对谁都是不礼貌的。

代接电话是经常之事，如果要找的人在，你应说"请稍等，我找他来"；如果不在，要主动问对方是否需要留言或留电话号码；如对方有请求，应热情相助；对发话人要求转达的具体内容，最好认真做好笔录，并尽快地告诉要转达的人。那种说一声"他不在"就挂电话是非常粗鲁的行为。同时，代接电话不能好奇心太强，这会引起对方反感。夫妻代接电话，更避免寻根究底，否则让爱人很没面子。

（二）会议礼仪

会议是集思广益、融会众见、处理问题的活动。会议礼仪的内容大致可分为三个阶段，即会议准备阶段的礼仪、会议进行阶段的礼仪、会议结束阶段的礼仪。

1.会议准备阶段

(1)拟定会议主题

会议的主题，即会议的指导思想。会议的形式、内容、任务、议程、期限、出席人员等，都只有在会议的主题确定下来之后，才可以一一加以确定。

(2)拟发会议通知

会议通知应包括以下六项：一是标题，它重点交代会议名称；二是主题与内容，这是对会议宗旨的介绍；三是会期，应明确会议的起止时间；四是报到的时间与地点，对交通路线特别要交代清楚；五是会议的出席对象，如对象可选派，则应规定具体条件；六是会议要求，指与会者材料的准备与生活用品的准备，以及差旅费报销和其他费用问题。寄发的通知，结尾要写明举办单位，注明联系电话及联系人。

(3)起草会议文件

会议所用的各项文件材料，均应于会前准备完成，会议文件材料主要有开幕词、闭幕词和主题报告。

(4)安排好与会者的接待工作。

(5)选择、布置会场。

2.会议进行阶段

(1)会议接待服务

应安排专人迎送、引导、陪同与会人员。会务人员要穿戴整齐，佩带会务人员标志，举止、言行彬彬有礼，快捷地为与会人员服务。

(2)会场服务

在会场内，管理好音像等设备，供应茶水，维持会场秩序，做好安全保卫工作，如会期较长，还应为与会者安排一定的文体娱乐活动。

(3)做好会议记录、录音录像等工作

会议记录是由专人负责记录会议内容的一种书面材料，其内容包括会议名称、时间、地点、人员、主持者、现场记录等。会期较长的大中型会议，依例应编写会议简报。重要会议都需要进行现场的录音录像，在保存原始记录的同时，对录音录像进行必要的剪辑，以供对外宣传报道之用。

3. 会议结束阶段

(1)为与会者的返程提供方便；

(2)作好会务决算；

(3)处理有关会议的文件材料，形成可供传达的会议文件。

(三)办公对话礼仪

办公交往中的对话，是交流思想感情、增长知识才干、传递信息、沟通业务、增进效益、发展事业、建立良好人际关系的一种重要形式。对话既是社交活动必不可少的内容，更是一门艺术。这里谈的对话，既包括教师之间的对话，也包括教师与其他人的对话。

对话首先需要作介绍。如果相互不熟悉，又无人引见，可向对方自报家门，自己将自己介绍给对方。如果有介绍人在场，自我介绍则被视为不礼貌。自我介绍时应先向对方点头致意，得到回应后再向对方介绍自己的姓名、身份、单位等。

自我介绍可以采用应酬式、工作式、交流式或礼仪式。

应酬式：适用于某些公共场合和一般性的对话场合。这种自我介绍最为简洁，往往只包括姓名一项。

工作式：适用于工作性对话，需介绍本人姓名、供职单位及部门、职务或从事的具体工作等。

交流式：适用于社交性对话，希望与对话对象进一步交流与沟通。它大体包括介绍者的姓名、工作、籍贯、学历、兴趣及与对话对象的某些熟人的关系。

礼仪式：适用于讲座、报告、庆典、迎新等一些正规而隆重的场合，包括姓名、单位、职务等，同时还应加入一些适当的谦词、敬词。

自我介绍时要特别注意以下几点：一是要抓住时机，在适当的时间进行自我介绍，对方有空闲，而且情绪较好，又有兴趣时，就不会使对方感到突兀。自我介绍时需要简洁，尽可能地节省时间，以半分钟左右为佳。二是进行自我介绍，态度一定要自然、友善、亲切、随和，应落落大方，彬彬有礼。既不能唯唯诺诺，又不能虚张声势，轻浮夸张。语气要自然，语速要正常，语音要清晰。三是进行自我介绍要实事求是，真实可信，不可自吹自擂，夸大其词。

当你将两个陌生人引领到一块时，你自然会作介绍。介绍的礼节是有国际规范的。介绍的礼节基本是遵循“让长者先知”原则，即先将位卑者介绍给位尊者。如：将年轻者介绍给年长者，将学校老师介绍给来访人员，将非官方人士介绍给官方人士，将本国同事介绍给外籍同事。

如果你不遵守以上规范，随意地介绍，也许得罪了人还不自知。当然。如果都是平辈朋友，则可随意一些。

介绍的另一条原则是尽可能多地提供一些相关资料，如职务职称，让被介绍的双方多一些了解，便于交谈。当你被别人介绍时，如果介绍方一时想不起你的名字或单位，你要马上主动接上话自我介绍，避免介绍人和你自己的尴尬。

2. 对话中的称谓

称谓是指人们在日常对话应酬中所采用的彼此之间的称呼语。在对话中，正确、适当的称呼，反映着自身的教养和对对方尊敬的程度，甚至还体现着双方关系所达到的程度，因此对它不能随便乱用。

对话中，常见的称呼有以下一些。职务性称呼：如张校长、王督学。职称性称呼：如李教授、赵总工程师。行业性称呼：如万老师、唐医生、赵律师、王师傅等。性别称呼：如“小姐”“女士”或“先生”。姓名称呼：在对话中称呼姓名，一般限于同事、熟人之间。对年轻人则可在其姓前加“小”相称，如“小张”、“小李”，抑或直呼其姓名。称呼时要注意谦和、慈爱，表达出对年轻人的喜爱和关心。

3. 对话的艺术

对话双方要善于根据周围的环境、场合创造一个融洽的谈话气氛，适当寒暄，或自我介绍等气氛融洽后再“言归正传”。对话应有的放矢，言之有物，表达应合乎情理，使人有所收益。在对话中，态度要诚恳，开诚布公、坦率谈话，能使人感到亲切自然，意见也易被对方接受。在对话过程中要尊重对方、谦虚礼让；要有平等的对话态度，即使自己对某一问题有精辟的见解，也不能以居高临下、不容置疑的口吻交谈。只有优雅的谈吐才能造成和谐融洽的气氛，带来轻松愉快的情绪，从而促进友谊的发展、对话的深入。优雅的谈吐应做到：讲究文明，不说脏话；控制情绪，不说气话；注重修养，不说大话；具体真实，不说空话；坦诚相见，不说假话；新鲜活泼，不说套话；谦让随和，不说官话；明白顺畅，不说胡话。对话时表情要微笑。在对话中，要注意双向交流，不仅要自己说，也要让对方说，要彼此适应，求同存异，大家平等。对别人的谈话，应当认真倾听，若是事关原则，可以婉转相告，表述自己的看法，但不要得理不让人，使别人难堪。在别人谈话时，尽量不要在中途予以打断，插话次数不宜过多，对陌生人的交谈绝对不允许打断或插话。不要冷场，无论对话主题与自己是否有关，自己是否感兴趣，都应热情投入，积极合作。两人对话时，最好目光持同一水平，正视对方眼睛及眉毛的部位，这是一种尊重。说话时不要东张西望，不要目不转睛地盯着对方或目光冷漠地看着对方，也不要在交谈中随意打呵欠、伸懒腰或不时看钟表，这些都是极不礼貌和轻慢对方的表现，会引起对方的不快。

（四）合作礼仪

合作是指两个或者两个以上的人为了一个共同的目标而团结起来，一起向这个目标努力。在现代社会，合作与团队精神已经变得越来越重要，教师之间的合作是为了提高教育教学质量，促进学校的发展。是否善于与人协作，既是个人的一种能力，也是能否充分展现气质的难得的机会。只有承认了个人智能与体能的局限性，懂得与他人合作的重要性，在与他人相处的时候才能够有效地以合作伙伴的巨大优势来弥补自己的缺陷，使自身的力量得到质的飞跃，从而使自己能够应付来自各方面的各种挑战，实现自己的理想。

1. 教师之间的合作

如果教师之间关系融洽、和谐，教师们就会感到心情愉快，工作就会顺利开展。反之，教师之间关系紧张，相互拆台，经常发生摩擦，就会影响正常的教育教学工作，阻碍学校的正常发展。处理好教师之间的关系，在礼仪方面应注意以下几点。

(1)尊重信任：相互尊重和信任是处理好同事关系的基础。在日常工作中，应恪守一个"诚"字，以诚相见，诚心待人，以诚立身，开诚布公。孔子云"三人行，必有吾师焉"，我们既要诚心待人，更要虚心向他人学习。特别是年轻教师，更应敬重老教师，虚心向老教师学习。

(2)团结协作：在工作中我们要胸怀宽广，高瞻远瞩，凡事讲大局，讲风格，讲团结，互通有无，交流信息，坦诚相见，不互相藏私，把自己在教育教学工作中的点滴所得贡献于他人。只有这样，才能共同提高，才能促进学校的发展。即使你凭一己之力得来的成果，也不可独占，要善于与同事一起分享。

(3)求同存异：人们的出生背景不一样，所受到的教育不一样，人生的经历也不一样，这都决定了每个人都拥有其独特的情感、性格和思想。没有理由轻视任何一位同事，应该尊重同事与你的不同；也没有理由一味迁就同事，投其所好，最重要的就是求同存异。

(4)包容他人："金无足赤，人无完人"，世界上没有缺点的人是不存在的，要学会恰当赞扬同事的优点，包容同事的弱点。冷静分析，伸出热情之手去帮助嫉妒你的同事。当看到同事的成就和成功时，要真诚地祝贺，并将嫉妒化成赞赏和前进的动力。

(5)谦虚待人：谦虚是中华民族的传统美德。谦虚的人往往能得到别人的信赖和尊重，因为谦虚，同事才不会认为你对他有威胁。

(6)保持距离：在任何时候，只有与同事保持合适距离，才会成为一个真正受欢迎的人。距离太远，易使同事误认为你不合群、孤僻、高傲。工作中切勿拉帮结派，帮派会导致同事之间关系僵化，增加内耗。

(7)热忱关心：同事有困难，通常首先会选择亲朋帮助，但作为同事，应主动问询。帮助同事也等于帮助自己，因为帮助同事无疑为自己在困难时获取帮助埋下了伏笔。

(8)勇于认错：工作中出现失误是在所难免的，而这种失误可能会影响同事的工作效率和成绩，此时，勇于认错、敢于承担责任，就会得到同事的谅解和尊重。

(9)坚持原则，不在背后议论同事的隐私：工作中，分清公与私，不做违反原则的事。每个人都有隐私，隐私与个人的名誉密切相关，背后议论他人的隐私，会损害他人的名誉,引起双方关系的紧张甚至恶化,因而是一种不光彩的、有害的行为。

(10)物质上的往来应一清二楚:同事之间可能有相互借钱、借物或馈赠礼品等物质上的往来,但切忌马虎,每一项都应记得清楚明白,即使是小的款项,也应记在备忘录上,以提醒自己及时归还,以免遗忘,引起误会。

2. 与领导的合作

与上级领导相处,要注意以下几方面礼仪:必须尊敬你的领导;虚心接受领导的批评;困难时刻,是显示能力的关键;完成自己的工作,是对领导最大的支持;没人的时候,反驳你不同意的观点。

3. 教师办公室禁忌

注重办公室礼仪是建立个人良好形象的重要一环。在教师日常工作中,要注意以下禁忌:过分注重自我形象;使用公共设施缺乏公共观念;零食、香烟不离口;形象不得体。坐在办公室里,浓妆艳抹、香气逼人、暴露过多,或衣着不整、品位低俗,都属禁忌之列;高声喧哗,旁若无人;随便挪用他人东西;偷听别人谈话;对同事的客人表现冷漠。

附录 4.3 校外礼仪简介

社交礼仪相比其他礼仪,对我们来说,更能体现出一个人的教养和品位。因为人是社会的人,交往是社会中的人们所不可缺少的。

作为传道、授业、解惑的师者,教给学生的不仅是知识,更应该是做人的道理。而这道理之中,就包含着一个人在社交场合应该遵守的礼仪规范。要教会学生这些,教师自己首先就应该懂得这些社交礼仪,并且在实际生活中运用它们。

一、社交介绍礼仪

“第一印象是黄金”。得体的介绍往往会给对方留下良好的第一印象。第一次交往时的介绍礼仪就成为社会礼仪中最基本的内容。

介绍包括自我介绍、介绍他人和集体介绍。

1. 自我介绍

自我介绍具体内容详见附录 4.2 对应部分。自我介绍时态度应该自然、大方、亲切,面带微笑且眼睛注视对方。切忌在介绍自己的时候眼睛四处张望,这样会给别人留下一个不真诚的印象。介绍的时候要自信而不自傲,同时让对方感受到你的真诚和你渴望认识他的热情。自我介绍的时候可以举起右手,掌心向内,将右手轻按左胸,但切忌不要用拇指指向自己。

自我介绍时还应该注意的一点是:如果介绍人在场,自我介绍会被认为是不礼貌的,应该等待别人对你的介绍,切忌越过介绍人迫不及待地“推销”自己。

2. 介绍他人

通常来讲,在为他人作介绍时,必须遵守“尊者优先”的原则。所谓“尊者优先”,是指介绍的时候,要把职务低的介绍给职务高的,把年轻的介绍给年长的。如果介绍对象双方的年龄、职务相当，异性就要遵从“女士优先”的原则，即把男士介绍给女士；对于同性，可以根据实际情况灵活掌握，比如把和你熟悉的介绍给你不熟悉的，把后来者介绍给先到者，把未婚者介绍给已婚者，也可以按照从左到右或从右到左的顺序分别介绍等。另外，如果到别人家里做客，要先介绍主人；在介绍家人与同事或朋友认识时，要先把家人介绍给同事、朋友。

介绍时要注意以下要点：介绍者为被介绍者介绍之前，一定要征求一下被介绍双方的意见，切忌开口即讲，显得很唐突，让被介绍者感到措手不及；被介绍者在介绍者询问自己是否有意认识某人时，一般不应拒绝，更不要扭扭捏捏，而应大方地欣然应允。实在不愿意时，则应说明理由；如果在介绍之前都是坐着，那么在介绍的时候，介绍人和被介绍人都应起立，以示尊重和礼貌；待介绍人介绍完毕后，被介绍双方应微笑点头示意或握手致意，同时大方地目视介绍者或对方；如果在宴会或会议桌上，视情况介绍人和被介绍人可不必起立，被介绍双方可点头微笑致意；如果被介绍双方相隔较远，中间又有障碍物，可举起右手致意或点头微笑致意；介绍完毕后，被介绍者双方应依照合乎礼仪的顺序握手，并且彼此问候对方，也可以互递名片，必要时还可以进一步作自我介绍。

无论是介绍他人还是被他人介绍，态度都应该自然、大方、热情、友好，切忌扭扭捏捏或者一副不情愿、不感兴趣的表情。介绍的时候，语言要简练、清晰、明快。在介绍一方时，要微笑着用自己的视线把另一方的注意力引导过来。介绍的时候应抬起右手小臂，五指并拢伸直，手掌向左上角倾斜，指向被介绍者。切忌不要用手拍被介绍人的肩膀、胳膊等部位，这样会显得很不庄重。作为老师，这样的动作更容易让人产生你不真诚或者过于随意的感觉。

3.集体介绍

一般而言，集体介绍的顺序应遵循下列原则：

少数服从多数：当被介绍者双方地位、身份大致相似时，应先介绍人数较少的一方；强调地位、身份：若被介绍者双方地位、身份存在差异、虽人数较少或只一人，也应该将其放在尊贵的位置，最后加以介绍；单向介绍：在演讲、报告、比赛、会议、会见时，多只需要将主角介绍给广大参加者；人数多一方的介绍：若一方人数较多，可采取笼统的方式进行介绍；人数较多各方的介绍：若被介绍的不止两方，需要对被介绍的各方进行位次排列。排列的方法：以其负责人身份为准；以其单位规模为准；以单位名称的英文字母顺序为准；以抵达时间的先后顺序为准；以座次顺序为准；以距介绍者的远近为准。

注意以下两点：不要使用易生歧义的简称，在首次介绍时要准确地使用全称；不要开玩笑，要很正规。介绍时要庄重、亲切。

二、社交握手礼仪

握手礼是目前世界上许多国家通行的礼节，也是人们日常交际的基本礼节，在我国尤其常用。它通常是用来表示欢迎、欢送、见面、相会、告辞、祝贺、感谢、慰问等。

握手的礼仪规范，也是要学习的社交礼仪中很重要的一部分。

握手的顺序和介绍的顺序一样，也是“尊者优先”，但和介绍的“尊者优先”不同的是，握手的时候应该尊者先伸出手。一般而言，握手的顺序为：

长幼之间：应当待长者伸手后，幼者再及时地伸手相握；上下级之间：应等上级主动伸手后，下级再伸手；男女之间：应由女子先伸手，男子再伸手，如果女方没有握手的意思，男方可改用点头礼表示礼貌；宾主之间：作为主人，对到来的客人，不论男女、长幼，均应先伸出手去，表示热烈欢迎，女主人也应如此；但是在客人告辞时，则应该由客人先伸手主人才能握手，否则就会有逐客之嫌；如果同许多人握手，则可按照先尊后卑的顺序依次进行，即先职位高者后职位低者，先长辈后晚辈，先女士后男士。

握手要注意方法：握手一定要伸右手，伸左手是不礼貌的；握手时拇指张开，其余四指自然并拢并微微内曲。伸出的手掌应当垂直，这是通常的习惯。如果掌心向下，会有傲慢之嫌；而掌心向上，又有谦卑之态；握手时一般需要站立。除老弱病残和女士之外，不能坐着握手；握手的时间以 3～5 秒为宜，关系亲近的当然可以长时间相握；用力大小应适度，用力太猛太重，会把对方握疼，是非礼行为；太轻甚至用指端稍碰一点，会让对方觉得你在敷衍、冷淡他。为表示进一步亲近，可以把左手伸出，放在双方已经相握的双手上，轻轻地晃上几晃，这都是允许的，但对女士则不能如此。为了表示对对方的尊敬，握手时上身略微前倾，头略低；握手时双目应注视对方，微笑致意或问好。

三、社交乘车礼仪

在社交礼仪当中，乘车的学问也不小。乘车可以分为乘坐轿车、公共汽车（地铁）、火车、飞机等。不同的交通工具，有不同的礼仪要求。

1.乘坐轿车

（1）轿车的座次：轿车的座次是有尊卑主次之分的。车上最尊贵的位置是后排与司机的座位成对角线的座位，即后排右座。其余座位的主次尊卑次序是：后排左座、后排中座、前排右座。简言之，即右为上，左为下；后为上，前为下。如果客人随便坐在哪个座位上，这个座位就是上座，你不要去纠正。如果两人乘车，可坐在后排；若三人乘车，而且是同性，可以前排坐一位，后排坐两位；如果三人男女皆有，那么可以全部坐在后排；一男二女的情况下，女士坐一侧，男士坐另一侧；二男一女的情况下，宜请女士居中，男士分别坐在两侧。抵达目的地时，如果你作为接待人员，就要先下车，从车尾绕过去为客人打开车门，以手挡住车篷上沿，协助其下车；如果主人夫妇驾车时，主人夫妇坐前座，客人夫妇坐后座，男士要服务于自己的夫人，宜开车门让夫人先上车，然后自己再上车；如果你是搭载友人夫妇的车，则应邀友人之妇坐后座，或让友人让夫妇都坐前座；主人亲自驾车，客人只有一人，应坐在主人旁边。若同坐多人，中途坐前座的客人下车后，坐在后面的客人应改坐前座，此项礼节最易疏忽。

（2）坐车的举止

与其他人一同乘坐轿车时，即应将轿车视为一处公共场所。同样有必要对个人的行为举止多加约束。具体来说，应当注意以下问题：

如果是和客人或者领导同乘一辆车，在上车时，应让车子开到客人或领导跟前，帮助他们打开车门，然后站在他们身后等候他们上车。若其中有长辈，还应扶持其先上车，自己再行入内。不要争抢座位：上下轿车时，要井然有序，相互礼让。不要动作不雅：在轿车上应注意举止，切勿东倒西歪。不要不讲卫生：不要在车上吸烟或是连吃带喝，随手乱扔。不要往车外丢东西、吐痰或擤鼻涕。不要不顾安全：不要与驾车者长谈，以防其走神。

2.乘坐公共汽车(地铁)

要排队候车，先下后上；让妇女、老人、小孩和残疾人先上车；要注意安全，扶好、坐好；不要将身体伸到车厢外，或随意动车厢里的设施；主动给老人、病人、残疾人、孕妇和带小孩的妇女让座；尊重司乘人员，主动按规定买票；爱护环境卫生，保持车厢和站内的环境卫生，不能向窗外扔东西。

3.乘坐火车

乘坐火车也可以体现一个人是否具有公德心。在火车上要注意的问题有：较大的行李放到行李架上，不要占用公共空间；注意保持车厢的安静，聊天、娱乐等不要打扰别人；不要随意脱鞋，将脚放到对面的座位上；需要吸烟时，应到吸烟区；把废弃物扔到垃圾箱中，自觉维护车厢内的环境卫生；不要长时间占用卫生间和盥洗池。

4.乘坐飞机

飞机飞行要安全，乘客就务必遵守有关安全乘机的各项规定。要保证自己和他人的飞行安全，乘飞机时就要格外注意有关要求：上机时不得违规携带有碍飞行安全的物品。通常规定：任何乘客均不得携带枪支、弹药、刀具以及其他武器，不得携带一切易燃、易爆、剧毒、放射性物质等危险物品；登机时应当认真配合例行的安全检查；上下飞机时，要注意依次而行；在机上放置自己随身携带的行李时，与其他乘客要互谅互让；在自己的座位上就座时，要维护自尊，不要当众脱衣、脱鞋，尤其是不要把腿、脚乱伸放；当自己休息时，不要使身体触及他人，或是将座椅调得过低，从而有碍他人；与他人交谈时，不要影响他人休息，不要谈论令人不安的话题；飞机在飞行或降落时，按规定要关闭手机和电脑等通信设备。

附录 5　通信工程综合实训项目任务单模板

班级：　　　　学号：　　　　姓名：　　　　日期：

项目名称		学时		场地	＊＊实训室
项目介绍					
项目用具					
项目目的					
知识准备					
实施计划					
项目成果					
拓展提高					
教师评价					
评分					

参考文献

1. *TD*－*LTE* 移动通信网无线网工程设计规范，中国移动通信企业标准.

2. 中国通信建设集团设计院有限公司，《*LTE* 组网与工程实践》，人民邮电出版社.

3. 沈嘉，《3*GPP* 长期演进(*LTE*)技术原理与系统设计》，人民邮电出版社.

4. 中国移动 *TD*－*LTE* 无线子系统工程验收规范，中国移动通信企业标准.

5. *QC*－*A*－002. 1－2011，*TD*－*LTE* 无线主设备测试规范－性能分册，中国移动通信集团公司.

6. 邮部[1996]54 号，邮电通信建设工程竣工验收办法，中华人民共和国邮电部.

7. 李宏杨. 建筑工程预算识图[*M*]，《工程量计算与定额应用》. 北京：中国建材工业出版社，1997.

8. 陈絮. 浅析实行工程量清单计价招投标的合理性[*J*]. 山西建筑，2010，(07)235－236.

9. 刘尔烈，朱建元. 工程建设项目的招标与投标[*M*]. 北京：人民法院出版社，2000.

10. 马晓强主编.《移动通信实验教程》. 2016 年，北京：北京邮电大学出版社.

11. 金国辉.《工程招投标与合同管理》. 北京：北京交通大学出版社，2012－12－01.

12.孙维平. *FTTX* 与 *PON* 系统工程设计与实例[*M*]. 北京：人民邮电出版社,2013.

13.张鹏,阎阔. *FTTXPON* 技术与应用[*M*]. 北京：人民邮电出版社,2010.

14.中国电信集团公司. *EPON/GPON* 技术问答[*M*]. 北京：人民邮电出版社,2010.

15.李巍,刘册. 光纤到户(*FTTH*)安装调试[*M*]. 北京：中国劳动社会保障出版社,2009.

16.邓泽民,陈庆编著.《职业教育课程设计》. 2006 年,中国铁道出版社.

17.邓泽民,赵沛编著.《职业教育教学设计》. 2009 年,中国铁道出版社.

18.邓泽民,马斌编著.《职业教育课件设计》. 2011 年,中国铁道出版社.

19.邓泽民.《高等职业教育专业教学整体解决方案研究》. 2011 年,中国铁道出版社.

20.吕艳芝编著.《教师礼仪的 99 个细节》. 2010 年,华东师范大学出版社.